Tecnologia da Indústria do Gás Natural

Blucher

Tecnologia da Indústria do Gás Natural

Célio Eduardo Martins Vaz

João Luiz Ponce Maia

Walmir Gomes dos Santos

Tecnologia da indústria do gás natural
© 2008   Célio Eduardo Martins Vaz
          João Luiz Ponce Maia
          Walmir Gomes dos Santos
1ª edição – 2008
2ª reimpressão – 2015
Editora Edgard Blücher Ltda.

Blucher

Rua Pedroso Alvarenga, 1245, 4º andar
04531-934 – São Paulo – SP – Brasil
Tel 55 11 3078-5366
contato@blucher.com.br
www.blucher.com.br

Segundo Novo Acordo Ortográfico, conforme 5. ed.
do *Vocabulário Ortográfico da Língua Portuguesa*,
Academia Brasileira de Letras, março de 2009.

É proibida a reprodução total ou parcial por quaisquer
meios, sem autorização escrita da Editora.

Todos os direitos reservados pela Editora
Edgard Blücher Ltda.

FICHA CATALOGRÁFICA

Vaz, Célio Eduardo Martins
    Tecnologia da indústria do gás natural / Célio
Eduardo Martins Vaz, João Luiz Ponce Maia, Walmir
Gomes dos Santos. – 1ª ed. – São Paulo: Blucher, 2008.

    p. ilust.

    Bibliografia.
    ISBN 978-85-212-0421-3

    1. Gás natural – Brasil – Tecnologia I. Maia, João
Luiz Ponce. II. Santos, Walmir Gomes dos. III. Título.

07-2071   CDD-665.7081

Índices para catálogo sistemático:
1. Brasil: Gás natural: Tecnologia   665.7081

Dedicamos

A Deus,
por iluminar-nos nos momentos difíceis.
À nossa família,
pelo apoio e confiança a nós dedicados.
Aos nossos amigos,
pela ajuda e auxílio dispensados.

Aos meus pais, Moacyr e Maria Thereza.
À minha esposa, Marcia.
Aos meus filhos, Daniela e Eduardo.
Célio Eduardo Martins Vaz

Aos meus pais, Jorge e Maria Helena.
À minha esposa, Beatriz.
À minha filha, Helena.
João Luiz Ponce Maia

Aos meus pais, Gessenil e Eliana.
À minha esposa, Neide.
Às minhas filhas Aline e Wanessa.
Walmir Gomes dos Santos

AGRADECIMENTOS

Agradecemos à Petrobras pelas oportunidades de desenvolvimento que nos ofereceu ao longo da nossa carreira profissional e pela publicação deste livro, que só foi possível graças ao Programa de Editoração de Livros Didáticos da Universidade Petrobras.

Agradecemos aos colegas de trabalho, os quais, com seus registros e competências, serviram como referência na elaboração do conteúdo técnico desta publicação. Em especial, a Nilo Índio do Brasil, pelo incentivo e colaboração nas diversas etapas de confecção deste trabalho. Além de Sidney Carvalho dos Santos, que nos concedeu licença para utilização de suas fotos.

Nosso agradecimento também à Lucia Emilia de Azevedo, da Universidade Petrobras, pela paciência, revisão e condução de todo o processo.

Os autores

Sobre os Autores

CÉLIO EDUARDO MARTINS VAZ

Formado em Engenharia Química pela Escola de Química da Universidade Federal do Rio de Janeiro em 1988. Especializou-se em Engenharia de Processamento de Petróleo na Petrobras em 1990. Trabalha atualmente na Petrobras como consultor técnico nas atividades de projeto conceitual, projeto básico e executivo de novas plataformas de produção de petróleo, suporte operacional, projeto de alterações e ampliações de plataformas em produção. Além disso, é instrutor nas disciplinas de Processamento de Petróleo e Gás Natural, Condicionamento de Gás Natural e Sistemas de Produção Marítimo de Petróleo, nos cursos internos da Companhia.

JOÃO LUIZ PONCE MAIA

Formado em Engenharia Química pela Escola de Química da Universidade Federal do Rio de Janeiro em 1986. Especializou-se em Engenharia de Processamento de Petróleo pela Petrobras em 1987. Mestre em Engenharia Ambiental – Recursos Hídricos, formado em 2003 pela Universidade de São Paulo (USP); doutor em Engenharia Ambiental, formado em 2007, pela Universidade de São Paulo (USP). Consultor Técnico da Petrobras, com especialização em processos de tratamento de gás, tecnologias em captura e armazenamento geológico de dióxido de carbono e eficiência energética de plantas de produção de petróleo. Atua ainda como professor em Curso de MBA em Petróleo e Gás pela Fundação Getulio Vargas (FGV – Niterói), além de palestrante em Universidades no Rio de Janeiro nos seguintes temas: Emissões Atmosféricas de Gases de Efeito Estufa e Eficiência Energética.

WALMIR GOMES DOS SANTOS

Formado em Engenharia Química pela Universidade Federal do Rio de Janeiro em 1985, com especialização em engenharia de processamento. Com 23 anos de experiência em engenharia de processamento e transporte de gás natural, atuou nas áreas de operação de unidades de processamento, desenvolvimento de novos projetos e implantação de novas unidades. Participou do desenvolvimento do projeto de novas plataformas de produção, como a P-50. É também membro da equipe de professores da Universidade Petrobras, sendo titular das disciplinas de Processamento e Tratamento de Gás Natural. Desde 2005, atua como professor do curso de processamento de gás natural pelo Instituto Brasileiro de Petróleo, Gás Natural e Biocombustíveis (IBP). Atualmente exerce o cargo de Engenheiro de Processamento Sênior na Petrobras Transporte (Transpetro), na função de Gerente de Empreendimentos.

PREFÁCIO

A indústria do gás natural no Brasil e no mundo tem apresentado índices significativos de crescimento e reforça, a cada dia, sua posição de ser uma importante alternativa energética. No âmbito mundial, essa tendência é bastante promissora devido ao fato de as reservas mundiais provadas de gás natural (2006) serem praticamente iguais às do petróleo. No contexto nacional, apesar da predominância das bacias sedimentares brasileiras em reservas de petróleo, o mercado de gás no País está em franca expansão, com taxas médias de crescimento da produção de 21,3% a.a., no período entre 2000 e 2006. Adicionalmente, com as recentes descobertas de óleo e gás na nova província petrolífera da camada do pré-sal, além das promissoras oportunidades de importação (GNL), o gás terá condições bem favoráveis para assegurar uma maior participação na matriz energética nacional.

Todos os cenários apontam para uma crise energética ao longo deste século, motivada pela exaustão das reservas fósseis de energia, potencializada pelas restrições aos gases do efeito estufa. Muitos países consideram em seus modelos de desenvolvimento econômico sustentável o uso do gás natural como um importante supridor de energia, estando seu uso futuro dependente do desenvolvimento tecnológico em diversas áreas, tais como produção, condicionamento, processamento, transporte, distribuição, combustão, sequestro de carbono, geração distribuída e desenvolvimento de equipamentos comerciais de alta eficiência energética, tais como célula a combustível e microturbinas.

Nesse sentido, acreditamos ser indispensável divulgar os conceitos e tecnologias próprias do gás natural, para colocá-los a serviço do desenvolvimento nacional e transformá-los em ferramentas de capacitação da mão de obra do País.

Este livro foi preparado por engenheiros que, por quase duas décadas, têm dedicado sua vida profissional ao desenvolvimento da indústria de gás natural no Brasil.

Inicialmente, a obra apresenta conceitos fundamentais relativos ao gás natural. A seguir, apresenta informações e dados atualizados sobre a participação do gás na matriz energética nacional e mundial, bem como sobre reservas desse combustível no Brasil e no mundo.

Na sequência, é apresentada ao leitor uma visão geral de toda a cadeia produtiva do gás natural, abordada de forma resumida.

Nos capítulos seguintes, as etapas produção, condicionamento, processamento, transporte, distribuição, comercialização e usos finais do gás são apresentadas detalhadamente.

Por fim, a obra aborda a regulação do gás natural no País, bem como as perspectivas futuras para esse combustível.

Boa parte do material foi selecionada a partir da vivência e experiência dos autores e obtida de trabalhos de colegas que descreveram com enorme propriedade o assunto em questão.

Esperamos continuar aperfeiçoando este trabalho e contamos, para isso, com a preciosa colaboração dos leitores, por meio de sugestões e críticas.

Os autores

Apresentação

Ao analisar um material didático com o título de "Condicionamento do Gás Natural", escrito por João Luiz Ponce Maia e Célio Eduardo Martins Vaz, percebi que ali continha conteúdo de qualidade, o qual poderia se transformar em um livro. Sugeri, então, ao João para que pensasse no assunto e convidasse Walmir Gomes dos Santos, que também possuía um material de qualidade – este versava especificamente sobre a unidade de processamento de gás natural (UPGN). Para minha satisfação, eles concordaram com a ideia e a melhoraram, pois resolveram ampliar o escopo de livro, gerando este esplêndido material que trata de toda a cadeia produtiva do gás natural e que, em minha opinião, será uma fonte de referência no tema.

Quem já escreveu um livro – e também quem não escreveu – pode imaginar o quanto é difícil concluí-lo e ficar satisfeito com o resultado; o autor sempre tem a sensação de que o texto não está bom e de que poderia ser melhorado. A dificuldade aumenta quando a autoria é múltipla, pois, certamente, muitas discussões e negociações são feitas para se chegar a um bom entendimento, o que sempre faz atrasar a sua conclusão.

A Petrobras sente-se orgulhosa em ter em seu quadro de profissionais esses engenheiros de processamento que contribuem com o sucesso da Companhia e agora, com a edição do livro, fornecem à sociedade material suficiente para estudo e análise do tema gás natural. A Petrobras, por meio do Programa de Editoração de Livros Didáticos da Universidade Petrobras, vem consolidando a experiência dos seus profissionais em livros didáticos e contribuindo para suprir as lacunas existentes nas áreas de conhecimento em que ela atua.

Como colega e ex-professor dos três engenheiros no curso de formação de engenheiros de processamento, sinto-me honrado e feliz em fazer esta apresentação por saber que esta publicação corrobora o desenvolvimento tecnológico da indústria do gás natural na Petrobras e no Brasil.

Nilo Indio do Brasil
Consultor Sênior – Petróleo Brasileiro S.A. – Petrobras
Recursos Humanos – Universidade Petrobras

LISTA DE ABREVIATURAS E SIGLAS

ABAR – Associação Brasileira de Agências de Regulação

Abegás – Associação Brasileira das Empresas Distribuidoras de Gás Canalizado

AGA – American Gas Association

AND – Autoridade Nacional Designada

Aneel – Agência Nacional de Energia Elétrica

ANM – Árvore de Natal Molhada

ANP – Agência Nacional do Petróleo, Gás Natural e Biocombustíveis

AR – Água de Resfriamento

BCP – Bombeio de Cavidades Progressivas

BCS – Bombeio Centrífugo Submerso

BCSS – Bombeio Centrífugo Submerso Submarino

bep – Barris equivalentes de petróleo

BM – Bombeio Mecânico com hastes

BM&F – Bolsa de Mercadorias & Futuros

BP – British Petroleum

BSW – Basic, Sediment and Water

BVRJ – Bolsa de Valores do Rio de Janeiro

Cade – Conselho Administrativo de Defesa Econômica

CC – Célula a Combustível

CDL – Companhias Distribuidoras Locais

CDM – Clean Development Mechanism

CER – Certificado de Emissões Reduzidas

CFD – Computational Fluid Dynamics

CNTP – Condições Normais de Temperatura e Pressão

CO – Monóxido de carbono

CO_2 – Dióxido de carbono

Conama – Conselho Nacional do Meio Ambiente

Conpet – Programa Nacional de racionalização do uso dos derivados do petróleo
e do gás natural

COS – Sulfeto de carbonila

CS_2 – Dissulfeto de carbono

CSLF – Carbon Sequestration Leadership Forum

DEA – Dietanolamina

DEG – Dietilenoglicol

DIPA – Diisopropanolamina

DME – Dimetil éter

EIA – Energy Information Administration

EOR – Enhanced Oil Recovery

F-T – Fischer-Tropsch

FC – Controlador de vazão (fluxo)

FPSO – Floating, Production, Storage and Offloading

Gasbol – Gasoduto Bolívia-Brasil

GEE – Gás de Efeito Estufa

GLP – Gás Liquefeito de Petróleo

GN – Gás Natural

GNA – Gás Natural Adsorvido

GNC – Gás Natural Comprimido

GNL – Gás Natural Liquefeito

GNV – Gás Natural Veicular

GTL – Gas to Liquids

H_2 – Hidrogênio

H_2O – Água

H_2S – Gás sulfídrico

HCl – Ácido clorídrico

HCs – Hidrocarbonetos

HFC – Hidrofluorcarbono

HGN – Hidrato de Gás Natural

Hysys – Simulador de processo licenciado pela empresa Aspentech

Ibama – Instituto Brasileiro do Meio Ambiente

IMCO – Intergovernmental Maritime Consultative Organization

Inmetro – Instituto Nacional de Metrologia, Normalização e Qualidade Industrial

IOR – Improved Oil Recovery

IPCC – Intergovernmental Panel on Climate Change

IUPAC – União Internacional de Química Pura e Aplicada

IUPAP – União Internacional de Física Pura e Aplicada

LC – Controlador de nível

LGN – Líquido de Gás Natural

MBRE – Mercado Brasileiro de Emissões

MCT – Ministério das Ciências e da Tecnologia

MDEA – Metil-dietanol-amina

MDIC – Ministério do Desenvolvimento, Indústria e Comércio Exterior

MDL – Mecanismos de Desenvolvimento Limpo

MEA – Monoetanolamina

MEG – Monoetilenoglicol

MME – Ministério das Minas e Energia

N_2 – Nitrogênio

N_2O – Óxido nitroso

NAE – Núcleo de Assuntos Estratégicos da Presidência da República

NIST – National Institute of Standards and Technology

NO – Monóxido de nitrogênio

NTN – Nova Transportadora do Nordeste

O_2 – Oxigênio

OCDE – Organização para a Cooperação e Desenvolvimento Econômico

ONU – Organização das Nações Unidas

PAs – Plataformas autoeleváveis

PC – Controlador de Pressão

PCH – Pequena Central Hidrelétrica

PCI – Poder Calorífico Inferior

PCS – Poder Calorífico Superior

PDI – Indicador de Pressão Diferencial

PFC – Perfluorcarbono

PFE – Ponto Final de Ebulição

PIE – Ponto Inicial de Ebulição

Plangás – Plano de Antecipação da Produção de Gás

ppm – Parte por milhão

PPT – Programa Prioritário de Termeletricidade

Procel – Programa Nacional de Conservação de Energia Elétrica

PVR – Pressão de Vapor Reid

RCE – Redução Certificada de Emissão

RGL – Razão Gás-Líquido

RGO – Razão Gás/Óleo

RIO-92 – Conferência das Nações Unidas sobre Meio Ambiente e Desenvolvimento

Sasol – South African Coal, Oil and Gas Corporation Limited

SF_6 – Hexafluoreto de enxofre

SI – Sistema Internacional

SMS – Segurança, Meio Ambiente e Saúde

SO_2 – Dióxido de enxofre

SPE – Society of Petroleum Engineers

TC – Controlador de Temperatura

TEA – Trietanolamina

TEG – Trietilenoglicol

tep – Tonelada equivalente de petróleo

TLP – Tension-Leg Plataform

TNS – Transportadora do Nordeste e Sudeste

UPCGN – Unidade de Processamento de Condensado de Gás Natural
UPGN – Unidade de Processamento de Gás Natural
UTGCA – Unidade de Tratamento de Gás de Caraguatatuba
UTGC – Unidade de Tratamento de Gás de Cacimbas
UFL – Unidade de Fracionamento de Líquido
URL – Unidade de Recuperação de Líquido

Conteúdo

CAPÍTULO 1 – A IMPORTÂNCIA DO GÁS NATURAL 1

1.1   Introdução 2

1.2   Matriz energética no mundo 4

1.3   Evolução e estimativa da participação do gás natural
na matriz energética do Brasil 8

CAPÍTULO 2 – CONCEITOS FUNDAMENTAIS 15

2.1   Definições de petróleo e de gás natural 16

    2.1.1 Definição de petróleo 16

    2.1.2 Definições de gás natural 16

2.2   Constituintes do petróleo e gás natural 16

    2.2.1 Hidrocarbonetos 17

    2.2.2 Não hidrocarbonetos 22

2.3   Composição do gás natural 23

    2.3.1 Fração 24

    2.3.2 Teores expressos como ppm, ppb e ppt 25

    2.3.3 Concentração 26

    2.3.4 Composições típicas do gás natural 28

    2.3.5 Análise do gás natural 29

2.4   Comportamento dos gases 31

    2.4.1 O estado gasoso 31

    2.4.2 Gás ideal 31

    2.4.3 Volume molar 34

    2.4.4 Massa molecular 35

    2.4.5 Quantidade de matéria 36

    2.4.6 Massa molar 37

    2.4.7 Massa molar média 37

    2.4.8 Massa específica e densidade 38

        2.4.8.1 Massa específica 38

        2.4.8.2 Densidade 38

        2.4.8.3 Massa específica e densidade de gases ideais 38

    2.4.9 Mistura de gases ideais 39

    2.4.10 Gás real 40

2.5   Comportamento das fases do gás natural 43

    2.5.1 Introdução 43

    2.5.2 Diagrama de substância pura 44

    2.5.3 Mistura de componentes 44

2.6	Comportamento das fases água e hidrocarbonetos 46
	2.6.1 Ponto de orvalho da água e de hidrocarbonetos. 47
	2.6.2 Teor de umidade do gás natural 47
	2.6.3 Medição da umidade e ponto de orvalho da água. 48
	2.6.3.1 Perclorato de magnésio 48
	2.6.3.2 Óxido de alumínio 48
	2.6.3.3 Cristal de quartzo. 50
	2.6.3.4 Espelho resfriado 51
2.7	Propriedades do gás natural 52
	2.7.1 Riqueza do gás natural – gás rico ou gás pobre 52
	2.7.2 Poder calorífico. 53
	2.7.3 Faixa de inflamabilidade 55
2.8	Especificação do gás natural 57
	2.8.1 Especificação do gás natural para transferência 57
	2.8.2 Especificação do gás natural para transporte. 59
2.9	Conceitos de engenharia de petróleo 62
	2.9.1 Definição de gás associado e gás não associado 62
	2.9.2 Razão Gás-Líquido (RGL) 63
	2.9.3 Conceitos fundamentais sobre reservas de gás 64

CAPÍTULO 3 – RESERVAS DE GÁS NATURAL 67

3.1	A origem do gás natural 68
	3.1.1 Gás bacteriológico 68
	3.1.2 Gás térmico. 68
3.2	Evolução das reservas de gás natural 70
3.3	Bacias sedimentares no Brasil. 73
3.4	Perspectivas das reservas de gás no Brasil. 75
3.5	Nova província petrolífera brasileira. 78

CAPÍTULO 4 – A CADEIA PRODUTIVA DO GÁS NATURAL 81

4.1	Introdução 82
4.2	Macrofluxo da movimentação de gás natural nacional. 83
	4.2.1 Atividades de prospecção e exploração 84
	4.2.2 Perfuração dos poços. 86
	4.2.3 Atividade de completação 86
	4.2.4 Reservatórios de hidrocarbonetos. 86
	4.2.5 Produção de gás natural. 87
	4.2.6 Condicionamento de gás natural. 88
	4.2.7 Transferência de gás natural 89
	4.2.8 Processamento de gás natural. 89
	4.2.9 Transporte de gás natural 89

4.2.10 Distribuição de gás natural 90

4.2.11 Comercialização de gás natural 90

4.2.12 Utilização pelo consumidor final 91

4.3 Balanço da produção de gás natural 91

4.4 Consumo nacional de gás natural 93

4.5 Consumo de gás natural por estado 94

4.6 Produção de gás natural por estado 94

4.7 Utilização do gás natural 95

4.7.1 Segmentos consumidores do gás natural 96

4.7.2 Substituição de combustíveis 98

4.7.3 Perfil de utilização do gás natural 98

4.8 Importação de gás boliviano 98

CAPÍTULO 5 – REGULAÇÃO DO GÁS NATURAL 101

5.1 Introdução 102

5.2 Regulação internacional da indústria de gás natural 102

5.3 Regulação da produção de gás natural 103

5.3.1 Regulação dos gasodutos em áreas de produção 104

5.4 Aspectos regulatórios da indústria de gás natural no Brasil 105

5.4.1 A criação da Transpetro 106

5.5 Aspectos regulatórios da cadeia de gás natural 107

5.6 A consolidação do mercado de gás natural 110

5.7 Aplicação da Portaria ANP n. 104/2002 na regulação do mercado 111

5.8 Níveis de relacionamentos entre os atores do mercado de gás natural 112

5.9 A nova lei do gás – principais aspectos em discussão 113

CAPÍTULO 6 – SISTEMAS DE PRODUÇÃO DE GÁS NATURAL 115

6.1 Introdução 116

6.2 Sistema de produção de gás associado 117

6.2.1 Mecanismos de drenagem do reservatório 119

6.2.2 Elevação 120

6.2.3 Poços de produção e árvore de natal 121

6.2.4 Dutos de produção 123

6.2.5 *Manifold* 123

6.2.6 Tipos de unidades de produção de petróleo e gás natural 125

6.2.7 Planta de processo 129

6.2.8 Gasodutos de transferência 131

6.3 Sistemas de produção de gás natural não associado 131

6.3.1 Sistema de produção do Campo de Urucu 131

6.3.2 Sistema de produção do Campo de Merluza 136

6.3.3 Sistema de produção do Campo de Mexilhão 138

TECNOLOGIA DA INDÚSTRIA DO GÁS NATURAL

6.3.4 Sistema de produção do Campo de Peroá-Cangoá 140
6.3.5 Sistema de produção do Campo de Manati 142

CAPÍTULO 7 – CONDICIONAMENTO DO GÁS NATURAL 143

7.1 Introdução 144
7.2 Descrição do processo de condicionamento de gás associado 144
7.3 Separação primária de fluidos 145
7.4 Depuração do gás natural 148
    7.4.1 Introdução 148
    7.4.2 O vaso depurador 148
    7.4.3 Mecanismos básicos de formação de névoas 150
    7.4.4 Mecanismos de captação de névoas 151
    7.4.5 Equipamentos típicos utilizados para eliminação de névoas 152
        7.4.5.1 Eliminadores tipo malha tricotada 153
        7.4.5.2 Eliminadores tipo placa corrugada 153
        7.4.5.3 Filtro coalescedor 154
        7.4.5.4 Ciclone 156
    7.4.6 Critérios para seleção da tecnologia do eliminador de névoa 156
    7.4.7 Dispositivos especiais de entrada dos depuradores 157
    7.4.8 Critérios de dimensionamento de depuradores 160
    7.4.9 Modelos compactos de depuradores de gás 162
    7.4.10 Principais problemas operacionais dos depuradores 164
7.5 Adoçamento do gás natural 166
    7.5.1 Introdução 166
    7.5.2 Processos de corrosão por H_2S 166
    7.5.3 Escolha do processo de adoçamento 166
    7.5.4 Descrição do processo de adoçamento com MEA 169
    7.5.5 Principais variáveis operacionais 170
    7.5.6 Principais problemas operacionais da unidade 171
    7.5.7 Outros processos utilizados para adoçamento do gás natural 172
7.6 Compressão do gás natural 173
    7.6.1 Introdução 173
    7.6.2 Tipos de compressores 175
        7.6.2.1 Compressores alternativos 176
        7.6.2.2 Compressores centrífugos 178
    7.6.3 Descrição do sistema de compressão em multiestágios 180
7.7 Hidratos de gás natural 188
    7.7.1 Introdução 188
    7.7.2 Definição de hidrato 188
    7.7.3 Estrutura básica do hidrato 189
    7.7.4 Mecanismo e condições para formação de hidratos 189
    7.7.5 Previsão de formação de hidrato 191

	7.7.6 Local de formação de hidrato	192
	7.7.7 Identificação da presença de hidratos	193
	7.7.8 Métodos de dissociação de hidratos	194
	7.7.9 Inibidores da formação de hidratos	195
	7.7.10 Ponto de injeção	196
	7.7.11 Procedimento para o cálculo da vazão de inibidor de hidrato	196
7.8	Desidratação de gás natural	199
	7.8.1 Introdução	199
	7.8.2 O agente desidratante	200
	7.8.3 Descrição do processo de desidratação de uma plataforma de produção de petróleo	201
	7.8.4 Equipamentos do sistema de desidratação	203
	7.8.4.1 Torre absorvedora	204
	7.8.4.2 Vaso de expansão	207
	7.8.4.3 Sistema de filtração	208
	7.8.4.3.1 Filtro cartucho	208
	7.8.4.3.2 Filtro carvão	208
	7.8.4.4 Trocadores TEG/TEG	210
	7.8.4.5 Torre regeneradora	210
	7.8.4.6 Bomba de circulação	213
	7.8.5 Principais variáveis operacionais do sistema	214
	7.8.6 Principais problemas operacionais da unidade	217
	7.8.7 Sistema de monitoramento da unidade do gás tratado	220
7.9	Tratamento de gás combustível	220
	7.9.1 Introdução	220
	7.9.2 Usuários de gás natural em uma unidade de produção	220
	7.9.3 Qualidade do gás combustível	221
	7.9.4 Descrição do sistema típico de tratamento de gás combustível	222
	7.9.5 Principais variáveis operacionais do sistema de gás combustível	225
	7.9.6 Principais problemas operacionais	225
7.10	Tratamento químico do gás natural	227
	7.10.1 Introdução	227
	7.10.2 Produtos químicos injetados no gás	227
CAPÍTULO 8 – PROCESSAMENTO DE GÁS NATURAL		**229**
8.1	Introdução	230
8.2	Objetivos do processamento de gás natural	230
8.3	Produtos do gás natural	230
8.4	Configuração básica de uma unidade de processamento de gás natural	232
8.5	Tipos de unidades de processamento de gás natural	233
8.6	Escolha do processo termodinâmico	233

8.7	Processo Joule-Thomson	235
	8.7.1 Introdução	235
	8.7.2 Fundamento termodinâmico	236
	8.7.3 Principais características	236
	8.7.4 Descrição básica do processo	236
	8.7.5 Esquema do processo	236
	8.7.6 Principais malhas de controle do processo	237
8.8	Processo refrigeração simples	238
	8.8.1 Introdução	238
	8.8.2 Fundamento termodinâmico	238
	8.8.3 Principais características	239
	8.8.4 Descrição básica do processo	239
	8.8.5 Principais malhas de controle da unidade	240
	8.8.6 Esquema do processo	241
	8.8.7 Principais problemas operacionais da unidade	242
8.9	Processo absorção refrigerada	242
	8.9.1 Introdução	242
	8.9.2 Fundamento termodinâmico	243
	8.9.3 Principais características	243
	8.9.4 Descrição básica do processo	244
	8.9.5 Esquema simplificado do processo	244
	8.9.6 Etapa de separação de líquidos (água e condensado)	246
	8.9.7 Etapa de desidratação do gás natural	246
	8.9.8 Etapa de regeneração do MEG	248
	8.9.9 Etapa de refrigeração a propano	250
	8.9.10 Etapa de absorção	252
	8.9.11 Etapa de desetanização	255
	8.9.12 Etapa de fracionamento do óleo rico	258
	8.9.13 Etapa de desbutanização	260
	8.9.14 Etapa de reposição de propano	262
	8.9.15 Etapa de condicionamento de óleo de absorção	264
	8.9.16 Principais problemas operacionais da unidade	266
8.10	Processo turbo-expansão	268
	8.10.1 Introdução	268
	8.10.2 Fundamento termodinâmico	268
	8.10.3 Principais características	269
	8.10.4 Descrição básica do processo	269
	8.10.5 Esquema do processo turbo-expansão	271
	8.10.6 Etapa de compressão inicial	272
	8.10.7 Etapa de dessulfurização	273
	8.10.8 Etapa de desidratação	274
	8.10.9 Regeneração das peneiras moleculares	277

8.10.10	Etapa de pré-resfriamento	278
8.10.11	Etapa de refrigeração a propano	279
8.10.12	Etapa de expansão isentrópica	281
8.10.13	Etapa de desmetanização do LGN	282
8.10.14	Etapa de compressão de gás seco	285
8.10.15	Etapa de fracionamento do LGN	286
8.10.16	Processo turbo-expansão para produção de etano – Exemplos de aplicação	288
	8.10.16.1 Projeto Cabiúnas	288
	8.10.16.2 Projeto MEGA	289
8.10.17	Principais problemas operacionais do processo turbo-expansão	291
8.11	Processos combinados	292
8.11.1	Introdução	292
8.11.2	Planta de gás de San Alberto – Bolívia	292
8.11.3	Unidade de processamento de gás da UEGA – Araucária (PR)	293
8.12	Comparação entre os principais processos utilizados	294
8.12.1	Introdução	294
8.12.2	Expansão isentálpica *versus* isentrópica	296
8.12.3	Refrigeração simples *versus* absorção refrigerada	296
8.13	Processamento de condensado de gás natural	297
8.13.1	Introdução	297
8.13.2	Separação de fases do gás natural escoado	298
8.13.3	Unidade de processamento de condensado de gás natural	301
8.13.4	Etapas básicas do processo	302
8.14	Tratamento dos produtos gerados	305
8.14.1	Introdução	305
8.14.2	Especificação do GLP	305
8.14.3	Tratamento cáustico do GLP	306
8.14.4	Sistemas patenteados de tratamento de GLP	308
8.14.5	Odorização do GLP	308
8.14.6	Tratamento do gás natural	310
8.14.7	Dessulfurização do gás natural	310
8.14.8	Odorização do gás natural	311
8.15	Unidades de processamento de gás natural	312
8.15.1	Introdução	312
8.15.2	Unidades existentes	313
8.15.3	Novos projetos de unidades de processamento de gás natural	314
8.15.4	Novas áreas produtoras de gás em desenvolvimento	317

CAPÍTULO 9 – TRANSPORTE DE GÁS NATURAL 319

9.1 Introdução 320

9.2	Tipos de transporte de gás natural	321
	9.2.1 Fase gasosa	321
	9.2.2 Aspectos relevantes no dimensionamento de dutos	328
	9.2.3 Fase líquida	329
9.3	Gás Natural Comprimido (GNC)	338
9.4	Armazenamento de gás natural	340
9.5	Gás Natural Adsorvido (GNA)	346
9.6	Rede de transporte de gás natural no Cone Sul	348
9.7	Hidratos de Gás Natural (HGN)	349

CAPÍTULO 10 – DISTRIBUIÇÃO DE GÁS NATURAL 351

10.1	Introdução	352
10.2	Regulação da atividade de distribuição de gás natural	352
10.3	Companhias estaduais de distribuição de gás do Brasil	354
10.4	Agências reguladoras estaduais em operação	360
10.5	Redes de distribuição de gás	361
10.6	Estação de transferência de custódia	363

CAPÍTULO 11 – COMERCIALIZAÇÃO DE GÁS NATURAL 375

11.1	Introdução	376
11.2	Histórico sobre o preço do gás natural no Brasil	376
11.3	Principais aspectos para a determinação do preço do gás	379
11.4	Contratos de comercialização	381
11.5	Aspectos relevantes sobre a importação de gás da Bolívia	385

CAPÍTULO 12 – TECNOLOGIAS E APLICAÇÕES EM DESENVOLVIMENTO 389

12.1	Introdução	390
12.2	Separação e captura de CO_2	390
	12.2.1 Protocolo de Quioto e mercado de carbono	390
	12.2.2 Descrição das tecnologias de separação e captura de CO_2	392
	12.2.3 Possíveis aplicações para o CO_2	396
12.3	Otimização e racionalização energética	399
12.4	Tecnologias de geração distribuída	400
	12.4.1 Células a combustível	401
	12.4.2 Microturbinas a gás natural	404
12.5	*Gas to Liquids* (GTL)	405
	12.5.1 Gás de síntese	407
	12.5.2 Conversão Fischer-Tropsch	408

Referências 411

1

A Importância do Gás Natural

1 A IMPORTÂNCIA DO GÁS NATURAL

1.1 Introdução

A partir da Conferência Mundial das Nações Unidas (RIO-92) e, posteriormente, em 1997, com a elaboração do Protocolo de Quioto (Painel de Mudanças Climáticas), o componente ambiental passou a ter papel estratégico na produção de energia primária no mundo. Nesse contexto, o gás natural ganhou força, em relação às fontes de energia concorrentes (carvão e derivados do petróleo), devido, principalmente, às suas menores taxas de emissão de gases de efeito estufa (CH_4, CO_2, entre outros).

Desde a criação da Lei n. 9.478/97 (Lei do Petróleo), a participação do gás natural na matriz energética brasileira aumentou significativamente, assim como a diversificação da sua demanda. A entrada em operação do Gasoduto Bolívia-Brasil (Gasbol), no final de 1999, o aumento do volume de reservas de gás natural de origem nacional (Bacia de Campos, Santos e Urucu) e a ampliação da rede de transporte (gasodutos) foram os principais responsáveis por essa mudança. Acrescenta-se, ainda, o início do projetos de integração energética de grandes regiões produtoras de gás da América Latina, envolvendo países como a Argentina, Bolívia e Venezuela.

Entretanto, a crise de desabastecimento de energia elétrica, ocorrida em 2001, provocou um grande impacto nos mercados de eletricidade e de gás natural no País. O risco de novas crises energéticas, com possibilidade de ocorrerem prejuízos para a indústria nacional, levou o governo federal a implantar, como solução emergencial, o Programa Prioritário de Termeletricidade (PPT) 2000/2003. O cenário da época levou o governo a estabelecer uma meta desafiadora de 12% de participação do gás na matriz energética, para o ano 2010, tendo como consumo-âncora a termeletricidade. Além dos grandes investimentos previstos para a construção de novas usinas termelétricas, adiciona-se o do Projeto Malhas,[1] que tem como destaque a construção do gasoduto Gasene, que irá interligar as malhas existentes Sul/Sudeste com a Norte/Nordeste.

O sucesso do uso do Gás Natural Veicular (GNV), sobretudo em veículos leves no País, no início da década de 1990, mostrou-se ser grande mercado potencial, principalmente quando foi ampliada a atual rede de transportes. Entre as ações governamentais implantadas, destaca-se o programa governamental iniciado em 2005, de conversão da frota de ônibus urbanos municipais para gás natural, com preço atrelado ao do óleo diesel (concorrente) visando à redução significativa do consumo de derivados de petróleo (gasolina e óleo diesel) na matriz automotiva brasileira. Esse programa

---

[1] Programa de ampliação da rede de gasodutos no País, visando atender à demanda nacional futura de gás (cenário de 12% de participação na matriz energética em 2010).

tem forte componente ambiental, de melhoria da qualidade do ar nos grandes centros urbanos.

Outros mercados consumidores ainda podem ser desenvolvidos no País, os quais, quando concretizados, podem reduzir a carga do consumo-âncora da termeletricidade.[2] Essa nova visão de mercado, do ponto de vista da demanda, ao contrário do modelo predominante, terá maior chance de sucesso, caso não seja viabilizada economicamente a operação das termelétricas a gás do Programa Prioritário de Termeletricidade.

Como destaque desses novos mercados tem-se: cogeração de energia;[3] geração não convencional por meio de pilhas combustíveis;[4] matéria-prima para a indústria química, fertilizantes e redutor siderúrgico; e a substituição de fontes tradicionais de calor/frio por gás natural em equipamentos térmicos (usos mais eficientes). Esse desenvolvimento alternativo passou a ganhar maior importância com a nacionalização das reservas de hidrocarbonetos da Bolívia, ocorrida em 2005. Em seguida, o governo federal reduziu os investimentos desse setor naquele país e vem buscando reduzir a dependência quanto à importação do gás boliviano.

O sucesso do desenvolvimento do mercado nacional ainda apresenta barreiras políticas, principalmente quanto ao marco regulatório (Lei do Gás), que, quando implantado, estabelecerá uma nova relação contratual entre os diversos atores dessa cadeia.[5] Um dos aspectos preocupantes relacionados à expansão do mercado gasífero é o preço de comercialização do gás, pois trata-se de um mercado ainda em fase de maturação e sem controle de preços. Qualquer que seja o modelo a ser estabelecido no País, é imprescindível que remunere os altos investimentos em infraestrutura,[6] necessários para atender à demanda futura. Além disso, acrescenta-se a necessidade de uma maior competitividade em relação à eletricidade (predominantemente de origem hidráulica, de menor custo que aquela gerada pelas usinas termelétricas) e aos derivados de petróleo (óleo combustível, óleo diesel, entre outros). O preço do gás importado ainda apresenta forte impacto no custo da geração de energia elétrica, mas tal cenário tende a se modificar.

O início da operação da planta de liquefação de Paulínia, em São Paulo, em 2006, deu início à era de uma nova modalidade de transporte, a do gasoduto virtual. Tal moda-

---

[2] Setor que representa mais de 40% da demanda futura de gás para 2010.

[3] Produção simultânea de calor e eletricidade a partir do mesmo combustível.

[4] Dispositivos eletroquímicos que convertem a energia química dos combustíveis diretamente em eletricidade, de modo similar às baterias, pois convertem a energia química de uma reação em energia elétrica.

[5] Exploração/produção, transporte, comercialização e distribuição.

[6] Em outras palavras, deve remunerar os custos ao longo de todas as etapas da cadeia do gás.

4 TECNOLOGIA DA INDÚSTRIA DO GÁS NATURAL

lidade consiste no transporte de gás natural, sob forma liquefeita, por meio de carretas, em um raio de até 600 km da localidade da unidade. A finalidade proposta não é de competição com os gasodutos, mas, sim, de desenvolver novos mercados até que seja ampliada a rede atual. Essa nova concepção tende a se intensificar a partir de 2010, quando da implantação dos projetos de importação de Gás Natural Liquefeito (GNL) de países que detêm grandes reservas desse combustível (Qatar, Argélia, entre outros). O comércio de GNL no mundo cresce a cada ano, principalmente pelo fato de as reservas dos grandes países consumidores (Estados Unidos e países europeus) estarem se reduzindo, obrigando-os a importar o produto de nações situadas a grandes distâncias.

A partir da criação do Plano de Antecipação da Produção de Gás (Plangás), em 2006, principalmente na Bacia de Campos (RJ) e de Santos (SP), espera-se que até o final de 2010 haja uma redução significativa da dependência de fontes externas de fornecimento de gás.

No âmbito mundial, segundo previsão do *Energy Information Administration* (EIA, 2006), o gás natural continuará sua rota de crescimento e estima-se que seja a segunda maior fonte de energia primária do mundo. Adicionalmente, esse energético terá papel fundamental no processo de transição da atual indústria do petróleo e de derivados para a indústria do hidrogênio (estimativa a partir de 2020). Essa visão está baseada na utilização do gás natural, ou mesmo gaseificação do petróleo, para fabricação de novos produtos e de novas tecnologias que impliquem menores emissões de carbono, substituindo os atuais derivados de petróleo (gasolina, querosene, diesel, entre outros).

1.2 MATRIZ ENERGÉTICA NO MUNDO

A indústria do gás natural no mundo tem apresentado índices significativos de crescimento e reforça, a cada dia, sua posição de ser uma importante alternativa energética. Essa tendência é bastante provável, uma vez que as reservas mundiais provadas de gás natural são próximas às do petróleo. Apesar de o petróleo ser ainda o principal componente da oferta interna de energia[7] mundial, o gás natural vem adquirindo posição estratégica no mundo, com participação de 21%. De acordo com a previsão do *Energy Information Administration* (EIA, 2006), o gás natural tende a ultrapassar o carvão, até o final da próxima década, conforme apresentado no Gráfico 1.1. A taxa de crescimento da demanda mundial de gás, no período entre 2005 e 2010, é de 14%, sendo esperado neste último ano o equivalente a 90,6 bilhões de metros cúbicos (EIA, 2006).

---

[7] Oferta Interna de Energia (OIE) – a energia que se disponibiliza para ser transformada, distribuída e consumida nos processos produtivos do País.

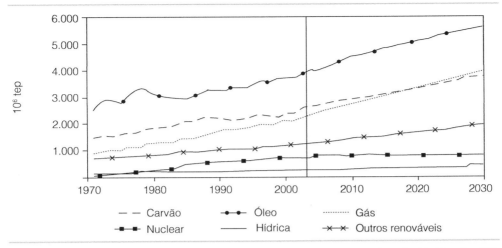

Fonte: Energy Information Administration, 2006.

Gráfico 1.1 Demanda mundial de energia primária no mundo

Essa tendência de crescimento está baseada em aspectos ambientais, tecnológicos e de preço do gás. O componente ambiental tornou-se prioridade no âmbito mundial a partir de 1997, quando foi assinado um acordo internacional por 59 países, o chamado Protocolo de Quioto. Trata-se de um acordo internacional, patrocinado pela Organização das Nações Unidas (ONU), que está associado à Convenção-Quadro das Nações Unidas sobre Mudança do Clima,[8] ocorrida no Rio de Janeiro, na ocasião da Conferência das Nações Unidas sobre Meio Ambiente e Desenvolvimento (RIO-92). O objetivo principal é prevenir as interferências antropogênicas perigosas sobre o sistema climático terrestre. Segundo tal acordo, foram estabelecidas metas de redução das emissões de GEE, de forma que estas se tornem 5,2% inferiores em relação aos níveis de emissão de 1990, no período entre 2008 e 2012 (primeiro período de cumprimento do Protocolo).

Apesar das incertezas referentes à influência dessas emissões na mudança do clima no mundo, segundo o IPCC (1995), muitos cientistas acreditam que estas possam gerar impactos negativos[9] ao meio ambiente. O Princípio da Precaução, estabelecido durante a Conferência Mundial sobre o Meio Ambiente e Desenvolvi-

---

[8] Tratado assinado em 1992, no Rio de Janeiro, por ocasião da Conferência das Nações Unidas sobre Meio Ambiente e Desenvolvimento (RIO-92), que tem como finalidade a estabilização das concentrações de gases de efeito estufa (GEE) na atmosfera.

[9] Mudanças climáticas provocando aumento da temperatura da superfície da Terra, com impactos no ciclo hidrológico, perda de biodiversidade, entre outros danos.

mento Sustentável no Rio de Janeiro (RIO-92), tem sido até hoje uma sólida base de sustentação para a continuidade das pesquisas científicas nessa área. Segundo tal princípio, a ausência da certeza científica formal e a existência de risco de um dano sério ou irreversível requerem a implementação de medidas que possam prever esse dano.

Após a ratificação do Protocolo de Quioto, em 2005, vários projetos de desenvolvimento tecnológico estão sendo desenvolvidos por companhias operadoras de petróleo, em todo o mundo, visando, além de atender às metas de redução (países que têm compromissos de redução), obter ganhos financeiros no mercado internacional de comércio de créditos de carbono.

Quanto ao fator tecnológico, maior destaque para o desenvolvimento das plantas de geração de energia a gás natural (turbinas de alta potência) na década de 1990, que contribuiu para torná-las competitivas em relação às centrais hidrelétricas. Esse fator, aliado aos aspectos ambientais citados anteriormente e ao aumento da oferta de gás, vem viabilizando a substituição dos derivados do petróleo (diesel e óleo combustível), energia nuclear e carvão no setor termelétrico mundial.

Outro aspecto de suma importância é o preço do gás natural no mercado internacional, com participação da ordem de 50% no custo da geração de energia elétrica. Apesar da tendência de alta do preço (o mercado americano registrou aumento de 241% no período entre 2000 e 2006), a maioria das plantas de geração de energia elétrica, que entrarão em operação até 2010, é a de gás natural (EIA, 2006).

Se por um lado é esperado um forte crescimento do consumo mundial, por outro, verifica-se que os países da América do Norte e da Europa tendem a depender cada vez mais da importação de gás de regiões menos desenvolvidas. Isso se deve ao fato de as reservas dos países desenvolvidos serem inferiores a 5% das reservas mundiais. As principais regiões supridoras para os países desenvolvidos são aquelas pertencentes ao Leste Europeu e à ex-URSS (juntas correspondem a 73% da reserva mundial). O Qatar atualmente é o maior produtor de GNL no mundo e se espera que em 2010 venha a contribuir com cerca de 25% a 30% do mercado mundial de GNL.

Veja na Tabela 1.1 a previsão de aumento da importação de gás natural para os países da América do Norte e da Europa, cuja escolha da modalidade de transporte é do Gás Natural Liquefeito (GNL). Atualmente, essa modalidade representa menos de 7% do consumo mundial de gás natural. O fato é que o transporte desse energético, como GNL, vem a cada ano reduzindo os custos de capital e de produção, caracterizando uma maior atratividade técnica e econômica dessa tecnologia. Essa viabilidade se torna ainda maior devido às grandes distâncias envolvidas entre os países considerados grandes produtores e consumidores.

Tabela 1.1 Previsão de importação líquida e porcentagem de suprimento primário de gás natural

	2002		2010		2020	
	*	%**	*	%**	*	%**
OCDE[10] América do Norte	0	0	33	4	197	18
OCDE Europa	162	36	267	46	525	65
OCDE Ásia	98	98	130	97	183	94
China	0	0	9	15	42	27
Índia	0	0	10	23	44	40
União Europeia	233	49	342	60	639	81

Fonte: Internacional Energy Agency, 2005.

* Importação líquida de gás natural (x 10^9 m^3).

** Porcentagem de suprimento primário de gás natural.

Os setores industriais e de geração de energia elétrica são as principais áreas de utilização do gás natural no mundo. A predominância do uso industrial sobre o da geração elétrica continuará até 2030 (ver Gráficos 1.2 e 1.3).

Apesar do significativo crescimento da demanda mundial do gás natural, a alta de seu preço vem favorecendo o uso do carvão (menor preço), principalmente para o setor de geração de energia (EIA, 2006). Essa tendência é prejudicial do ponto de vista ambiental, uma vez que as emissões de poluentes e de carbono para a atmosfera são maiores quando do uso do carvão, em relação ao gás natural.

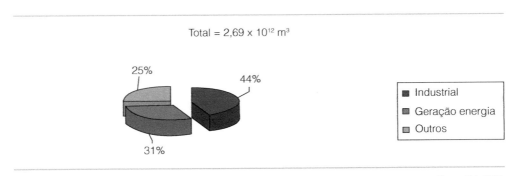

Fonte: EIA, 2006.

Gráfico 1.2 Demanda mundial (porcentagem) dos principais usos do gás natural (2003)

---

[10] Organização para a Cooperação e Desenvolvimento Econômico (OCDE).

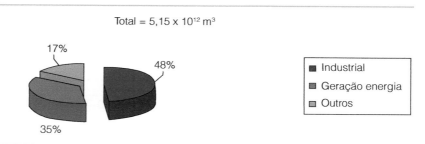

Fonte: EIA, 2006.
Gráfico 1.3 Estimativa da demanda mundial (porcentagem) dos principais usos do gás natural (2030)

1.3 Evolução e estimativa da participação do gás natural na matriz energética do Brasil

A evolução da oferta de gás é relativamente recente no País, visto que em 1970 representava apenas 0,1% da matriz energética nacional. No entanto, foi somente no final da década de 1980, com a construção da rede de gasodutos e das descobertas das reservas de petróleo e gás, situados na Bacia de Campos, é que a oferta desse energético se intensificou.

Posteriormente, com a ocorrência do racionamento de energia elétrica no País, em 2001, foi implantado o Programa Prioritário de Termeletricidade (PPT) pelo governo federal, priorizando a utilização do gás natural para a geração de energia elétrica nas novas usinas termelétricas. Tal programa considerou, inicialmente, 49 projetos térmicos (43 direcionados ao consumo de gás natural como combustível) e potência instalada total prevista de 17 105 MW, sendo 15 319 MW baseados no gás natural. Esse cenário levou o governo federal a considerar a meta de 12% de participação do gás natural na matriz energética em 2010 (ver Gráfico 1.4).

Segundo o Ministério das Minas e Energia (MME, 2007), em 2006, a oferta interna de energia foi de 225,8 milhões de toneladas equivalentes de petróleo (tep). A participação das fontes renováveis (biomassa e hidráulica/eletricidade) naquele ano foi de 44,9% (ver Gráfico 1.5), situação que assegura ao Brasil o papel de líder mundial nessa categoria (média mundial de 13,2%, em 2004).

Apesar de a participação do gás na matriz de consumo de energia representar 9,6%, a sua taxa de crescimento (5,8% a.a.) está entre as duas maiores fontes primárias, ao lado do urânio na categoria das não renováveis.

O cenário futuro do mercado nacional de gás nessa década ainda é de dependência quanto à importação do produto. Em 2010, segundo a Associação Brasileira de Gás (Petrobras, 2006) haverá equilíbrio entre as participações do gás associado e não associado, produzidos no País, e um aumento da importação de gás devido à presença do GNL (ver Gráfico 1.6).

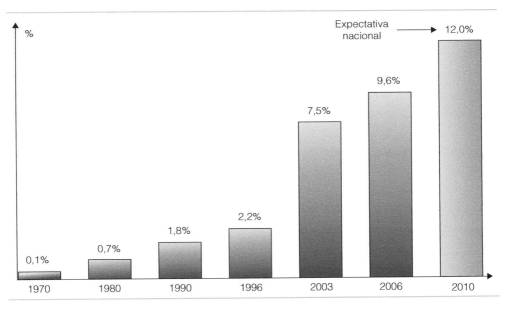

Fonte: MME, 2007.

Gráfico 1.4 Crescimento e estimativa da participação do gás natural na matriz energética brasileira 1970-2010

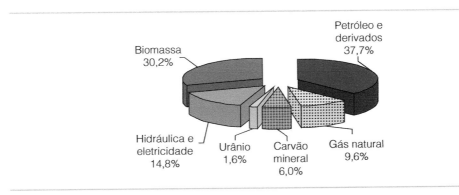

Fonte: MME, 2007.

Gráfico 1.5 Estrutura da oferta interna de energia no Brasil em 2006

Uma iniciativa realizada pelo governo federal para reduzir tal dependência do gás boliviano foi a implantação, em 2006, do Plano de Antecipação da Produção de Gás (Plangás). O objetivo desse programa é aumentar a produção nacional de gás, até 2008, para o equivalente à vazão importada atualmente da Bolívia (cerca de 25 x 10^6 m³/d).

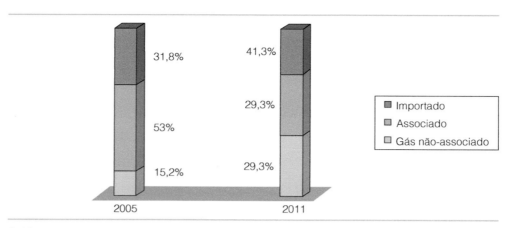

Gráfico 1.6 Distribuição porcentual do gás associado, não-associado e importado em 2005 e 2011

O Plangás, em 2008, prevê o uso de instalações marítimas de produção nos campos de Peruá-Canguá e de Golfinho, na Bacia do Espírito Santo, e também a ampliação da produção dos campos de Marlim (Bacia de Campos) e Merluza (Bacia de Santos).

É provável que, a partir de 2009, o GNL importado de outros países possa ser utilizado como alternativa para a complementação do suprimento do mercado nacional. Essa alternativa passou a ter maior importância após a nacionalização das reservas de hidrocarbonetos na Bolívia, ocorrida em 2005.

A tendência de alta do preço do gás importado, assim como a nova regulamentação do governo boliviano para as companhias operadoras de petróleo que atuam naquele país, levaram o Brasil a decidir pela redução da dependência da importação de gás. Essa decisão prejudica a operação das usinas termelétricas do PPT,[11] considerando o cenário atual.

Diante do desafio de ampliar a oferta de gás para o mercado nacional, de forma economicamente viável, e reduzir a dependência da importação do gás boliviano (preço muito superior ao nacional), a Petrobras, por meio de seu Plano de Negócios para o período 2007-2012, prevê um cenário de oferta futura de gás, conforme Gráfico 1.7.

Segundo esse Plano de Negócios, é prevista a antecipação da produção de gás natural no campo de Mexilhão (Bacia de Santos), em 2008, e que terá incremento após 2010, com a entrada em produção de campos situados no bloco BS-500 nessa mesma bacia.

---

[11] Principalmente aquelas usinas que dependem do gás importado da Bolívia e que ainda não tenham acordado contrato de fornecimento de gás.

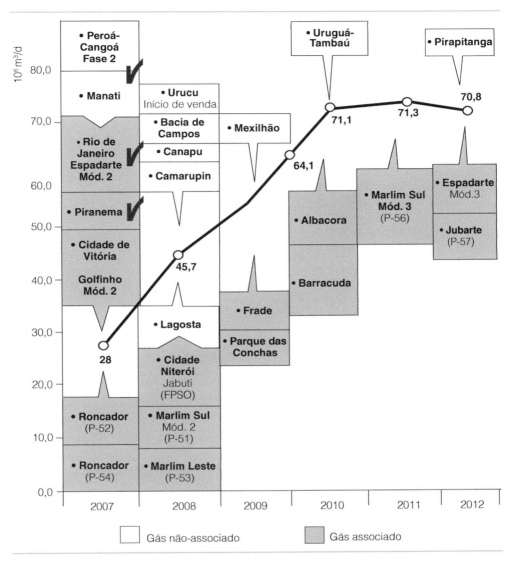

Gráfico 1.7 Oferta futura de gás no Brasil (2007-2012)

As perspectivas de crescimento da produção de gás estão principalmente suportadas na instalação de novas unidades marítimas de produção previstas para esta década e no aumento da importação do gás da Bolívia. Este último é menos provável, em virtude da nacionalização das reservas de hidrocarbonetos na Bolívia e dos altos tributos e impostos estabelecidos sobre as companhias operadoras de petróleo naquele país.

No segmento industrial existem várias aplicações, tais como combustível para a geração de calor, matéria-prima para a petroquímica, redutor siderúrgico para a fabricação do aço, entre outras.

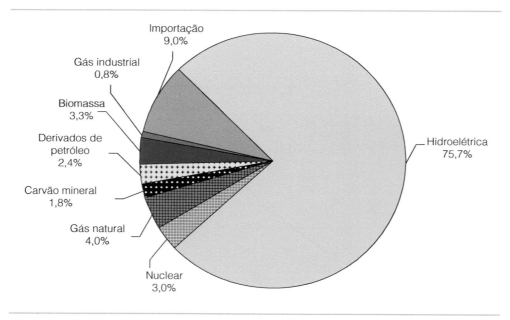

Gráfico 1.8 Matriz de oferta de energia elétrica 2006 (%)

Fonte: MME, 2007.

O setor de geração de energia elétrica é o mais promissor para o atendimento da maior parcela da demanda futura (em 2010), apesar de sua pequena participação na matriz de oferta de energia elétrica (ver Gráfico 1.8).

Em virtude das indefinições atuais quanto à regulação do setor de gás, da oscilação do preço do gás importado da Bolívia e da volatilidade crescente do setor elétrico brasileiro, os investimentos privados para construção das usinas termelétricas (PPT) vêm sendo postergados. Essas usinas envolvem grandes investimentos de capital e riscos associados aos fatores citados anteriormente, dependendo ainda da elaboração de contratos de compra do gás, normalmente de longo prazo junto a fornecedores (sobretudo Bolívia).

Segundo E. M. Santos (2002), a qualidade do mecanismo de transferência do maior custo das termelétricas para as tarifas de eletricidade está, em grande parte, nas mãos do agente regulador (Agência Nacional de Energia Elétrica – Aneel) e demais órgãos públicos federais. A revisão do modelo tarifário proposto (2002) após o racionamento de energia, ocorrido em 2001, estabeleceu a criação de fundo de seguro para compensar possíveis déficits de eletricidade (subsidiando alternativas de geração menos competitivas). O estágio atual desse modelo ainda não foi suficiente para atrair novos investidores para esse mercado. Algumas usinas já iniciaram modificações de projeto, convertendo suas instalações para condição híbrida (óleo combustível/gás natural), tendo em vista, principalmente, as grandes incertezas quanto ao atendimento da demanda futura do gás no País.

A prevalecer o quadro atual, a meta governamental de 12%, prevista para 2010, pode ficar comprometida. Essa preocupação se justifica, uma vez que o uso das termelétricas corresponde a 40% da demanda futura de gás para 2010, segundo estimativa da Petrobras (2006) apresentada no Gráfico 1.9. O cenário atual é de alta do preço do gás natural tanto de ordem nacional como doméstico, e da energia elétrica (leilões compra/venda), o que caracteriza o que alguns autores chamam de racionamento econômico (desestímulo do consumo para priorizar o uso das usinas termelétricas).

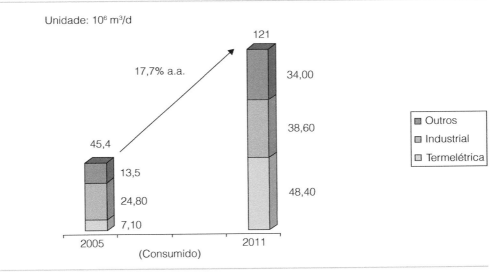

Gráfico 1.9 Estimativa da demanda futura de gás para 2011

Diante das incertezas citadas anteriormente, do atraso do cronograma de obras das usinas do PPT e dependendo também das conduções pluviométricas no final desta década, existe risco de novos eventos de racionamento físico de energia.

Com uma nova regulação do setor de gás no Brasil, esperam-se maiores incentivos ao uso do gás, substituindo o consumo da eletricidade, o do Gás Liquefeito de Petróleo (GLP) e o do óleo diesel; especialmente nos segmentos industrial e de transporte. Essa nova visão privilegia maior desconcentração da demanda futura de gás (setor termelétrico principalmente) e o desenvolvimento de novos mercados.

Após essa abordagem sobre a importância do gás natural como fonte de energia primária, o leitor encontrará no capítulo seguinte conceitos fundamentais relacionados à composição química e propriedades (químicas, físicas, físico-químicas e termodinâmicas) desse combustível. Esses conceitos irão permitir ao leitor uma melhor compreensão, sobretudo a respeito de algumas etapas que constituem a cadeia produtiva do gás (produção, condicionamento, processamento e transporte).

2

Conceitos Fundamentais

2   CONCEITOS FUNDAMENTAIS

Descrevem-se conceitos, características e propriedades do gás natural de modo a facilitar a compreensão dos assuntos abordados nos capítulos seqüentes.

2.1   DEFINIÇÕES DE PETRÓLEO E DE GÁS NATURAL

Seguem algumas definições e conceitos apresentando as diferenças básicas entre o gás natural e o petróleo.

2.1.1   Definição de petróleo

O petróleo[1] é definido como misturas de hidrocarbonetos que se apresentam na natureza em estado sólido, líquido ou gasoso, dependendo das condições de pressão e temperatura em que são encontrados. Quando o petróleo se apresenta no estado líquido, é denominado óleo cru ou simplesmente óleo. Este é definido como a parte líquida de uma mistura de hidrocarbonetos proveniente de um reservatório[2] geológico.

2.1.2   Definições de gás natural

As seguintes definições de gás natural são normalmente encontradas:
- ☐ É a porção do petróleo que existe na fase gasosa ou em solução no óleo, nas condições de reservatório, e que permanece no estado gasoso nas condições atmosféricas de pressão e temperatura.
- ☐ É a mistura de hidrocarbonetos que existe na fase gasosa ou em solução no óleo, nas condições de reservatório, e que permanece no estado gasoso nas condições atmosféricas de pressão e temperatura.

2.2   CONSTITUINTES DO PETRÓLEO E GÁS NATURAL

O petróleo e o gás natural são constituídos por hidrocarbonetos e por não hidrocarbonetos (contaminantes orgânicos e inorgânicos).

---

[1]   Do latim, *petra* significa pedra e *oleum*, óleo.
[2]   Rocha contendo acumulações de petróleo ou gás natural.

2.2.1 Hidrocarbonetos

Os hidrocarbonetos são compostos orgânicos constituídos por átomos de carbono e hidrogênio, e, de acordo com suas características, são agrupados em séries. Normalmente, os hidrocarbonetos encontrados no petróleo pertencem às séries[3] dos alcanos lineares (parafinas), dos alcanos cíclicos (naftênicos) e dos aromáticos. No petróleo encontram-se hidrocarbonetos com até mais de 60 átomos de carbono, enquanto no gás natural, hidrocarbonetos com 1 a 12 átomos de carbono.

A seguir apresentam-se as definições de cada uma dessas séries.

☐ Série dos Alcanos (hidrocarbonetos parafínicos)

As parafinas (alcanos) são caracterizadas pelo fato de os átomos de carbono se organizarem em cadeias utilizando apenas ligações simples. Isso é somente uma valência de cada átomo de carbono, usada para efetuar a ligação química entre átomos de carbono adjacentes na cadeia. O primeiro membro da série é o metano; o segundo é o etano; o terceiro, o propano; o quarto, os butanos, e assim sucessivamente. A cadeia de carbono pode se apresentar na forma linear ou ramificada (isoalcanos). A Figura 2.1 apresenta alguns hidrocarbonetos parafínicos.

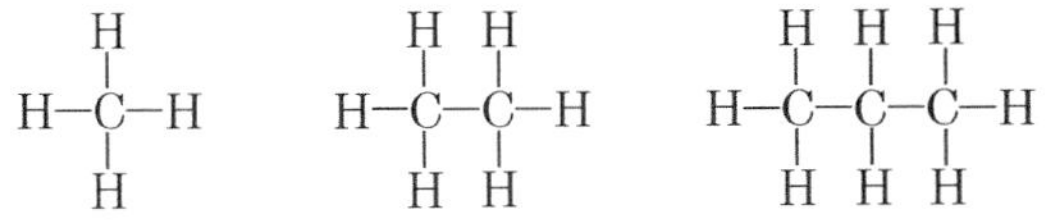

Figura 2.1 Hidrocarbonetos normais

O pentano normal, o neopentano (dimetilpropano) e o isopentano (metilbutano) são isômeros, isto é, hidrocarbonetos com a mesma fórmula molecular, porém com disposição diferente de cadeia de carbonos. Os hidrocarbonetos com o mesmo número de átomos de carbonos e de hidrogênios podem apresentar diferentes formas de combinação e de estruturas moleculares, sendo chamados de isômeros. A Figura 2.2 apresenta alguns isômeros, o normal pentano, o neopentano (dimetilpropano) e o isopentano (metilbutano), os quais contêm cinco átomos de carbono e 12 átomos de hidrogênio.

---

[3] Também denominadas "famílias".

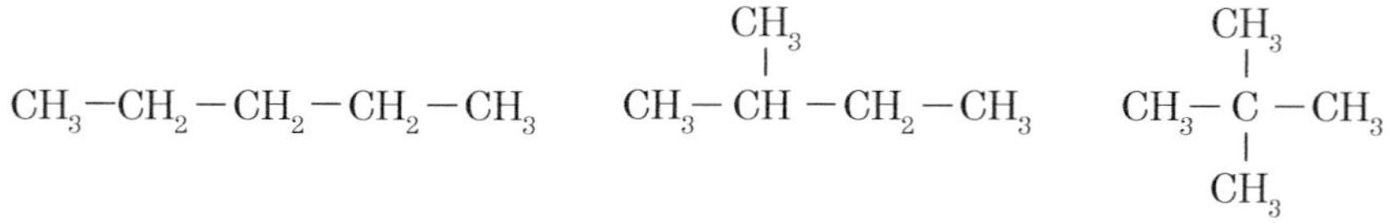

18 TECNOLOGIA DA INDÚSTRIA DO GÁS NATURAL

$$CH_3-CH_2-CH_2-CH_2-CH_3$$

$$CH_3-\overset{\overset{\displaystyle CH_3}{|}}{CH}-CH_2-CH_3$$

$$CH_3-\overset{\overset{\displaystyle CH_3}{|}}{\underset{\underset{\displaystyle CH_3}{|}}{C}}-CH_3$$

pentano

isopentano
(metilbutano)

neopentano
(dimetilpropano)

Figura 2.2   Isômeros de hidrocarbonetos

Os alcanos são muito estáveis e quimicamente inertes, não reagindo com os ácidos sulfúrico e nítrico concentrados. Eles quando queimados, liberam grande quantidade de calor e, por isso, são excelentes combustíveis.

Entre os alcanos lineares, os quatro primeiros membros da série são gasosos nas condições normais de temperatura e pressão (CNTP), do quinto ao décimo-sétimo são líquidos, e acima do décimo-oitavo são pastosos ou semi-sólidos.

☐ Série dos cicloalcanos (hidrocarbonetos naftênicos)

Os átomos de carbono podem se ligar em cadeias fechadas em forma de anéis de três ou mais átomos. As séries dos naftênicos com cinco e seis átomos de carbono são as mais comumente encontradas no petróleo, e as séries de três a quatro átomos de carbono podem ser encontradas no gás natural. Tais compostos podem apresentar radicais parafínicos normais ou mesmo ramificados, como apresentado na Figura 2.3.

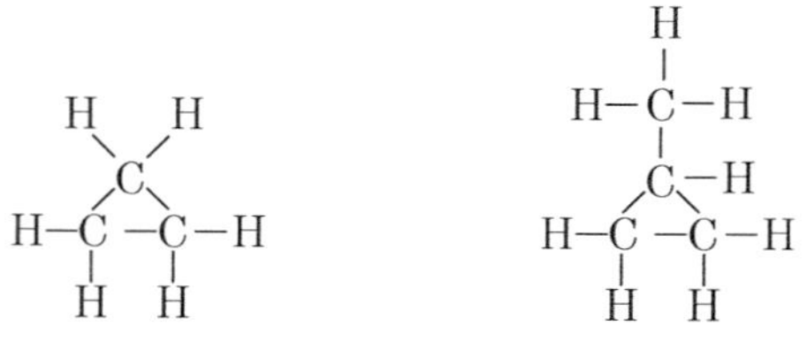

C_3H_6
ciclo propano

C_4H_8
metil ciclo propano

Figura 2.3   Hidrocarbonetos naftênicos

Os naftênicos, por serem saturados, são também estáveis e importantes constituintes do petróleo.

Conceitos Fundamentais

19

☐ Olefinas

Adicionalmente, podem ocorrer, sobretudo nos processos de refino de petróleo, hidrocarbonetos com dupla ligação entre átomos de carbono, conhecidos como insaturados (ver Figura 2.4). Eles são muito reativos e, por isso, aparecem em pequena quantidade na natureza.

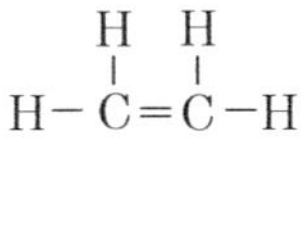

$$C_2H_4$$

eteno
(ou etileno)

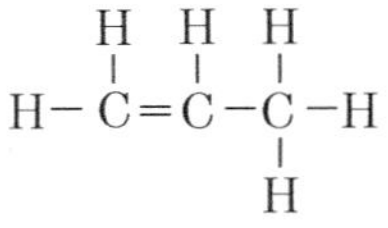

$$C_3H_6$$

propeno

Figura 2.4   Hidrocarbonetos insaturados

☐ Hidrocarbonetos aromáticos

Os hidrocarbonetos aromáticos têm como base o benzeno, que é composto de seis átomos de carbono ligados entre si por valências simples e duplas alternadas, formando um anel conhecido como anel benzênico. A Figura 2.5 apresenta um exemplo de dois importantes compostos aromáticos encontrados no petróleo, ou seja, o benzeno (C_6H_6) e o tolueno (C_7H_8).

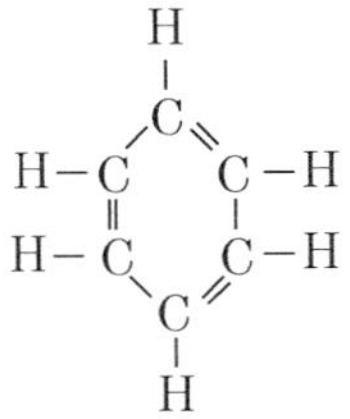

$$C_6H_6$$

benzeno

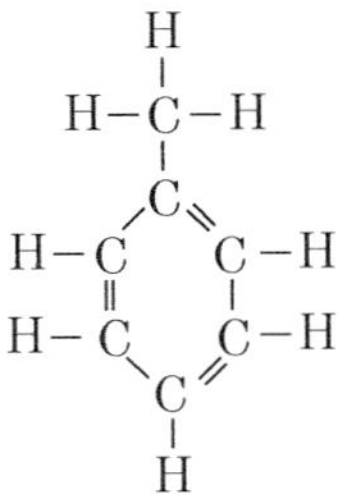

$$C_7H_8$$

tolueno

Figura 2.5   Hidrocarbonetos aromáticos

☐ Compostos de enxofre

O teor de compostos sulfurados presentes no petróleo pode variar de 0,1% a 7,0% em peso de enxofre. Os compostos mais comumente encontrados no petróleo são das classes dos tiol-alcanos, tio-alcanos, ditio-alcanos, tiofênicos e benzotiofênicos. Os tióis têm odor forte e desagradável.

A classe dos tiol-alcanos (mercaptans) caracteriza-se pela fórmula básica R-SH, por exemplo, metanotiol (metilmercaptan) – CH_3-SH.

A classe dos tio-alcanos (sulfetos) caracteriza-se pela fórmula básica R-S-R, por exemplo, CH_3-S-CH_3.

A classe dos ditio-alcanos (dissulfetos) caracteriza-se pela fórmula básica R-S-S-R, por exemplo, CH_3-S-S-CH_3.

As classes dos tiofênicos e dos benzotiofênicos são definidas por estruturas cíclicas.

☐ Compostos de nitrogênio

Os compostos nitrogenados são encontrados no petróleo em teores que variam de 0,01% a 1,00% em peso de nitrogênio. Entre os componentes nitrogenados básicos, os mais comuns são a piridina, a quinoleína e seus derivados.

☐ Compostos oxigenados

A concentração de compostos oxigenados no petróleo situa-se em torno de 0,06% a 0,4% em peso de oxigênio. Os compostos mais comuns encontrados são os ácidos derivados dos alcanos e cicloalcanos, mais conhecidos como ácidos naftênicos, e em menor quantidade aparecem os fenóis, cetonas e éteres.

☐ Compostos organometálicos

Traços de vários elementos metálicos podem ser encontrados no petróleo. Destes, os que aparecem em maior concentração são os derivados do vanádio e níquel. Esses elementos ocorrem na forma de porfirinas.

Diferentemente do petróleo, com grande diversidade de hidrocarbonetos, o gás natural é uma mistura constituída predominantemente por hidrocarbonetos parafínicos (Tabela 2.1), além de outros, que são conhecidos como não hidrocarbonetos. Tais hidrocarbonetos apresentam cadeia carbônica constituída por ligações simples, normalmente com até 12 átomos de carbono, ao contrário do que ocorre com o petróleo (mais de 60 átomos de carbono).

Tabela 2.1 Hidrocarbonetos do gás natural

Fórmula química	Abreviatura	Nome
CH_4	(C_1)	metano
C_2H_6	(C_2)	etano
C_3H_8	(C_3)	propano
C_4H_{10}	(iC_4)	isobutano ou 2-metilpropano
	(nC_4)	normal butano
C_5H_{12}	(iC_5)	isopentano ou metil butano
	$(neo\ C_5)$	neopentano ou dimetilpropano
	(nC_5)	normal pentano
C_6H_{14}	(C_6)	hexanos
C_7H_{16}	(C_7)	heptanos
C_8H_{18}	(C_8)	octanos
C_9H_{20}	(C_9)	nonanos
$C_{10}H_{22}$	(C_{10})	decanos
$C_{11}H_{24}$	(C_{11})	undecanos
$C_{12}H_{26}$	(C_{12})	dodecanos

Os hidrocarbonetos do gás natural apresentam como características comuns o fato de serem incolores, inodoros e inflamáveis. A seguir, apresentam-se algumas características individuais dos seguintes hidrocarbonetos.

O **metano** apresenta uma estrutura molecular tetraédrica e apolar (CH_4), de pouca solubilidade na água, e quando adicionado ao ar se transforma em mistura de alto teor explosivo. É o mais simples dos hidrocarbonetos, usado principalmente como combustível e na fabricação de metanol e ureia.

O **etano** é o mais simples hidrocarboneto saturado, contendo mais de um átomo de carbono. Trata-se de um composto de importância industrial por sua conversão em **etileno**, insumo importante nas indústrias petroquímicas para fabricação de plásticos (polietilenos).

O **propano** é vendido como combustível para fogões residenciais e industriais, sendo um dos componentes do Gás Liquefeito de Petróleo (GLP). Outro uso do propano é como propulsor para *sprays* **aerossóis**, especialmente após a eliminação do uso dos **CFCs**. Utilizado também para refrigeração em processos industriais, em que a refrigeração necessária é obtida por expansão "Joule-Thomson".[4] O propano é uma matéria-prima importante nas indústrias de plásticos e petroquímicas (polipropileno).

---

4   Ver capítulo 8, item 8.7.

O **butano** é um dos componentes do GLP e muito utilizado nas indústrias de borrachas sintéticas e de plásticos (polibutadienos).

Os **pentanos, hexanos, heptanos** e **octanos** são componentes comumente encontrados na gasolina e na nafta.

O **heptano** tem o ponto de referência "0" na escala de octanagem, na qual o isômero do octano 2,2,4-trimetilpentano tem o ponto de referência "100".

Os **octanos** apresentam como isômero mais importante o 2,2,4-trimetilpentano (geralmente chamado isooctano). Tal componente foi selecionado como ponto de referência "100" para a escala de octanagem, na qual o heptano tem o ponto de referência "0".

2.2.2 Não hidrocarbonetos

Da mesma forma como ocorre no petróleo, também verifica-se a presença de componentes não hidrocarbonetos na composição química do gás natural.

A Tabela 2.2 apresenta os principais componentes não hidrocarbonetos da mistura gás natural.

Tabela 2.2 Não hidrocarbonetos

N_2	nitrogênio
CO_2	dióxido de carbono (gás carbônico)
H_2O	água
H_2S	gás sulfídrico
COS	sulfeto de carbonila
CS_2	dissulfeto de carbono
R-SH	mercaptans
Hg	mercúrio
He	hélio
Ar	argônio
O_2	oxigênio
H_2	hidrogênio

Apesar de alguns autores denominarem tais componentes como "contaminantes", suas aplicações vêm crescendo significativamente na indústria do petróleo. Entre as principais aplicações previstas destacam-se:

N_2 – gás inerte, não possui reatividade química e, pelo fato de não apresentar valor energético, quando presente em alto teor pode acarretar redução significativa do poder calorífico da mistura gasosa.

CO_2 – gás ácido, que na presença de água livre forma solução ácida corrosiva, podendo provocar danos em tubulações e em equipamentos. Principal constituinte dos gases de efeito estufa, podendo ter aplicação em método não convencional de recuperação de petróleo (reservatório geológico de óleo/gás), na produção de fertilizantes, entre outros. Pelo fato de não apresentar valor energético, quando presente em alto teor pode acarretar redução significativa do poder calorífico da mistura gasosa.

H_2O – tal componente, na área de produção, apresenta grande preocupação, pois além de formar um meio líquido corrosivo com gases ácidos (CO_2 e H_2S), pode se transformar em hidratos.[5] Na área da comercialização, sua presença além do valor máximo especificado pode prejudicar a combustão do gás em equipamentos térmicos (fornos, caldeiras etc.) e em motores de veículos automotivos.

H_2S – gás ácido, da mesma forma que o CO_2, quando na presença de água, forma solução ácida corrosiva. Tal componente pode ter aplicação em processo de recuperação de enxofre, que posteriormente é usado na fabricação do ácido sulfúrico (indústria química). Além disso, esse componente tem alta toxicidade.

COS, CS_2 e R-SH (mercaptans) – são compostos de enxofre, que após a queima geram SO_2 provocando poluição ambiental.

Hg – o mercúrio não é comum na composição do gás natural, mas quando presente pode formar amálgama de metais. Esse componente tem características de alta toxicidade e seu limite de exposição no ar é de 50 $\mu g/m^3$.[6] Entre os problemas ocasionados pela presença do mercúrio destaca-se a fragilização de materiais (alumínio, liga cobre-níquel etc.), assim como a contaminação de catalisadores usados em processos no setor do refino.

He e Ar – são gases nobres que, quando presentes, podem ser extraídos comercialmente.

O_2 e o H_2 – não são comuns na composição do gás natural.

2.3 COMPOSIÇÃO DO GÁS NATURAL

Para a caracterização do gás natural, torna-se necessário expressar a participação individual dos seus componentes. Isto é feito pela definição de sua composição, que é a descrição dos componentes com as suas respectivas quantidades relativas. Esta composição pode ser definida em diferentes modos.

---

[5] Compostos sólidos cristalinos, com aspecto similar ao do gelo, que podem obstruir tubulações da planta de processo, impossibilitando o escoamento do gás.

[6] Volume medido a 0 ºC e 101 325 Pa (1 atm).

24 TECNOLOGIA DA INDÚSTRIA DO GÁS NATURAL

2.3.1 Fração

Para expressar a quantidade de cada componente utiliza-se a fração e, dessa forma, apresenta-se a Tabela 2.3, com a composição de k componentes da mistura, em diversas formas.

Tabela 2.3 Forma de expressar a composição

Fração em massa ou % em massa	$f_i = \dfrac{m_i}{\sum\limits_{i=1}^{k} m_i}$ ou $f_i\% = \dfrac{m_i}{\sum\limits_{i=1}^{k} m_i} \times 100$	(2.1a)
Fração em volume ou % em volume	$\phi_i = \dfrac{V_i}{\sum\limits_{i=1}^{k} V_i}$ ou $\phi_i\% = \dfrac{V_i}{\sum\limits_{i=1}^{k} V_i} \times 100$	(2.1b)
Fração em quantidade de matéria ou % em quantidade de matéria[7]	$x_i = \dfrac{N_i}{\sum\limits_{i=1}^{k} N_i}$ ou $x_i\% = \dfrac{N_i}{\sum\limits_{i=1}^{k} N_i} \times 100$	(2.1c)

Fonte: BRASIL, 1999.

A soma das frações individuais dos componentes da mistura gasosa é igual a 1, ou igual a 100 se for expresso em porcentagem, como expressos nas equações a seguir.

$$\Sigma f_i = 1 \tag{2.2}$$

$$\Sigma f_i\% = 100 \tag{2.3}$$

Exemplo 2.1 Cálculo de composição de mistura expressa em fração

Uma mistura gasosa apresenta a seguinte composição em massa. Calcule a fração em massa e em quantidade de matéria de cada componente da mistura.

Componentes	Massa (kg)	Massa molar (kg/kmol)
N_2	10	28
CO_2	20	44
CH_4	150	16

---

[7] Esta fração era conhecida como "fração molar", nome não mais recomendado e considerado obsoleto.

Solução

Cálculo das frações em massa dos componentes:

$$f_{CO_2} = \frac{m_{CO_2}}{m_{N_2} + m_{CO_2} + m_{CH_4}} = \frac{20\ kg}{10\ kg + 20\ kg + 150\ kg} = 0,111$$

$$f_{N_2} = \frac{m_{N_2}}{m_{N_2} + m_{CO_2} + m_{CH_4}} = \frac{10\ kg}{10\ kg + 20\ kg + 150\ kg} = 0,056$$

$$f_{CH_4} = \frac{m_{CH_4}}{m_{N_2} + m_{CO_2} + m_{CH_4}} = \frac{150\ kg}{10\ kg + 20\ kg + 150\ kg} = 0,833$$

Cálculo das frações em quantidade de matéria dos componentes:

$$N_{N_2} = \frac{m_{N_2}}{M_{N_2}} = \frac{10\ kg}{28\ kg/kmol} = 0,36\ kmol$$

$$N_{CO_2} = \frac{m_{CO_2}}{M_{CO_2}} = \frac{20\ kg}{44\ kg/kmol} = 0,45\ kmol$$

$$N_{CH_4} = \frac{m_{CH_4}}{M_{CH_4}} = \frac{150\ kg}{44\ kg/kmol} = 3,41\ kmol$$

$$x_{N_2} = \frac{N_{N_2}}{N_{N_2} + N_{CO_2} + N_{CH_4}} = \frac{0,36\ kmol}{0,36\ kmol + 0,45\ kmol + 3,41\ kmol} = 0,085$$

$$x_{CO_2} = \frac{N_{CO_2}}{N_{N_2} + N_{CO_2} + N_{CH_4}} = \frac{0,45\ kmol}{0,36\ kmol + 0,45\ kmol + 3,41\ kmol} = 0,107$$

$$x_{CH_4} = \frac{N_{CH_4}}{N_{N_2} + N_{CO_2} + N_{CH_4}} = \frac{3,41\ kmol}{0,36\ kmol + 0,45\ kmol + 3,41\ kmol} = 0,808$$

2.3.2 Teores expressos como ppm, ppb e ppt

Os componentes do gás natural que se apresentam em frações muito pequenas, utilizam a grandeza teor, expressa em massa, volume ou quantidade de matéria, podendo ser representadas como: *parte por milhão, parte por bilhão e parte por trilhão de partes.*

Como exemplo, tem-se que o teor em massa de 0,0001% (fração = 0,000001) é designado por 1 ppm, que equivale a 1 mg/kg da mistura. A Tabela 2.4, a seguir, mostra as unidades equivalentes à ppm, ppb e ppt para diferentes bases.

26 TECNOLOGIA DA INDÚSTRIA DO GÁS NATURAL

Quando se trata de gás, o teor em ppm é expresso em volume ou em quantidade de matéria, como será visto no item 2.4.10 (equação 2.35). Embora não seja recomendado o uso de ppm, é comum ainda o seu uso; por isto, neste livro quando for necessário aparecerá a expressão ppm vol.

Tabela 2.4 Formas de expressar teor para materiais diluídos

Tipo de base	Unidades equivalentes a		
	ppm	ppb	ppt
Massa	$\dfrac{mg}{kg}$	$\dfrac{\mu g}{kg}$	$\dfrac{ng}{kg}$
Volume	$\dfrac{cm^3}{m^3}$ ou $\dfrac{\mu l}{l}$	$\dfrac{mm^3}{m^3}$ ou $\dfrac{nl}{l}$	$\dfrac{mm^3}{km^3}$ ou $\dfrac{pl}{l}$
Quantidade de matéria	$\dfrac{\mu mol}{mol}$ ou $\dfrac{mmol}{kmol}$	$\dfrac{\mu mol}{kmol}$ ou $\dfrac{mmol}{Mmol}$	$\dfrac{nmol}{kmol}$ ou $\dfrac{\mu mol}{Mmol}$

Fonte: BRASIL, 1999, p. 89.

2.3.3 Concentração

O termo concentração é utilizado para definir a quantidade de uma substância (denominada soluto) em determinada quantidade do material expressa em volume. A quantidade do soluto pode ser expressa em massa, em volume, ou em quantidade de matéria. Dessa forma, tem-se três diferentes tipos de concentração:

☐ Concentração em massa.

☐ Concentração em volume.

☐ Concentração em quantidade de matéria.

Segundo as normas da União Internacional de Química Pura e Aplicada (IUPAC), o termo concentração, sem qualquer simplificação, só deve ser usado quando se referir à concentração em quantidade de matéria.[8] Entretanto, se o uso isolado do termo concentração for ambíguo, deve-se utilizar o termo completo, ou seja, concentração em quantidade de matéria.

A Tabela 2.5 apresenta as seguintes formas de expressar as diferentes concentrações.

---

[8] Antes denominado molaridade. Atualmente, este termo, assim como concentração molar, não deve ser mais usado.

Conceitos Fundamentais

Tabela 2.5 Formas de se expressar a concentração

Concentração em massa	$\gamma_i = \dfrac{m_i}{V_{mistura}}$	(2.4a)
Concentração em volume	$\sigma_i = \dfrac{V_i}{V_{mistura}}$	(2.4b)
Concentração em quantidade de matéria	$c_i = \dfrac{N_i}{V_{mistura}}$	(2.4c)

Fonte: BRASIL, 1999, p. 90.

Exemplo 2.2 Diferença entre fração em volume e concentração em volume

Uma solução aquosa constituída por 100,0 ml de água e 100,0 ml de etanol são misturados a 20 °C, ocupando um volume final de 192,94 ml. Calcule a fração em volume (ϕ_i) e a concentração em volume de etanol (σ_i).

Solução

$$\text{Fração em volume} = \phi_{etanol} = \frac{100,0\ ml}{100,0\ ml + 100,0\ ml} = 0,500 = 500,0\ \frac{ml}{l}$$

$$\text{Concentração em volume} = \sigma_{etanol} = \frac{100,0\ ml}{192,4\ ml} = 0,518 = 518\ \frac{ml}{l}$$

Esse exemplo mostra que a concentração em volume (σ_i) não é necessariamente igual à fração em volume (ϕ_i). Elas somente seriam iguais para misturas gasosas e para misturas líquidas ideais. Nesses casos, o volume total da mistura corresponde à soma dos volumes individuais das substâncias componentes (não há contração nem expansão do volume da mistura).

Exemplo 2.3 Cálculo da concentração do etanol

Com os dados do exemplo anterior, calcule a concentração do etanol em massa e em quantidade de matéria. Dado: $\rho_{etanol} = 789,34$ kg/m³.

Solução

Massa molar do etanol = 46,07 $kg/kgmol$

$$\gamma_{etanol} = \sigma_{etanol}\ \rho_{etanol}\ \left\{ \frac{0,518\ m^3_{\ etanol}}{m^3_{\ etanol}} \right\} \left[\frac{789,34\ kg_{\ etanol}}{m^3_{\ etanol}} \right]$$

$$\gamma_{etanol} = 409\ \frac{kg}{m^3_{\ mistura}}$$

$$c_{\text{etanol}} = \frac{\gamma_{\text{etanol}}}{M_{\text{etanol}}} = \left\{ \frac{409 \, kg_{\text{etanol}}}{m^3_{\text{mistura}}} \right\} \left[\frac{kmol_{\text{etanol}}}{46,07 \, kg_{\text{etanol}}} \right]$$

$$c_{\text{etanol}} = 8,88 \, \frac{kmol}{m^3_{\text{mistura}}}$$

É fácil provar que as relações entre as formas de se expressar a concentração são dadas por:

$$\gamma_i = \sigma_i \rho_i \tag{2.5a}$$

$$\gamma_i = c_i M_i \tag{2.5b}$$

ρ_i e M_i são, respectivamente, a massa específica e a massa molar do componente i.

2.3.4 Composições típicas do gás natural

A composição química do gás natural é apresentada na forma de porcentagem volumétrica (ou quantidade de matéria) para todos os componentes do gás natural. A Tabela 2.6 mostra algumas composições típicas de gás natural encontradas no País.

Tabela 2.6 Composição típica de gás natural no Brasil

Composição (% vol.)	Ceará/ Rio Grande do Norte	Sergipe/ Alagoas	Bahia	Espírito Santo	Rio de Janeiro	São Paulo	Amazonas
C1	74,53	81,32	81,14	88,16	79,69	87,98	68,88
C2	10,40	8,94	11,15	4,80	9,89	6,27	12,20
C3	5,43	3,26	3,06	2,75	5,90	2,86	5,19
C4	2,81	1,84	1,39	1,55	2,13	1,16	1,80
C5	1,30	0,74	0,72	0,44	0,77	0,27	0,43
C6+	1,40	0,42	0,30	0,44	0,44	0,07	0,18
N_2	1,39	1,51	1,43	1,62	0,80	1,16	11,12
CO_2	2,74	1,97	0,81	0,24	0,50	0,23	0,20
H_2S (mg/m^3)	1,50	7,50	7,60	7,50	6,70	Traços	------

Conforme pode ser verificado na Tabela 2.6, o principal componente do gás natural é o metano, que devido a sua predominante participação reflete as principais propriedades da mistura gás natural. A baixa densidade do gás natural (mais leve do que o ar) é explicada pela proporção do metano na mistura gasosa, enquanto os demais hidrocarbonetos são mais densos.

A contribuição da participação dos não hidrocarbonetos é mais modesta (abaixo de 10% vol.).

2.3.5 Análise do gás natural

A composição do gás natural é obtida por meio de uma análise denominada cromatográfica, que é muito utilizada na indústria do petróleo para caracterização de misturas gasosas. A cromatografia gasosa é uma técnica que se baseia no princípio da diferença de velocidade da migração de componentes gasosos através de um meio poroso. A identificação da composição das frações existentes ocorre no interior de um equipamento denominado cromatógrafo. A análise cromatográfica é constituída pela associação de sistemas, conforme Figura 2.6 a seguir.

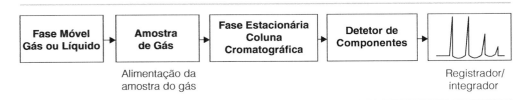

Figura 2.6 Estrutura básica de uma análise cromatográfica

Tal técnica consiste na utilização de uma amostra, que é vaporizada e introduzida em um fluxo de um gás chamado de Fase Móvel (FM) ou gás de arraste. No caso de a fase móvel ser líquida, a análise é denominada de cromatografia líquida; entretanto, se for gasosa, esta é denominada cromatografia gasosa. Normalmente, na cromatografia gasosa se utiliza o gás hidrogênio, nitrogênio ou hélio como fluido de arraste. Esse fluxo gasoso, contendo a amostra vaporizada, passa por uma coluna separadora (coluna cromatográfica) denominada Fase Estacionária (FE), na qual ocorre a separação da mistura. A fase estacionária pode ser constituída por um sólido adsorvente (cromatografia gás-sólido) ou por um filme de um líquido de baixa volatilidade, suportado por um sólido inerte (cromatografia gás-líquido), ou mesmo sobre a própria parede do tubo (cromatografia gasosa de alta resolução). Duas ou mais diferentes colunas cromatográficas são necessárias para detectar a maioria dos componentes do gás natural.

Os componentes da mistura gasosa, já separados e dissolvidos no gás de arraste, que saem da coluna cromatográfica, passam por um dispositivo (detector) que, por sua vez, gera um sinal elétrico proporcional à quantidade de material (componente)

presente. Os dectetores mais comuns são o de condutividade térmica e o de ionização de chama de hidrogênio. O registro desse sinal em função do tempo é realizado pelo conjunto registrador/integrador, cujo resultado final é a emissão de um cromatograma[9] (ver Gráfico 2.1). Os componentes que nele aparecem são picos, com área proporcional à sua massa, o que possibilita a execução da análise quantitativa da mistura gasosa.

Normalmente, a análise cromatográfica é feita em base seca, ou seja, sem considerar a umidade presente na mistura gasosa. Portanto, a composição final será em base seca, sem considerar a presença de água. A determinação da água pode ser de forma empírica, utilizando métodos computacionais, cartas específicas ou analisadores de umidade do gás. Com esse resultado é possível realizar as correções (normalização)[10] das composições obtidas anteriormente em base seca.

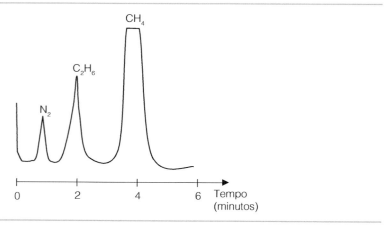

Gráfico 2.1 Representação esquemática de um cromatograma

A análise cromatográfica, geralmente, não é utilizada para a determinação do teor de H_2S e para os demais compostos sulfurados que porventura existam no gás natural. Nesses casos, utilizam-se análises específicas (método ASTM)[11] para a determinação das respectivas composições.

A representatividade da amostra de gás é de suma importância para a obtenção de uma análise cromatográfica confiável. A coleta de amostra é realizada por meio de cilindros de amostragem, com pressão adequada às condições de fluxo do ponto de amostragem. Para assegurar uma boa condição de amostragem é imprescindível que

---

[9] Conhecido como resultado da análise cromatográfica do gás.
[10] Consiste na atribuição de uma nova base de cálculo (100% vol. – teor de umidade em porcentagem volumétrica) e a correção de cada componente, obtido na base anterior (100% vol.).
[11] American Standard for Testing and Materials.

seja evitada a coleta do gás em situações de instabilidade da planta ou mesmo em pontos em que não há continuidade de fluxo.

A determinação da composição do gás é fundamental no controle da unidade industrial, como:

☐ Controle da qualidade do gás comercializado.

☐ Análise da performance de compressores e de turbinas a gás.

☐ Atualização dos parâmetros dos medidores de vazão de gás.

☐ Identificação ou controle da presença de contaminantes.

2.4 COMPORTAMENTO DOS GASES

A característica de compressibilidade de gases ocasiona uma dificuldade de expressar o seu volume, por depender da pressão, da temperatura e da sua composição dos gases.

As vazões volumétricas do gás natural são sempre medidas em condições de referências de pressão e temperatura. No Brasil, os volumes ou vazões de gás natural são expressos sempre nas condições de referência de 101 325 Pa de pressão e 20 °C de temperatura.

Explora-se, a seguir, os efeitos da compressibilidade do gás natural.

2.4.1 O estado gasoso

O estudo dos gases apresenta comportamento muito diferente dos sólidos e líquidos. Estes últimos praticamente são incompressíveis, o que significa que o volume ocupado pelas substâncias nesse estado depende apenas da sua temperatura. Os gases, em virtude do maior grau de liberdade de movimentação de suas moléculas (movimento aleatório), são compressíveis. O volume ocupado pelo gás depende simultaneamente da pressão e da temperatura em que se encontram.

Em razão desse comportamento particular, o estado de uma determinada massa gasosa é definido por três variáveis de estado: pressão, volume e temperatura.

2.4.2 Gás ideal

Para começarmos o estudo das equações de estado de um gás real, consideraremos um gás hipotético conhecido como gás ideal, que possui as seguintes características:

☐ O volume ocupado pelas moléculas é insignificante em relação ao volume ocupado pelo gás.

☐ Não existem forças atrativas ou repulsivas entre as moléculas ou entre estas e as paredes do recipiente no qual está contido o gás.

☐ Todas as colisões de moléculas são perfeitamente elásticas, ou seja, não há perda de energia interna.

Entre as inúmeras transformações a que o gás ideal pode ser submetido, destacam-se as seguintes leis aplicadas para um comportamento ideal de um gás:

Transformações isotérmicas – Lei de Boyle

Robert Boyle (1660-1662) e Edme Mariotte (1674) estudaram o comportamento gasoso e enunciaram a seguinte proposição, conhecida como a Lei de Boyle-Mariotte.

Numa transformação em temperatura constante, o volume V ocupado
por uma determinada massa gasosa é inversamente proporcional
à pressão P, a que está submetida.

A Equação 2.6 representa a Lei de Boyle – Mariotte.

$$\frac{V_1}{V_2} = \frac{P_1}{P_2} \quad \text{ou} \quad P_1 V_1 = P_2 V_2 \tag{2.6}$$

Em que:

P_1 = Pressão inicial, V_1 = Volume inicial
P_2 = Pressão final, V_2 = Volume final

Transformações isobáricas – Lei de Charles e Gay Lussac

Charles (1787) e Gay-Lussac (1802) realizaram experimentos com massa de gás submetida à pressão constante, cuja a proposição é apresentada a seguir.

Numa transformação em pressão constante (isobárica), os volumes de uma determinada
massa gasosa são proporcionais às temperaturas absolutas em que são medidos.

A Equação 2.7 representa a Lei de Charles.

$$\frac{V_1}{V_2} = \frac{T_1}{T_2} \quad \text{ou} \quad V_1 T_2 = V_2 T_1 \tag{2.7}$$

Essas duas leis podem ser combinadas em uma única expressão matemática, que reúne as três variáveis: volume, pressão e temperatura, dando origem à chamada "equação de estado dos gases ideais".

$$\frac{P_1 V_1}{T_1} = \frac{P_2 V_2}{T_2} \quad \text{ou} \quad \frac{PV}{T} = \text{constante} = nR \qquad (2.8)$$

Em que:

n = Quantidade de matéria

P_1 = Pressão inicial, P_2 = Pressão final

V_1 = Volume inicial, V_2 = Volume final

T_1 = Temperatura inicial, T_2 = Temperatura final

R é a constante dos gases ideais cujo valor depende das unidades de P, V, T e n. O seu valor nas unidades SI é 8,314 Pa.m^3/(mol.K).

As equações apresentadas anteriormente consideram as pressões e as temperaturas como absolutas. A pressão e a temperatura absolutas de um gás podem ser calculadas pelas equações a seguir:

Pressão absoluta = Pressão manométrica + Pressão barométrica local $\qquad$ (2.9)

Temperatura absoluta = Temperatura relativa + Temperatura do zero absoluto $\quad$ (2.10)

No sistema internacional de unidades, a pressão deve ser expressa em pascal (Pa) e, para efeitos práticos, a pressão barométrica local muitas vezes pode ser aproximada pela pressão atmosférica normal, cujo valor é 101 325 Pa.

A temperatura absoluta deve ser expressa em kelvin (K), cuja relação com a temperatura relativa é dada pela expressão:

$$T(\text{K}) = T(^\circ\text{C}) + 273,15 \qquad (2.11)$$

Para que possam ser calculadas as propriedades dos gases, certos estados-padrão de temperatura e pressão são especificados arbitrariamente e, em geral, denominados de condições-padrão. As condições conhecidas como Condições Normais de Temperatura e Pressão (CNTP) eram: 273,15 K (0 °C) e 101 325 Pa (1 atm padrão). Atualmente, os valores recomendados pela União Internacional de Química Pura e Aplicada (IUPAC) são: 273,15 K (0 °C) e 100 000 Pa.

Na indústria do petróleo e gás natural, como existe muita influência dos padrões americanos, ainda se verificam as condições conhecidas como SC *(standard condition)*, que são 60 °F e 14,7 psia (1 atm padrão).

No Brasil, além das CNTP, é adotada como padrão em algumas indústrias, bem como regulamentada pela ANP para o gás natural, a temperatura de 20 °C em vez de 0 °C, mantendo-se a pressão atmosférica padrão. Nesse contexto, Brasil (1999) denominou esses padrões de "condições BR".

34 TECNOLOGIA DA INDÚSTRIA DO GÁS NATURAL

Tabela 2.7 Condições-padrão de gases

Condições-padrão	Temperatura	Pressão
CNTP antiga	273,15 K (0 °C)	101 325 Pa (1 atm)
CNTP atual	273,15 K (0 °C)	100 000 Pa (1 bar)
BR	293,15 K (20 °C)	101 325 Pa (1 atm)
SC	288,75 K (519,67 R ou 60 °F)	101 325 Pa (1 atm ou 14,7 psia)

Fonte: BRASIL, 1999, p. 94.

Outras equações de estado também são utilizadas para representar o comportamento do estado gasoso, como a de Van der Waals (Equação 2.12) e de a Redlich-Kwong (Equação 2.15).

$$P = \frac{RT}{V_m - b} - \frac{a}{V_m^2} \tag{2.12}$$

Em que:

$$a = \frac{27\,R^2\,T_c^2}{64\,P_c} \tag{2.13}$$

$$b = \frac{RT_c}{8\,P_c} \tag{2.14}$$

$$P = \frac{RT}{V_m - b} - \frac{a}{\sqrt{T}V_m(V_m + b)} \tag{2.15}$$

Em que:

$$a = \frac{0,42748\,R^2\,T_c^{2,5}}{P_c} \tag{2.16}$$

$$b = \frac{0,08664\,R\,T_c}{P_c} \tag{2.17}$$

2.4.3 Volume molar

O volume molar é a relação entre o volume ocupado por uma substância e a quantidade de matéria que ela contém. Trata-se de uma propriedade das substâncias muito utilizada para gases, embora também possa ser utilizada para líquidos.

$$V_m = \frac{V}{n} \tag{2.18}$$

A Equação 2.18, que representa a equação de estado dos gases ideais, pode ser reescrita como:

$$\frac{PV}{nT} = R \quad \therefore \quad \frac{PV_m}{T} = R \quad \text{ou} \quad PV_m = RT \tag{2.19}$$

Tabela 2.8 Volume molar de gases nas condições-padrão

Condições-padrão	Temperatura/pressão	Volume molar
CNTP antiga	273,15 K/101 325 Pa	22,414 m³/kmol
CNTP atual	273,15 K/100 000 Pa	22,71 m³/kmol
BR	293,15 K/101 325 Pa	24,055 m³/kmol
SC	288,75 K/101 325 Pa	23,69 m³/kmol ou 379,49 ft³/lbmol

Fonte: BRASIL, 1999, p. 94.

A relação entre o volume molar na temperatura de 20 °C e a 0 °C na mesma pressão mostra que o volume medido de um gás na temperatura de 20 °C é 7,3% maior do que a 0 °C.

$$\frac{V_m \ (20\ ^\circ\text{C})}{V_m \ (0\ ^\circ\text{C})} = \frac{24{,}055 \ \text{m}^3/\text{Kmol}}{22{,}414 \ \text{m}^3/\text{Kmol}} = 1{,}0732 \tag{2.20}$$

2.4.4 Massa molecular

De acordo com a teoria atômico-molecular clássica, uma molécula deve ser entendida como um agregado de átomos do mesmo elemento ou não, caso se trate de uma substância simples ou composta. A massa de uma molécula é igual à soma das massas dos átomos que a constituem.

Dessa forma, pode-se associar às moléculas das várias substâncias números proporcionais às suas massas. Considerando duas substâncias quaisquer, U_x e U_y, sendo m_x e m_y as massas de cada uma de suas moléculas, respectivamente, obtem-se a expressão 2.21.

$$\frac{M_x}{M_y} = \frac{m_x}{m_y} \tag{2.21}$$

Em que:

M_x e M_y são as massas moleculares das substâncias U_x e U_y, respectivamente.

Portanto, para se definir a massa molecular (M_x) de uma determinada substância qualquer U_x, deve-se determinar a massa molecular (M_y) da substância estabelecida como padrão U_y.

Adotando-se o oxigênio como substância padrão, com sua massa molecular de número 32, a expressão anterior pode ser apresentada como:

$$M_x = 32\,\frac{m_x}{m_y} \qquad (2.22)$$

Devido à existência de isótopos, as massas das moléculas de uma mesma substância não são sempre as mesmas. Assim, as massas das moléculas mencionadas como constantes para uma mesma substância devem ser entendidas como as massas médias.

A massa molecular de uma substância é o número que exprime a massa média m* de uma molécula dessa substância, tendo como referência a unidade unificada de massa atômica (μ), conforme apresentado na expressão a seguir.

$$m^* = M\,\mu \qquad (2.23)$$

Exemplo: massa molecular da água = 18. Significa que uma molécula de água tem uma massa média aproximadamente igual a 18 μ, ou seja,

m água = 18 μ = 18 x 1,66054 x 10^{-27} kg

2.4.5 Quantidade de matéria

Com o objetivo de não se trabalhar com massas muito pequenas, os físicos e os químicos usaram no passado grandezas como o átomo-grama e a molécula-grama, as quais continham um número muito grande de entidades elementares, seja átomos ou moléculas, para não se trabalhar com valores muito pequenos de massa. No entanto, na década de 1960, a União Internacional de Física Pura e Aplicada (IUPAP) e a União Internacional de Química Pura e Aplicada (IUPAC) concordaram em adotar a quantidade de matéria como grandeza de base do Sistema Internacional, cuja unidade seria o mol. Posteriormente, em 1971, a 14ª Conferência Geral de Pesos e Medidas (14ª CGPM) confirmou a adoção do mol como unidade da grandeza quantidade de matéria cuja definição é a seguinte: "quantidade de matéria de um sistema que contém tantas entidades elementares quantos são os átomos contidos em 0,012 quilograma de carbono 12; seu símbolo é mol" (BRASIL, 1999, p. 41).

Quando se utiliza o mol, as entidades elementares devem ser especificadas, podendo ser átomos, moléculas, íons, elétrons, outras partículas ou agrupamentos específicos de tais partículas.

Assim, "o mol é uma das sete unidades de base do Sistema Internacional de Unidades, bem como o metro (comprimento), o quilograma (massa), o segundo (tempo), o ampère (intensidade de corrente elétrica), o kelvin (temperatura) e a candela (intensidade luminosa)" (BRASIL, 1999, p. 41).

Com a adoção da grandeza quantidade de matéria (com símbolo n) e a sua unidade mol, os termos número de moles (ou número de mols), molécula-grama ou átomo-grama ficaram obsoletos. A grandeza quantidade de matéria é definida de forma relacional com o número de entidades elementares *(N)* da substância de que se trata. Assim, pode-se escrever:

$$N_A = \frac{N}{n}$$

(2.24)

Em que: N_A corresponde ao número de entidades *(N)* por unidade de quantidade de matéria *(n)* e tem valor constante de 6,02214 x 10^{23}, conhecido como a constante de Avogadro.

2.4.6 Massa molar

De forma análoga, a massa é diretamente proporcional à sua quantidade de matéria, em que a constante de proporcionalidade permite a conversão da massa em quantidade matéria. Essa constante de proporcionalidade é a massa molar *M* da substância, a grandeza a ser usada em cálculos estequiométricos, cujas unidades no Sistema Internacional são kg/mol ou kg/kmol.

$$M = \frac{m}{n}$$

(2.25)

Os valores das massas molares das substâncias são obtidos associando-se as unidades kg/kmol às massas atômicas ou às massas moleculares relativas.

De acordo com o recomendado pela IUPAC, a massa molar deve ser utilizada em substituição aos termos obsoletos átomo-grama ou molécula-grama, usados para se referir à massa em gramas de um mol de entidades.

2.4.7 Massa molar média

No caso de misturas de gases, o cálculo da massa molar média da mistura pode ser feito pela seguinte expressão:

$$M_{mistura} = \sum M_i\, y_i$$

(2.26)

Em que:

$M_{mistura}$ = massa molar média da mistura gasosa

M_i = massa molar do componente "i" na mistura gasosa

y_i = fração em quantidade de matéria (ou volumétrica)[12] do componente "i" na mistura gasosa

---

[12] Fração em quantidade de matéria e volumétrica são iguais.

2.4.8 Massa específica e densidade

Os conceitos de massa específica e de densidade são, seguidas vezes, confundidos, ocasionando avaliações improcedentes. Procura-se aqui explicar as diferenças entre essas duas propriedades.

2.4.8.1 Massa específica

A massa específica de uma substância é definida como a relação entre a sua massa e o seu volume em uma determinada condição de temperatura e pressão. É, portanto, uma grandeza com unidades de massa por volume e, no Sistema Internacional, expressa em quilograma por metro cúbico (kg/m^3).

$$\rho = \frac{m}{V} \tag{2.27}$$

2.4.8.2 Densidade

A densidade de uma substância é a razão entre a sua massa específica e a de uma outra tomada como referência. No caso de gases é comum adotar as mesmas condições de temperatura e pressão para ambas as substâncias. Como a densidade é uma relação entre duas grandezas de iguais dimensões, ela é uma grandeza adimensional e, portanto, sem unidades.

$$d = \frac{\rho_{substância}}{\rho_{substância\ referência}} \tag{2.28}$$

2.4.8.3 Massa específica e densidade de gases ideais

A massa específica de um gás ideal pode ser calculada em qualquer condição de pressão e temperatura, desde que se conheça a massa molar do gás, por meio da Equação 2.29.

$$\frac{PV}{T} = nR = \frac{m}{M}R \ \therefore \ \frac{m}{V} = \rho = \frac{PM}{RT} \tag{2.29}$$

Se o objetivo for calcular a massa específica do gás em uma certa condição-padrão, cujos valores do volume molar e da massa molar sejam conhecidos, tem-se a Equação 2.30.

$$\text{Da Equação 2.19:} \ V_m = \frac{RT}{P} \longrightarrow \rho = \frac{PM}{RT} = \frac{M}{V_m} \tag{2.30}$$

Como para gases é comum se adotar as mesmas condições de temperatura e pressão tanto para o gás de referência como para o gás que se deseja calcular a densidade, o seu cálculo pode ser facilmente realizado pela Equação 2.31, conhecendo-se apenas a massa molar do gás e a do gás de referência, que normalmente é o ar.

$$d = \frac{\rho_{gás}}{\rho_{ar}} = \frac{\dfrac{M_{gás}}{V_{m,\,gás}}}{\dfrac{M_{ar}}{V_{m,\,ar}}} \tag{2.31}$$

Se o ar e o gás são considerados gases ideais, a Equação 2.32 é obtida.

$$d = \frac{\rho_{gás}}{\rho_{ar}} = \frac{M_{gás}}{M_{ar}} \tag{2.32}$$

2.4.9 Mistura de gases ideais

Existem algumas teorias que tentam representar o comportamento dos gases. Com a evolução computacional, os modelos são cada vez mais aperfeiçoados. Seguem alguns modelos tradicionalmente conhecidos.

Lei de Dalton (lei das pressões parciais)

Em uma mistura de diferentes gases, a pressão total exercida pela mistura é função do impacto de todas as moléculas sobre o recipiente que os contêm. Essa contribuição de cada componente da mistura na pressão do sistema é denomina pressão parcial do componente, a qual é proporcional ao número de moléculas do gás presente na mistura ou, em última análise, é proporcional à sua fração em quantidade de matéria na mistura. Em outras palavras:

$$p_i = P\,y_i = P\,\frac{n_i}{\sum n_i} \tag{2.33}$$

Em que:

y_i = fração em quantidade de matéria do componente i na mistura gasosa

p_i = pressão parcial do componente i na mistura gasosa

P = pressão total da mistura gasosa

n_i = quantidade de matéria do componente i na mistura gasosa

A soma das pressões parciais de cada gás componente i é igual à pressão total da mistura gasosa.

Lei de Amagat (volumes do componente puro)

De forma semelhante à Lei de Dalton, a Lei de Amagat está relacionada à aditividade, mas para volumes, ou seja, a lei estabelece que o "volume total ocupado pela mistura gasosa é igual à soma dos volumes que cada gás ocuparia caso estivesse só à mesma condição de temperatura e pressão a que está submetida a mistura". No entanto, essa aditividade só ocorre se a mistura gasosa tiver um comportamento ideal, pois, do contrário, poderá ocorrer uma contração ou expansão do volume, devido às forças intermoleculares.

$$V = \sum V_i \tag{2.34}$$

O volume V_i que cada componente puro exerce na mistura gasosa ideal é proporcional à sua fração em quantidade de matéria na mistura.

$$V_i = V\,y_i = V\,\frac{n_i}{\sum n_i} \quad \text{ou} \quad \frac{V_i}{V} = \frac{n_i}{\sum n_i} \tag{2.35}$$

Em que:

y_i = fração em quantidade de matéria do componente i

V_i = volume parcial do componente i na mistura gasosa

V = volume total da mistura gasosa

n_i = quantidade de matéria do componente i na mistura gasosa

Da Equação 2.35, pode-se concluir que, para uma mistura gasosa ideal, a fração molar do componente na mistura é igual à sua fração volumétrica, o que é importante nos cálculos estequiométricos, uma vez que a análise de uma mistura é expressa em fração volumétrica e, no entanto, pode-se usar a fração molar para cálculos das propriedades médias da mistura, como a massa molar média.

2.4.10 Gás real

Na prática, verifica-se que os comportamentos dos gases reais se afastam do modelo ideal citado anteriormente. Entretanto, pode-se considerar que os gases reais se comportam como gases ideais, nas condições de pressão baixa e/ou temperatura alta.

O afastamento da idealidade deve-se às intensas interações moleculares que ocorrem no gás real, quando submetido a altas pressões. Dessa forma, dependendo das distâncias entre as moléculas, pode haver forças atrativas (para longas distâncias) ou repulsivas (curtas distâncias). Esse comportamento explica os desvios de volume ocupado por um gás real em relação ao estado ideal. O Gráfico 2.2 mostra como o produto PV_m do metano e do hidrogênio desviam do previsto pela lei dos gases ideais quando a pressão aumenta substancialmente.

A relação $(PV_m)_{real}/(PV_m)_{ideal}$ é chamada de fator de compressibilidade de uma espécie gasosa, e é identificada pela letra z.

$$z = \frac{PV_m}{(PV_m)_{ideal}} = \frac{PV_m}{RT} \qquad (2.36)$$

O fator z de um gás ideal sempre é igual a 1, enquanto para o gás real, a depender da natureza molecular e das condições de temperatura e pressão, poderá apresentar valor acima ou abaixo de 1. Quando z for maior do que 1, prevalecem as forças repulsivas, pois as moléculas tendem a se afastar uma das outras e ocupar um volume superior ao que ocuparia se fosse gás ideal. O contrário ocorre na condição de z inferior a 1, em que, então, predominam as forças atrativas e o volume ocupado pelo gás real é inferior ao que ocuparia se fosse gás ideal.

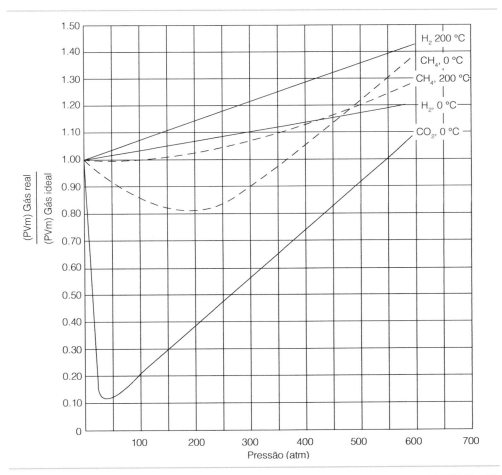

Fonte: HIMMELBLAU, 1974.

Gráfico 2.2 Desvio dos gases reais da lei dos gases ideais a altas pressões

Seria muito conveniente se o fator de compressibilidade, a uma determinada temperatura e pressão, fosse o mesmo para todos os gases, de forma que um único gráfico ou tabela pudesse ser usado para o cálculo de z. No entanto, como observado no Gráfico 2.2, o valor de z varia com o gás, além da temperatura e da pressão. Vários pesquisadores, no passado, concluíram que no ponto crítico todas as substâncias apresentam o mesmo estado de dispersão molecular e, consequentemente, as suas propriedades físicas e termodinâmicas deveriam ser as mesmas. Assim, foi criado o Princípio dos Estados Correspondentes, o qual expressa a ideia de que no ponto crítico todas as substâncias têm comportamento semelhante. Para utilizar esse princípio, foram definidos os parâmetros reduzidos de pressão (P_r) e temperatura (T_r), que são valores normalizados pela pressão e temperatura críticas, respectivamente:

$$P_r = \frac{P}{P_c} \quad e \quad T_r = \frac{T}{T_c} \tag{2.37}$$

A Tabela 2.9 mostra valores de pressão e temperatura críticas de algumas substâncias. O gás Hélio é o componente de menor T_c, ou seja, de 5,3 K (- 267,85 °C).

Tabela 2.9 Pressão e temperatura críticas de algumas substâncias

Substância	Pressão crítica (kPa)	Temperatura crítica (K)
Água	22 089,0	647,3
Metano	4 640,7	190,7
Etano	4 883,9	305,4
Propano	4 255,7	369,9
Butano normal	3 796,6	425,17
Nitrogênio	3 394,4	126,2
Hélio	229,0	5,26

Fonte: Adaptada de REID, R. C.; PRAUSNITZ, Y. M.; SHERWOOD, T. K. *The properties of gases and liquids*. 3. ed. New York: McGraw-Hill Book Co., 1977.

O Gráfico 2.3 apresenta valores de fator de compressibilidade para o gás natural em função da pressão e da temperatura reduzida.

Conceitos Fundamentais

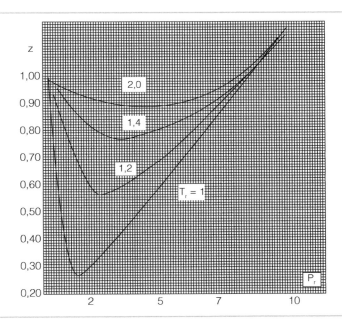

Fonte: CAMPBELL, 1974.

Gráfico 2.3 Fator de compressibilidade do gás natural em função de T_r e P_r

As equações de estado que têm sido adotadas para avaliar o comportamento dos gases são o SRK-Peneloux[13] e o PR-Peneloux.[14] Esses dois modelos são utilizados para correções de volumes, em simulações termodinâmicas e determinar a saturação da água em gases.

A correção de vazões volumétricas de gás natural é regulada pela Portaria conjunta ANP/INMETRO n. 01/2000. Atualmente, é adotada a norma AGA8[15] para cálculo do fator de compressibilidade, a qual é uma normalização americana publicada pela Associação de Gás Americana. A última edição da norma ISO 12.213, por ser uma norma internacional, candidata-se a substituir a AGA8 nos cálculos do fator de compressibilidade para correções de volumes em computadores de vazão.

2.5 Comportamento das fases do gás natural

2.5.1 Introdução

Os hidrocarbonetos do gás natural podem estar presentes tanto na fase líquida quanto na vapor. Para melhor entendimento do comportamento do estado físico e dos processos de transformação de fases, apresentam-se os conceitos de substância pura e mistura.

---

[13] Soave-RedLich – Kwong com Peneloux.
[14] Peng-Robinson com Peneloux.
[15] American Gas Association.

2.5.2 Diagrama de substância pura

O comportamento *PVT* (pressão, volume e temperatura) de uma substância pura é importante para fins de entendimento dos processos de transformação de fases, que são responsáveis por significativa parte dos processos de separação e tratamento do gás natural.

O Gráfico 2.4 apresenta um diagrama típico de uma substância pura e as diversas transformações de fases possíveis, considerando as variáveis pressão e temperatura *(PT)*.

A transformação da fase sólida em gás é representada pela curva 1-2 (curva de sublimação). A transformação da fase líquida na fase gasosa (curva de vaporização) é representada pela curva 2-C. A curva de fusão (transformação da fase sólida em líquida) é representada pela curva 2-3. A curva AB representa a mudança de fase direta da fase líquida em fase gás, por uma substância pura.

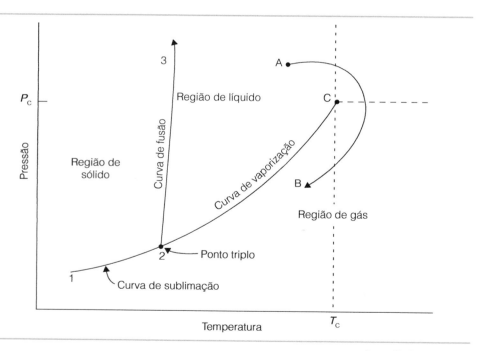

Fonte: SMITH, 1980, p. 54.

Gráfico 2.4 Diagrama *PT* de uma substância pura

2.5.3 Mistura de componentes

Dependendo das condições de temperatura e pressão, o gás natural pode estar na forma gasosa, líquida ou mesmo bifásica. Para melhor representar essa variação do estado físico do gás natural, apresenta-se a curva de equilíbrio (Gráfico 2.5) denominada envelope de fases. O estado vapor ocorre na região de baixa pressão e alta tem-

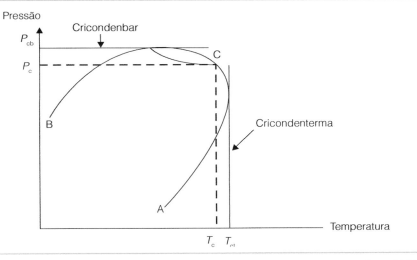

Fonte: ROSA, 2006.

Gráfico 2.5 Diagrama de fases para mistura de hidrocarbonetos

peratura, enquanto o inverso é característico da fase líquida. Na região interna (BCA) a curva se caracteriza pela coexistência das fases líquida e vapor (bifásicas). Os pontos sobre a curva de pontos de bolha (linha BC) constituem os pontos de ebulição[16] do gás, para cada pressão correspondente. Os pontos sobre a curva de pontos de orvalho[17] (linha AC) constituem os pontos de condensação[18] do gás, para cada temperatura correspondente. O ponto crítico (P_c) da mistura multicomponente se refere ao estado de pressão e temperatura, no qual todas as propriedades intensivas das fases gasosa e líquida são iguais. No Gráfico 2.5 esse ponto é identificado pela união entre as duas curvas citadas anteriormente. As coordenadas do ponto crítico são: pressão crítica (P_c) e temperatura crítica (T_c).

A Cricondenterma (T_{ct}) é definida como a temperatura máxima, acima da qual líquido não pode ser formado, independentemente da pressão. A pressão correspondente é chamada de pressão Cricondenterma (P_{ct}).

A Cricondenbar (P_{cb}) é a máxima pressão, acima da qual nenhum gás pode ser formado, independentemente da temperatura.

Outro exemplo de comportamento de uma mistura multicomponente de hidrocarbonetos é o que ocorre em reservatórios de óleo e de gás (ver Gráfico 2.6).

---

[16] Ponto em que aparece a primeira bolha de vapor.
[17] Também chamada de Curva de *Dew Point*.
[18] Ponto em que aparece a primeira gota de líquido.

A depender do par pressão/temperatura, a mistura de hidrocarbonetos pode apresentar os seguintes estados físicos: líquido, vapor ou gás. Identificam-se quatro regiões características a partir da Figura 2.6, ou seja:

- Reservatório de óleo – condição representada pelo par (p_1, t_1).
- Reservatório de gás condensado retrógrado – condição representada pelo par (p_2, t_2).
- Reservatório de gás não retrógrado – condição representada pelo par (p_3, t_3).
- Condição de separação de fluidos na superfície – representada pelo par (p_s, t_s).

O fenômeno de condensação retrógrada ocorre dentro da região do diagrama de fases (linha reticulada). Por tal fenômeno a mistura gasosa da região p_2, t_2, à medida que se reduz a pressão mantendo-se a temperatura constante, começa a se condensar até um certo ponto, em que, então, ocorre uma inversão, ou seja, todo o líquido formado volta a se vaporizar. O ponto 1 representa a condição em que todo o líquido condensado se vaporiza.

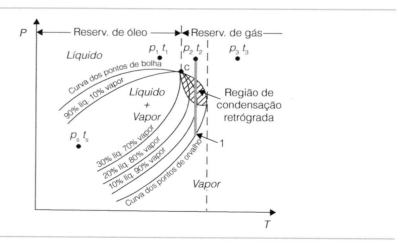

Fonte: Adaptado de ROSA, 2006.

Gráfico 2.6 Diagrama Pressão e Temperatura *(PT)* para uma mistura de hidrocarbonetos

2.6 Comportamento das fases água e hidrocarbonetos

A presença de água na forma de vapor, também chamada de umidade, merece um capítulo à parte, devido à sua interferência nos processos de produção e de processamento de gás. Normalmente, na indústria do gás natural, a umidade do gás é expressa como: ponto de orvalho (de água), teores e frações.

O gás natural apresenta água na sua composição (presente na mistura gasosa, juntamente aos hidrocarbonetos) desde o momento em que está no reservatório geológico (óleo ou gás). Ao longo do escoamento do reservatório até sua chegada à superfície (instalações de produção), ocorre redução simultânea de pressão e temperatura da mistura gasosa. Particularmente, em várias instalações de produção de petróleo, verifica-se que o primeiro componente da mistura gasosa a se condensar (água ou hidrocarboneto) depende das condições operacionais (pressão e temperatura) e também da composição química. Nesse instante, a temperatura de orvalho da água se iguala à temperatura da mistura gasosa, e fisicamente pode-se identificar sua presença na forma líquida, em um equipamento mecânico de separação (vaso), por meio de análise química. Os hidrocarbonetos presentes na mistura gasosa (pentanos e mais pesados) se condensam posteriormente à água, com temperatura de orvalho da ordem de 35 °C na pressão de 2 700 kPa.

Em geral, são utilizados simuladores termodinâmicos comerciais para a obtenção das curvas de ponto de orvalho da água e dos hidrocarbonetos. Na prática, a existência de duas fases em equilíbrio (líquido e vapor) em um equipamento mecânico é a constatação da presença de um desses componentes, na fase líquida e na fase vapor. O gás, nessa condição, apresenta-se como vapor saturado na curva de ponto de orvalho.

2.6.1 Ponto de orvalho da água e de hidrocarbonetos

Define-se ponto de orvalho a temperatura na qual, a uma determinada pressão do gás, aparece a primeira gota de líquido. É a temperatura de condensação da primeira gota de líquido.

No caso de a primeira gota de líquido ser de hidrocarboneto, tal temperatura é denominada "temperatura de orvalho de hidrocarbonetos". No caso de a primeira gota de líquido ser de água, tal temperatura é denominada "temperatura de orvalho d'água".

2.6.2 Teor de umidade do gás natural

Em princípio, o gás natural produzido, oriundo do sistema de separação primária, está na condição de saturação. Assim, a fase vapor contém a máxima quantidade de água para uma dada condição de pressão e temperatura de saturação, sendo esta última também chamada de temperatura de orvalho ou, usualmente, de ponto de orvalho. Valores elevados de teor de umidade são obtidos em condições de alta temperatura e baixa pressão (condições que favorecem o estado vapor). No entanto, baixos valores de teor de umidade são obtidos nas condições de baixa temperatura e alta pressão (condições que favorecem o estado líquido).

Na prática, o teor de umidade do gás natural saturado é comumente obtido por meio do uso de modelos termodinâmicos de equações de estado (por exemplo, SRK-Peneloux e PR-Peneloux), de equações computacionais empíricas, cartas empíricas ou determinado por análises químicas. Uma das cartas muito adotada é a desenvolvida por McKetta e Wehe (1958). A partir da utilização dessa carta, sabendo-se a temperatura e pressão do gás, na condição de saturação, obtém-se a quantidade de água (massa) por unidade de volume de gás.

Os teores de água são usualmente expressos na indústria de petróleo e gás natural da seguinte forma:

---

lb/MMscf => libra de água por milhão de pé cúbico de gás na condição padrão americana[19]

ou

mg/m³ => miligrama de água por metro cúbico de gás na condição padrão americana

---

2.6.3 Medição da umidade e ponto de orvalho da água

O teor de umidade do gás natural na condição abaixo da saturação e seu correspondente ponto de orvalho da água (PO água) necessitam ser controlados nas áreas de produção. Normalmente, os valores desejados dessas grandezas devem assegurar que não haja a condensação da água, cuja presença poderia acarretar sérios danos, tais como a formação de cristais de hidratos, corrosão de equipamentos, perda de eficiência em sistemas de combustão, entre outros.

As tecnologias mais utilizadas para a medição do teor de umidade e ponto de orvalho da água são apresentadas a seguir.

2.6.3.1 Perclorato de magnésio

Consiste em tubo de vidro (ampola) com uma escala graduada (lb/MMscf) em cor amarela, tendo a presença de uma solução química de perclorato de magnésio. Tal composto, na presença de água, muda a coloração da citada escala para violeta. Esse medidor é descartável após o uso. A reação química envolvida é apresentada pela Equação 2.38.

$$Mg\,(ClO_4)_2 + H_2O \rightarrow Mg\,(ClO_4)_2 \cdot H_2O \tag{2.38}$$

2.6.3.2 Óxido de alumínio

Consiste na utilização de um elemento sensor de óxido de alumínio, dentro de um analisador de umidade de linha, de forma a permitir o monitoramento contínuo do

---

[19] 1 lb/MMscf = 16,02 mg/m³.

ponto de orvalho ou teor de umidade do gás. Na presença de umidade, as propriedades elétricas desse material (sensor) possibilitam uma variação da sua capacitância, e, consequentemente, de uma corrente elétrica, que é correlacionada à massa de água absorvida. A quantidade de água é medida na forma de teor de umidade, expresso em lb/MMscf ou em ppm vol., podendo também ser calculado o correspondente ponto de orvalho na pressão de amostragem (100 kPa).

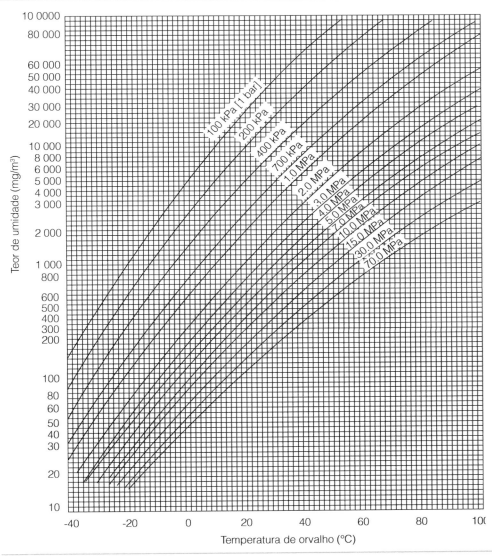

Fonte: MCKETTA; WEHE, 1958.

Gráfico 2.7 Teor de umidade do gás na condição de saturação

A Equação 2.39 apresenta a correlação aproximada entre o teor de umidade expresso em lb/MMscf e o teor de umidade expresso em ppm vol.

teor de umidade (lb/MMscf) = ppm vol./21,1 (2.39)

A faixa normalmente encontrada de medição do teor de umidade do gás tratado está entre 0 e 400 ppm vol.

O analisador de óxido de alumínio é considerado um equipamento de monitoramento contínuo (analisador de linha), que basicamente é constituído por um sistema de amostragem e por um módulo de medição (Figura 2.7), equipado com dispositivo à prova de explosão.

O sistema de amostragem, localizado a montante do analisador, tem como finalidade a adequação das características do gás (remoção de líquidos, sólidos etc.), cuja especificação é de vital importância para assegurar a confiabilidade da leitura.

Figura 2.7 Módulo de medição do analisador óxido de alumínio

2.6.3.3 Cristal de quartzo

Esta tecnologia utiliza como célula de medição um material a base de cristal de quartzo, complementado com outro de características higroscópicas (afinidade com a água). O mecanismo de medição considera que as variações da quantidade de água presente na amostra da mistura gasosa são identificáveis pela célula de medição, por meio de variação na sua frequência de oscilação. Tal equipamento é utilizado para fins de monitoramento contínuo da umidade do gás e, da mesma forma que ocorre com o óxido de alumínio, é imprescindível o uso de um sistema de amostragem. Os valores de leitura do teor de umidade são apresentados na forma digital, cuja faixa se situa entre 1 ppm vol. e 2 500 ppm vol. (pressão de amostragem da ordem de 50 kPa).

2.6.3.4 Espelho resfriado

Tal tecnologia consiste em um equipamento portátil (Figura 2.8), o qual dispõe de um espelho resfriado, com sistema de refrigeração a gás (dióxido de carbono ou nitrogênio) em que a amostra (gás natural) é resfriada a baixas temperaturas (da ordem -30 °C na pressão de 20 000 kPa). Quando a temperatura da célula de resfriamento atinge a temperatura de condensação (água) da mistura gasosa, visualiza-se o aparecimento de um anel característico e a indicação da leitura da temperatura correspondente (ponto de orvalho da água). Essa tecnologia não é considerada de monitoramento contínuo, pois depende de operação manual de ajuste da vazão de fluido refrigerante, sendo, normalmente, utilizada para fins de aferição de analisadores de linha.

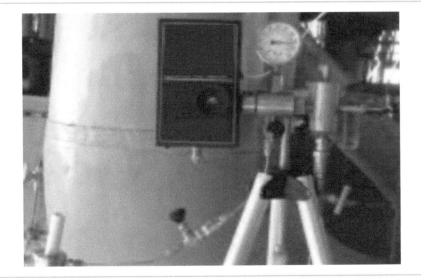

Figura 2.8   Analisador portátil

Figura 2.9   Visualização do ponto de orvalho da água

2.7 PROPRIEDADES DO GÁS NATURAL

Descrevem-se, a seguir, algumas propriedades que auxiliam a compreensão das operações unitárias existentes na indústria do gás natural.

2.7.1 Riqueza do gás natural – gás rico ou gás pobre

Os hidrocarbonetos mais pesados do gás natural constituem sua parcela de maior valor comercial. Conforme apresentado anteriormente, quanto maior a massa molecular do hidrocarboneto, menor é a sua contribuição na mistura gasosa. Essa distribuição é quantificada por meio da análise cromatográfica, em que se apresentam as respectivas frações molares (volumétricas) dos componentes. A partir da disponibilidade dessa análise, em quantidade de matéria (ou frações volumétricas), define-se o conceito de riqueza do gás natural.

Riqueza – *É a soma das porcentagens volumétricas ou de quantidade de matéria de todos os componentes, a partir do propano, inclusive.*

Riqueza = C_3^+

Dependendo do resultado obtido, tem-se:

Gás rico – Composição de C_3^+ maior ou igual a 7% vol.

Gás pobre – Composição de C_3^+ menor que 7% vol.

Tabela 2.10 Cálculo da riqueza do gás natural

Componente	Fração volumétrica		
N_2	0,162		
CO_2	0,498		
C_1	90,602		
C_2	4,306		
C_3	1,919	1,919	
iC_4	0,410	0,410	
nC_4	0,800	0,800	
iC_5	0,221	0,221	
nC_5	0,290	0,290	Riqueza
nC_6	0,282	0,282	
nC_7	0,326	0,326	
nC_8	0,155	0,155	
nC_9	0,029	0,029	
nC_{10}	0,000	0,000	
Riqueza:		4,432 (gás pobre)	

2.7.2 Poder calorífico

Define-se poder calorífico como a quantidade de energia liberada na forma de calor na combustão completa de uma unidade de massa (ou quantidade de matéria ou volume) de um combustível em condições padrões. Poder calorífico tem o mesmo significado que calor de combustão.

Ele pode ser apresentado nas seguintes formas:

- **Poder Calorífico Superior (PCS)** – Quantidade de energia liberada na forma de calor, na combustão completa de uma quantidade definida de gás com o ar à pressão constante. Os produtos de combustão são considerados na mesma temperatura dos reagentes, visto que a água formada está no estado líquido. Em resumo, na sua determinação, o calor latente de condensação do vapor d'água é computado.

- **Poder Calorífico Inferior (PCI)** – Idem ao anterior, mas a água formada está no estado gasoso, ou seja, toda água formada na reação química sai no estado vapor com os gases de combustão. Nesse caso, para a determinação do PCI, é descontado o calor latente de condensação do vapor d'água.

A diferença entre PCI e PCS é melhor apresentada pela Equação 2.40.

$$PCI = PCS - m\, H_2O \times calor\ latente\ de\ condensação\ da\ água \qquad (2.40)$$

Em que: $m\, H_2O$ representa a massa de água gerada pela reação de combustão dividida pela massa de combustível.

O valor do poder calorífico de um combustível é obtido por meio de um calorímetro, no qual se realiza a combustão completa de um combustível, visto que o ar e o combustível são admitidos em condições-padrão, 101 325 Pa e 298,15 K (25 °C). A unidade utilizada é expressa em energia/massa ou energia/volume.

Alguns valores típicos do PCS e do PCI de alguns hidrocarbonetos são apresentados na Tabela 2.11.

Tabela 2.11 Valores de PCI e PCS de alguns hidrocarbonetos gasosos a 101 325 Pa e 298 K

	PCS		PCI	
	kJ/mol	kJ/kg	kJ/mol	kJ/kg
metano	890,35	55 508	802,53	50 033
etano	1 559,9	51 876	1 428,17	89 038
propano	2 220,05	50 353	2 044,41	127 457
i-butano	2 868,80	49 360	2 649,25	165 165
n-butano	2 878,52	49 527	2 658,97	165 771

54 TECNOLOGIA DA INDÚSTRIA DO GÁS NATURAL

A conversão do poder calorífero em base volumétrica para base quantidade de matéria é obtida pela Equação 2.41.

$$PCI_{vol.} = PCI_{mol}/V_m \text{ (20 °C)} \tag{2.41}$$

Por exemplo, o PCI do metano em base volumétrica a 20 °C será:

$$PCI_{vol.} \text{ (metano)} = \frac{890,35 \text{ kJ}}{\text{mol}} \times \frac{\text{kmol}}{24,055 \text{ m}^3} \times \frac{1000 \text{ mol}}{\text{kmol}} = 33\ 362,3 \text{ kJ/m}^3 = 33,36 \text{ MJ/m}^3$$

Deve-se observar que esse valor variará conforme a temperatura de referência para o volume. Assim, se a temperatura de referência for 0 °C, o PCI do metano será:

$$PCI_{vol.} \text{ (metano)} = \frac{890,35 \text{ kJ}}{\text{mol}} \times \frac{\text{kmol}}{22,414 \text{ m}^3} \times \frac{1000 \text{ mol}}{\text{kmol}} = 35\ 805 \text{ kJ/m}^3 = 35,8 \text{ MJ/m}^3$$

A partir da composição em volume de um combustível (análise cromatográfica dos gases)[20] pode-se calcular o PCS e o PCI médio de uma mistura gasosa, considerando-se, pela Lei de Amagat, que a % volume é igual à % molar da mistura gasosa.

Exemplo 2.3 Deseja-se determinar o PCI médio nas bases molar, mássica e volumétrica a 0 °C de uma mistura gasosa cuja análise cromatográfica é 50% de metano, 30% de etano e 20% de propano.

Considerando % volume = % molar (válido para mistura gasosa).

Componente	Fração em quantidade de matéria	PCI kJ/mol	n PCI kJ	Massa molar M kg/mol	Massa m kg
metano	0,50	802,53	401,265	16,042 ×10⁻³	8,021
etano	0,30	1 428,17	428,451	30,068 ×10⁻³	9,020
propano	0,20	2 044,41	408,882	44,094 ×10⁻³	8,189
mistura	1,00		1 238,598		25,860

$$\text{PCI do gás em base molar} = \frac{1\ 238,598 \text{ kJ}}{\text{mol}} = 1\ 238,6 \text{ kJ/mol}$$

$$\text{PCI do gás em base mássica} = \frac{1\ 238,598 \text{ kJ}}{\text{mol}} \times \frac{\text{mol}}{25,86 \times 10^{-3} \text{kg}} = 47\ 896 \text{ kJ/kg}$$

$$\text{PCI do gás em base volumétrica} =$$
$$\frac{1\ 238,598 \text{ kJ}}{\text{mol}} \times \frac{\text{mol}}{22,414 \times 10^{-3}\text{m}^3} = 55\ 260 \text{ kJ/m}^3 = 55,26 \text{ MJ/m}^3$$

---

[20] Análise composicional do gás, obtida por meio do equipamento cromatógrafo.

Se for desejado utilizar equação para o cálculo do poder calorífico, as equações correspondentes são:

$$PCI_{mol} (mistura) = \sum PCI_{mol,\ compon} \cdot y_{compon} \tag{2.42}$$

$$PCI_{massa} (mistura) = \sum PCI_{mol,\ mistura} / M_{mistura} \tag{2.43}$$

$$PCI_{massa} (mistura) = \sum PCI_{mol,\ mistura} / V_{m,\ mistura} \tag{2.44}$$

Em que:

$M_{mistura}$ = massa molar média da mistura

$M_{mistura} = \sum M_{compon} \cdot y_{compon}$

$V_{m,\ mistura}$ = volume molar de um gás na temperatura e pressão desejada

2.7.3 Faixa de inflamabilidade

Na condição ambiente, a maioria das misturas entre combustíveis gasosos e comburente (ar) não reagem espontaneamente. Entretanto, se houver uma excitação, chamada de ignição, haverá o desencadeamento da reação de combustão, com intensa liberação de energia térmica.

Combustões são reações químicas que envolvem a oxidação completa de um combustível na presença de um comburente (oxigênio). Os combustíveis industriais são compostos que, quando oxidados, geram energia térmica e são aproveitados em usos industriais. Também podem ser definidas como um processo de oxidação rápido, autossustentado, acompanhado de liberação de calor e luz de intensidades variáveis.

Segundo Baukal (2001), combustão é a liberação controlada de calor a partir de uma reação química entre um combustível e um oxidante[21] (comburente).

Na indústria de petróleo, petroquímica e termeletricidade, os combustíveis mais utilizados são os hidrocarbonetos. Veja, a seguir, um exemplo de reação de combustão do hidrocarboneto metano, que é o principal constituinte do gás natural.

$$CH_4\ (g) + 2\ O_2 \rightarrow CO_2\ (g) + 2\ H_2O\ (l) - 890{,}35 \text{ kJ/mol de } CH_4\ (@\ 1atm \text{ e } 298\ K) \tag{2.45}$$

O calor de reação depende da natureza dos reagentes, da natureza dos produtos, da pressão e da temperatura. Todos esses parâmetros devem ser explicitados quando se faz análise termoquímica de uma reação. O calor de reação não depende

---

[21] Composto capaz de gerar uma reação de oxidação com um combustível, por exemplo, o oxigênio (O_2).

das etapas mediante as quais essa reação se processa, mas somente do estado inicial (reagentes) e final (produtos).

Para iniciar uma reação de combustão, são necessários três elementos, que formam o chamado "triângulo do fogo".

Entretanto, para que as reações de combustão ocorram e se mantenham, precisa-se dos três "T's":

☐ temperatura;

☐ tempo;

☐ turbulência.

Esses três elementos comandam a velocidade e a química da queima do combustível. Contudo, existem determinadas proporções de mistura ar-gás nas quais a combustão é possível. Essas proporções variam em função do tipo de combustível e não são valores pontuais, mas, sim, uma faixa de valores. Esta é conhecida como faixa de inflamabilidade do combustível, e é de suma importância o seu conhecimento.

Os pontos extremos dessa faixa são chamados de **limites de inflamabilidade**, possuindo a seguinte classificação.

Limite inferior de inflamabilidade

É a condição de mistura abaixo da qual existe um excesso de ar que impede a reação de combustão. Pode-se dizer que a mistura é **pobre em gás**.

Limite superior de inflamabilidade

É a condição de mistura acima da qual existe ar em quantidade insuficiente, fato que impede a reação de combustão de ocorrer. Pode-se dizer que a mistura é **rica em gás**.

A Tabela 2.12 mostra os limites de inflamabilidade de alguns gases industriais na temperatura de autoignição.

Tabela 2.12 Limites de inflamabilidade de gases

Combustível	Limite inferior % vol. de gás na mistura	Limite superior % vol. de gás na mistura
Gás natural	3,1	19,6
Propano	2,1	10,1
n-Butano	1,86	8,41
Hidrogênio	4,0	75,0

Fonte: Gas Engineers Handbook. American Gas Association. 1965. Industrial Press Inc.

2.8 ESPECIFICAÇÃO DO GÁS NATURAL

Existem duas especificações para o gás natural, a primeira se refere a garantir a qualidade do gás para transferência entre o sistema de produção e o de processamento de gás, e a segunda se refere ao atendimento à legislação em vigor que estabelece os requisitos da qualidade do gás para comercialização.

2.8.1 Especificação do gás natural para transferência

Esta especificação depende somente dos requisitos técnicos para transferência entre a unidade produtora e a unidade de processamento, e os requisitos estabelecidos pelo sistema que receberá o gás (UPGN).

O gás natural, quando proveniente das instalações de produção, não apresenta a qualidade necessária para que seja utilizado tanto interna como externamente a essas instalações. Conforme é apresentado no Capítulo 7 desta obra, o condicionamento do gás natural visa o seu enquadramento às características necessárias (qualidade requerida) para que sua transferência ocorra ao mercado consumidor, sem comprometer a integridade das instalações de produção e dos gasodutos. Essas características são determinadas pelo projetista da instalação de produção, e é conhecida como especificação técnica do projeto. Entre as principais características consideradas em uma especificação técnica tem-se:

☐ ponto de orvalho de hidrocarbonetos;

☐ ponto de orvalho da água ou teor de umidade;

☐ teor de gás sulfídrico (H_2S);

☐ teor de dióxido de carbono (CO_2).

58 TECNOLOGIA DA INDÚSTRIA DO GÁS NATURAL

Tabela 2.13 Valores típicos de teor de umidade do gás natural e ponto de orvalho da água em função do uso no Brasil

Uso	Teor umidade (kg/10^6 m^3)	Ponto de orvalho água (°C)
Sistema gás combustível	110	-6 (@ 4.0 MPa)
Transferência em dutos situados em águas rasas[22]	70	-5 (@ 10.0 MPa)
Transferência em dutos situados em águas profundas[23]	23	-15 (@ 20.0 MPa)

Observação: m^3 nas condições de 101 325 Pa e 15,5 °C.

O teor de H_2S no gás natural deve ser controlado, pois na presença de umidade pode levar à ocorrência de processos corrosivos e comprometer a integridade física dos equipamentos da instalação de produção. Sendo o H_2S o único composto presente, a reação química que ocorre é:

$$Fe + H_2S \Rightarrow FeS + H_2 \tag{2.46}$$

O sulfeto de ferro (FeS) gerado, que é o produto de corrosão, é muito insolúvel e forma um filme fracamente aderente à superfície metálica dos equipamentos. Caso permaneça aderente a essa superfície, confere a esta uma barreira protetora contra a ação corrosiva dos compostos presentes.

A presença de O_2 agrava a corrosão pelo H_2S, mais intensa do que seria no caso da presença individual de cada um deles. Dessa forma, o sinergismo do H_2S com o O_2 resulta na oxidação do gás sulfídrico e na formação da água e do enxofre elementar.

$$H_2S + \frac{1}{2} O_2 \Leftrightarrow H_2O + S^o \tag{2.47}$$

A presença de gás sulfídrico existente na mistura gasosa é medida por meio de análise química específica, e não pela análise cromatográfica. O resultado da análise é expresso em concentração de H_2S, normalmente em miligrama por metro cúbico de gás e não deve ser confundido com teor em massa (ppm massa) ou mesmo em volume (ppm vol.).

Se houver a presença de uma solução aquosa, e se somente o CO_2 for o gás ácido presente, as seguintes reações químicas ocorrem (Equações 2.48 e 2.49) e são responsáveis pela corrosão dos equipamentos e acessórios da instalação de produção.

$$CO_2 + H_2O \Leftrightarrow HCO_3^- + H^+ \tag{2.48}$$

$$Fe + 2 H^+ \Leftrightarrow H_2 + Fe^{2+} \tag{2.49}$$

---

[22] Situada em lâmina d'água inferior a 600 m.
[23] Situada em lâmina d'água superior a 600 m.

2.8.2 Especificação do gás natural para transporte

A especificação do gás natural, para fins de comercialização no Brasil, seja de origem nacional ou importada, é estabelecida pela Agência Nacional do Petróleo, Gás Natural e Biocombustíveis (ANP), por meio da Portaria ANP n. 104, criada em 2002 (ver Tabela 2.14). Normalmente, a especificação dos processos que compõem o condicionamento do gás natural é mais restritiva do que a estabelecida pela citada Portaria. A Portaria n. 104 é um regulamento técnico que se aplica a usos do gás natural processado, comercializado em todo o território nacional. O gás é proveniente das UPGNs[24] e, posteriormente, é utilizado para fins industriais, residenciais, comerciais, automotivos e para geração de energia elétrica, não se aplicando para uso de matéria-prima em processos químicos.

As unidades de engenharia utilizadas nessa Portaria é o Sistema Internacional (SI), de acordo com a norma brasileira NBR 12230. As condições de referência empregadas nesse regulamento técnico são condições de referência de temperatura e pressão equivalentes a 293,15 K e 101,325 kPa e base seca.

As definições técnicas dos parâmetros citados nessa Portaria são apresentadas a seguir.

a) Poder calorífico superior (PCS)

Os valores estabelecidos têm como referência as condições de temperatura e pressão equivalentes a 293,15 K e 101,325 kPa, respectivamente, e base seca.

b) Índice de Wobbe (IW)

É o quociente entre o poder calorífico superior do gás e a densidade relativa nas mesmas condições de temperatura e pressão de referência. É uma medida da quantidade de energia disponibilizada em um sistema de combustão por meio de um orifício injetor. A quantidade de energia disponibilizada é uma função linear do IW (Equações 2.50 e 2.51).

$$IW = \sqrt{PCS/densidade} \tag{2.50}$$

Em que:

$$densidade = \frac{massa\ molar\ (gás)}{massa\ molar\ (ar)} \tag{2.51}$$

c) Composição

São as frações ou porcentagens mássicas, volumétricas ou molares dos principais constituintes da mistura gasosa, traços e outros componentes determinados pela análise cromatográfica do gás natural.

---

[24] Unidade de Processamento de Gás Natural (ver Capítulo 8).

TECNOLOGIA DA INDÚSTRIA DO GÁS NATURAL

Tabela 2.14 Especificação[1] do gás natural comercializado no Brasil (Portaria n. 104 da ANP)

Característica	Unidade	Limite[2] [3]			Método	
		Norte	Nordeste	Sul, Sudeste, Centro-Oeste	ASTM	ISO
Poder calorífico superior[4]	kJ/ m³ kWh/m³	34 000 a 38 400 9,47 a 10,67	35 000 a 42 000 9,72 a 11,67		D 3588	6976
Índice de Wobbe[5]	kJ/m³	40 500 a 45 000	46 500 a 52 500		—	6976
Metano, mín.	% vol.	68,0	86,0		D 1945	6974
Etano, máx.	% vol.	12,0	10,0			
Propano, máx.	% vol.	3,0				
Butano e mais pesados, máx.	% vol.	1,5				
Oxigênio, máx.	% vol.	0,8	0,5			
Inertes $(N_2 + CO_2)$, máx.	% vol.	18,0	5,0	4,0		
Nitrogênio	% vol.	Anotar	2,0			
Enxofre Total, máx.	mg/m³	70			D 5504	6326-2 6326-5
Gás Sulfídrico (H_2S), máx.[6]	mg/m³	10,0	15,0	10,0	D 5504	6326-2 6326-5
Ponto de orvalho de água a 1atm, máx.	°C	–39	–39	–45	D 5454	—

Notas:

(1) O gás natural deve estar tecnicamente isento, ou seja, não deve haver traços visíveis de partículas sólidas e partículas líquidas.

(2) Limites especificados são valores referidos a 293,15K (20 °C) e 101,325 kPa (1 atm) em base seca, exceto ponto de orvalho.

(3) Os limites para a região Norte se destinam às diversas aplicações, exceto veicular e, para esse uso específico, devem ser atendidos os limites equivalentes à região Nordeste.

(4) O poder calorífico de referência de substância pura, empregado nesse regulamento técnico, está em condições de temperatura e pressão equivalentes a 293,15 K, 101,325 kPa, respectivamente, em base seca.

(5) O índice de Wobbe é calculado empregando o Poder Calorífico Superior em base seca. Quando o método ASTM D 3588[25] for aplicado para a obtenção do Poder Calorífico Superior, o índice de Wobbe deverá ser determinado pela fórmula constante do regulamento técnico.

(6) O gás odorizado não deve apresentar teor de enxofre total superior a 70 mg/m³.

---

[25] Prática padrão para cálculo do poder calorífico, fator de compressibilidade e massa específica de fluidos gasosos.

d) Enxofre total

É o somatório dos compostos de enxofre presentes no gás natural.

e) Ponto de orvalho da água

Os valores estabelecidos têm como referência a pressão equivalente a 101 325 kPa.

f) Inertes

São componentes que não apresentam reatividade química, representados pelo nitrogênio (N_2) e gases nobres (Hélio, Argônio, entre outros), e que não possuem poder calorífico (dióxido de carbono – CO_2). Esses compostos reduzem o poder calorífico de misturas gasosas, além de aumentar a resistência à detonação no caso do uso veicular e do número de metano.

g) Oxigênio

Atua como diluente do combustível e na presença de água, mesmo em baixas concentrações, pode acarretar problemas de corrosão em superfícies metálicas.

h) Partículas sólidas

Podem acarretar problemas de entupimento e obstrução de sistemas de combustão, comprometendo a eficiência térmica destes. Adicionalmente, pode ocorrer problema de desgaste em tubulação, em razão do excesso de velocidade de escoamento do gás (erosão)[26].

i) Partículas líquidas

Podem acarretar danos nos sistemas de combustão, como no caso da vaporização de hidrocarbonetos e desgaste de material (temperaturas elevadas), além de prejudicar a eficiência térmica do equipamento de combustão (caldeira, turbina, entre outros).

A Portaria n. 104/2002 da ANP, conforme apresentado anteriormente, estabelece especificações para comercialização do gás natural, em função de grupos de regiões do País. É importante ressaltar que o atendimento dessa especificação ocorre na etapa de comercialização, e não nas etapas anteriores da cadeia do gás natural.

O gás natural oriundo de reservatórios geológicos nas áreas de produção é também chamado de gás úmido. Tal conceito se deve ao fato da presença da água em estado de saturação na mistura gasosa. Entretanto, após ser submetido a uma série de processos de condicionamento (Capítulo 7) ou, mais particularmente, a operações unitárias físicas e químicas na planta de processo, o gás natural passa a ser denominado seco ou desidratado (apresenta baixo teor de umidade).

---

[26] Deterioração de material metálico causado pela velocidade excessiva de fluxo.

2.9 Conceitos de engenharia de petróleo

Apresentam-se, a seguir, alguns conceitos adotados na engenharia de petróleo.

2.9.1 Definição de gás associado e gás não associado

O gás natural produzido poderá ser classificado como tipo associado ou não associado, conforme descrito a seguir.

Gás Associado (GA) – É todo gás natural existente nos reservatórios, em que o plano de explotação prevê a produção de óleo como principal energético, e os quais são considerados produtores de óleo. Para melhor visualização do reservatório de gás associado, apresenta-se a Figura 2.10.

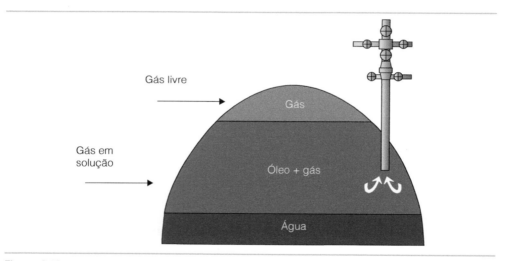

Figura 2.10 Reservatório produtor de óleo

Gás Não Associado ao óleo (GNA) – É todo gás natural existente nos reservatórios, em que o plano de explotação prevê a produção de gás como principal energético e os quais são considerados produtores de gás. Para melhor visualização do reservatório de gás não associado, apresenta-se a Figura 2.11.

O gás pode estar livre em solução ao óleo. Este vai sendo liberado à medida que reduz a pressão, ou durante o escoamento até a unidade de produção, ou pela queda natural da pressão do reservatório.

Os reservatórios de gás não associado apresentam, na fase inicial de produção, energia suficiente para escoar até as instalações de produção, sendo a produção controlada pela demanda do mercado. Nesse caso, não havendo demanda, o poço pro-

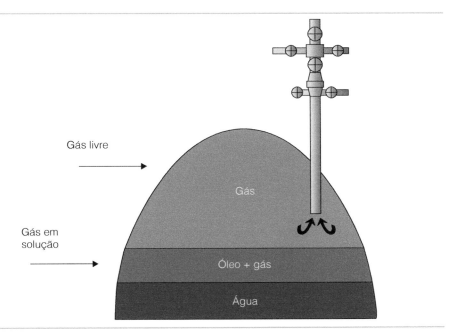

Figura 2.11 Reservatório produtor de gás

dutor de gás permanece fechado. Na Bacia de Campos, os reservatórios de GNA têm funções estratégicas, sendo utilizada para complementar a oferta de gás não suprida pela produção de gás associado.

2.9.2 Razão Gás-Líquido (RGL)

É a relação entre a vazão instantânea de gás pela vazão instantânea de óleo, ambas medidas nas condições padrão. Conforme apresentado na Tabela 2.7, várias condições são possíveis, a depender da base de medição adotada. No Brasil, a Agência Nacional de Petróleo, Gás Natural e Biocombustíveis (ANP) adota a condição BR, ou seja, de 101 325 Pa e 20 °C. A Equação 2.52 representa essa relação.

$$RGL = \frac{vazão\ gás\ (condição\ BR)}{vazão\ líquido\ (condição\ BR)} \tag{2.52}$$

De acordo com Craft e Hawkins (1959), o conceito de RGL é utilizado para a classificação de reservatórios, adotando os seguintes valores:[27]

- Reservatório de óleo – RGL ≤ 900 m^3/m^3.
- Reservatório de gás condensado – 900 m^3/m^3 < RGL < 18 000 m^3/m^3.
- Reservatório de gás – RGL ≥ 18 000 m^3/m^3.

---

[27] Volume de gás por volume de líquido, ambos medidos a 20 °C e 101 325 Pa.

Existem outras formas de se expressar essa relação, como ocorre com a razão gás/óleo (RGO), contemplada pela Equação 2.53.

$$RGO = \frac{vazão\ gás\ (condição\ BR)}{vazão\ óleo\ (condição\ BR)} \tag{2.53}$$

2.9.3 Conceitos fundamentais sobre reservas de gás

☐ Volume original

É a quantidade de fluido existente no reservatório no momento da sua descoberta. No caso de a mistura de hidrocarbonetos estar no estado líquido, dá-se o nome de volume original de óleo. No entanto, se estiver no estado gasoso, dá-se o nome de volume original de gás.

☐ Volume recuperável

É o volume de óleo ou gás que se espera produzir de uma acumulação de petróleo. No momento da descoberta de um reservatório, é comum realizar uma estimativa sobre o volume de fluido que se pode produzir ou recuperar, sendo tal volume estimado denominado volume recuperável.

☐ Produção acumulada

É a quantidade de fluido que já foi produzida em um reservatório até uma determinada época.

☐ Fração recuperada

É o quociente entre a produção acumulada e o volume original. Esse parâmetro representa a fração do fluido original do reservatório, que foi produzida até um determinado instante.

☐ Fator de recuperação

É o quociente entre o volume recuperável e o volume original. Esse parâmetro reflete a eficiência das técnicas disponíveis, para fins de aproveitamento da energia natural do reservatório. No Brasil, a média atual obtida é da ordem de 32%, principalmente devido às inovações tecnológicas implantadas nos métodos convencionais de recuperação de petróleo (injeção de água).

☐ Reserva

É a quantidade de fluido que ainda pode ser produzida, de um reservatório, em um momento qualquer da sua vida produtiva. No momento inicial, ou seja, quando da sua descoberta, a reserva é igual ao volume recuperável.

Normalmente, as companhias operadoras de produção de petróleo, no mundo, utilizam critérios próprios para a estimativa de suas reservas de hidrocarbonetos.

Entretanto, a tendência é que elas utilizem, cada vez mais, os critérios estabelecidos pelo código da SPE,[28] a fim de obterem reconhecimento internacional, facilitando, assim, futuras transações comerciais nos diversos segmentos do setor de petróleo e gás natural.

◻ Reserva de gás natural

É o volume de gás expresso nas condições básicas[29] de temperatura e pressão – 20 °C e 1 atm (101,325 kPa), que ainda poderá ser obtido como resultado da produção do reservatório, desde a época da sua avaliação até seu abandono, por meio da melhor alternativa apontada pelos estudos técnico-econômicos. A condição de medição de volumes de óleo original e reservas, em outros países, é a *standard* – 14,7 psia (1 atm) e 60 °F (15,6 °C).

De acordo com o grau de segurança utilizado no cálculo dos volumes originais,[30] classificam-se as reservas em provadas, prováveis e possíveis.

✓ Reservas provadas

São aquelas que, com base na análise de dados geológicos e de engenharia, estima-se recuperar comercialmente com elevado grau de certeza.

✓ Reservas prováveis

São aquelas que, com base na análise de dados geológicos e de engenharia, indicam uma maior incerteza na sua recuperação quando comparada com a estimativa de reservas provadas.

✓ Reservas possíveis

São aquelas cuja análise dos dados geológicos e de engenharia indica uma maior incerteza na sua recuperação quando comparada com a estimativa de reservas prováveis.

◻ Reservas totais

Representa o somatório das reservas provadas, prováveis e possíveis.

◻ Reservas explotáveis

Representa uma determinada parcela da reserva total de hidrocarbonetos existentes em um campo de óleo e/ou gás, cuja tecnologia de produção é dominada. Esse termo se refere ao grau de economicidade do volume original de um reservatório. À medida que novas tecnologias de produção são desenvolvidas, assim como sua economicidade definida, poder-se-á incorporar novos volumes de hidrocarbonetos à reserva explotável.

---

[28] Society of Petroleum Engineers.

[29] Estabelecidas no Brasil pela Agência Nacional de Petróleo, Gás Natural e Biocombustíveis – ANP.

[30] Volume nos reservatórios.

☐ Volume recuperável de gás

É o volume nas condições BR (20 °C e 1 atm), que poderá ser obtido como resultado da produção de gás de um reservatório, desde o início até a fase de abandono.

3

Reservas de Gás Natural

3 RESERVAS DE GÁS NATURAL

Para melhor compreensão dos tipos de reservatórios existentes, é necessário apresentar alguns conceitos fundamentais sobre a origem do gás natural. Conforme já disposto anteriormente, o gás natural é constituído por uma mistura de hidrocarbonetos, cujo estado físico depende das condições (pressão e temperatura) em que se encontram nas acumulações geológicas subterrâneas.

3.1 A ORIGEM DO GÁS NATURAL

A origem dos hidrocarbonetos, que constituem o gás natural, deve-se basicamente a dois mecanismos: bacteriológico e térmico.

3.1.1 Gás bacteriológico

A partir da presença e da atuação das bactérias metanogênicas, no momento da deposição dos sedimentos, ricas em matéria orgânica, ocorre a expressão 3.1.

$$4\,H_2 + CO_2 \Rightarrow CH_4 + 2\,H_2O \tag{3.1}$$

A fonte de carbono provém de íons carbonatos e bicarbonatos, uma vez que a fase aquosa sedimentar deve estar isenta de oxigênio e também de íons sulfatos e nitratos. O hidrogênio é fornecido pelas bactérias existentes no meio sedimentar e o único hidrocarboneto formado é o metano.

Esse mecanismo apresenta limitação quanto à produção de metano devido à limitação de espaço e também em razão da necessidade de os sedimentos permanecerem suficientemente porosos.

3.1.2 Gás térmico

O mecanismo de formação de gás térmico ocorre a partir da existência de matéria orgânica nos sedimentos chamados de lamas argilosas ou carbonáticas.[1] A presença de micro e macroorganismos proporciona a degradação da matéria orgânica existente tanto em meio aeróbico (presença de oxigênio) como em meio anaeróbico (ausência de oxigênio). Na primeira situação, o oxigênio existente oxida a matéria orgânica de forma completa e rápida. Em seguida, ocorre a geração de gás carbônico (CO_2), que, por sua vez, retorna para a atmosfera. No segundo caso, a ausência de oxigênio pro-

---

[1] Substâncias que irão se transformar nas rochas sedimentares denominadas folhelhos e calcilutitos.

porciona uma degradação lenta e incompleta da matéria orgânica, formando resíduos que são resistentes à biodegradação, sendo também insolúveis em solventes orgânicos, formando o que se chama de querogênio. A Figura 3.1 apresenta a degradação da matéria orgânica sedimentada. Durante o sepultamento dos sedimentos há aumento de temperatura e pressão, e começam a ocorrer transformações termoquímicas, que poderão, em determinadas condições, provocar a geração de petróleo.

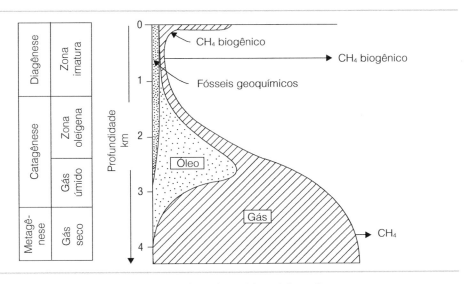

Figura 3.1 Modelo geral do processo de degradação da matéria orgânica sedimentar

Os seguintes estágios de formação são descritos a seguir:

- **Diagênese** – É um processo que ocorre a baixas temperaturas, até aproximadamente 65 °C, uma vez que a matéria orgânica se transforma em querogênio devido à ação das bactérias. Apenas o gás bioquímico é formado nesse estágio (metano biogênico ou "gás de pântano").

- **Catagênese** – É considerado o primeiro estágio termoquímico, no qual ocorre a degradação do querogênio, dando origem a hidrocarbonetos líquidos e também de "gás úmido".[2] A média de temperatura desse estágio varia de 65 °C até 165 °C.

- **Metagênese** – Neste estágio termoquímico verifica-se a cisão de todas as moléculas dos hidrocarbonetos líquidos presentes, e grande parte do querogênio remanescente se transforma em gás metano. Ainda nessa fase ocorre a gera-

---

[2] Gás natural com presença de água (condição de saturação).

ção de "gás seco".[3] A média de temperatura desse estágio varia de 165 °C até 210 °C.

- **Metamorfismo** – Este estágio é caracterizado pela ausência quase completa dos hidrocarbonetos. A temperatura de ocorrência é acima de 210 °C.

3.2 Evolução das reservas de gás natural

Desde a descoberta do campo de Lobato, na Bahia (primeira descoberta de petróleo e gás natural no País) as atividades exploratórias vêm se intensificando a cada ano, principalmente nas bacias marítimas. Esse sucesso da indústria petrolífera nacional (segmento de exploração e produção) possibilitou o alcance, em 2007, da tão esperada meta de autossuficiência na produção de petróleo. Entretanto, as características geológicas das bacias sedimentares brasileiras são diferentes daquelas encontradas em outros países quanto à distribuição dos hidrocarbonetos armazenados nas reservas geológicas, conforme Gráficos 3.1 e 3.2, a seguir.

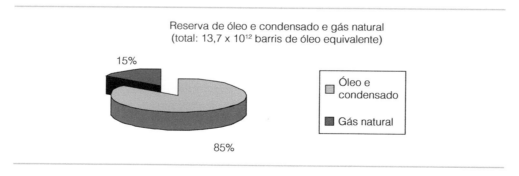

Fonte: ANP, 2007.

Gráfico 3.1 Distribuição porcentual das reservas de óleo e gás natural no Brasil em 2006

As bacias brasileiras têm uma maior vocação para a produção de petróleo, sendo o gás produzido do tipo associado. Entretanto, a relação reservas de óleo/gás no País é inferior àquela obtida no mundo. Essa característica limita o aumento da produção de gás (predominantemente constituído por gás associado), mas, no entanto, estabelece um grande desafio para a indústria nacional quanto à obtenção da esperada autossuficiência na produção de gás natural. Esse cenário tende a se modificar com as novas descobertas das reservas de gás, do tipo não associado, na Bacia de Santos.

---

[3] Gás natural com baixo teor de água (abaixo da condição de saturação).

Reservas de Gás Natural

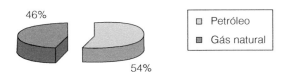

Reservas de petróleo e gás natural no mundo (10^{12} m³ de gás equivalente)

Fonte: Oil & Gas Journal, 2006.

Gráfico 3.2 Distribuição porcentual das reservas de óleo e gás no mundo em 2005

Em âmbito mundial, o volume total das reservas de gás natural, proveniente dos principais países produtores (ver Tabela 3.1), representou aproximadamente 76% da reserva total mundial de gás ($179{,}53 \times 10^{12}$ m³), em 2005.

Tabela 3.1 Principais reservas no mundo

Ordem	Países	Maiores Reservas (10^{12} m³)	%
1	Rússia	48,00	26,74
2	Irã	27,50	15,32
3	Qatar	25,78	14,36
4	Arábia Saudita	6,75	3,76
5	Emirados Árabes Unidos	6,06	3,37
6	Estados Unidos	5,29	2,95
7	Nigéria	5,00	2,79
8	Argélia	4,55	2,53
9	Venezuela	4,22	2,35
10	Iraque	3,17	1,77
11	Outros	43,21	24,06

Fonte: BP Amoco Statistical Review of World Energy, 2005.

No Brasil, a evolução das reservas de gás se intensificou somente a partir do início da década de 1980, período em que ocorreram as descobertas das grandes reservas de petróleo na Bacia de Campos. Veja no Gráfico 3.3, a seguir, a evolução das reservas nacionais, no período entre 1970 e 2006.

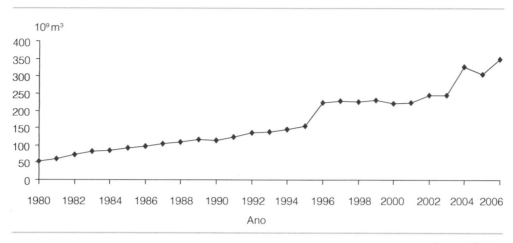

Fonte: ANP, 2007.
Gráfico 3.3 Evolução das reservas provadas de gás natural 1980-2006

Para melhor visualização da predominância das reservas provadas nacionais, de origem marítima, apresenta-se a seguir o Gráfico 3.4.

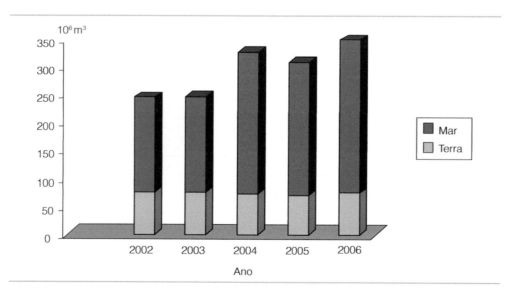

Fonte: ANP, 2007.
Gráfico 3.4 Distribuição da reserva provada de gás: 2002-2006 (10^6 m^3)

Apesar de o aumento das reservas de gás natural ser inferior às de petróleo, a taxa de crescimento no período entre 2000 e 2005 foi de 38%, com origem predominante de campos marítimos (77%), em 2005. Considerando-se as reservas provadas obtidas até 2005, a relação R/P (reserva/produção) é de aproximadamente 18 anos, inferior à média mundial, que é de 67 anos.

A distribuição das reservas de gás, em 2006, por unidades de federação é apresentada na Gráfico 3.5, a seguir.

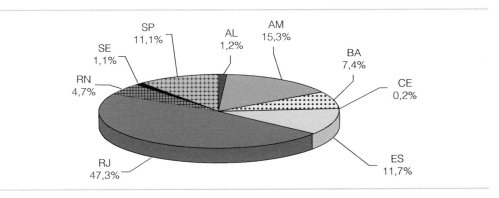

Fonte: ANP, 2007.

Gráfico 3.5 Distribuição porcentual das reservas provadas de gás natural no Brasil em 2006

3.3 BACIAS SEDIMENTARES NO BRASIL

O Brasil dispõe de 29 bacias sedimentares, ocupando uma área total de 4 650 000 km² na parte terrestre e 2 570 000 km² na parte do mar, até o limite de 200 milhas da costa (ver Figura 3.2). Desse total, 70% correspondem à área terrestre, 6% à área costeira e os 24% restantes à área marítima. Uma pequena parcela (12%) da área total situa-se em águas profundas, local em que se concentram as maiores reservas nacionais de petróleo.

A distribuição das reservas nacionais, segundo a classificação terrestre, marítima e costeira é apresentada adiante no Gráfico 3.6.

Quanto ao estágio exploratório, as bacias podem ser classificadas como: maduras (estágio maduro de produção), emergentes (em fase de desenvolvimento da produção) e novas fronteiras (estágio juvenil de exploração). No primeiro, temos as bacias do Recôncavo, Campos e Espírito Santo; no segundo, a de Santos; e, no terceiro, a do Paraná.

Apesar de as primeiras descobertas de petróleo, no Recôncavo baiano, terem ocorrido no final da década de 1930, somente no início dos anos 1970 é que foi descoberto petróleo na Bacia de Campos. Entretanto, somente em 1984 é que houve marcantes descobertas de reservas em águas profundas (Marlim), acima de 600 m de lâmina d'água, consolidando, a partir daquele momento, aquela região como a detentora das maiores reservas nacionais de petróleo. Um aspecto importante é que a partir da década de 1970 os esforços exploratórios se concentraram nas bacias marítimas (menor área), enquanto as bacias terrestres (maior área) foram reduzidas intensamente.

Outro aspecto de grande importância diz respeito à exploração e produção futura de blocos situados em áreas sensíveis (sul da Bahia e outras regiões de preservação ambiental). Nesse contexto, novas tecnologias serão necessárias para atendimento da legislação ambiental das diversas esferas de governo, cada vez mais restritiva quanto à qualidade dos efluentes, incluindo também a questão das emissões atmosféricas.

Fonte: ANP, 2006.

Figura 3.2 Mapa das bacias sedimentares brasileiras

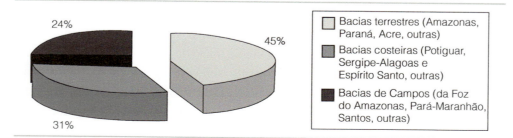

Fonte: BACOCCOLI, 2004.

Gráfico 3.6 Distribuição das bacias sedimentares segundo localização geológica

3.4 Perspectivas das reservas de gás no Brasil

As novas descobertas de petróleo e gás, no início desta década, em especial nas bacias do Espírito Santo e Santos, irão contribuir significativamente para a manutenção da autossuficiência sustentável em óleo e para a redução gradativa da dependência do gás natural importado da Bolívia. O desenvolvimento da Bacia de Santos ainda está em fase de avaliação das reservas, e engloba cinco polos de produção, que são descritos a seguir.

Bacia de Santos

A Bacia de Santos está localizada em uma área de aproximadamente 352 000 km^2 e se estende pelo litoral sul do Estado do Rio de Janeiro, por toda a costa de São Paulo e do Paraná, e também pelo trecho norte do litoral de Santa Catarina. Essa bacia apresenta cerca de 52% da área sob concessão no Estado de São Paulo, 35% no Rio de Janeiro, 7% em Santa Catarina e 6% no Paraná.

I – Merluza

Polo que já está em funcionamento desde o início da década de 1990, por meio da plataforma Merluza, localizada no Estado de São Paulo, a cerca de 200 km de Santos. O polo Merluza produz atualmente 1,2 x 10^6 m^3/d de gás e 1 600 barris por dia de condensado. Está prevista ainda ampliação da produção da plataforma Merluza-1 (campos de Merluza, Lagosta e a área do poço SPS-25).

O polo de Merluza tem potencial para atingir uma produção de 9 a 10 x 10^6 m^3/d de gás em 2010.

II – Mexilhão

Este polo está localizado no Estado de São Paulo, a cerca de 140 km do Terminal de São Sebastião, com previsão de produzir até 15 x 10^6 m^3/d de gás e 20 x 10^3 barris por dia de óleo e condensado. O principal projeto desse polo, que inclui o campo de Mexilhão e a área de Cedro. A capacidade total desse polo deverá ser atingida no início da próxima década, com a entrada em produção de novas áreas localizadas no entorno e em horizontes mais profundos do campo de Mexilhão.

Existe previsão também de instalação de uma planta de tratamento de gás no litoral paulista, integrada aos projetos de ampliação do Polo Merluza e de desenvolvimento do polo Mexilhão. Veja na Figura 3.3 uma representação esquemática desse empreendimento.

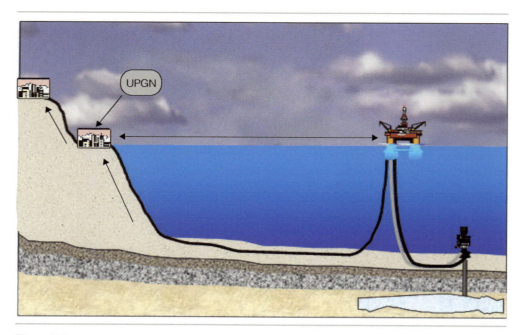

Figura 3.3 Representação esquemática da futura planta de gás para o campo de Mexilhão

III – BS-500

Este polo está localizado no Rio de Janeiro, a cerca de 160 km da capital, e prevê a instalação de sistemas de produção de gás e óleo.

IV – Sul

Este polo está localizado a cerca de 200 km da costa dos Estados de São Paulo, Paraná e Santa Catarina. Essa bacia já produz atualmente, por meio da plataforma de Coral, localizada no Paraná, cerca de 9×10^3 barris por dia de óleo. Está prevista ainda, a partir de 2008, a entrada em operação do campo de Cavalo-Marinho, localizado em Santa Catarina.

V – Centro

Este polo está localizado a cerca de 250 km da costa dos Estados de São Paulo e do Rio de Janeiro; porém, ainda em fase exploratória. Caso sejam confirmadas as potencialidades de produção de hidrocarbonetos, haverá possibilidade de escoamento do gás para a plataforma de Mexilhão e sua posterior transferência para tratamento, em uma planta a ser construída no litoral paulista.

Para melhor visualização da produção futura de gás, oriundo de novas reservas, apresenta-se a Figura 3.4.

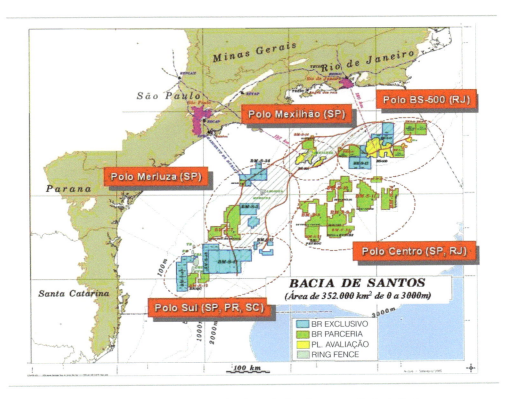

Figura 3.4   Representação esquemática dos polos de produção existentes na Bacia de Santos

A descoberta do Campo de Manati, em 2000, no litoral baiano foi de extrema importância devido à necessidade atual de atendimento à demanda de gás na região Nordeste, principalmente enquanto o projeto de ampliação da rede atual (Projeto Malhas) não se consolida. Esse campo está situado na bacia sedimentar de Camamu, na costa do Município de Cairu, a cerca de 10 km da costa, em uma profundidade entre 35 m e 50 m.

As reservas totais de gás desse campo são de cerca de 24 bilhões de metros cúbicos e correspondem a aproximadamente 40% da reserva de gás da Bahia.

O projeto Manati contempla uma instalação marítima de produção com capacidade de até 6×10^6 m^3/d, e de um gasoduto de 125 km, que transporta gás até o continente. O gasoduto Manati passam pelos municípios de São Francisco do Conde, Salinas da Margarida, Maragogipe, Jaguaripe e Valença, além da área da Baía de Todos os Santos e área oceânica em frente a Guaibim e Ilha de Tinharé (ver Figura 3.5).

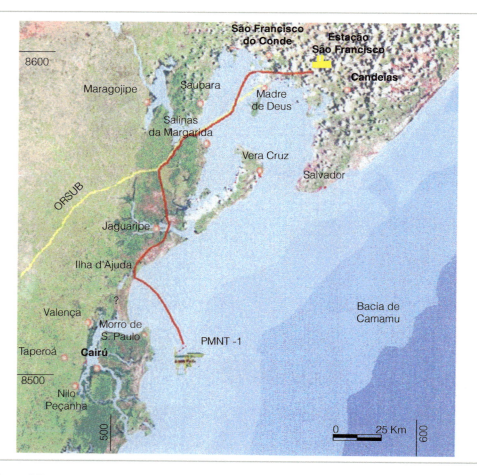

Figura 3.5   Localização do sistema de escoamento de Manati

3.5 Nova província petrolífera brasileira

A nova fronteira exploratória se estende por mais de 800 quilômetros, de Santa Catarina ao Espírito Santo, e tem até 200 quilômetros de largura. Inclui as bacias do Espírito Santo, Campos e Santos, em rochas denominadas pré-sal, espécie de "segundo subsolo" das bacias petrolíferas. O pré-sal são rochas reservatórios que se localizam abaixo de extensa camada de sal. Os reservatórios situam-se em lâmina d'água que varia de 1,5 mil a 3 mil metros de profundidade. Para chegar até eles, é preciso furar ainda de 3 mil a 4 mil metros de rocha. Na Figura 3.6 ilustra-se onde se localiza essa camada.

Reservas de Gás Natural 79

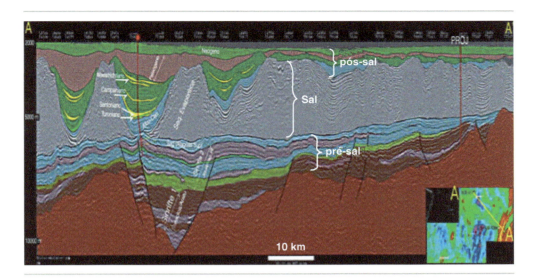

Figura 3.6 Camada do pré-sal

Na Figura 3.7 ilustra-se a abrangência da nova província exploratória.

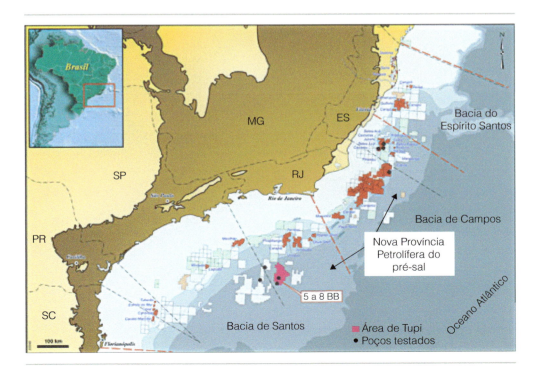

Figura 3.7 Nova província exploratória

O volume descoberto, somente na acumulação de Tupi, que representa uma pequena parte da nova fronteira, poderá aumentar em mais 50% as atuais reservas de petróleo e gás do País, que somam hoje 14 bilhões de barris.

A análise e a interpretação dos dados de produção obtidos nos oito poços testados pela Petrobras, com elevadíssima produtividade, forneceram elementos concretos que permitem garantir que o Brasil está diante da descoberta da maior província petrolífera do País, equivalente às mais importantes áreas petrolíferas do planeta.

4

A Cadeia Produtiva do Gás Natural

4 A CADEIA PRODUTIVA DO GÁS NATURAL

4.1 Introdução

A cadeia produtiva de gás natural pode ser entendida como uma rede de inter-relacionamentos entre os vários atores participantes do sistema de produção e beneficiamento do gás. Esta permite a identificação do fluxo de bens e serviços por meio dos setores diretamente envolvidos, desde as fontes de matérias-primas até o consumo final do produto.

De acordo com as definições contidas na Portaria ANP n. 104, a cadeia produtiva de gás natural é um conjunto de atividades de produção, transporte, comercialização, processamento, distribuição e utilização do gás natural que funcionam de forma integrada, com um sequenciamento lógico de atividades, como em uma rede dividida em fases distintas.

☐ **Fase de exploração** – o processo exploratório está baseado em pesquisa sísmica e interpretação de resultados, em que os conceitos da geologia e da geofísica são amplamente utilizados. A pesquisa levanta os diversos fatores que indicam a formação de grandes acumulações de hidrocarbonetos, tais como presença de rochas geradoras responsáveis pela geração dos hidrocarbonetos; presença de rochas porosas e permeáveis que permitam receber os hidrocarbonetos em seus espaços vazios; presença de "armadilhas" que tenham a capacidade de armazenar grandes quantidades de hidrocarbonetos; e rochas selantes que não deixam os hidrocarbonetos se perderem na superfície. A exploração é a etapa inicial do processo e consiste no reconhecimento e estudo das estruturas propícias ao acúmulo de petróleo ou gás natural. Essa fase conduz à descoberta dos reservatórios.

☐ **Fase de perfuração** – uma vez identificados os fatores que determinam a possibilidade de existência de hidrocarbonetos, é feita a perfuração de poços exploradores (primeiros poços em uma área produtora para confirmar a presença de acúmulo de hidrocarbonetos). Após a confirmação da existência e havendo viabilidade econômica, mais poços são perfurados para delimitar e desenvolver a formação produtora, permitindo a extração e o escoamento dos produtos.

☐ **Fase de desenvolvimento e produção** – depois de confirmada a existência de acumulação de hidrocarbonetos, inicia-se a fase de desenvolvimento e produção do campo produtor. Até esse ponto as indústrias de petróleo e gás natural caminham juntas. Nas áreas de produção, o gás é consumido internamente na geração de eletricidade e vapor, parte da produção é utilizada como gás *lift (gás de elevação)* para reduzir a densidade do petróleo e parte é reinjetada com objetivo de aumentar a recuperação do reservatório.

A Cadeia Produtiva do Gás Natural

O restante do gás é exportado para centros de tratamento ou pode ser queimado em tochas, caso não haja infraestrutura suficiente que permita seu escoamento até um centro consumidor, para aproveitamento adequado.

- **Fase do condicionamento** – o gás, para ser escoado para Unidades de Processamento de Gás Natural (UPGNs) ou diretamente consumido, precisa antes passar pelas etapas de condicionamento do gás produzido, visando garantir a sua adequação à especificação requerida para consumo no próprio campo produtor e para a sua transferência aos centros processadores.

- **Fase do processamento** – o gás natural condicionado é transferido por gasodutos até as UPGNs, onde é beneficiado e separado em produtos especificados para atendimento a clientes finais.

  Durante o processamento ocorre a separação dos componentes mais pesados do gás natural, gerando produtos de maior valor agregado e garantindo a especificação técnica adequada para comercialização do gás disponibilizado para venda.

- **Fase do transporte** – das UPGNs, o gás especificado para venda ao consumidor final é transportado até os Pontos de Entrega (PEs), para a efetiva transferência de custódia às companhias distribuidoras estaduais ou, de modo eventual, diretamente a um grande consumidor.

- **Fase do armazenamento** – embora ainda não seja uma etapa muito utilizada no Brasil, o gás natural pode ser normalmente armazenado, em poços de petróleo já exauridos ou em cavernas adaptadas para esse fim, de forma a garantir o suprimento dos fornecedores em caso de aumento sazonal de consumo ou falha de entrega dos produtores por paradas não programadas dos sistemas de produção.

  Países desenvolvidos com grande variação de consumo entre verão e inverno, como a Alemanha, dependem fortemente de sistemas de armazenamento de gás para conseguirem suprir as necessidades dos consumidores no período do inverno, quando o consumo aumenta significativamente, em função da grande utilização do gás para calefação de residências, comércio e indústrias.

- **Fase de distribuição** – é nessa fase que o gás é entregue ao consumidor final. Essa etapa é realizada pelas companhias distribuidoras estaduais, as quais detêm a concessão do Estado para a realização dessa tarefa.

4.2 Macrofluxo da movimentação de gás natural nacional

O gás natural é movimentado por vários atores da cadeia produtiva, desde a área de produção até as redes de distribuição das empresas concessionárias estaduais.

A cada transferência de custódia entre os atores da cadeia, a responsabilidade pela qualidade e quantidade do gás entregue passa de um a outro participante, até a efetiva entrega ao consumidor final.

Na figura a seguir, é apresentado um macrofluxo geral da movimentação do gás pelos principais participantes da cadeia de gás natural, em que são indicados os principais pontos de transferência de responsabilidade (denominados pontos de transferência de custódia) entre os participantes diretamente envolvidos nesse fluxo.

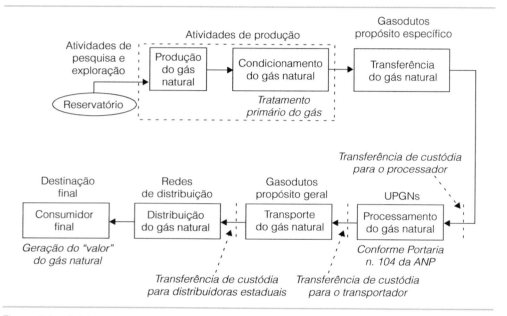

Figura 4.1 Cadeia de valor do gás natural

O fluxo do gás natural apresentado, desde a fonte de matéria-prima até o consumo final do produto, permite a visualização das inter-relações e dos serviços prestados pelos participantes da cadeia do gás e define claramente a agregação de valor em cada etapa, até a conclusão do ciclo, quando temos, então, o estabelecimento do "valor do gás natural" como fonte de riqueza nacional.

4.2.1 Atividades de prospecção e exploração

A primeira etapa para se explorar o gás natural é verificar a existência de bacias sedimentares que possuam rochas reservatórias ricas na acumulação de hidrocarbonetos. O Brasil possui 29 bacias sedimentares principais, que se distribuem por mais de 6,4 milhões de quilômetros quadrados, sendo 4,9 milhões de quilômetros quadrados em terra e 1,5 milhão de quilômetros quadrados na plataforma continental, até a lâmina d'água de 3 mil metros. Apesar dessa extensa área sedimentar e do grande número de bacias, 70% delas não registram, até o momento, descobertas de óleo ou gás em quantidades comerciais.

Para que esses reservatórios de hidrocarbonetos sejam encontrados (em fase líquida, gasosa ou bifásica), são utilizados vários métodos de investigação. Todos se baseiam na Geologia, que estuda a origem, constituição e os diversos fenômenos que atuam na modificação da Terra, e na Geofísica, que estuda os fenômenos puramente físicos do planeta. Assim, a geologia de superfície analisa as características das rochas na superfície e ajuda a prever seu comportamento a grandes profundidades. Já os métodos geofísicos procuram, por intermédio de sofisticados instrumentos, fazer uma radiografia do subsolo.

Os geólogos e geofísicos analisam um grande volume de informações geradas nas etapas iniciais da pesquisa, reunindo um razoável conhecimento sobre a espessura, profundidade e comportamento das camadas de rochas existentes em uma bacia sedimentar. Com base nesse conhecimento, são escolhidos os locais mais propícios para a perfuração de poços exploratórios. A perfuração desses poços é fundamental para complementar o conhecimento do reservatório, pois, mesmo com o atual desenvolvimento tecnológico, não é possível determinar com certeza absoluta a presença de hidrocarbonetos no subsolo apenas a partir da análise de dados da superfície. Os métodos científicos podem, no máximo, sugerir que certa área é propícia ou não à existência de depósitos de hidrocarbonetos. Essa existência somente será confirmada pela perfuração dos poços exploratórios. Por isso, a atividade de exploração de petróleo e gás natural é considerada uma atividade de alto risco.

A etapa seguinte à comprovação da existência da jazida é chamada de avaliação e tem o objetivo de determinar se o poço contém hidrocarbonetos em quantidades comerciais que viabilizem a sua produção. São realizados testes de formação para recuperação do fluido contido em intervalos selecionados de rochas-reservatórios. Se os resultados colhidos forem promissores, executam-se os testes de produção, utilizados para se estimar a vazão de produção diária potencial do poço.

A etapa que completa a exploração é o mapeamento do reservatório, utilizando as informações obtidas com o testemunho dos poços. São perfurados os poços de extensão (delimitação) para se estimar as dimensões da jazida e a quantidade de hidrocarbonetos nela existente. Essas informações são, então, utilizadas no desenvolvimento do plano de produção do reservatório, com definição da vazão diária a ser produzida, do número e arranjo dos poços de produção a serem perfurados, em complemento aos poços de delimitação.

4.2.2 Perfuração dos poços

A perfuração dos poços, até certa profundidade programada em função dos estudos sísmicos, é realizada por sondas de perfuração, constituídas de uma estrutura metálica (a torre) e de equipamentos rotativos especiais. A torre sustenta a coluna de perfuração, em cuja extremidade é colocada uma broca que, por meio de movimentos de rotação e de peso transmitidos pela coluna, consegue perfurar as rochas das camadas do subsolo.

Durante toda a perfuração é utilizada a injeção de um fluido especial (chamado lama de perfuração) para evitarem-se desmoronamentos das paredes do poço e todo o material triturado pela broca vem à superfície, misturado com a lama de perfuração. Por meio da análise dos detritos contidos nesse material, é possível se conhecer os dados geológicos das sucessivas camadas rochosas atravessadas pela sonda. Essas informações obtidas definem a presença ou não de hidrocarbonetos em uma determinada formação.

4.2.3 Atividade de completação

A fase seguinte à perfuração é denominada completação e tem como objetivo preparar os poços para início de produção. Uma tubulação de aço, chamada coluna de revestimento, é introduzida no poço. Em torno dela é colocada uma camada de cimento para impedir a penetração de fluidos indesejáveis e o desmoronamento das paredes do poço. A operação seguinte é chamada de canhoneio, quando um equipamento especial é descido pelo interior do revestimento para causar perfurações na parede do tubo e no cimento, abrindo furos nas zonas portadoras de hidrocarbonetos e permitindo o escoamento desses fluidos para o interior do poço. Outra tubulação, de menor diâmetro (chamada coluna de produção), é introduzida no poço para levar os fluidos, sob controle de vazão, até a superfície da unidade de produção, na qual ocorre o tratamento primário desses fluidos e posterior envio para processamento.

4.2.4 Reservatórios de hidrocarbonetos

Basicamente, existem dois tipos de reservatórios, de acordo com a sua constituição: líquido e gás.

O estado físico de uma acumulação de petróleo e de gás natural é função direta das seguintes variáveis:

❑ Composição da mistura de hidrocarbonetos.

❑ Temperatura do reservatório.

❑ Pressão do reservatório.

Os reservatórios que apresentam quantidades significativas de óleo, quando em operação, produzem o gás associado, de alto teor de hidrocarbonetos mais pesados do que o metano. Já os reservatórios que não possuem hidrocarbonetos na fase líquida em quantidades significativas, produzem o gás não associado, de baixa massa molar, constituído praticamente por metano, com baixo teor de compostos mais pesados.

Pode ser observado no Gráfico 4.1, a seguir, uma representação esquemática da diferença entre os reservatórios citados anteriormente.

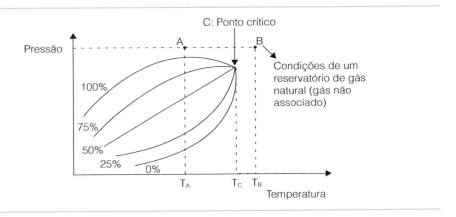

Nota: T_c = Temperatura crítica
Gráfico 4.1 Diagrama de fases de uma mistura de hidrocarbonetos

Pelo Gráfico 4.1, se a mistura está nas condições de pressão e temperatura, definidas pelo ponto A, diz-se que o reservatório é de óleo (temperatura abaixo da crítica). O ponto C representa o ponto crítico da curva, no qual não há distinção entre as duas fases. Caso as condições sejam aquelas estabelecidas pelo ponto B, diz-se que o reservatório é de gás natural (temperatura acima da crítica). No caso de a mistura de hidrocarbonetos estar dentro da região, estabelecida pelas curvas entre 0% e 100%, diz-se que o reservatório é constituído por duas fases (líquido e gás) em equilíbrio.

4.2.5 Produção de gás natural

O processo de produção de gás natural é influenciado pelo tipo de gás a ser produzido: poços de petróleo produzem gás associado. Dessa forma, ao ser produzido, o gás natural associado ao petróleo sofre um tratamento primário em vasos separadores, que são equipamentos projetados para separar o gás produzido, a água de formação, o petróleo (hidrocarbonetos no estado líquido) e as partículas sólidas contidas no fluido produzido (pó, produtos de corrosão da coluna, areia do reservatório). O gás natural produzido a partir de poços de gás não associado também precisa receber tratamento primário, pois sempre ocorre a presença de água livre e hidrocarbonetos condensados na corrente de gás produzida, porém as condições de pressão e temperatura são diferenciadas, assim como o projeto dos equipamentos de separação.

O gás produzido pode ser utilizado para aumento da produção de petróleo de duas formas distintas. A utilização mais comum é por meio do emprego da técnica de gás *lift* (gás de elevação), que é a injeção e circulação de gás na coluna de produção, com objetivo de fluidizar o líquido produzido (com redução da densidade aparente do fluido). Essa técnica diminui o peso aparente da coluna de produção e, consequentemente, a resistência a ser vencida pela pressão do reservatório, gerando aumento da vazão de líquido produzida. O gás usado para o gás *lift* não é perdido. A vazão de gás *lift* permanece em circulação entre o fundo da coluna de produção e o vaso de separação primária.

Outra forma de utilização do gás no aumento da produção de líquido de uma jazida é por meio da técnica de recuperação secundária pela injeção de gás dentro do reservatório, visando o aumento ou a manutenção da pressão original da jazida. Essa técnica tende a recompor a energia que o reservatório utiliza para elevar a produção da acumulação. Normalmente, é utilizada em reservatórios já depletados e que estejam com baixa pressão, de forma a se aumentar a vazão produzida.

Outra situação que pode ocorrer é a reinjeção do gás para armazenamento no reservatório, quando não houver consumo para este, como ocorre na Amazônia. Atualmente, dez estados da Federação possuem sistemas de produção de gás natural, sendo o Rio de Janeiro o maior deles.

4.2.6 Condicionamento de gás natural

A produção do gás natural pode ocorrer em regiões distantes dos centros de consumo e, muitas vezes, de difícil acesso, como a floresta amazônica e a plataforma continental. Por esse motivo, é necessário dar um tratamento primário ao gás produzido, para que este possa escoar até um ponto mais próximo aos consumidores em condições seguras.

Em plataformas marítimas, por exemplo, o gás deve ser desidratado antes de ser enviado para terra, para evitar a formação de hidratos, que são compostos sólidos capazes de obstruir os gasodutos. Em outras ocasiões, pode ser necessário retirar compostos ácidos contaminantes, como compostos de enxofre e gás carbônico. Nesse caso, o gás é tratado em uma unidade de dessulfurização ou remoção de CO_2, na qual esses contaminantes são eliminados da corrente de gás.

De uma forma geral, sempre será necessário dar algum tratamento ao gás natural produzido antes de transferi-lo para um centro processador. Ao conjunto dessas etapas de tratamento primário que o gás sofre em um ponto de produção, para ser escoado em segurança, dá-se o nome de Condicionamento de Gás Natural.

Em complemento ao tratamento citado, para vencer as grandes distâncias entre os pontos de produção e os pontos de processamento de gás, é necessária a elevação da pressão do gás produzido. Nos grandes campos de produção de gás, normalmente são utilizadas grandes máquinas rotativas (turbo-compressores centrífugos) para esse serviço.

4.2.7 Transferência de gás natural

O gás natural condicionado é transferido dos campos de produção para as unidades de processamento de gás natural. Em muitos sistemas de produção localizados na plataforma marítima o escoamento do gás produzido ocorre por dutos submarinos de grande extensão. A especificação do gás transferido deve atender a requisitos técnicos que garantam essa movimentação de forma segura e continuada, sem a ocorrência de hidratos (tamponamento do duto) ou altas taxas de corrosão (normalmente geradas pela presença de contaminantes ácidos no gás). Aos dutos utilizados para essa movimentação dá-se o nome de dutos de transferência de gás natural.

4.2.8 Processamento de gás natural

Nesta etapa, o gás é recebido nas unidades industriais, conhecidas como UPGNs, para ser processado. Nessas unidades, o gás é separado da fase líquida (água e hidrocarbonetos líquidos), desidratado, resfriado e fracionado em produtos especificados para venda ao consumidor final. As seguintes correntes podem ser produzidas a partir do processamento do gás natural: metano e etano, que formam o gás especificado para venda, também chamado de gás residual; corrente líquida de etano, para fins petroquímicos; propano e butano, que formam o Gás Liquefeito de Petróleo (GLP) ou gás de cozinha; e um produto na faixa da gasolina, denominado C_5^+ ou gasolina natural.

4.2.9 Transporte de gás natural

A forma mais utilizada para o transporte do gás natural é por meio de gasodutos de alta pressão, com o escoamento realizado na fase gasosa e com a utilização de estações de compressão para prover a energia necessária ao gás para essa movimentação.

Em casos muito específicos, o gás natural pode ser transportado em cilindros de alta pressão. Esse sistema é chamado de transporte de Gás Natural Comprimido (GNC) e se aplica a pequenos volumes movimentados a curtas distâncias (por meio de caminhões-feixe) ou volumes maiores com a utilização de cilindros embarcados em barcaças ou navios especiais. Para aplicações de movimentação de grandes volumes, em relação a grandes distâncias entre produtores e consumidores, existe também a possibilidade de transporte marítimo de gás natural na fase líquida. No estado líquido (Gás Natural Liquefeito – GNL), o gás tem o seu volume reduzido em cerca de 600 vezes, podendo ser transportado mais facilmente por meio de navios, barcaças ou caminhões criogênicos, a uma temperatura de -160 °C. Nesse caso, para ser utilizado, o gás deve ser novamente vaporizado em equipamentos apropriados.

4.2.10 Distribuição de gás natural

A distribuição é a etapa final da cadeia produtiva do gás natural, caracterizada pela entrega do gás ao consumidor final para uso residencial, comercial, industrial (como matéria-prima, combustível e redutor siderúrgico) ou automotivo. A consolidação do "valor" do gás ocorre nesse momento, quando efetivamente o gás é utilizado nos sistemas produtivos dos clientes.

Nessa etapa, o gás deve atender às especificações vigentes, reguladas pela Agência Nacional do Petróleo, Gás Natural e Biocombustíveis (ANP) e deve também conter substância odorizante para garantir a segurança do usuário final, em caso de vazamentos.

A distribuição do gás é realizada por meio de malhas de gasodutos (chamadas redes de distribuição) de baixa pressão e de responsabilidade das companhias distribuidoras estaduais, as quais podem ser de ferro fundido, aço ou polietileno de alta densidade.

Conforme a legislação vigente, a partir da etapa de transporte do gás natural, seja por quaisquer meios existentes, esse combustível pode ser comprado pelas concessionárias de distribuição estaduais e, então, vendido para os consumidores finais por meio dos ramais de distribuição.

O gás natural pode ser utilizado de diversas formas, desde a produção de calor e frio para o consumo industrial e residencial até a geração de eletricidade em usinas termelétricas e a utilização como matéria-prima pela indústria de transformação.

4.2.11 Comercialização de gás natural

A regulação vigente define que a atividade de comercialização de gás nacional ou importado é monopólio dos estados, podendo ser concedida, por meio de licitação, a empresas privadas, legalmente constituídas para a realização dessa tarefa.

Os preços praticados para venda ao consumidor final são atualmente controlados pelo governo, mediante formulação definida pelo Ministério de Minas e Energia, a qual estabelece o valor referente à atividade de transporte.

4.2.12 Utilização pelo consumidor final

O gás natural tem penetração em praticamente todos os ramos da indústria e também tem sido bastante utilizado como alternativo energético em vários outros campos para atendimento à sociedade, cada vez mais dependentes de suprimento energético.

As usinas termelétricas movidas a gás natural têm sido gradativamente utilizadas para complementar a necessidade de geração de energia elétrica no âmbito nacional, em apoio às usinas hidrelétricas convencionais.

No mesmo sentido, o uso residencial, automotivo e também pelo segmento comercial vêm consolidar a participação cada vez mais expressiva do gás natural na matriz energética nacional.

4.3 Balanço da produção de gás natural

A produção de gás brasileira tem aumentado significativamente nos últimos anos graças a um esforço concreto dos agentes produtores, notadamente a Petrobras, que tem investido grandes quantidades de recursos financeiros em pesquisa, prospecção e avaliação de reservas de gás nacionais e internacionais. Atualmente, cerca de 50% da produção nacional de gás natural é originária da Bacia de Campos, litoral do Estado do Rio de Janeiro.

Os principais dados da produção nacional de gás natural são apresentados, de forma resumida, a seguir.

Tabela 4.1 Dados da produção nacional referentes a abril de 2007

Produção nacional média de gás natural	$4,85 \times 10^7\,\text{m}^3/\text{d}$
Volume de gás nacional processado nas UPGNs	$3,78 \times 10^7\,\text{m}^3/\text{d}$
Volume de gás nacional especificado produzido	$3,30 \times 10^7\,\text{m}^3/\text{d}$
Volume de gás liquefeito nas UPGNs	$3,60 \times 10^6\,\text{m}^3/\text{d}$
Volume de gás nacional entregue às distribuidoras	$2,25 \times 10^7\,\text{m}^3/\text{d}$
Volume de Gás Liquefeito de Petróleo (GLP) produzido	$4,8 \times 10^3\,\text{m}^3/\text{d}$
Volume de gasolina natural (C_5^+) produzido	$1,4 \times 10^3\,\text{m}^3/\text{d}$

Fonte: Relatório de gás natural Gás & Energia, Petrobras, 2007.

A produção nacional de gás disponibilizada para consumo equivale ao volume total produzido diminuído das parcelas de consumo interno nos campos de produção e refinarias, de reinjeção de gás para aumento da recuperação total dos campos produtores de petróleo, de liquefação das frações mais pesadas em UPGNs e de queima de gás por falta de capacidade de escoamento para os centros consumidores, além das perdas normais por necessidade de manutenção dos sistemas de aproveitamento de gás.

A tabela a seguir apresenta as formas mais usuais de utilização do gás natural produzido no País em função das necessidades das áreas de produção e limitações dos sistemas de transporte ainda existentes.

Tabela 4.2 Destinação da produção nacional de gás natural

Destinação da produção nacional	Porcentual da produção
Vendido às companhias distribuidoras	35%
Fornecido às refinarias	12%
Absorvido em UPGNs	8%
Gás reinjetado em poços	19%
Consumido nas áreas de produção	18%
Não aproveitado (queimado)	9%
Armazenado nos gasodutos (balanço)	-1%

Fonte: Relatório de Gás Natural Gás & Energia, Petrobras. Dados referentes a abril de 2007.

☐ **Gás vendido às companhias distribuidoras** – gás efetivamente comercializado pelas companhias distribuidoras estaduais junto aos consumidores finais para utilização nas mais variadas formas.

☐ **Gás fornecido às refinarias** – gás fornecido às refinarias do sistema Petrobras para consumo nos equipamentos térmicos das unidades de refino, como fornos e caldeiras. A utilização do gás nas refinarias melhora as condições ambientais das áreas circunvizinhas às instalações das refinarias.

☐ **Gás absorvido nas UPGNs** – parcela do gás que é liquefeito no processamento de gás natural ocorrido nas UPGNs para especificação do gás comercializado. As frações pesadas do gás natural são liquefeitas pela redução de temperatura, gerando GLP especificado para venda e gasolina natural, chamada de fração C_5^+.

☐ **Gás reinjetado** – parcela do gás natural produzido que é reinjetado nos reservatórios por falta de consumo (as pressões do sistema de escoamento de gás tendem a subir muito, causando parada dos equipamentos de transporte dos campos de produção) ou de capacidade de escoamento de gás para os centros consumidores.

☐ **Gás consumido nas áreas de produção** – gás utilizado na alimentação de turbo-compressores, turbo-geradores, fornos, caldeiras, evaporadores, pilotos de tochas, desaeradores, flotadores, gás de retificação, entre outros equipamentos existentes nas áreas de produção petrolíferas.

A Cadeia Produtiva do Gás Natural

- ☐ **Gás não aproveitado** – parcela de gás efetivamente queimado devido à falta de condições de escoamento, principalmente em campos novos, nos quais os projetos de aproveitamento de gás ainda não estão totalmente implantados.
- ☐ **Gás armazenado nos gasodutos** – acerto do balanço de massa em função da variação da pressão dos gasodutos de grande comprimento, que altera a massa de gás contida nestes.

4.4 Consumo nacional de gás natural

Os números atuais de consumo interno apontam para algo em torno de 47 milhões de metros cúbicos diários, com uma forte tendência de incremento anual de consumo, da ordem de 20% em volume. A expectativa do mercado é que, se não houver falta do produto, o mercado interno atinja o patamar de 120 milhões de metros cúbicos diários de consumo já no ano de 2012, a se confirmar essa tendência hoje verificada nos principais centros de consumo de gás do País. Desse volume a ser consumido, em torno de 70 milhões de metros cúbicos diários deverão ser supridos com gás de origem nacional.

Os números citados indicam o grande desafio que deverá ser vencido em conjunto por todos os participantes da cadeia produtiva do gás natural, no sentido de garantir a oferta do produto dentro das expectativas do mercado nacional, evitando, dessa forma, a frustração dos clientes finais e a consequente contenção forçada da demanda, o que geraria um atraso irreversível no desenvolvimento do mercado de gás no Brasil.

A maior parte do consumo interno atualmente é atendida pelo gás importado da Bolívia, por meio do Gasoduto Bolívia-Brasil (gasoduto Gasbol). Com a recente crise política nesse país vizinho, ficou evidente que a nossa estrutura de abastecimento de gás natural deverá sofrer alterações urgentes para que não fiquemos tão vulneráveis à ocorrência de distúrbios externos que possam impactar de forma tão drástica o abastecimento interno do produto e, consequentemente, a economia nacional.

Tabela 4.3 Consumo médio dos últimos meses

Consumo médio nacional total	$6,10 \times 10^7$ m³/d
Parte do consumo atendido por gás nacional	$3,00 \times 10^7$ m³/d
Parte do consumo atendido por gás importado	$3,10 \times 10^7$ m³/d

Fonte: Relatório de gás natural Gás & Energia, Petrobras. Dados referentes a fevereiro de 2008.

Nos volumes citados anteriormente, estão consideradas as parcelas referentes ao total de gás vendido às companhias distribuidoras, o consumo interno das refinarias da Petrobras e a parte do gás boliviano vendido como gás nacional (cerca de 2,4 milhões de metros cúbicos por dia).

Não é considerado o gás liquefeito nas UPGNs, para a produção de GLP e gasolina natural, nem o gás queimado não utilizado por falta de infraestrutura para a sua movimentação dos pontos de produção até os centros consumidores.

O consumo nacional, após um longo período de estagnação, tem apresentado relevante crescimento a partir do início desta década, atingindo cerca de 20% de crescimento anual (2006). A tendência é que esse crescimento se mantenha pelos próximos anos, desde que não ocorra falta do produto.

4.5 Consumo de gás natural por estado

São Paulo e Rio de Janeiro são os estados brasileiros que atualmente mais consomem gás natural. Juntos, respondem por mais da metade do consumo total de gás natural no País.

Na região nordeste, o Estado da Bahia tem hoje o maior consumo, sendo o terceiro maior estado consumidor. Poucos estados brasileiros ainda não iniciaram a utilização do gás natural como combustível em suas atividades que demandam consumo de energia.

A relação completa do porcentual de consumo em relação ao consumo total do País é apresentada no Gráfico 4.2 a seguir.

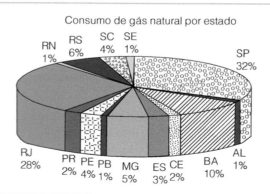

Fonte: Relatório de gás natural Gás & Energia, Petrobras. Dados referentes a abril de 2007.

Gráfico 4.2 Relação dos estados consumidores de gás natural

4.6 Produção de gás natural por estado

Atualmente, os campos de petróleo e gás associado, localizados na Bacia de Campos, plataforma continental do Estado do Rio de Janeiro, respondem praticamente por metade da produção nacional de gás natural. Esse quadro deverá ser alterado a médio prazo, com o início da produção dos campos marítimos de gás não associado dos Estados de São Paulo (Mexilhão, Cedro) e Espírito Santo (Peroá, Cangoá, Golfinho, Parque das Baleias e das Conchas).

Só a produção marítima desses dois estados tem condições de substituir, em grande parte, o gás boliviano, hoje fundamental para o abastecimento do mercado de gás nacional.

Embora a garantia do abastecimento a longo prazo do mercado nacional não possa ser fundamentada apenas na produção desses dois estados, é certo que esta em muito contribuirá nesse sentido, principalmente se considerarmos as novas alternativas de suprimento externo de gás, via Gás Natural Liquefeito (GNL) e Gás Natural Comprimido (GNC).

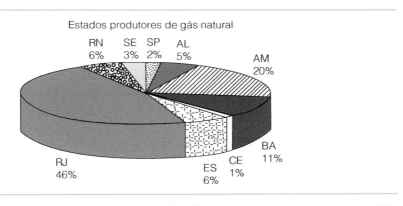

Fonte: Relatório de gás natural Gás & Energia, Petrobras. Dados referentes a abril de 2007.

Gráfico 4.3 Relação dos estados produtores de gás natural

4.7 Utilização do gás natural

O gás natural é o combustível de maior crescimento na matriz energética mundial atual, apresentando grandes vantagens de utilização, como combustão limpa, eficiente, manutenção econômica e não poluidor do meio ambiente.

A participação do gás natural na matriz energética mundial é de 21%, havendo países, como a Argentina, que já superou a casa dos 30%. No Brasil, a participação em 1995 era de 2,7% e, em 2002, atingiu 3,0%, um valor considerado pouco expressivo.

Atualmente, 50% da produção bruta nacional destina-se à venda, enquanto em outros países (média mundial) atinge 83%. A expectativa é que, nos próximos anos, o gás natural passe a representar 12% da demanda de energia primária no País (participação de 12% na matriz energética brasileira).

96 TECNOLOGIA DA INDÚSTRIA DO GÁS NATURAL

O gás natural disponibilizado para comercialização encontra as mais variadas utilizações dadas pelos consumidores finais, porém a utilização mais difundida continua sendo como combustível para produção de energia térmica em fornos e caldeiras na indústria em geral.

As utilizações mais recentes, como o uso automotivo e o abastecimento de usinas para geração de energia elétrica, têm crescido consideravelmente nos últimos anos, evidenciando a forte tendência de aumento da participação do gás natural na matriz energética nacional, por meio da disseminação do uso e da ampliação das formas de utilização desse combustível em todos os setores produtivos.

4.7.1 Segmentos consumidores do gás natural

Conforme apresentado no item 4.3.12, o gás natural está presente em todos os segmentos que demandam energia, nas mais diversas formas de aplicações, podendo ser utilizado na substituição de combustíveis mais nobres para fornecimento de calor, geração e cogeração de energia, como matéria-prima nas indústrias siderúrgica, química, petroquímica e de fertilizantes.

Na área de transportes, o gás natural é utilizado como substituto de outros combustíveis de maior custo para o consumidor, como a gasolina automotiva.

As principais áreas de utilização do gás natural no Brasil podem ser assim definidas:

Aplicações industriais em geral – este bloco congrega todas as aplicações do gás natural nos ramos da indústria, definidos no Balanço Energético Nacional, quais sejam: alimentos e bebidas, cimento, cerâmica, têxtil, ferro gusa e aço, ferro-ligas, mineração/pelotização, química, não ferrosos, papel e celulose, entre outras indústrias. Destaca-se o uso do gás natural como combustível para geração de força motriz, para aquecimento direto, para geração de calor necessário para desencadeamento de reações químicas em reatores de processo e climatização de ambientes.

Aplicações na indústria do petróleo – utilizado para injeção nos reservatórios com função de aumentar o fator de recuperação do petróleo; como combustível para geração de energia térmica em caldeiras, fornalhas e refervedores; em turbo-geradores para a geração de energia elétrica em plataformas e unidades de produção em terra; e também para alimentar motores para acionamento de turbo-compressores utilizados no escoamento do gás natural produzido.

Aplicações comerciais – neste grupo são destacadas as atividades que focalizam as aplicações comerciais do gás natural que se concentram basicamente em aquecimento de água, condicionamento de ar e aquecimento de ambientes, como combustível para cocção em restaurantes e hotéis; em pequenos fornos de panificadoras e lavanderias existentes em instalações comerciais ou hospitalares.

Aplicações automotivas – diz respeito ao uso do gás natural como combustível veicular em carros de passeio e ônibus urbanos. Envolve também as atividades de instalações de reabastecimento nos postos de serviço ou estações de compressão. Caracteriza-se como uma opção técnica e economicamente viável de substituição do álcool e gasolina para os veículos de passeio. Também pode ser usado em veículos pesados, movidos a diesel, como caminhões e ônibus de transporte urbano.

O gás natural reduz fortemente a emissão de resíduos de carbono, o que melhora a qualidade do ar, reduz os custos de manutenção e aumenta a vida útil do motor. Por ser mais barato que outros combustíveis líquidos, o gás gera uma considerável economia para os usuários.

Utilização no setor energético – esta é uma área de atividade em que o gás natural mais ganha mercado no mundo. Considerando os aspectos ambientais envolvidos, a geração de energia elétrica e aquecimento a partir do gás natural têm crescido muito nos países industrializados e já é uma realidade também no Brasil. As aplicações dizem respeito à queima do gás em motores e turbinas para acionamento de geradores elétricos e da utilização dos efluentes térmicos das máquinas para geração de vapor, o que caracteriza os sistemas de cogeração. As aplicações são de largo espectro tanto no segmento industrial, nas centrais térmicas de pequeno, médio e grande porte, quanto nas comerciais, em aplicações em shoppings, hotéis, complexos esportivos e de lazer.

O gás natural também é bastante utilizado em sistemas de cogeração de energia, que é a produção sequencial de mais de uma forma útil de energia, a partir do mesmo energético. Dessa forma, pode-se, por exemplo, ter um sistema acionado por turbina a gás que gera energia elétrica e energia térmica, a qual pode ser utilizada em sistemas industriais de diversas formas.

Combustível industrial e comercial – o gás natural vem sendo utilizado como combustível na substituição de uma variedade de outros combustíveis alternativos, como a madeira, carvão, óleo combustível, diesel, GLP, nafta e energia elétrica, tanto em indústrias como em estabelecimentos comerciais.

Proporciona uma combustão limpa, isenta de agentes poluidores, sendo ideal para processos que exigem a queima em contato direto com o produto final, por exemplo, a indústria de cerâmica e a fabricação de vidro e cimento.

Utilização como matéria-prima direta – utilização como redutor siderúrgico em companhias siderúrgicas e como matéria-prima em processos de transformação química, principalmente para a produção de metanol e na indústria de fertilizantes, para a produção de amônia e ureia.

Um novo ramo de utilização para o gás natural nesse segmento é na produção de polietilenos de várias densidades, em que, por meio do processo de pirólise, o etano previamente separado do gás é transformado em eteno, matéria-prima básica para a produção de polietilenos.

Utilização domiciliar – neste grupo estão concentradas as atividades que dizem respeito às aplicações residenciais do gás natural, destacando-se a cocção de alimentos, o aquecimento ambiental (que representa um significativo mercado de gás em países de clima frio), a refrigeração e iluminação em locais em que não há disponibilidade de outro tipo de energia. Substitui o consumo de energia elétrica para o aquecimento de água e ambientes, substitui o GLP em fogões e aquecedores domiciliares, oferece mais conforto e segurança no uso, diminuindo os riscos de vazamentos, intoxicação no manuseio e incêndio.

4.7.2 Substituição de combustíveis

A utilização de gás natural em substituição a combustíveis derivados do petróleo, como o diesel, gasolina, óleo combustível e GLP, tem proporcionado uma economia média de divisas da ordem de US$ 15 milhões por dia, atingindo a substituição de um volume diário de cerca de 260 mil barris equivalentes de petróleo (bep/d).

4.7.3 Perfil de utilização do gás natural

A tabela a seguir consolida as principais utilizações dadas ao gás no Brasil, assim como o porcentual aplicado em cada uma delas.

Tabela 4.4   Perfil de utilização do gás natural

Utilização	Porcentual
Combustível	66%
Domiciliar	2%
Redutor siderúrgico	2%
Automotivo	5%
Térmicas	25%

Fonte: Relatório de gás natural Gás & Energia, Petrobras. Dados referentes a abril de 2007.

4.8 Importação de gás boliviano

Ao volume total de gás nacional disponibilizado para venda, soma-se o volume de gás importado da Bolívia e tem-se o volume total ofertado ao mercado interno para consumo nos mais diversos segmentos, como industrial, comercial, residencial, automotivo e termelétrico.

O volume médio de gás boliviano importado atualmente é da ordem de 25 milhões de metros cúbicos diários, conforme dados referentes ao mês de abril de 2006.

A Cadeia Produtiva do Gás Natural

99

Esse valor tem tendência de aumento a curto prazo, chegando bem próximo aos 30 milhões de metros cúbicos diários nominais definidos no contrato de fornecimento de gás assinado entre Brasil e Bolívia, principalmente enquanto os novos campos nacionais de produção de gás natural não entrarem efetivamente em operação.

O gás boliviano é transportado no território brasileiro pela companhia Transportadora de Gás Boliviano (TBG), empresa especialmente criada para esse fim, por meio do gasoduto Bolívia-Brasil (Gasbol), e entregue às seguintes companhias distribuidoras estaduais brasileiras:

- ☐ Comgás (Companhia distribuidora com atuação em São Paulo).
- ☐ GNSPGAS (Companhia distribuidora com atuação em São Paulo).
- ☐ Compagas (Companhia distribuidora com atuação no Paraná).
- ☐ SCGÁS (Companhia distribuidora com atuação em Santa Catarina).
- ☐ Sulgás (Companhia distribuidora com atuação no Rio Grande do Sul).
- ☐ MSGÁS (Companhia distribuidora com atuação no Mato Grosso do Sul).

5

Regulação do Gás Natural

5 REGULAÇÃO DO GÁS NATURAL

5.1 INTRODUÇÃO

A crescente demanda de gás natural, principalmente a verificada nos mercados emergentes, exige a definição de regras básicas que garantam o abastecimento dos mercados consumidores de gás natural em quantidade e qualidade requeridas e, simultaneamente, atendam aos interesses econômicos dos produtores, carregadores, processadores, transportadores, distribuidores e investidores em geral.

O objetivo da regulação do mercado de gás natural é a definição de regras básicas e claras que garantam a estabilidade do relacionamento entre os atores integrantes da cadeia do gás natural no Brasil.

A regulamentação do mercado visa fomentar os negócios em torno do gás natural, por meio da definição de regras consistentes e coerentes, bem como da garantia de direitos formalizados em contratos-padrão de compra, venda, transporte, produção e industrialização do gás natural. Essas regras de mercado fundamentalmente garantem o acesso da matéria-prima aos consumidores, o preço justo cobrado em cada etapa da cadeia de gás, o abastecimento em longo prazo dos mercados e, dessa forma, o retorno dos investimentos necessários, realizados pelos investidores.

Nesse sentido, a Agência Nacional do Petróleo, Gás Natural e Biocombustíveis (ANP) tem buscado regular esse setor, por meio de Portarias que definem exatamente o papel de cada ator que participa desse importante e crescente mercado de gás natural.

5.2 REGULAÇÃO INTERNACIONAL DA INDÚSTRIA DE GÁS NATURAL

A estrutura de mercado da indústria de gás natural em diversos países tem sofrido mudanças significativas, aplicadas pelos próprios governos, com o objetivo de tornar o mercado mais eficiente e competitivo. As experiências norte-americanas e inglesas são utilizadas como referência para processos de desregulamentação em outras áreas do mundo. A principal conclusão da análise dessas experiências é que é necessária a existência de um órgão regulador, de âmbito nacional (normalmente, governamental) para assegurar a introdução da concorrência e proteger os interesses do consumidor.

Existe a necessidade de se estabelecer princípios gerais que guiem os mercados de gás natural de forma a viabilizar a integração econômica entre os países dos diversos blocos econômicos existentes. O estabelecimento de regras claras, abrangentes e, principalmente, imunes a mudanças na esfera político-econômica dos países tende a reduzir as incertezas e facilitar a garantia de retorno dos investimentos aplicados. Dessa forma, o aumento da concorrência não discriminatória, seja entre empresas, seja entre os países, é mais facilmente alcançado.

Grandes blocos econômicos mundiais buscam estabelecer princípios básicos para a indústria de gás, com regras bem definidas para regular todas as etapas da cadeia do gás natural, como a exploração, produção e livre acesso.

Assim, estabelece-se a Diretiva da União Europeia e seus princípios básicos para a indústria de gás, bem como a legislação norte-americana e seus preceitos para fomentar a competitividade entre os atores da cadeia de gás, inclusive no âmbito do Mercosul, em que existe uma tentativa similar de uniformização de legislação regulatória para criar a ambiência necessária à viabilização técnica, econômica e política de grandes projetos de integração do continente na área de gás natural, interligando os potenciais produtores aos grandes centros de consumo, como é o caso do projeto do gasoduto Gasven (ligando a Venezuela aos países consumidores do eixo Brasil, Argentina e Uruguai), que se propõe a ser um grande instrumento de integração continental da América do Sul.

5.3 REGULAÇÃO DA PRODUÇÃO DE GÁS NATURAL

O caráter específico das instalações localizadas em áreas de produção levanta questões conflitantes com as regras de livre acesso. Com efeito, em uma área de produção verificam-se instalações de movimentação e tratamento de gás de interesse específico, concebidas para desenvolvimento de um determinado campo de produção em condições bastante particularizadas. Em alguns casos, tais instalações confundem-se com a própria estrutura de produção do campo em questão, como as instalações de tratamento, separação e medição localizadas a montante das linhas de transporte.

A Lei n. 9.478/97, no seu art. 58, prevê o livre acesso a dutos de transporte e terminais marítimos. O conceito de transporte é definido como a "movimentação de petróleo e seus derivados ou gás natural em meio ou percurso considerado de interesse geral". Não existe distinção acerca do transporte por meio de dutos em áreas de produção, sejam estes construídos na plataforma continental ou em terra.

No entanto, tratando-se da definição de lavra ou produção de gás, é bastante claro estabelecer os limites operacionais da regulamentação do acesso a esses sistemas. A lavra ou produção é definida como o conjunto de operações coordenadas de extração de petróleo ou gás natural de uma jazida e de preparo para sua movimentação.

De acordo com essa definição, a atividade de produção englobaria todas as operações desenvolvidas em um campo de produção. Como a regulamentação do livre acesso diz respeito à movimentação, todas as atividades até o preparo para a movimentação estariam fora do livre acesso, conforme disposto na Lei n. 9.478/97.

Com base na análise de que os procedimentos de coleta, tratamento e medição da produção fazem parte do conjunto de operações de "preparo para movimentação", essas instalações seriam enquadradas como de produção, e não estariam submetidas ao livre acesso. Dessa forma, a regulamentação do acesso aos ativos instalados se iniciaria após essa etapa. Certamente, essa análise não exclui a possibilidade de compartilhamento das instalações de produção, as quais poderão ser motivo de acordo e negociação direta entre as partes interessadas.

5.3.1 Regulação dos gasodutos em áreas de produção

Os gasodutos existentes em áreas de produção de gás apresentam características específicas para a atividade de coleta de gás. Essa atividade compreende a movimentação de pequenas quantidades de gás por meio de gasodutos com diâmetro reduzido. Estes, geralmente, operam sob baixa pressão, conectando diferentes poços produtores e estendendo-se por pequenas distâncias. Antes de entrar na rede de transporte de alta pressão, o gás, que é movimentado dentro da rede de coleta, deve ser tratado, medido e comprimido. A Figura 5.1, a seguir, identifica as diferentes instalações de transporte do gás natural desde as áreas de produção até a linha de transporte principal.

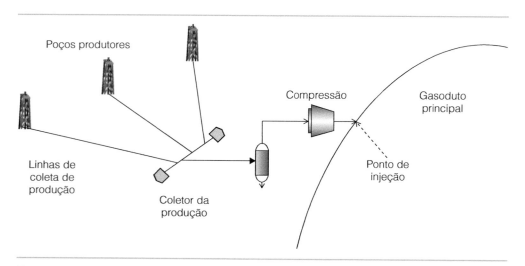

Figura 5.1   Instalações típicas de coleta de gás natural

Assim, estariam sob o amparo da Lei os dutos localizados em áreas de produção desde que a movimentação se desse em meio ou percurso considerado de interesse geral. É importante notar, porém, que os dutos ditos de transferência, definidos no inc. VIII, do art. 6º, como aqueles no quais a movimentação ocorre em meio e em percurso considerado de interesse específico e exclusivo do proprietário ou explorador das facilidades, não estariam no regime de acesso estabelecido no art. 58.

De acordo com entendimento apresentado no item 5.3, no Brasil, a legislação regulatória prevê uma diferenciação entre os gasodutos utilizados na movimentação de gás em função do tipo de gás escoado. Existe uma diferença básica entre transporte e transferência de gás, a qual define a classificação dos dutos reconhecida pela ANP, conforme descrito a seguir:

- **Transferência de gás natural** – movimentação de gás em meio ou percurso de interesse específico e exclusivo do proprietário ou explorador das facilidades de movimentação. São utilizados os dutos classificados como gasodutos de transferência, os quais movimentam gás não especificado para venda ao consumidor final. O próprio produtor pode fazer a transferência de gás produzido até um ponto de processamento ou contratar os serviços de um agente transportador, a seu critério.

- **Transporte de gás natural** – movimentação de gás em meio ou percurso de interesse geral. São utilizados os dutos classificados como gasodutos de transporte, os quais movimentam gás especificado para venda ao consumidor final. Apenas um agente transportador pode prestar o serviço de transporte de gás.

Assim, a distinção entre transferência e transporte está na medida em que a instalação se presta ao interesse geral ou ao interesse específico e exclusivo. Portanto, de acordo com o previsto no art. 59, caso seja comprovado interesse de terceiros, os dutos de transferência poderão ser reclassificados como dutos de transporte pela ANP. Ressalta-se que não há, nesse processo de reclassificação, qualquer diferenciação pertinente ao tratamento dado a dutos dentro ou fora de áreas de produção.

5.4 Aspectos regulatórios da indústria de gás natural no Brasil

O modelo de desenvolvimento brasileiro utilizado nas últimas décadas foi caracterizado pela forte participação do Estado nos setores nacionais de infraestrutura, sempre suportando todos os investimentos necessários ao desenvolvimento do setor empresarial. Em função de tal modelo, as regulações setoriais de mercado eram desenvolvidas e gerenciadas pelas empresas estatais, de controle majoritário do Estado, e o papel da livre concorrência, como instrumento de regulação econômica, era praticamente inexistente. Dessa forma, a capacidade de investimento do Estado era prioritariamente dirigido para investimentos em infraestrutura, um papel que poderia ser desempenhado pelo setor privado.

Esse cenário tem, no entanto, se modificado rapidamente, sobretudo em função das novas políticas de governo direcionadas para o crescimento econômico do País. O Estado tem buscado focar suas ações em áreas sociais, como educação e saúde, as quais demandam políticas consistentes de governo e investimentos em longo prazo, como estratégia de crescimento social sustentável.

Com essa visão, o setor de petróleo e gás nacional vem, nos últimos anos, passando por mudanças estruturais de porte significativo, dentro de um grande programa estratégico de modernização e reforma institucional de governo. No contexto das mudanças em curso se desenham novas formas de atuação para os diferentes agentes, com participação inequívoca da iniciativa privada em condições de igualdade e em parceria com as empresas estatais, visando um compartilhamento amplo de responsabilidades e investimentos em todas as áreas demandadas pelo mercado.

Uma das modificações mais relevantes foi a criação das agências reguladoras, entre as quais a ANP, que se tornou a agência responsável pela regulação das atividades da indústria do petróleo, seus derivados e gás natural no País.

Após o período de exercício do monopólio pela Petrobras, a Emenda Constitucional n. 9/95, regulamentada pela Lei n. 9.478/97, estabeleceu que o monopólio do petróleo não mais fosse exercido pela empresa estatal, reservando, contudo, algumas atividades que permanecem como monopólio da União, podendo ser concedidas ou autorizadas a terceiros, conforme critérios definidos pela ANP.

- ☐ Pesquisa e lavra das jazidas.
- ☐ Refino do petróleo nacional ou importado.
- ☐ Importação e exportação de petróleo e gás natural.
- ☐ Transporte de petróleo e seus derivados e gás natural.

5.4.1 A criação da Transpetro

Ocorreram grandes mudanças na estrutura do mercado de petróleo advindas da flexibilização do monopólio da Petrobras. Conforme definido no Capítulo VII, da Lei n. 9.478/97, referente ao Transporte de Petróleo, seus Derivados e Gás Natural, houve a necessidade, por parte da Petrobras, de criar uma subsidiária com atribuições específicas ligadas às atividades de transporte. O art. 65, da Lei n. 9.478/97, estabeleceu a seguinte ação:

> "A PETROBRAS deverá construir uma subsidiária com atribuições específicas de operar e construir seus dutos, terminais marítimos e embarcações para transporte de petróleo, seus derivados e gás natural, ficando facultado a essa subsidiária associar-se, majoritária ou minoritariamente, a outras empresas".

Dessa forma, em 12 de junho de 1998, foi criada a Petrobras Transporte S.A. – Transpetro, subsidiária integral da Petrobras, com a missão de atuar nos segmentos de transporte marítimo e transporte dutoviário, bem como na operação de terminais de petróleo, derivados e gás natural.

Em 26 de janeiro de 1998, dando prosseguimento à política de abertura do segmento de transporte dutoviário nacional, a ANP estabeleceu, por meio da Portaria n. 169, as condições para o livre acesso aos dutos de transporte e terminais marítimos a terceiros interessados.

5.5 Aspectos regulatórios da cadeia de gás natural

Atividades de exploração, desenvolvimento e produção

O art. 21, da Lei n. 9.478/97, estabeleceu que todos os direitos de exploração e produção de petróleo e gás natural, em território nacional, pertencem à União, cabendo à ANP a ação reguladora necessária. Essa mesma Lei estabelece que "as atividades de exploração, desenvolvimento e produção" devem ser exercidas mediante a assinatura de "Contratos de Concessão". Estes deverão prever duas fases distintas: a de exploração e a de produção, incluindo nesta as atividades de desenvolvimento do campo de produção, que explicitam, para o concessionário, a obrigação de explorar áreas por sua conta e risco e, em caso de êxito, produzir petróleo e gás natural.

Em função da regulação estabelecida, foram concedidas, em 1998, 397 áreas para a Petrobras, sendo 235 campos produtores, 49 campos em desenvolvimento e 113 blocos em exploração. A partir de 1999, começaram a ser estabelecidas parcerias entre a Petrobras e outras empresas para desenvolverem atividades exploratórias em outras áreas, tendo sido publicadas, ao longo dos anos de 1998 a 2000, uma série de portarias estabelecendo normas e determinações a serem cumpridas pelos concessionários.

Comercialização de gás nacional e importado

No Brasil, a atividade de comercialização de gás natural de origem nacional não necessita de autorização da ANP, podendo ser exercida por qualquer agente. Apenas a cláusula que trata do preço do produto é regulada, em ato conjunto pelos Ministérios das Minas e Energia e da Fazenda, conforme o art. 69, da Lei n. 9.478/97.

Em relação ao gás importado, este só poderá ser comercializado em território brasileiro mediante autorização de importação expedida pela ANP, conforme as instruções contidas na Portaria ANP n. 43, de 15 de abril de 1998. A atividade de importação pode ser exercida por qualquer organização que atenda aos requisitos relacionados nessa Portaria. O candidato a importador deverá firmar um Contrato de Suprimento de Gás Natural com o produtor estrangeiro.

Atualmente, a via de importação de gás natural mais importante em operação no País é o Gasoduto Bolívia-Brasil. Esse gasoduto permite a importação de gás natural da Bolívia para atender aos mercados estaduais do MS, SP, PR, SC e RS.

Futuramente, deverão entrar em operação os Terminais de Gás Natural Liquefeito (GNL), que permitirão a entrada de gás importado de grandes centros produtores mundiais nos mercados consumidores do sudeste e nordeste brasileiros.

☐ Atividade de processamento de gás natural

A construção, ampliação e operação de unidades de processamento de gás natural (UPGNs) é realizada mediante prévia autorização da ANP e define o projeto de beneficiamento do gás produzido em uma região produtora para atendimento aos requisitos técnicos normativos previstos na legislação para comercialização do produto. Essa autorização não tem caráter de concessão.

☐ Atividades de construção e operação dos ativos de transporte de gás

Qualquer empresa ou consórcio de empresas poderá receber autorização da ANP para construir instalações e efetuar transporte de gás, seja para suprimento interno, seja para importação e exportação. Essa determinação legal é regulamentada pela Portaria ANP n. 170/98.

Outro aspecto regulatório importante, no que se refere ao transporte de gás natural, é o livre acesso à rede de gasodutos. Historicamente, a indústria de gás natural desenvolveu-se dentro de uma estrutura verticalmente integrada, na qual a atividade de comercialização de gás natural ficava imersa dentro das atividades de distribuição e transporte. O transportador comprava o gás dos produtores e o vendia aos consumidores sem distinguir, nas tarifas praticadas, a parcela referente ao serviço de transporte.

Para fomentar a competição no segmento da comercialização, foi necessário garantir o acesso livre e não discriminado de terceiros interessados às redes de transporte. Desse modo, foi possível incrementar as opções de compra e venda para os usuários finais e produtores, reduzindo-se o poder de mercado dos transportadores e, assim, aumentando a alocação dos recursos do mercado na comercialização e produção de gás natural.

No Brasil, a Lei n. 9.478/97 prevê o livre acesso a dutos e terminais marítimos a terceiros interessados e também estabelece o direito de preferência para o proprietário das instalações. Esse direito é regulamentado pela Portaria ANP n. 169/98, a qual está centrada na garantia de acesso não discriminatório a terceiros interessados às instalações de transporte já existentes ou a serem construídas em território brasileiro.

Nesse sentido, os serviços de transporte oferecidos pelas empresas transportadoras podem ser classificados em duas modalidades distintas:

- **Transporte firme** – é o serviço prestado pelo transportador ao carregador, com movimentação de gás de forma ininterrupta, até o limite estabelecido pela Capacidade Contratada.
- **Transporte não firme** – é o serviço de transporte de gás prestado a um carregador, que pode ser reduzido ou interrompido pelo transportador.

Os espaços livres em gasodutos passíveis ao livre acesso são denominados Capacidade Disponível e Capacidade Contratada Ociosa.

A Capacidade Disponível consiste na diferença entre a capacidade do gasoduto e a soma das capacidades contratadas com o consumo próprio. Esta deverá ser informada pelo transportador à ANP e ao mercado.[1] Para esse tipo de capacidade, as empresas transportadoras deverão ofertar serviços de transporte firme e não firme, conforme as necessidades do contratante do serviço.

A Capacidade Contratada Ociosa refere-se à diferença entre a capacidade contratada e o volume diário de gás efetivamente transportado para o carregador. Essa diferença é levantada pela ANP por meio do cruzamento dos dados de Capacidade Contratada e volume diário de gás efetivamente transportado para o carregador. Para esse tipo de capacidade, as empresas transportadoras deverão ofertar apenas os serviços da modalidade não firme.

Cabe à ANP a função de certificar se os níveis tarifários são consistentes em relação às condições de mercado, mediar conflitos entre as partes interessadas, assim como regulamentar a preferência de utilização do proprietário das instalações.

Dentro desse cenário regulatório, é importante ressaltar que o desenvolvimento da indústria de gás no Brasil carece de volumosos investimentos nos segmentos de produção, distribuição e transporte do produto, bem como no aumento da conversão da capacidade produtiva para a utilização do gás natural. Esses investimentos possuem elevados prazos de retorno e alto risco para os investidores. Qualquer possível erro na previsão da demanda futura pode comprometer a viabilidade do negócio e, portanto, é necessário engrenar uma complexa engenharia financeira para efetivação dos investimentos na cadeia do gás.

Assim, a intervenção do Estado requer uma sintonia fina entre os interesses dos consumidores e dos investidores. Visando amenizar os riscos dos investimentos, a regulamentação das condições de acesso e das tarifas deve ser transparente, previsível e propiciar retornos compatíveis com o nível de risco do negócio.

---

[1] A ANP publicará no Diário Oficial da União (DOU) toda oferta de Capacidade Disponível informada pelo transportador.

☐ **Atividade de distribuição de gás natural**

A Emenda Constitucional n. 5, de 1995, estabelece que "cabe aos Estados explorar diretamente, ou mediante concessão, os serviços locais de gás canalizado, na forma da lei, vedada a edição de medida provisória para a sua regulamentação". Dessa forma, a regulação da distribuição de gás natural canalizado é realizada por agências reguladoras estaduais ou secretarias estaduais correspondentes.

A legislação, em alguns estados, prevê ainda, em complemento ao disposto anteriormente, que os grandes consumidores finais tenham o direito de comprar gás natural diretamente dos produtores, sem o intermédio das companhias estaduais de distribuição. A legislação de livre acesso aos gasodutos e a separação do preço do gás natural em duas parcelas (preço da *commodity* e tarifa de transporte) permitem ao consumidor realizar a compra direta de gás natural junto ao produtor e a contratação do transporte pelo gasoduto diretamente com a transportadora, sem realizar transações com a companhia distribuidora estadual nem utilizar sua rede de distribuição. Essa transação tem como consequência direta a exclusão de um dos agentes da cadeia do gás.

5.6 A CONSOLIDAÇÃO DO MERCADO DE GÁS NATURAL

A consolidação do mercado de gás natural brasileiro depende, basicamente, de condições favoráveis ao amadurecimento das relações comerciais entre os diversos atores da cadeia de gás natural e ao estabelecimento de regras firmes que garantam o retorno dos investimentos.

A elaboração de estudos mais consistentes, referentes aos aspectos técnicos e econômicos, associados aos diversos usos do gás natural, também é uma condição básica para maior crescimento do mercado de gás natural no Brasil.

O desafio consiste em desenvolver o mercado conforme as diretrizes de política energética do País e assegurar a aplicação dos recursos necessários a esse desenvolvimento, por exemplo, diretrizes e metas objetivas para a ampliação do uso do gás em âmbito nacional.

Dessa forma, a elaboração do Marco Regulatório do Gás Natural, estabelecendo regras claras e duradouras, por meio de Leis firmes e negociadas com a sociedade, e também a implantação de um Plano de Massificação do Uso do Gás Natural, garantindo o desenvolvimento de demandas sustentáveis para esse combustível, fazem parte das condições mínimas necessárias para o desenvolvimento do mercado de gás natural no Brasil.

5.7 Aplicação da Portaria ANP n. 104/2002 na regulação do mercado

A Portaria n. 104/2002 da Agência Reguladora (ANP) estabelece a especificação técnica do gás natural de origem nacional ou importada, a ser comercializado em todo o território nacional, conforme visto no Capítulo 2, e apresenta as definições básicas necessárias para a regulação do mercado do gás natural.

Aplica-se ao gás natural processado, a ser utilizado para fins industriais, residenciais, comerciais, automotivos e de geração de energia, definindo as regras para a atuação de todos os atores participantes da cadeia produtiva do gás natural.

Seus principais artigos, sintetizados a seguir, estabelecem os tópicos mais relevantes para a regulação do mercado de gás natural no Brasil e as inter-relações existentes entre os principais atores da cadeia de gás.

☐ Art. 1º – estabelece a especificação do gás natural, de origem nacional ou importada, a ser comercializado em todo o território nacional, consoante as disposições contidas no Regulamento Técnico ANP n. 3, de 2002.

☐ Art. 2º – estabelece as obrigações para importadores, processadores, carregadores, transportadores e distribuidores de gás natural que operam no País, transcritas no Regulamento Técnico nas suas etapas de comercialização e de transporte.

☐ Art. 3º – define os papéis dos atores integrantes da cadeia de gás natural, a saber:

- Produtor – pessoa jurídica que possui a concessão do Estado para explorar gás natural em um campo produtor.

- Carregador – pessoa jurídica que detém o controle do gás natural, contrata o transportador para o serviço de transporte e negocia a venda deste com as companhias distribuidoras.

- Transportador – pessoa jurídica autorizada pela ANP a operar as instalações de transporte.

- Processador – pessoa jurídica autorizada pela ANP a processar o gás natural, a fim de garantir sua especificação para venda.

- Distribuidor – pessoa jurídica que tem a concessão do Estado para comercializar gás natural junto aos consumidores finais.

O art. 3º ainda define claramente os pontos de transferência de responsabilidade (chamados de transferência de custódia) entre os atores da cadeia responsáveis pela movimentação do gás natural, assim como os meios físicos necessários para a realização dessa movimentação.

- Ponto de Recepção – ponto no qual o gás natural é recebido pelo transportador do carregador ou de quem este autorize.
- Ponto de Entrega – ponto no qual o gás natural é entregue pelo transportador ao carregador ou a quem este autorize.
- Instalações de Transporte – dutos de transporte de gás natural, suas estações de compressão ou de redução de pressão, bem como as instalações de armazenagem necessárias para a operação do sistema.

☐ Art. 5º – estabelece as análises e especificações de gás natural necessárias, assim como os métodos a serem empregados nessas análises pelos participantes da cadeia de gás natural.

☐ Art. 10 – define a obrigatoriedade da odorização do gás natural no transporte, de acordo com as exigências previstas durante o processo de licenciamento ambiental.

5.8 Níveis de relacionamentos entre os atores do mercado de gás natural

No processo produtivo do gás natural, o "valor do gás" na forma econômica só se concretiza na entrega do produto ao consumidor final, na qualidade e quantidade definida nos contratos de fornecimento do insumo. Se qualquer um dos atores da cadeia envolvidos nesse processo falha (não atende ao estipulado nos contratos), o gás não completará seu caminho e não haverá a valoração do gás na venda do produto.

As principais relações entre os atores da cadeia produtiva de gás natural estão representadas a seguir:

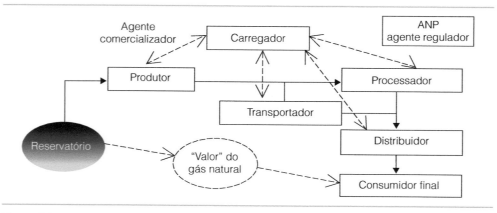

Figura 5.2 Atores participantes da cadeia produtiva do gás natural

5.9 A nova lei do gás – principais aspectos em discussão

Livre acesso aos dutos e período de exclusividade

Em um mercado emergente como o Brasil, o período de exclusividade na exploração do serviço de transporte de gás natural é necessário para que o investidor tenha garantido o retorno dos seus investimentos realizados em infraestrutura. A União Europeia, por exemplo, estipulou que os mercados emergentes de gás natural tivessem um período de exclusividade de dez anos.

Regime de concessão de transporte *versus* autorização

Existem algumas correntes que defendem que o regime de concessão e licitação atualmente em discussão implica um processo moroso que pode atrasar ou mesmo inviabilizar as decisões na área de investimentos. O mecanismo ainda vigente é o regime jurídico, em que os investimentos são autorizados pelo órgão regulador, no caso, a ANP. A forma atual, na opinião de alguns, confere plena condição à livre iniciativa e à livre associação para a realização de investimentos, incentivando o empreendedorismo e permitindo a rápida implementação dos projetos necessários de infraestrutura para ampliação dos negócios em torno da cadeia de gás natural.

Transferência de titularidade para gasodutos de transporte

Na visão de alguns, essa proposta significa quebra de contratos e expropriação de ativos, ferindo, dessa forma, o direito à propriedade. Basicamente, a transferência de titularidade desconsidera o investimento realizado pela iniciativa privada e transfere a propriedade do ativo, após um certo prazo, para o Estado, sem considerar os ressarcimentos devidos.

Contratos de concessão para dutos existentes

Este item segue a mesma linha do item anterior ao desconsiderar o investimento realizado pelos proprietários do capital.

Criação do Operador Nacional de Gás (Ongás)

Se realmente for criado, as competências do Operador Nacional de Gás precisam ser bem definidas, pois hoje estas coincidem com atividades que são já exercidas pelo Poder Executivo (Ministério de Minas e Energia e Comitê de Monitoramento do Setor Elétrico), pelo órgão regulador (ANP) e pelos agentes do setor nas formas previstas nos contratos de serviço de transporte.

Definições gerais de gás natural, gasodutos e consumo próprio

A definição de gás natural precisa ser especificada pela nova Lei do gás, para que interpretações errôneas não prejudiquem o mercado de outros combustíveis gasosos, como o GLP, gases manufaturados e biogás, não previstos na Constituição como monopólio da União.

Deve haver um cuidado especial para que a definição a ser estabelecida para gasodutos de transferência e transporte não impeça os produtores de utilizarem o insumo gás natural necessário à suas atividades de produção. Do contrário, pode ocorrer um aumento generalizado dos custos operacionais, com evidente repasse aos preços finais dos produtos básicos, como energia elétrica, fertilizantes e outros produtos gerados a partir do uso do gás natural.

6

Sistemas de Produção de Gás Natural

6 SISTEMAS DE PRODUÇÃO DE GÁS NATURAL

6.1 INTRODUÇÃO

A produção de óleo e gás natural envolve um número significativo de operações unitárias entre a cabeça do poço e o ponto de transferência. Coletivamente, essas operações fazem parte de um Sistema ou Unidade de produção de petróleo e gás natural. Os fluidos produzidos, que incluem também a água da formação (do reservatório), requerem tratamentos específicos de modo a atender aos requisitos dos destinos de cada corrente. As operações unitárias da etapa de processamento de fluidos, juntamente às operações unitárias dos sistemas auxiliares das unidades de produção, são chamadas de Planta de Processo.

Para alguns autores, os termos condicionamento, processamento e manuseio são conceitos sinônimos quando se referem às operações unitárias que ocorrem em um sistema de produção e processamento de gás natural. Essas operações, geralmente, contemplam as etapas de separação, depuração, adoçamento, desidratação, compressão, extração de frações pesadas (extração de líquido do gás natural) e controle de ponto de orvalho. No presente texto, de modo a facilitar a compreensão das etapas e de seus respectivos objetivos, prefere-se conceituar condicionamento diferentemente de processamento.

Define-se condicionamento o conjunto de operações unitárias existentes em um sistema de produção de gás, do separador primário de produção ao gasoduto de transferência. A especificação do gás para transferência e usos internos é garantida nessa fase da cadeia produtiva. Já o processamento (chamado, por alguns autores, de extração de líquido de gás natural) é composto pelo conjunto de operações unitárias existentes entre os gasodutos de transferência e de transporte. A especificação do gás para venda é garantida nessa fase da cadeia produtiva nas unidades de processamento de gás natural – UPGN.

A seleção das operações unitárias de um sistema de produção, condicionamento e processamento de gás depende de diversos fatores, tais como:

- vazão e intervalo de tempo de produção do gás do reservatório;
- características do gás (gás associado ou gás não associado, composição, riqueza, razão gás/óleo, teores de contaminantes, entre outros);
- filosofia de drenagem do reservatório (recuperação secundária com injeção de água ou de gás);
- métodos de elevação do gás natural (pressão natural, bombeamento ou com gás de elevação – *gas-lift*);
- condições operacionais de pressão e temperatura existentes no sistema de produção e as requeridas para transferência;

- ☐ localização do campo produtor;
- ☐ localização dos consumidores;
- ☐ produtos do gás a serem comercializados e quantidade;
- ☐ especificações do gás requeridas para condicionamento, processamento, transferência e comercialização;
- ☐ aspectos socioambientais;
- ☐ aspectos econômicos;
- ☐ aspectos políticos;
- ☐ aspectos legais.

Portanto, devido à variedade de fatores que estabelecem o cenário de produção, dificilmente verificam-se sistemas de produção idênticos. Diferentemente do petróleo, os sistemas de produção e de processamento do gás natural estão sempre associados ao seu consumidor, ou seja, o que se produz deve ser compatível ao consumo e à infraestrutura instalada. São apresentados a seguir exemplos de alguns sistemas de produção de gás existentes no Brasil, começando por um sistema típico de produção de gás associado em uma plataforma marítima e finalizando por sistemas de gás não associado.

6.2 Sistema de Produção de Gás Associado

No Brasil, os sistemas de produção de gás associado marítimo apresentam-se em maior quantidade, maior complexidade e maior volume de produção em comparação aos sistemas de gás não associado e aos sistemas de produção terrestre. Procura-se, então, descrever, neste capítulo, com mais detalhe, um sistema típico de produção de gás associado na Bacia de Campos.

Na Figura 6.1, pode-se compreender melhor um sistema de produção marítimo de petróleo e gás associado. A produção inicia-se no reservatório (Etapa 1) de um campo produtor de óleo e gás associado. O fluido proveniente do reservatório é um produto bruto, composto por uma mistura complexa de hidrocarbonetos, a qual é constituída por cadeias com número de átomos de carbono bastante alto (chegando a atingir 60 átomos ou mais), além da água livre e da água emulsionada.[1] Também estão presentes areia e outras impurezas sólidas em suspensão.

---

[1] Água dispersa no óleo em gotículas de pequeno diâmetro, contendo sedimentos e sais dissolvidos.

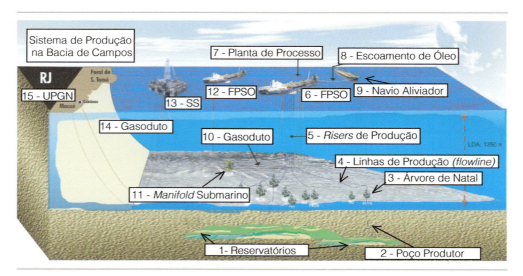

Figura 6.1 Típico de um sistema de produção na Bacia de Campos

Perfuram-se e instalam-se poços de produção (Etapa 2) de modo a possibilitar a retirada do fluido contido no reservatório. No fundo do mar, precisamente na cabeça do poço, instala-se um equipamento composto com válvulas e acessórios chamado de árvore de natal (Etapa 3), com a finalidade de possibilitar a operação segura do poço. Em seguida, o fluido é enviado para a unidade de produção por meio de dutos submarinos denominados linhas de produção. Estas são divididas em dois trechos: *flowline* (Etapa 4) para o trecho sob o leito marinho e *riser* (Etapa 5), entre o leito marinho e a plataforma. À medida que o óleo escoa pelo poço produtor, do reservatório até a unidade de produção, a pressão declina, visto que alguns hidrocarbonetos passam da fase líquida para a gasosa.

A mistura constituída por óleo (petróleo), gás e água produzida atinge a plataforma (Etapa 6) e alimenta a planta de processo (Etapa 7) com um sistema de separação primária e tratamento individual das fases óleo, gás e água. O óleo tratado é armazenado nos tanques da plataforma do tipo FPSO, os quais, quando cheios, tranferem esse óleo para outro navio, utilizando mangote flutuante (Etapa 8). O navio que recebe o óleo é chamado de navio aliviador (Etapa 9). Essa operação de descarregamento é conhecida como operação de *offloading*.

O gás tratado (condicionado) é transferido para o continente por meio de um gasoduto de transferência (Etapa 10) e cuja especificação visa atender aos requisitos necessários para garantir o escoamento até o destino final.

No fundo do mar existe uma malha de gasodutos, unidos por dispositivos chamados de *manifold* (Etapa 11), trata-se de um coletor contendo válvulas, que recebe a produção de gás de outras plataformas (Etapa 12). Após o *manifold*, o gasoduto sobe a uma

Sistemas de Produção de Gás Natural

outra plataforma, do tipo Semissubmersível – SS (Etapa 13). Desta, parte um gasoduto (Etapa 14) para o continente, deixando de ser um gasoduto marítimo e passando a ser terrestre. O gás então chega à Unidade de Processamento de Gás Natural (Etapa 15), na qual se obtêm os produtos com maior valor agregado e a garantia da especificação do gás para venda.

Descreve-se, a seguir, detalhes adicionais das etapas citadas.

6.2.1 Mecanismos de drenagem do reservatório

Em Thomas (2001) são descritos os mecanismos de produção de reservatórios. Os fluidos contidos em uma rocha-reservatório devem dispor de uma certa quantidade de energia para que possam ser produzidos. Para conseguir vencer toda a resistência oferecida pelos canais porosos da rocha e se deslocar para os poços de produção, é necessário que os fluidos estejam submetidos a uma certa pressão e que seja garantido um diferencial de pressão suficiente entre o reservatório e o poço, de maneira a garantir a continuidade da produção. De um modo geral, a manutenção da produção ocorre devido à descompressão (expansão dos fluidos) e com o deslocamento de um fluido por outro, por exemplo, a invasão da zona de óleo por um aquífero, como ilustrado na Figura 6.2. O volume recuperável dependerá basicamente das características dos fluidos e do reservatório, um dos fatores importantes é o tamanho do aquífero (região do reservatório contendo água de formação). A redução de pressão ocasionada pela produção de óleo ou gás pode ser compensada pela descompressão da água e quanto maior o volume do aquífero maior será a compensação. Visando aumentar o volume recuperável de um reservatório, utilizam-se métodos de recuperação que tentam interferir nas características do reservatório ou compensar a remoção do óleo. Os métodos mais utilizados são a injeção de água e de gás, como ilustrado na Figura 6.3.

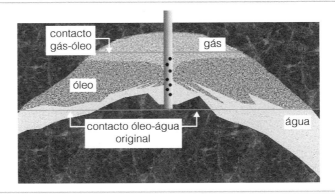

Figura 6.2   Influxo de água na região produtora de óleo

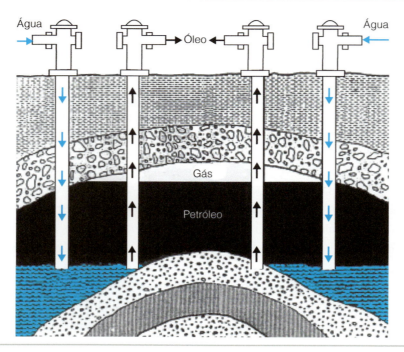

Figura 6.3   Injeção de água como método de recuperação

6.2.2 Elevação

Segundo Thomas (2001), quando a pressão do reservatório é suficientemente elevada, os fluidos nele contidos alcançam livremente a superfície, dizendo-se que são produzidos por elevação natural ou surgência. Os poços que produzem dessa forma são denominados poços surgentes.

Quando a pressão do reservatório é relativamente baixa, os fluidos não alcançam a superfície sem que sejam utilizados meios artificiais para elevá-los. Situação semelhante se verifica no final da vida produtiva por surgência ou quando a vazão do poço está muito abaixo do que poderia produzir, necessitando de uma suplementação da energia natural por meio de elevação artificial. Utilizando equipamentos específicos, reduz-se a pressão do fluxo no fundo do poço, com o consequente aumento do diferencial de pressão sobre o reservatório, resultando em um aumento da vazão.

Os métodos mais comuns são: Gás de Elevação – *gas-lift*, Bombeio Centrífugo Submerso (BCS), Bombeio Centrífugo Submerso Submarino (BCSS), Bombeio Mecânico com Hastes (BM), Bombeio por Cavidades Progressivas (BCP), Bombeio Hidráulico, Bombeio Multifásico, entre outros. A seleção do método de elevação artificial para um determinado poço ou campo depende de diversos fatores, tais como: profundidade do reservatório, razão gás-líquido, viscosidade, vazões produzidas etc.

O método de elevação artificial por *gas-lift* baseia-se na injeção de gás na coluna de produção, objetivando gaseificar o fluido desde o ponto de injeção até a unidade de produção. Com o aumento da quantidade de gás na coluna de produção diminui-se a massa específica do fluido, com consequente diminuição da pressão de fluxo e aumento da vazão.

Na Figura 6.4, pode ser observada a Bomba Centrífuga Submersa (BCS) no poço. Nesse tipo de bombeio, a energia é transmitida por meio de um cabo elétrico. A energia elétrica movimenta a bomba centrífuga, transmitindo a energia para o fluido na forma de pressão, elevando-o para a superfície.

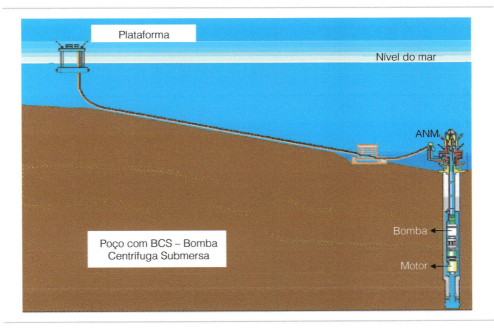

Figura 6.4   Método de elevação artificial com BCS

6.2.3 Poços de produção e árvore de natal

O poço produtor de petróleo ou de gás natural é constituído por tubos e equipado com uma diversidade de acessórios, que são selecionados a partir de diversos fatores, tais como: localização terrestre ou marítima, profundidade do solo, lâmina d'água, equipamentos necessários dentro do poço (*gas-lift* ou BCS, por exemplo), linhas de injeção química, entre outros. Na Figura 6.5, ilustra-se um projeto de poço do tipo horizontal.

Na Figura 6.6, demonstra-se uma cabeça de produção, esse equipamento é colocado na terminação do revestimento (tubo) de produção, sendo a interface entre a árvore de natal (com ou sem adaptador) e as linhas de produção. Na Figura 6.7, mostra-se uma árvore de natal do tipo molhada (ANM). Esta é o equipamento de interface entre o poço produtor e as linhas de produção submarinas.

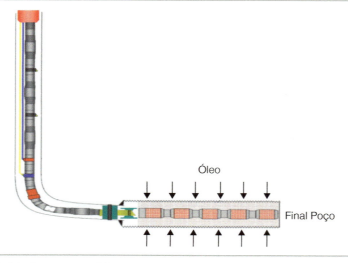

Figura 6.5 Projeto de um poço produtor

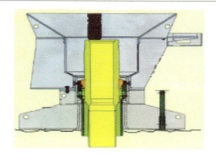

Figura 6.6 Cabeça do poço

Figura 6.7 Árvore de Natal Molhada – ANM

6.2.4 Dutos de produção

As linhas de produção são responsáveis em transferir os fluidos produzidos da árvore de natal até a unidade de produção. Essas linhas são na verdade dutos, rígidos ou flexíveis. Os dutos rígidos são tubos comerciais de aço e os dutos flexíveis são compostos por diversas camadas metálicas e poliméricas, como pode ser observado na Figura 6.8.

Figura 6.8 Duto flexível

Na indústria de petróleo, especificamente na produção marítima de óleo e gás, são frequentes os seguintes termos:

Riser – Duto para transporte de fluidos (óleo, gás e água da formação), projetado para trabalhar com esforços submarinos dinâmicos. Após instalado, fica com uma das extremidades fixada à plataforma de produção e a outra conectada a um duto denominado *flowline*.

Flowline – Duto para transporte de fluidos que interliga instalações submarinas de produção (árvore de natal, *manifold*, entre outros) até a extremidade submersa do *riser*, trabalhando em regime estático (assentado sobre o leito marinho).

Assim, de forma simplificada, quando se fala em dutos (flexíveis ou rígidos) interligados a poços, ou até mesmo em gasodutos e oleodutos, tem-se: Duto = *Riser* + *Flowline*.

Os dutos de transferência de óleo são chamados também de oleodutos e os dutos de transferência de gás, de gasodutos.

6.2.5 *Manifold*

O *manifold* é um equipamento coletor e/ou distribuidor de fluidos de um sistema de produção ou injeção, composto de válvulas de acionamento mecânico, hidráulico ou elétrico. A aplicação desse equipamento objetiva a redução dos *risers* que interligam a unidade de produção.

Figura 6.9 *Riser* na plataforma

Figura 6.10 Ilustração de *manifold* de produção

Figura 6.11 *Manifold* instalado no campo de Marimba

6.2.6 Tipos de unidades de produção de petróleo e gás natural

Unidades de produção marítimas são denominadas plataformas de produção, cuja função é receber, tratar e enviar os fluidos produzidos. Existem diferentes tipos de plataformas, descritas a seguir.

Plataformas fixas

Foram as primeiras unidades utilizadas. Têm sido as preferidas nos campos localizados em lâminas d'água de até 300 m. Geralmente, as plataformas fixas são constituídas de estruturas modulares de aço, instaladas no local de operação com estacas cravadas no fundo do mar. Além disso, são projetadas para receber todos os equipamentos de perfuração, estocagem de materiais, alojamento de pessoal, bem como todas as instalações necessárias para a produção dos poços.

Figura 6.12 Plataforma fixa da Petrobras

Figura 6.13 Ilustração de uma plataforma fixa

Plataformas auto eleváveis (PAs)

São constituídas, basicamente, de uma balsa equipada com estrutura de apoio ou pernas que, acionadas, mecânica ou hidraulicamente, movimentam-se para baixo até atingirem o fundo do mar. Em seguida, inicia-se a elevação da plataforma acima do nível da água, a uma altura segura e fora da ação das ondas. Essas plataformas são móveis, transportadas por rebocadores ou por propulsão própria. Destinam-se, principalmente, à perfuração de poços exploratórios na plataforma continental, em lâminas d'água que variam de 5 m a 130 m.

Figura 6.14 Ilustração de uma PA

Plataforma de pernas atirantadas (Tension-Leg Plataform – TLP)

São unidades flutuantes utilizadas para a produção de petróleo. Sua estrutura é bastante semelhante à da plataforma semissubmersível. Porém, sua ancoragem ao fundo mar é diferente: as TLPs são ancoradas por estruturas tubulares, com os tendões fixos ao fundo do mar por estacas e mantidos esticados pelo excesso de flutuação da plataforma, o que reduz severamente os movimentos desta. Assim, as operações de perfuração e de completação são iguais às das plataformas fixas.

Figura 6.15 Ilustração de uma TLP

Plataformas semissubmersíveis

As plataformas semissubmersíveis são compostas de uma estrutura de um ou mais conveses, apoiada por colunas em flutuadores submersos. Uma unidade flutuante sofre movimentações devido à ação das ondas, correntes e ventos, com possibilidade de danificar os equipamentos a serem descidos no poço. O sistema de ancoragem é constituído de 8 a 12 âncoras e cabos e/ou correntes, atuando como molas que produzem esforços capazes de restaurar a posição do flutuante quando é modificada pela ação das ondas, ventos e correntes.

Figura 6.16 Plataforma do tipo SS da Petrobras

Figura 6.17 Ilustração da ancoragem de uma SS

Plataformas tipo FPSO

Os FPSOs (*Floating, Production, Storage and Offloading*) são navios com capacidade para processar e armazenar o petróleo, e prover a transferência deste e/ou do gás natural. No convés do navio, é instalada um planta de processo para separar e tratar os fluidos produzidos pelos poços. Depois de separado da água e do gás, o petróleo é armazenado nos tanques do próprio navio, sendo transferido para um navio aliviador de tempos em tempos.

O navio aliviador é um petroleiro que atraca na popa da FPSO para receber o petróleo que foi armazenado em seus tanques e transportá-lo para terra. O gás natural é enviado para o continente por meio de gasodutos e/ou reinjetado no reservatório.

Figura 6.18 Plataforma do tipo FPSO da Petrobras

Figura 6.19 Operação de *offloading*

6.2.7 Planta de processo

A mistura constituída pelo óleo, água produzida e pelo gás natural chega à instalação marítima de produção por meio de dutos de produção, onde é direcionada para os sistemas de separação de fluidos. Após a etapa de separação primária, a corrente gasosa segue para a etapa de condicionamento de gás. Essa etapa será tratada no Capítulo 7.

Durante o percurso do reservatório até a superfície, o óleo e a água formam uma emulsão, a qual pode apresentar uma maior ou menor estabilidade em função, principalmente, do regime de fluxo e também da presença de agentes emulsificantes (asfaltenos, resinas, argilas, sílica, sais metálicos etc.) que dificultam a coalescência das gotículas de água. Esses componentes apresentam características tensoativas ou emulsificantes, e tendem a tornar a emulsão mais estável.

Grande parte da água que vem associada ao petróleo é separada por simples decantação nos separadores primários. Na Figura 6.20, é apresentada a foto de um separador primário. Para remover o restante da água, que permanece emulsionada, há necessidade de se utilizar processos físicos e químicos que aumentem a velocidade de coalescência e de decantação gravitacional. Entre estes, podemos citar os processos termoquímicos, eletrostáticos e químicos.

O óleo a ser comercializado não deverá possuir quantidades excessivas de sedimentos ou água emulsionada (conjunto comumente chamado de teor de BSW). O teor máximo de água dependerá do destino do óleo, podendo variar de 0,5% a 1%. A salinidade do óleo é outro requisito que necessita ser controlado, com variação de 250 mg/l a 570 mg/l, a depender do destino e da densidade do óleo.

O óleo pode ser transferido por meio de duas opções: oleodutos submarinos ou navios aliviadores. No caso dos navios-plataforma (FPSO), que estocam petróleo para posterior transferência por navio aliviador, as transferências são realizadas seguindo uma periodicidade que dependerá da produção e da capacidade de armazenamento.

Figura 6.20 Separador primário de um FPSO

No processo de produção de petróleo, um dos contaminantes mais indesejáveis é a água. A quantidade de água produzida, associada aos hidrocarbonetos, varia em função de uma série de fatores, tais como:

- características do reservatório nos quais os fluidos são produzidos;
- idade dos poços produtores (normalmente a quantidade de água produzida, que apresenta maior mobilidade que o óleo, aumenta com o passar do tempo);
- métodos de recuperação utilizados (injeção de água, vapor etc.).

A quantidade de água produzida, associada ao óleo, varia significativamente, podendo alcançar valores da ordem de 50% em volume, ou mesmo próximos a 100%, normalmente ao final da vida econômica dos poços.

A água produzida, proveniente de formações produtoras de hidrocarbonetos, apresenta sais, microorganismos e gases dissolvidos, além de material em suspensão. Os teores de sais dissolvidos encontrados nessas águas são extremamente variáveis, sendo, em média, três a quatro vezes superiores aos normalmente existentes na água do mar (35 g/l).

Diversos microorganismos, tais como bactérias, algas, fungos e outros, estão frequentemente presentes na composição da água produzida, podendo gerar em seu metabolismo substâncias de caráter corrosivo e tóxico (H_2S, ácidos etc.).

Além desses constituintes, as águas produzidas contêm ainda sólidos provenientes das rochas (silte, argilas etc.), de processos corrosivos (óxidos, hidróxidos, sulfetos de ferro etc.) e de incrustações (carbonato de cálcio e sulfatos de bário, cálcio e estrôncio).

O seu tratamento tem por finalidade remover o óleo e condicioná-la para reinjeção ou descarte ao mar, de acordo com as exigências ambientais vigentes e estabelecidas no processo de licenciamento do empreendimento.

6.2.8 Gasodutos de transferência

Existe uma rede de gasodutos interligando as plataformas da Bacia de Campos, permitindo, assim, o escoamento do gás excedente. Três gasodutos partem de plataformas centrais de recebimento de gás com destino às unidades de processamento de gás de Cabiúnas e da Reduc.

Figura 6.21 Gasodutos de transferência de gás

6.3 SISTEMAS DE PRODUÇÃO DE GÁS NATURAL NÃO ASSOCIADO

6.3.1 Sistema de produção do Campo de Urucu

A Província Petrolífera do Rio Urucu, localizada no município de Coari, a 650 km a sudoeste de Manaus, no coração da floresta amazônica, Figura 6.22, começou a ser explorada comercialmente em 1988, dois anos após o estabelecimento do primeiro poço.

Em 2007, a produção média diária de petróleo de Urucu foi aproximadamente de 55 mil barris e gás natural em torno de 9 milhões de metros cúbicos. Isso faz do Amazonas o segundo produtor terrestre de petróleo e o terceiro produtor nacional de gás natural do País.

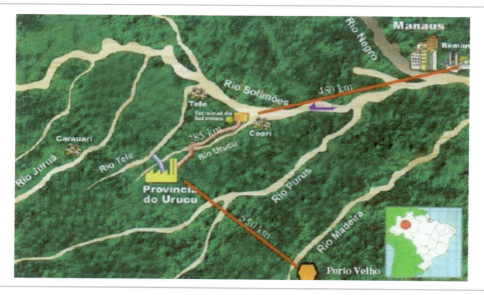

Figura 6.22 Província petrolífera de Urucu

O gás natural proveniente dos campos produtores é processado no Pólo de Arara, em três UPGN, com capacidade total de processamento de quase 10 milhões de metros cúbicos de gás, produzindo cerca de 1 500 toneladas de GLP por dia. Desse Pólo, Figura 6.23, os produtos do gás e o óleo são encaminhados para o Terminal do Solimões (Tesol), em Coari, Figura 6.24. O gás processado é reinjetado no próprio reservatório para futuro aproveitamento no mercado, após a construção dos gasodutos. Do Tesol, o transporte dos produtos do gás e do óleo é feito por barcaças por meio do rio Solimões até a Refinaria de Manaus (Reman) e desta para o Norte e Nordeste.

O gás natural encontrado em Urucu tem uma composição um pouco diferente de outras regiões do Brasil. A diferença mais relevante é uma quantidade maior de nitrogênio.

Diferentemente dos reservatórios de óleo da Bacia de Campos, o mecanismo de produção dos reservatórios de gás da Bacia de Urucu é por elevação natural, ou seja, pela própria pressão do reservatório. Os poços são equipados de forma bem mais simples do que em poços marítimos, e a árvore de natal é do tipo convencional, Figura 6.25. Da árvore de natal os fluidos são direcionados aos coletores ou separadores, cuja função é prover a separação do gás e do líquido e nos quais se inicia e termina a etapa de condicionamento do gás da planta de processo. O gás separado é encaminhado diretamente para a etapa de processamento, da qual obtêm-se os produtos GLP e C_5^+. O gás processado é reinjetado no reservatório para futuro aproveitamento. O gás, diferentemente do óleo, necessita de uma estruturação direta de transporte entre o produtor e o consumidor, ou seja, a produção está associada ao seu consumo local. O transporte do óleo por navios permite, então, atender consumidores em qualquer lugar do planeta.

Figura 6.23 Pólo de Arara

Figura 6.24 Terminal do Solimões

Figura 6.25 Árvore de natal convencional

Figura 6.26 Coletores de gás

O óleo, o gás e a água, provenientes de alguns poços e dos coletores, chegam até os separadores trifásicos horizontais de 1° estágio, Figura 6.27. Desses equipamentos, o óleo será enviado para os separadores horizontais de 2° estágio e, em seguida, ao sistema de estabilização de óleo, Figura 6.28, cuja função é especificar teor de água, salinidade e a pressão de vapor do óleo. Do sistema de tratamento, o óleo é armazenado nos tanques, Figura 6.29.

A água separada no 1° e 2° estágios, assim como aquela proveniente do sistema de tratamento do óleo, é tratada e reinjetada no reservatório.

O gás separado no 1° estágio é depurado e segue para a UPGN.

Figura 6.27 Separadores trifásicos de produção

Figura 6.28 Unidade de estabilização do óleo

Figura 6.29 Tanques de armazenagem

6.3.2 Sistema de produção do Campo de Merluza

Os complexos reservatórios de idade santoniana da Bacia de Santos são, ainda hoje, pouco conhecidos. O único campo de arenitos em atividade é o de Merluza, com uma acumulação de gás em torno de 26 milhões de barris de óleo equivalente, descoberto nos anos de 1980 e cuja produção iniciou-se em 1993.

O Campo de Merluza, localizado no Estado de São Paulo, a cerca de 185 quilômetros de Santos, como ilustrado na Figura 6.30, deve saltar da produção atual de 1,2 milhão de metros cúbicos de gás e 1.600 barris por dia (da plataforma Merluza-1) para 2,5 milhões de metros cúbicos de gás por dia, em 2008, quando passar a coletar também o gás do Campo de Lagosta e da área do poço SPS-25. A perspectiva de instalação de uma segunda plataforma no Pólo Merluza permite prever o aumento do potencial do pólo para cerca de 10 milhões de metros cúbicos de gás por dia a partir de 2010.

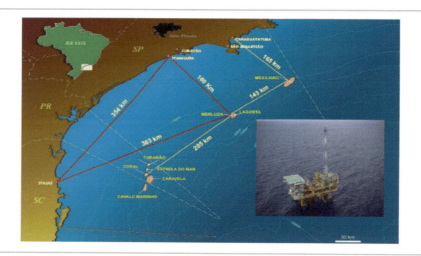

Figura 6.30 Plataforma Merluza

Os reservatórios de gás, do tipo não associado, têm diversos poços interligados à plataforma de Merluza (PMLZ-1). O mecanismo de produção é por elevação natural, utilizando a própria pressão do reservatório para deslocar os fluidos até a PMLZ-1. Na plataforma, os fluidos (óleo, água e gás) são resfriados e separados, tendo cada corrente individual os devidos tratamentos, de modo a atender aos requisitos necessários de seus destinos. O condicionamento do gás nessa plataforma se resume nas seguintes etapas: depuração; compressão (necessária devido à queda gradativa de pressão do reservatório); e desidratação, utilizando o processo de absorção com o trietilenoglicol. O óleo é também desidratado em uma outra coluna com trietilenoglicol e a água é devidamente tratada para descarte ao mar. O óleo e o gás desidratados são transferidos para a costa por meio do gasoduto de transferência de Merluza a RPBC (refinaria da Petrobras em Cubatão). Na RPBC, os fluidos são separados nos coletores, tendo a corrente líquida direcionada para as plantas de refino de petróleo e o gás é encaminhado para a Unidade de Gás Natural, responsável por especificar o gás nos requisitos exigidos para transporte e distribuição. As Figuras 6.31, 6.32 e 6.33 ilustram esses processos.

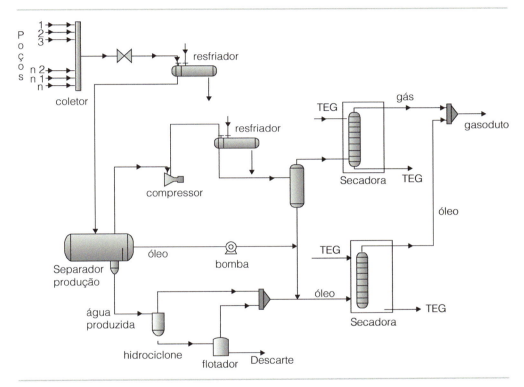

Figura 6.31 Esquema da planta de processo de PMLZ-1

Figura 6.32 Gasoduto de transferência de Merluza a RPBC

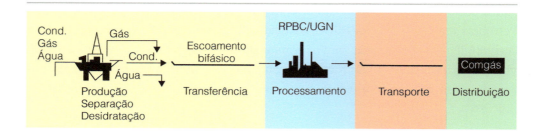

Nota: Cond. = Condensado
Figura 6.33 Rota do gás produzido em Merluza

6.3.3 Sistema de produção do Campo de Mexilhão

O Pólo de Mexilhão terá capacidade para produzir até 15 x 10^6 m^3/d e 20 mil bpd de óleo e condensado. A Unidade de Produção será uma plataforma fixa, instalada em lâmina d'água de 172 metros e a uma distância de 22 km do Campo de Mexilhão, e a 142 km do litoral norte do Estado de São Paulo, próxima à cidade de Caraguatatuba.

O sistema de coleta submarino consiste na interligação de oito poços a um *manifold* submarino de produção (MSP), por meio de linhas flexíveis. Do *manifold* seguem duas linhas rígidas de produção, uma para serviços e testes dos poços, e um duto flexível para injeção de MEG.

A Figura 6.34 apresenta um desenho esquemático do sistema de produção a ser utilizado no desenvolvimento do Campo de Mexilhão.

O fluido oriundo dos poços produtores, ao chegar à plataforma, será encaminhado ao separador de produção, do qual sairão três correntes, uma de gás, destinada ao sistema de desidratação de gás, uma de condensado e a última composta por água oleosa rica em MEG (monoetilenoglicol), conforme apresentado na Figura 6.35.

Após os coletores, o gás é encaminhado para o separador trifásico de produção. Neste, haverá a separação de parte da água e do condensado associado, o qual seguirá para o sistema de tratamento de condensado, e a corrente rica em água, para o sistema de tratamento de água produzida.

Do separador de produção, o gás será encaminhado para o sistema de depuração do gás, que tem como finalidade retirar partículas de líquido arrastadas pelo gás, evitando, assim, a presença de líquido no sistema de secagem com TEG.

Em seguida, a corrente de gás passa pelo sistema de desidratação, de modo a especificar o teor de umidade. Esse sistema utilizará o processo de absorção por trietilenoglicol (TEG), em contra fluxo com o gás, para remover as frações de água presentes no gás produzido, evitando possíveis obstruções no gasoduto de transferência por formação de hidrato.

Sistemas de Produção de Gás Natural

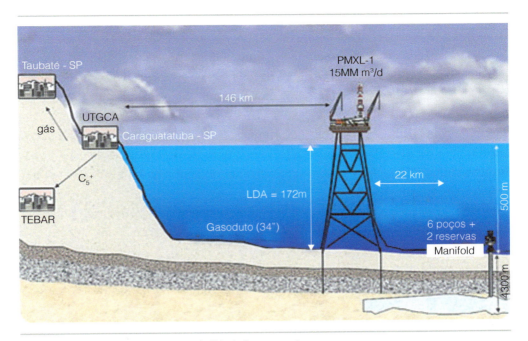

Nota: UTGCA = Unidade de Tratamento de Gás de Caraguatatuba
Figura 6.34 Sistema proposto para o Campo Mexilhão

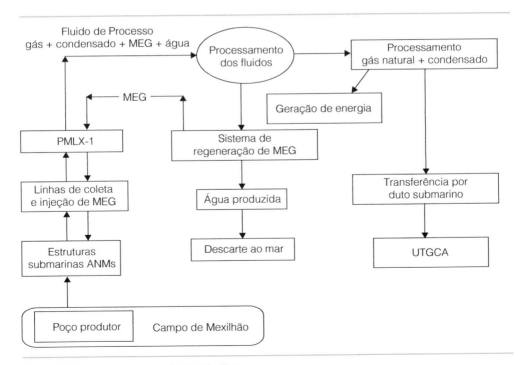

Figura 6.35 Processamento do Campo Mexilhão

Após absorver a água do gás, o TEG será regenerado por processo de retificação e reenviado para a torre absorvedora, fechando o ciclo de desidratação.

O gás tratado será misturado ao condensado oriundo do sistema de desidratação do condensado e, posteriormente, direcionado para o gasoduto de transferência.

O condensado proveniente do separador de produção será encaminhado para o filtro coalescedor, onde ocorrerá a separação de parte da água. A corrente de água oleosa será encaminhada para o sistema de tratamento de água produzida, o condensado seguirá para o aquecedor e, em seguida, para a torre de desidratação de condensado (absorção por TEG), da qual sairá uma corrente de condensado desidratado para o gasoduto de transferência.

A corrente de água oleosa, rica em MEG e oriunda do separador de produção, será encaminhada para hidrociclones, onde ocorrerá a separação da fase oleosa para reprocessamento.

A corrente de água rica em MEG seguirá para a unidade de regeneração de MEG. O MEG regenerado será armazenado em um tanque e bombeado posteriormente para circulação no sistema submarino, inibindo a formação de hidratos nas linhas de escoamento da produção.

A produção de gás e condensado, após tratamento na plataforma, será transferida por meio de gasoduto submarino para a costa, no litoral de Caraguatatuba, onde será processada na Unidade de Tratamento de Gás de Caraguatatuba (UTGCA). O condensado separado na UTGCA será escoado por um duto de Caraguatatuba até o terminal Almirante Barroso – TEBAR, da Petrobras, em São Sebastião/SP. Já o gás é transportado para Taubaté pelo gasoduto terrestre Caraguatatuba-Taubaté, para interligação com a malha dutoviária da região sudeste existente.

A Figura 6.36 ilustra uma visão geral da unidade de tratamento de gás de Caraguatatuba e a Figura 6.37 mostra a trajetória do gasoduto Caraguatatuba-Taubaté.

6.3.4 Sistema de produção do Campo de Peroá-Cangoá

O campo de produção de Peroá está localizado na Bacia do Espírito Santo, litoral norte do estado, a cerca de 50 km da costa, em lâmina d'água de 67 metros. As reservas no campo Peroá-Cangoá foram estimadas em 17 bilhões de metros cúbicos.

A infraestrutura do projeto foi concebida com um sistema de produção, processamento e escoamento do gás. Nele consta a instalação de uma plataforma fixa de produção no Campo de Peroá (PPER-1), que ficará localizada na porção marítima da Bacia do Espírito Santo. O campo vai produzir cerca de 5 500 000 m^3/d de gás natural no final da sua primeira fase, por meio da plataforma PPER-1, a qual enviará o gás produzido para a Unidade de Tratamento de Gás de Cacimbas (UTGC), localizada próxima da foz do rio Doce, no Município de Linhares (ES). Um gasoduto, ligando a plataforma até a Unidade de Tratamento de Gás de Cacimbas, escoará o gás por meio de 56,2 quilômetros de tubulação. A maior parte do duto ficará submersa no mar, com 52,5 quilômetros, enquanto os outros 3,7 quilômetros estarão em terra.

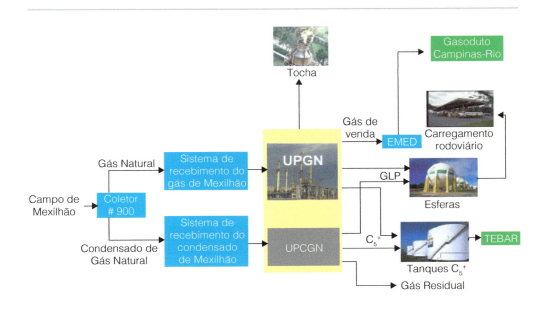

Figura 6.36 Unidade de tratamento de gás de Caraguatatuba

Figura 6.37 Trajetória do gasoduto Caraguatatuba-Taubaté

O fluido produzido não sofre qualquer tipo de processamento na plataforma PPER-1 e é enviado para a UTGC, por meio do gasoduto de transferência de 18 polegadas, em fluxo multifásico (gás, condensado e água de produção). Já na UTGC, a fase gasosa e a fase líquida são separadas no coletor de condensado da unidade. O gás natural separado no coletor é enviado para o depurador e o líquido separado no coletor é enviado para a Estação Lagoa Suruaca, na qual o condensado será misturado ao petróleo.

A plataforma PPER-1 contém um sistema de teste de produção e uma unidade de tratamento de gás para acionamento de uma microturbina, gerando energia elétrica necessária para o funcionamento da unidade.

6.3.5 Sistema de produção do Campo de Manati

O Campo de Manati, descoberto em outubro de 2000, está situado na Bacia de Camamu, na costa do Município de Cairu, Estado da Bahia, em profundidade de 35 m a 50 m. As reservas atingem cerca de 24 bilhões de metros cúbicos e estão previstos sete poços produtores, com vazão estimada em torno de 6 milhões de metros cúbicos de gás por dia.

O mecanismo de produção é, inicialmente, por diferencial de pressão. Após alguns anos, faz-se necessária a instalação de um sistema de compressão para manter a produção e aumentar o fator de recuperação do reservatório.

O sistema de produção e escoamento do Campo de Manati é composto de uma plataforma fixa denominada PMNT-1, desabitada e controlada por sinais de rádio pela estação de tratamento em São Francisco do Conde.

A plataforma não terá separação primária e o escoamento será feito em fluxo multifásico, por meio de um gasoduto de 117 km até uma unidade de processamento em São Francisco do Conde, na qual o gás será tratado para entrega ao mercado.

O gás de Manati tem 7% de nitrogênio, valor acima das especificações usuais, no entanto, esse não é o único gás com elevado teor de nitrogênio. O gás da Bacia do Amazonas tem 12% de nitrogênio em sua composição e ambos os casos exigem soluções específicas para distribuição e consumo.

Condicionamento do Gás Natural

7 CONDICIONAMENTO DO GÁS NATURAL

7.1 Introdução

No Brasil, os sistemas de produção de gás associado marítimo apresentam-se em maior quantidade, maior complexidade e maior volume de produção em comparação aos sistemas de gás não associado e aos sistemas de produção terrestre. Assim, procura-se descrever detalhadamente, neste capítulo, um sistema típico da Bacia de Campos de condicionamento de gás associado.

No próximo item, segue-se a descrição geral de um sistema típico de condicionamento de gás natural em uma plataforma da Bacia de Campos e as seções posteriores descrevem com mais detalhes cada etapa do condicionamento de gás.

7.2 Descrição do processo de condicionamento de gás associado

A mistura constituída pelo óleo, água produzida e pelo gás natural chega à instalação marítima de produção por meio de dutos de produção, onde é direcionada para os sistemas de separação de fluidos. Após a etapa de separação primária, a corrente gasosa segue para o sistema de compressão, que é necessário para fornecer a pressão requerida para assegurar a transferência ao continente ou mesmo sua utilização na injeção em poços de petróleo (método de elevação – *gas-lift*). Vários estágios de compressão podem ser usados para comprimir a corrente gasosa de baixa ou média pressão. Antes de alimentar o sistema de compressão, e também entre cada um dos estágios existentes, o gás entra em um separador vertical chamado de "depurador"[1] para extrair as gotículas de líquido carreadas. Pode-se encontrar um sistema para adoçamento do gás (dessulfurização ou remoção de CO_2), o qual remove o sulfeto de hidrogênio (H_2S) e/ou o CO_2 que conferem ao gás características ácidas. Outro sistema encontrado é a desidratação da corrente gasosa. Um dessecante líquido (higroscópico), tal como o trietilenoglicol (TEG), é usado para absorver o vapor d'água do gás natural. Essa unidade de tratamento tem a finalidade de reduzir a umidade do gás (reduzir o teor de água presente no gás sob a condição de vapor), de tal forma a evitar a presença de hidratos nos sistemas de escoamento submarinos.

Os principais compostos a serem controlados pelas etapas de condicionamento do gás natural são:

---

[1] Equipamento mecânico responsável pela separação de líquido existente na fase gasosa.

Condicionamento do Gás Natural

- água (vapor);
- compostos sulfurados (H_2S, CS_2, COS etc.);
- dióxido de carbono (CO_2);
- líquidos (condensado de gás, produtos químicos).

Os gases ácidos (CO_2 e H_2S) presentes em vários campos de produção, quando em teores elevados, comprometem tanto a integridade física dos equipamentos (corrosão), assim como a qualidade do gás, a ponto de inviabilizar a sua transferência e a utilização interna. A presença de água na forma de vapor pode comprometer a produção e o escoamento de óleo e gás natural, por meio do tamponamento de tubulações por hidratos.

Normalmente, existem quatro destinos possíveis para o gás natural em uma plataforma de produção de petróleo e gás natural:

- **Gás transferido** – Esta parcela corresponde ao volume de gás transferido para o continente, utilizando, para tal, dutos submarinos (gasodutos). O gás transferido para o continente será processado em Unidade de Processamento de Gás Natural (UPGN) e, em seguida, transportado até chegar aos consumidores.

- *Gas-lift* – gás utilizado para auxiliar a elevação do óleo.

- **Gás combustível** – representa a parcela de gás tratado que é utilizada nos equipamentos de geração de energia elétrica, térmica (uso energético) e em processos físico-químicos.

- **Reinjeção no reservatório** – método adotado para aumento do fator de recuperação ou por limitações nos sistemas de transferência.

Em algumas aplicações ou situações, faz-se necessária a injeção de produtos químicos nas correntes de gás para auxiliar o tratamento de gás ou para a proteção de equipamentos.

A Figura 7.1 resume as etapas básicas do condicionamento de gás natural em uma unidade de produção de petróleo e gás natural.

7.3 Separação primária de fluidos

Os fluidos produzidos de um reservatório petrolífero são normalmente misturas de líquido e gás. A operação unitária destinada a separar a fase líquida da fase vapor ou gasosa é a separação gravitacional, efetuada em vasos denominados separadores.

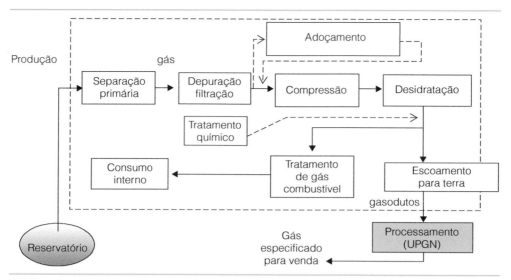

Figura 7.1 Diagrama de blocos do condicionamento de gás

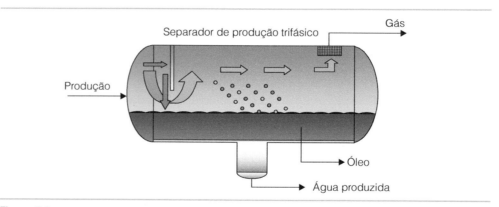

Figura 7.2 Vaso separador primário de produção

O processamento primário dos fluidos produzidos em um campo de produção pode ser apenas entre óleo e gás (separação bifásica), entre água, óleo e gás (separação trifásica), conforme ilustrado na Figura 7.2, ou mesmo uma separação quaternária entre areia, água, óleo e gás. O nível de complexidade da planta de processamento primário vai depender dos tipos de fluidos produzidos e da viabilidade técnico-econômica do campo de produção.

O gás separado efluente do separador sai na condição de vapor saturado, com umidade e gotículas muito pequenas de líquido (névoa). Devido à limitação da eficiência de retenção de líquido nesse separador, o gás necessita passar por uma série de processos, de forma a garantir o seu escoamento para os locais de consumo. O óleo e a água de formação também devem ser processados para que garantam a especificação de saída do sistema de produção de petróleo.

O fluido (mistura líquido-gás) penetra em uma das extremidades do separador, chocando-se imediatamente em anteparos que facilitam a liberação do gás. Devido à diferença de densidade, o líquido desce para o fundo do vaso e o gás toma a parte superior do separador. A corrente gasosa atravessa o vaso em direção à outra extremidade, passando por uma série de defletores que vão retendo as gotas líquidas que se dirigem para baixo. O gás que se acumula na parte superior toma finalmente a saída na outra extremidade do separador, passando pela seção de aglutinação ou coalescência, na qual dispositivos são instalados para reter as gotículas carreadas pelo gás, minimizando, assim, a perda de líquido e a contaminação da corrente gasosa.

O separador trabalha sob pressão (da ordem de 900 kPa) suficiente para assegurar a separação adequada entre as fases envolvidas e o escoamento das fases líquidas (óleo e água produzida) para os respectivos sistemas de tratamento.

Quando se trata da separação líquido/vapor é conveniente que se estabeleça uma distinção entre duas abordagens teóricas, as quais podem ser consideradas complementares e abordadas quando se estuda esse fenômeno. A primeira delas é a termodinâmica, ciência que estuda os estados de equilíbrio. Por meio dela é possível prever para uma dada carga, com composição conhecida e para dadas condições de temperatura e pressão, quais são os volumes e composições das fases líquidas e vapor que estão em equilíbrio nessas condições.

De acordo com essa abordagem, a separação entre as fases não é função do tempo (pois se admite decorrido um tempo suficientemente longo para o estabelecimento do equilíbrio) e, além disso, não são consideradas ineficiências decorrentes de restrições de contato entre as fases, seja de caráter puramente físico (hidrodinâmico) ou mesmo de caráter físico-químico (fenômenos interfaciais).

O separador pode proporcionar carreamento cruzado entre fases (gotículas de líquido podem ser arrastadas pelo gás ou bolhas de gás carreadas e drenadas com o líquido). Isso implica que as fases ditas "separadas" podem apresentar um maior ou menor grau de "contaminação" com a outra fase. A redução do nível de contaminação de cada uma das fases constitui-se na segunda abordagem da separação líquido/vapor. A abordagem teórica que modela a separação física, procurando formas de quantificar e minimizar essas ineficiências, é a fluidodinâmica, particularmente o escoamento de sistemas particulados, em que se observa a interação entre a partícula (gotícula ou bolha dispersa) e o fluido que a cerca (fase contínua).

A remoção do óleo de correntes gasosas é feita em razão da diferença de densidade entre essas fases, com a decantação das gotículas da névoa por efeito da gravidade. Entretanto, muitas vezes o tempo de permanência do vapor no interior do separador é relativamente reduzido se comparado ao tempo requerido para essa decantação, e a velocidade do vapor tende a arrastar as gotículas, podendo carrear as de menor diâmetro para fora do equipamento antes que o efeito da gravidade possa conduzi-las à interface vapor/líquido. Para evitar esse problema, são normalmente utilizados alguns dispositivos internos que, com base nos princípios citados, têm a finalidade de remover a névoa do vapor que deixa o separador. Esses dispositivos são os eliminadores de névoa.

Além disso, deve-se ajustar a temperatura de operação do separador objetivando-se obter uma viscosidade do óleo não excessiva, que, inclusive, evita a formação de espuma que pode atuar como um "colchão isolante" sobre a interface líquido/gás, prejudicando não apenas a flotação das bolhas, mas também o próprio equilíbrio termodinâmico.

7.4 Depuração do gás natural

7.4.1 Introdução

Depuração significa a remoção de partículas líquidas do gás, principalmente gotículas de hidrocarbonetos. Esses hidrocarbonetos são provenientes de arraste em fase líquida ou presentes na forma de névoas. A presença de líquidos na corrente gasosa causa danos aos compressores de gás, equipamentos térmicos, como turbinas, e interferem na eficiência da unidade de desidratação de gás.

7.4.2 O vaso depurador

O principal equipamento utilizado em sistemas de depuração de gás é o chamado vaso depurador. Este é constituído por quatro seções principais que, juntas, permitem a separação das partículas líquidas e sólidas da fase gasosa (ver Figura 7.3).

Seção de entrada

É utilizada para separar a porção principal de líquido livre da corrente de entrada. O bocal de entrada deve direcionar o fluxo tangencialmente à parede interna do vaso ou ser anteposto a uma placa defletora. Esta seção visa utilizar o efeito inercial da força centrífuga e a variação abrupta da direção, obtendo, assim, a separação da maior parte de líquidos provenientes da corrente gasosa. Quando a direção da corrente gasosa é bruscamente modificada, as gotículas, carreadas pela sua maior inércia, tendem a conservar a direção original, ao contrário do gás, que atende mais prontamente a mudança. As gotículas assim separadas podem ser coletadas em uma superfície e, então, drenadas para o fundo do vaso depurador, ou, ainda, cair diretamente na seção de acumulação abaixo.

Componentes internos podem estar presentes, tais como placa defletora, distribuidor axial e ciclone. A seleção destes depende da carga de líquido livre, da tendência à formação de névoa e da necessidade de melhorar a distribuição uniforme do fluxo de gás dentro do depurador.

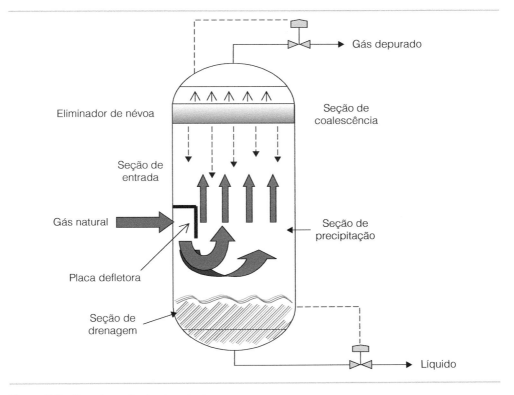

Figura 7.3 Vaso depurador de gás natural

Seção de precipitação

É planejada para a atuação da força gravitacional, promovendo a separação das partículas presentes na corrente gasosa. Tal seção é constituída pela região do vaso, na qual a velocidade com que o gás se desloca é relativamente baixa e pouco turbulenta. A decantação ocorre devido à brusca redução de velocidade e de mudança de direção de fluxo, fazendo com que gotas de maior peso que a força de arraste precipitem no fundo do equipamento.

Seção de coalescência ou de crescimento

Utiliza os eliminadores de névoas, que removem as partículas pequenas de líquido (névoas) do gás natural. Quase todos os dispositivos de eliminação de névoas se inserem em uma das quatro categorias, a saber: placas corrugadas, ciclone, demister e filtro coalescedor.

Seção de drenagem

É o fundo do vaso, responsável pela drenagem do líquido retido nas seções anteriores. O líquido retido é drenado do vaso depurador com controle de nível. Nessa seção se faz a separação das bolhas gasosas que ficaram no seio do líquido após a separação primária. Em geral, o mecanismo de separação do gás do óleo é a ação da gravidade, causando a decantação do líquido. Para que essa separação seja efetiva, o óleo deve ficar retido durante certo tempo no depurador, denominado tempo de retenção. Tal variável depende das características de óleo. Uma especificação normalmente adotada para depuradores é o tempo de retenção de um minuto.

7.4.3 Mecanismos básicos de formação de névoas

Névoa é toda e qualquer partícula líquida de diâmetro menor ou igual a 10 μm, imersas em uma corrente gasosa. Quando as partículas líquidas são maiores que 10 μm, estas são comumente chamadas de *sprays*.

A Figura 7.4 apresenta uma distribuição típica de partículas, por meio de faixas de diâmetros, expressos em micrometro (μm).

A névoa formada na seção de crescimento do vaso depurador precisa ser separada e essa separação segue os mecanismos de formação de névoas descritos a seguir.

☐ **Borbulhamento** – É o mecanismo típico de formação de névoas e de *sprays*, que ocorre em separadores de produção, evaporadores, geradores de vapor etc. Trata-se de partículas formadas por meio de borbulhamento, sendo geralmente maiores do que 10 μm.

☐ **Arraste mecânico** – Este é o mecanismo envolvido na formação de névoas que normalmente ocorrem em separadores de produção, defletores, tubulação, torres de absorção e colunas de destilação. As partículas geradas por meio desse mecanismo, por ação mecânica, são arrancadas da corrente líquida pela corrente gasosa. As partículas têm diâmetros que podem variar de 5 μm até 20 μm.

☐ **Condensação** – Quando as partículas são geradas por condensação (por exemplo, condensação de água e óleo em resfriadores), estas têm diâmetros bastante reduzidos, normalmente menores que 3 μm.

☐ **Reação química** – Névoas provenientes de reação química (por exemplo, névoas de ácido sulfúrico gerado pela reação de vapor d'água e SO_3), da mesma forma que as névoas oriundas de condensação, geram partículas de diâmetro inferior a 3 μm.

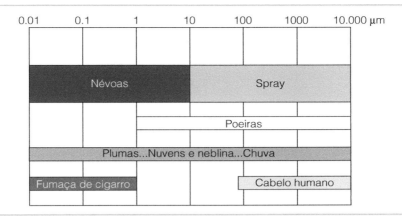

Figura 7.4 Faixa de distribuição de partículas

7.4.4 Mecanismos de captação de névoas

Tão importante quanto compreender os mecanismos de formação de névoa é entender os mecanismos utilizados na captação da névoa formada nos equipamentos de separação existentes. Basicamente, são três os mecanismos de captação de névoas:

- **Impacto inercial** – quando o gás chega às proximidades das fibras (malha) do elemento filtrante, ele tende a se desviar. As partículas líquidas, em geral maiores que 3 μm a 5 μm, entretanto, não são capazes de se desviar das fibras com a corrente gasosa e acabam, devido à sua inércia, por colidir com as fibras.

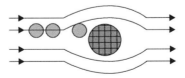

Figura 7.5 Representação esquemática do mecanismo impacto inercial

- **Interceptação direta** – as partículas que não têm inércia suficiente para serem interceptadas pelos filamentos do leito são desviadas deste com a corrente gasosa. Parte delas tem sua trajetória no centro de uma linha que passa próxima do leito filtrante, permitindo, assim, que as partículas atinjam o leito. A metade do diâmetro dessas partículas é maior que a distância entre a fibra e o centro da linha, na qual trafega a partícula.

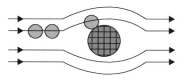

Figura 7.6 Representação esquemática do mecanismo interceptação direta

☐ **Movimento browniano** – partículas pequenas, que não têm inércia para serem interceptadas pelo leito filtrante e cujo diâmetro também é suficientemente pequeno para evitar o impacto inercial, têm um movimento aleatório bastante acentuado, devido ao impacto dessas partículas com as moléculas do gás. Esse movimento aleatório faz com que as partículas se choquem com os filamentos do leito.

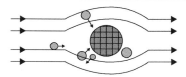

Figura 7.7 Representação esquemática do mecanismo movimento browniano

Para melhor visualização da presença de arraste de líquido em sistema de compressão de gás, apresenta-se a Figura 7.8 (amostra de resíduo coletado).

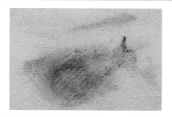

Figura 7.8 Amostra de resíduo na linha de admissão de compressor

7.4.5 Equipamentos típicos utilizados para eliminação de névoas

São equipamentos utilizados no interior dos vasos depuradores com o objetivo de reter partículas bem pequenas de líquidos, na forma de gotículas arrastadas do processo primário de separação.

7.4.5.1 Eliminadores tipo malha tricotada

O eliminador de névoa conhecido como *demister* consiste em um "colchão" de tela de fio metálico tipo arame, enrolado ou disposto em camadas (ver Figura 7.9). É fabricado em qualquer tamanho e forma requeridos, podendo ser instalado em qualquer vaso de processamento, novo ou já existente. O termo *demister* é uma marca registrada, pela Otto York, de eliminadores de névoas do tipo malha tricotada.

O principal mecanismo de captação de névoas é por impacto inercial. As gotículas líquidas que estão em suspensão, em uma determinada corrente gasosa, tentam passar através do colchão; mas, devido à sua maior inércia, não se desviam dos fios da tela, se chocam com a superfície destes, e, por fim, ficam retidas.

Essas gotículas se acumulam e crescem em tamanho, até que possam sobrepujar a força do fluxo do vapor e a tensão superficial, caindo livremente (fenômeno denominado "coalescência").

Fonte: Catalog Koch Engineering Company, Inc., USA, 1992.

Figura 7.9 Eliminador do tipo demister ou malha tricotada

7.4.5.2 Eliminadores tipo placa corrugada

Consiste, basicamente, em um conjunto de chapas metálicas no formato de ziguezague, cujo principal mecanismo de captação de névoas também é o de impacto inercial. Tal interno é também conhecido como eliminador de névoa do tipo "Vane".

O gás escoa, horizontal ou verticalmente, visto que as palhetas (calhas) existentes direcionam o escoamento desse fluido em trajetória sinuosa. As gotículas de névoa são carregadas adiante pelo gás e aquelas que apresentam maior densidade tendem a permanecer em trajetória retilínea. Entretanto, quando ocorrem mudanças na trajetória do gás, algumas gotículas chocam-se na superfície do material (palhetas) e, consequentemente, aderem à sua superfície. À medida que o gás escoa através do eliminador, as gotículas são separadas do fluxo gasoso devido à atuação da força centrífuga. As gotículas capturadas coalescem sobre as palhetas, formando, assim, gotas maiores e com peso suficiente para gotejar (escorrer).

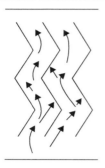
Placas em ziguezague

Eliminador de névoa tipo placa corrugada

Fonte: Catalog Koch Engineering Company, Inc., USA, 1992.

Figura 7.10 Eliminadores tipo placa corrugada (ou "vane")

Os eliminadores de névoas tipo placa corrugada são aplicados quando da existência de sólidos ou líquidos viscosos, pegajosos e para grandes cargas de líquido. Eles apresentam menor perda de carga entre todos os tipos de eliminadores de névoas comercialmente disponíveis, podendo ser projetados para uso em fluxo vertical ascendente ou mesmo horizontal.

7.4.5.3 Filtro coalescedor

Trata-se de um dispositivo constituído de cartuchos cilíndricos de material fibroso que têm a finalidade de reter em sua superfície as gotículas existentes no fluxo gasoso. Quando a população de gotículas retidas atinge a condição máxima (denominada estado de saturação), inicia-se o gotejamento destas pela superfície do filtro. O fluxo gasoso, sem a presença de gotículas, flui por meio da região central oca do cartucho, seguindo para a região de saída do equipamento. A Figura 7.11 apresenta os internos desse equipamento e o escoamento do gás.

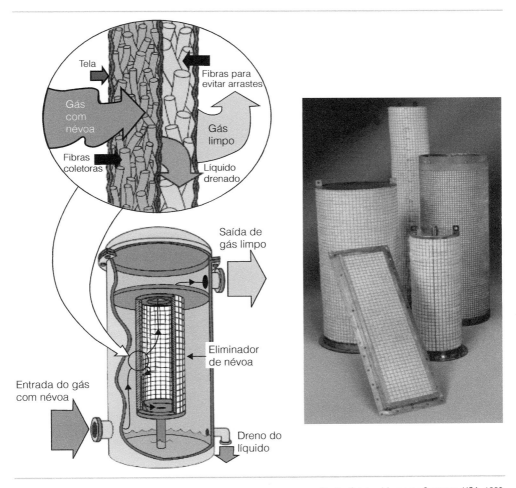

Fonte: Catalog Monsanto Company, USA, 1990.

Figura 7.11 Filtro coalescedor

O filtro coalescedor é normalmente constituído por um trecho tubular cilíndrico seguido de um trecho cônico. A entrada do fluxo gasoso ocorre de forma tangencial no primeiro trecho, no qual o fluxo é similar ao de um tufão, com formação de redemoinho.

Alguns fabricantes oferecem o filtro coalescedor com um ou mais cartuchos, em dimensões pequena ou grande, e de formato horizontal ou vertical. Esse tipo de eliminador de névoa apresenta os três mecanismos de captação desta, já citados anteriormente. Em geral, não é aplicado quando da presença de líquido no gás, porém, trata-se de um dispositivo de elevado custo e que pode se danificar pela presença de depósitos orgânicos (parafina).

7.4.5.4 Ciclone

Os ciclones são equipamentos de separação de partículas bastante eficientes. São largamente utilizados em todos os ramos da indústria com essa função de separação. O ciclone é utilizado como parte integrante do vaso depurador. Para esse fim, o ciclone pode substituir a placa defletora do vaso, constituindo a seção de entrada do depurador.

A restrição a esse uso, em geral, é a baixa faixa de aplicação que não aceita significativas variações de carga.

Existem diversos fornecedores de ciclones para purificação de gases que, a partir de especificação do usuário (faixa de vazões a ser manuseada, teor de granulometria do contaminante e eficiência desejada), podem fornecer o dispositivo pronto para a montagem no vaso.

As configurações típicas de carga dos ciclones são usualmente: fluxo reverso, fluxo axial sem reciclo e fluxo axial com reciclo.

Fonte: Information Bulletin – CDS-Koch-Houston, USA, 2001.

Figura 7.12 Ciclones

7.4.6 Critérios para seleção da tecnologia do eliminador de névoa

Os gases processados pelo sistema de compressão, pelo sistema de tratamento, ou mesmo quando utilizados como combustíveis requerem grau de pureza diferenciado. Dessa forma, diferentes tecnologias de depuração são propostas por diversos fabricantes, por meio de uma especificação técnica, visando o atendimento de um serviço particular. Normalmente, essas especificações técnicas atendem às condições operacionais predeterminadas pelo usuário, incluindo ainda os cenários futuros, previstos pelo projeto.

Entre os mais importantes fatores que podem ser considerados para selecionar um eliminador de névoa adequado, verifica-se o grau de pureza requerido pelo processo subsequente. Além deste, outros fatores se destacam, tais como natureza do fluido, o volume do líquido a ser removido, vazão do fluido a ser filtrado, o regime de fluxo, dimensões e o custo. A seguir, são apresentados os aspectos mais importantes desses fatores.

- **Natureza do fluido** – a remoção de líquido com tendência à formação de espuma, de borra ou parafina requer uma seleção criteriosa do eliminador de névoa. Nesse caso, é necessária a escolha do eliminador do tipo placa, associado a outro dispositivo de entrada de fluxo, como um ciclone, por exemplo.

  Normalmente, os eliminadores do tipo filtro coalescedor são de alta eficiência, porém não são compatíveis com líquidos viscosos, como é o caso do petróleo. Essa tecnologia é muito aplicada em sistemas que apresentam líquidos limpos ou de baixa viscosidade. Um exemplo de aplicação é no sistema de tratamento de gás combustível onde, em geral, utilizam-se depuradores com *demister* ou placas associadas em série com filtros coalescedores (filtros com elemento filtrante do tipo cartucho).

- **Vazão do fluido** – a vazão e o tipo de eliminador de névoa definem a dimensão do equipamento.

- **Perda de pressão** – o diferencial de pressão admitido é também uma variável importante para seleção do eliminador de névoa. O filtro coalescedor apresenta maior perda de carga, seguido pelos ciclones, sendo desprezível a perda de pressão nos eliminadores do tipo *demister* e placa corrugada.

- **Eficiência de remoção de névoa** – a eficiência de remoção de névoa segue geralmente a seguinte ordem: filtro coalescedor, ciclones, *demister* e, por último, placa corrugada.

- **Custo de capital** – o filtro coalescedor e o multiciclone apresentam custos em torno de dez vezes o custo do tipo placa corrugada e cerca de vinte vezes maior do que o custo do tipo *demister*.

- **Capacidade de depurar com alta carga de névoa** – para altas cargas de névoa, o filtro coalescedor é contraindicado, enquanto a placa corrugada é a mais indicada.

7.4.7 Dispositivos especiais de entrada dos depuradores

O dispositivo de entrada é o primeiro interno com quem a corrente multifásica de fluidos entra em contato no interior de um depurador. Trata-se usualmente de um dispositivo capaz de provocar impacto nas gotículas dispersas na massa gasosa, produzindo uma rápida dissipação de energia cinética do fluido e também uma variação brusca na quantidade de movimento deste. Esses fatores, associados à diferença de densidade entre as fases vapor e líquido, contribuem para separação grosseira dessas gotículas.

Entretanto, a turbulência provocada nessa dissipação de energia pode apresentar efeitos negativos na citada separação, principalmente se as condições operacionais são favoráveis à formação de espuma. Tal turbulência também pode ser danosa à separação entre as fases óleo e água, no caso de tendência à ocorrência de emulsificação.[2]

Dessa forma, outra função importante que é considerada no projeto do dispositivo de entrada é a do efeito da turbulência proporcionada pela corrente de fluido afluente ao vaso depurador.

Normalmente, existem diversos tipos de dispositivos de entrada, cada um deles com vantagens e desvantagens, específicas a cada tipo de aplicação. Não há propriamente critérios de projeto para os dispositivos de entrada. De modo geral, o dimensionamento considera as dimensões do bocal de alimentação do vaso, o diâmetro ou a distância à superfície livre (interface vapor/líquido).

Quando a corrente que alimenta o vaso depurador colide com o dispositivo de entrada, sua direção é modificada em ângulo, em geral de 90° ou 180°, em relação à sua direção inicial. É comum a colisão dessa corrente contra o tampo ou casco do equipamento, ou até mesmo sobre a superfície do líquido existente no fundo do vaso. Tal reflexão brusca é mais facilmente realizada pelo vapor do que pelo líquido. Esse fato pode provocar ainda um efeito negativo, que é o arraste de gotículas de uma das fases pelo fluxo da outra fase (fase separada).

Além dos dispositivos de entrada do tipo por impacto, existem ainda componentes com formas mais complexas. Estes se valem dos mesmos princípios de mudança de direção, entretanto, diferem do anterior pela utilização de mudanças sucessivas de fluxo por meio de labirintos.

Para condições operacionais normais do vaso separador e de fluidos favoráveis à ocorrência de espuma, a placa defletora do tipo côncava (adjacente ao jato de fluidos) constitui-se no dispositivo mais simples e capaz de minimizar o problema.

Outros dispositivos de entrada são do tipo centrífugo, que se constituem em ciclones (cilíndricos ou cônicos) montados de forma a que o bocal de entrada do vaso alimente-os de modo tangencial (horizontalmente ou com ângulo descendente) para

---

[2] Dispersão sob forma de pequenas gotículas de líquido (água ou óleo) em um meio contínuo (a fase oposta à anterior), tendo a presença de agentes emulsificantes, que são responsáveis pelo afastamento das gotículas de ambas as fases, dificultando a separação destas.

produzir o vórtice e promover uma separação por efeito centrífugo, com o fluido deixando o dispositivo pela parte inferior e o gás, pela superior. Muitas vezes, o dispositivo é prolongado até o seio do líquido e, no caso de separadores trifásicos, pode ser prolongado até a interface óleo/água.

- **Defletor em involuta** – esse dispositivo tem o princípio de funcionamento semelhante a um ciclone, ou seja, induz a formação de um vórtice com o consequente aparecimento de um campo centrífugo que é responsável pela separação das fases.

- **Distribuidor axial** – esse dispositivo é usado para diminuir o momento da corrente de alimentação de entrada, de uma forma controlada e perfeitamente distribuída. Tal configuração permite a remoção de líquidos e distribui o fluxo do gás de modo mais uniforme, aspectos considerados fundamentais para a efetiva separação gás/líquido. Adicionalmente, tal distribuidor reduz a velocidade do gás sobre a superfície líquida, evitando o chamado "rearraste" de líquidos, previamente coletados.

Figura 7.13 Detalhe do distribuidor axial

- **Entrada ciclônica** – são dispositivos instalados no interior do vaso depurador (região de entrada), recomendados nos casos em que existe presença de espuma ou instabilidade de fluxo. A presença desse interno é capaz de remover a espuma existente, por meio da ação da força centrífuga atuante sobre o fluido, conforme Figura 7.14.

Figura 7.14 Detalhe do ciclone de quebra de espuma

7.4.8 Critérios de dimensionamento de depuradores

Os métodos de dimensionamento dos separadores gás/líquido procuram estabelecer a velocidade máxima admissível da corrente gasosa de forma a evitar o carreamento das gotículas de líquido pelo fluxo de gás. Evidentemente, como a distribuição das gotículas na corrente gasosa é, em geral, do tipo polidispersa, deve-se considerar, para fins de estudo desse fenômeno, o diâmetro característico da distribuição. Assim, admitindo-se tal diâmetro, calcula-se a velocidade terminal de decantação da gotícula e dimensiona-se a seção de escoamento do gás (normalmente metade da seção transversal do vaso, caso seja um separador horizontal). No caso de o vaso depurador ser vertical, o dimensionamento deve considerar a seção transversal deste. Em ambos os casos, o efeito desejado é que a gotícula característica consiga decantar, pela ação da força gravitacional, atingindo a interface gás/líquido.

A velocidade terminal de decantação de uma gotícula de líquido no gás é atingida quando a força de gravidade líquida (isto é, subtraindo-se o empuxo) sobre a gotícula é igualada pela força de arraste que atua sobre esta, a qual é proporcional à diferença de velocidade entre a gotícula e o gás. A força de arraste depende também do coeficiente de arraste, que é função do número de Reynolds, Re, da gotícula, definido pela Equação 7.1:

$$Re = \frac{\rho_{vap} V d_g}{\mu_{vap}} \tag{7.1}$$

Em que: ρ_{vap} e μ_{vap} são, respectivamente, a densidade e a viscosidade da fase contínua (vapor), V é a velocidade relativa gotícula/vapor (velocidade terminal da gotícula menos o componente vertical da velocidade do vapor) e d_g é o diâmetro da gotícula característica.

Assim, Re depende não só do diâmetro da gotícula considerada, mas também da própria velocidade terminal da gotícula, tornando, assim, o processo de determinação da velocidade terminal iterativo.

Ressalta-se ainda que, muitas vezes, adotar um determinado diâmetro de gotícula característico para o dimensionamento do vaso pode acarretar um superdimensionamento do equipamento, a fim de permitir a decantação da gotícula considerada.

Como o fator econômico torna-se crítico nesse caso, é comum utilizar o dispositivo interno do vaso do tipo eliminador de névoa, que visa remover as gotículas que são carregadas pelo gás. De fato, normalmente, é mais econômico dimensionar o vaso considerando-se sempre a utilização desse dispositivo, o qual permitirá, além disso, a obtenção de uma corrente gasosa mais seca, pois tais dispositivos conseguem capturar gotículas de diâmetros tão pequenos que seriam muito difíceis de separar unicamente por gravidade. Assim, o critério de análise da velocidade terminal fica restrito a separadores em que, por razões especiais, não se deseja utilizar o eliminador de névoa, como pode ser o caso, por exemplo, dos vasos dos queimadores de segurança (tocha), em instalações de produção.

Nesse caso, a velocidade de queda da gotícula é diretamente oposta à velocidade de escoamento do gás. O procedimento de cálculo considera, em primeiro lugar, o cálculo da velocidade terminal da gotícula característica. Admite-se, em seguida, que o gás tenha uma velocidade de escoamento igual a essa velocidade terminal da gotícula, ou seja, nessas condições, a gotícula característica ficaria em equilíbrio estático, qualquer que fosse sua posição dentro do vaso, e todas as gotículas de diâmetro superior ao diâmetro característico decantariam, enquanto as de diâmetro inferior seriam carregadas pelo gás.

Caso o diâmetro do vaso obtido pelo método descrito seja muito grande, opta-se por utilizar um eliminador de névoa do tipo *demister*, placa corrugada ou outro julgado mais conveniente. Nesse caso, é utilizada a equação proposta por Sauders & Brown, para a velocidade máxima do gás:

$$V = K \sqrt{\frac{\rho_l - \rho_g}{\rho_g}} \tag{7.2}$$

Em que:

V = velocidade do gás nas condições de pressão e temperatura real, m/s

ρ_l = massa específica do líquido, kg/m^3

ρ_g = massa específica do gás, kg/m^3

K = a constante experimental K é função do tipo de eliminador de névoa, adotando-se os valores sugeridos na Tabela 7.1.

Tabela 7.1 Valores típicos da constante K

Eliminador de névoa	Faixa utilizável (m/s)	Valor recomendado (m/s)
Não utilizado	0,050 < K < 0,075	0,06
Demister	0,075 < K < 0,150	0,105
Placa corrugada	0,135 < K < 0,180	0,150
Outros	A definir pelo fabricante	A definir pelo fabricante

7.4.9 Modelos compactos de depuradores de gás

Uma ferramenta usada para análise da distribuição do fluxo no interior dos vasos é a modelagem Dinâmica de Fluidos Computacional (CFD). A modelagem CFD simula condições de fluxo e geometria dos vasos, fornecendo uma estimativa muito próxima do perfil de fluxo dos fluidos dentro do vaso.

A distribuição do fluxo é crítica em todos os vasos de separação gás-líquido e líquido-líquido. Conforme se reduz o tamanho dos vasos ou se espera uma maior capacidade do equipamento existente, as regras tradicionais de projeto de geometria dos vasos e distribuição de fluxo devem ser revistas. A velocidade de fluxo por meio dos bocais de entrada e saída, o espaçamento entre os bocais internos do vaso e os níveis de líquido podem afetar o desempenho da separação.

Atualmente, alguns fabricantes têm oferecido depuradores compactos de alta eficiência, dimensionados a partir de simulações dinâmicas de fluido (CFD). Na Figura 7.15 são ilustrados os resultados obtidos em uma simulação computacional de fluxo. Nas Figuras 7.16, 7.17 e 7.18, por sua vez, constam alguns modelos proprietários de depuradores de gás.

Figura 7.15 Resultado de simulação fluidodinâmica

Condicionamento do Gás Natural 163

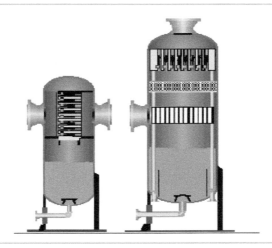

Fonte: Information Bulletin – CDS-Koch-Houston, USA, 2001.

Figura 7.16 Depuradores compactos da Clark-Koch

Fonte: Catalog Kvaerner Process System, 1998. Disponível em:<www.akerkvaerner.com>.

Figura 7.17 Depuradores compactos da Aker Kvaerner

O dispositivo separador centrífugo é utilizado quando é necessário melhorar um sistema existente ou caso se tenha limitação de espaço, bem como quando a eficiência de remoção de líquido não é requerida.

Fonte: Catalog Merpro Azgaz Limited, 2007. Disponível em: <www.merpro.com>.
Figura 7.18 Separador centrífugo da Merpro

7.4.10 Principais problemas operacionais dos depuradores

Os principais problemas típicos encontrados em depuradores de gás natural são, basicamente, o descontrole do nível do vaso e a baixa eficiência de retenção de névoa, cujas causas principais são descritas a seguir:

- Tamanho das gotículas – quanto menor a gotícula, mais rapidamente ela seguirá as vizinhanças da massa gasosa quando escoada em volta das curvas. Em uma dada aplicação, primeiro todas as gotículas maiores são capturadas, enquanto as menores serão simplesmente chocadas.

- Densidade relativa – o efeito de quantidade de movimento necessário para capturar depende das gotículas terem uma densidade apreciavelmente maior que a do gás. Quanto mais pesada uma gotícula de um dado tamanho, mais rapidamente ela chocará com a palheta. Quanto mais denso o gás, mais facilmente ele carreará as gotículas adiante, sem serem capturadas.

- Velocidade do gás – se o gás é bastante lento, as gotículas simplesmente são arrastadas em volta das curvas sem serem capturadas. Para escoamento vertical, velocidades altas também inibem o gotejamento do líquido dos eliminadores, resultando em crescimento de líquido acumulado, fenômeno chamado de inundação *(flooding)*.

- Capacidade de líquido – quanto mais rapidamente o líquido for capturado, mais líquido crescerá nos eliminadores no processo de drenagem, e menor será a velocidade do gás, que será tolerada sem rearraste.

Contorno dos anteparos e espaço – quanto mais acentuadas as curvas no caminho do gás, acompanhadas por anteparos mais próximos uns dos outros, mais o efeito de captura inercial se acentuará. Assim, maior porcentagem de gotículas menores pode ser capturada.

Molhabilidade da superfície – a performance é melhor se a superfície está molhada pelo líquido arrastado. As gotículas capturadas formam um filme que adere aos anteparos. Se a superfície não está molhada, as gotículas capturadas ficam mais aptas para serem rearrastadas. Dessa forma, fica evidente que a molhabilidade depende da composição de líquido, da superfície, da textura e rugosidade da superfície, podendo ser influenciada pela temperatura e pressão.

As principais ações corretivas são:

- injeção de antiespumante nos separadores;
- modificação dos internos dos separadores de produção;
- modificação da localização do eliminador de névoa no depurador;
- modificação dos internos dos depuradores (por meio de instalação de dispositivos na seção de entrada de gás);
- alteração no modelo ou na tecnologia de eliminador de névoa;
- modificação de diâmetro de tubulação e arranjo das linhas de entrada de gás.

A alternativa selecionada dependerá do conhecimento profundo do processo envolvido, dos resultados de simulações fluidodinâmicas e do domínio tecnológico dos mecanismos envolvidos na depuração de gás.

Uma técnica, recentemente utilizada para avaliação da performance de um sistema de depuração, é a tecnologia conhecida como *GamaScan*. Esta avalia a integridade do equipamento, permitindo identificar possíveis falhas de posicionamento dos internos dos depuradores. Geralmente, utiliza-se o Cobalto 60 como fonte radioativa.

Uma outra tecnologia disponível para avaliação da performance de depuradores e separadores é a tecnologia com traçadores radioativos, com radioisótopos. Ela permite avaliar o fluxo no interior dos equipamentos por meio de um levantamento do perfil, tridimensional, de escoamento de gases e líquidos. O radioisótopo é selecionado de acordo com o fluido existente no processo. O Bromo 82, em solução de brometo de potássio e/ou 4,4 bromodifenil, é normalmente selecionado na maioria das aplicações, com 36 horas de baixa atividade radioativa. Esse produto é injetado no processo, no qual se mistura com o fluido gás, óleo e água. Sensores instalados em locais estratégicos conseguem mapear o perfil de escoamento dos fluidos dentro de equipamentos e

166 TECNOLOGIA DA INDÚSTRIA DO GÁS NATURAL

tubulações; por meio desses dados é possível identificar fluxos irregulares e caminhos preferenciais.

7.5 ADOÇAMENTO DO GÁS NATURAL

7.5.1 Introdução

Define-se adoçamento[3] do gás como a remoção de componentes ácidos presentes na sua composição, tais como H_2S ou CO_2. O processo de adoçamento aplicado para remover H_2S e CO_2 do gás natural é chamado, respectivamente, de "dessulfurização" e "remoção de CO_2". Tal processo tem três principais finalidades dentro do conjunto de operações de condicionamento, quais sejam:

- [ ] segurança operacional;
- [ ] especificação do gás para transferência;
- [ ] redução da corrosividade do sistema.

7.5.2 Processos de corrosão por H_2S

Os compostos de enxofre são considerados contaminantes do gás natural e possuem como principal característica o aumento das taxas usuais de corrosão dos equipamentos utilizados na exploração e aproveitamento do gás. Os principais mecanismos de corrosão associados à presença de H_2S são apresentados a seguir:

- [ ] Corrosão galvânica – provocada a partir da reação química do H_2S com o ferro, gerando sulfeto de ferro (um pó preto sempre presente nas tubulações de transporte de gás natural, que é catódico em relação ao ferro da tubulação).
- [ ] Empolamento por hidrogênio – empolamento causado pelo hidrogênio oriundo da interação de hidrogênio atômico em inclusões na superfície de metal.
- [ ] Corrosão sob tensão – gerada em presença de sulfetos. Devido à ação sinérgica dos sulfetos há esse tipo de corrosão em materiais susceptíveis e submetidos a esforço de tração. Quanto maior o teor de H_2S e maior a pressão de operação, maior será a possibilidade de ocorrer a corrosão sob tensão.

7.5.3 Escolha do processo de adoçamento

São utilizados processos físicos e químicos para promover a remoção dos gases ácidos. O critério principal para a seleção do processo a ser utilizado basicamente passa

---

[3] O termo adoçamento é também utilizado para conversão de mercaptans presentes em derivados líquidos de petróleo, como nafta e querosene, em dissulfetos.

pela determinação da pressão parcial do gás ácido a ser removido. Entende-se por pressão parcial a contribuição da pressão do componente ácido na pressão total do sistema.

A escolha do processo a ser utilizado também é função da qualidade do gás a ser tratado e da qualidade requerida pelo produto final.

- ☐ **Solventes físicos** – absorvem gases ácidos na proporção de suas pressões parciais.[4] O solvente físico, mesmo com a inconveniência de absorver hidrocarbonetos pesados, é mais usado por razões econômicas. Sua aplicação é mais recomendada quando a pressão ou o teor do componente ácido são altos.

- ☐ **Solventes químicos** – absorvem gases ácidos sem grande sensitividade em relação à pressão, sendo aplicáveis mesmo quando as pressões parciais dos contaminantes, na entrada ou na saída, são baixas.

- ☐ **Leito sólido** – O uso de leito sólido para adoçamento do gás tem base na adsorção de gases ácidos na superfície do agente sólido ou na reação com algum componente presente no meio sólido. Os processos sólidos são usualmente melhores aplicados para gases contendo de baixa a média concentrações de H_2S e mercaptans. O processo sólido possui alta seletividade e não remove CO_2. Um dos processos mais selecionados é o que utiliza óxido de ferro suportado em material cerâmico.

Como somente a absorção química é capaz de reduzir suficientemente os teores de gases ácidos, alguns processos combinam a utilização de um processo físico seguido de um processo químico para fins de atendimento à especificação do gás.

Os gases ácidos encontrados no gás natural são basicamente componentes do tipo: H_2S (gás sulfídrico), CO_2 (gás carbônico), mercaptans (RSH, em que R é um radical hidrocarboneto), COS (sulfeto de carbonila) e CS_2 (dissulfeto de carbono).

O CO_2, apesar de não possuir valor energético (poder calorífico nulo), pode ter a sua recuperação viabilizada economicamente para fins de recuperação não convencional[5] de petróleo ou comercialização para empresas de bebidas gasosas ou de gases industriais.

Os compostos de enxofre, tais como o COS e o CS_2, não são removidos facilmente por processo de dessulfurização baseado em absorção com monoetanolamina (MEA). Esses compostos promovem reações de degradação da MEA circulante e, apesar de não apresentarem características corrosivas, podem sofrer hidrólise durante o transporte, propiciando a formação de H_2S e CO_2.

A composição típica do gás natural apresenta teores insignificantes de mercaptans, não sendo necessário nenhum processo de purificação. Entretanto, o gás produ-

---

[4] Produto entre a fração volumétrica do componente ácido (mistura gasosa) e a pressão absoluta do sistema.

[5] Método de recuperação de petróleo que difere da injeção de água ou gás natural.

168   TECNOLOGIA DA INDÚSTRIA DO GÁS NATURAL

zido em refinarias, pelo fato de ser constituído por uma mistura de hidrocarbonetos de composições variadas, oriundas de diversas unidades de processo, tem necessidade de tratamento. Nesse caso, é utilizado tratamento cáustico ou outro similar para fins de eliminação dos mercaptans, assegurando a especificação das correntes de gás geradas.

A segurança operacional está vinculada aos teores máximos de H_2S permitidos no gás para a garantia da manipulação segura. O H_2S é quase duas vezes mais tóxico que o monóxido de carbono (CO) e quase tão tóxico quanto o gás cianídrico (HCN).

As consequências de exposição ao H_2S, em teores variáveis, são descritos na tabela a seguir.

Tabela 7.2   Limites de tolerância ao H_2S

H_2S (mg/m³)	Efeitos
0,01-0,15	Limite da detecção do odor
10	Máxima concentração permitida para exposição prolongada
100-150	Pode causar enjoos e fraqueza após 1 hora
> 200	Perigoso após 1 hora
> 600	Fatal após 30 minutos
> 1 000	Morte imediata

O processo de absorção química com monoetanolamina (MEA) como solvente é o mais utilizado para o tratamento do gás natural, principalmente quando este apresenta altos teores de gases ácidos. Esse processo consegue manter boa eficiência, mesmo quando submetido a baixas pressões (até o limite de 500 kPa).

O solvente MEA possui características de alta reatividade, excelente estabilidade química, facilidade de recuperação, baixo custo operacional e seletividade pelo H_2S em presença de CO_2.

A alta reatividade da MEA com o H_2S e CO_2 conduz a menores vazões circulantes, o que se reflete em menor consumo de utilidades, carga térmica e menores equipamentos, tornando o processo de menor custo quando comparado a unidades que utilizam DEA.

Como a MEA forma compostos não regeneráveis ao reagir com o COS e CS_2, o seu uso não é recomendado no tratamento de gases com altos teores desses elementos, como é o caso do gás de refinaria.

Ambas as aminas se degradam em reações com CO_2. Em busca de uma seletividade maior, outras aminas vêm sendo mais recentemente utilizadas, como MDEA, aMDEA (MDEA ativada) e DIPA.

A MEA é usada em teores de 20% em massa, no máximo, para não absorver gases ácidos em demasia, acentuando os problemas de corrosão. As aminas oxidadas também são altamente corrosivas e, além disso, as aminas em altas temperaturas se degradam, formando mais produtos corrosivos.

Características físico-químicas da MEA:

☐ Massa molar: 61,08 kg/kmol

☐ Temperatura de ebulição: 171 °C

☐ Temperatura de congelamento: 10,5 °C

☐ Massa específica: 1,018 kg/m^3

☐ Fórmula química: $HOC_2H_4 - NH_2$

☐ Fórmula estrutural:
$$H-O-\overset{\overset{\displaystyle H}{|}}{\underset{\underset{\displaystyle H}{|}}{C}}-\overset{\overset{\displaystyle H}{|}}{\underset{\underset{\displaystyle H}{|}}{C}}-\overset{\overset{\displaystyle H}{|}}{\underset{\underset{\displaystyle H}{|}}{N}}$$

7.5.4 Descrição do processo de adoçamento com MEA

A Figura 7.19 ilustra resumidamente o processo de adoçamento, utilizando a MEA. O gás ácido proveniente do sistema de separação alimenta a torre absorvedora pela sua seção inferior; o gás é distribuído de forma homogênea dentro da torre, por meio de um dispositivo especial chamado de "distribuidor". Após essa fase, o gás em ascendência entra em contato, em fluxo contracorrente, com a solução de MEA. Essa seção é constituída por bandejas, recheio randômico ou recheio estruturado. Esses dispositivos asseguram maior contato entre as fases envolvidas, onde, o H_2S e o CO_2, são, gradativamente, absorvidos pela solução de MEA. Os teores de H_2S e de CO_2 são reduzidos para os valores requeridos, tornando, assim, o gás com baixo teor de H_2S e de CO_2, agora denominado "gás doce". Para reposição e controle da corrosividade e da concentração da solução de MEA, tem-se uma linha de injeção de água de diluição. A solução de MEA que entra e é distribuída na seção superior da torre absorvedora, com baixos teores de H_2S e de CO_2, é denominada MEA "pobre", ou seja, pobre em concentração de gases ácidos. No fundo da torre absorvedora, por sua vez, sai a MEA rica, isto é, rica em concentração de H_2S e de CO_2. Esse sistema é um processo em circuito fechado, no qual, a MEA com altos teores de H_2S e de CO_2 (MEA rica) necessita ser regenerada para uma solução de MEA com baixos teores de H_2S e de CO_2 (MEA pobre).

A solução de MEA tem sua capacidade diminuída de absorção de gases ácidos, com a redução da pressão e com o aumento da temperatura. Aproveita-se essa característica físico-química da solução de MEA para transformar MEA rica em MEA pobre. A MEA rica que sai da torre é aquecida por uma bateria de trocadores de calor. Em seguida, a MEA entra no vaso de expansão, cuja finalidade é a remoção de gás dissolvido na solução de MEA e de hidrocarbonetos líquidos que porventura tenham contaminado essa solução na torre absorvedora. Após esse vaso, a MEA é direcionada para

170 TECNOLOGIA DA INDÚSTRIA DO GÁS NATURAL

a torre regeneradora. Nessa torre, tem-se o processo de transformação da MEA rica em MEA pobre. O refervedor garante a temperatura inferior da torre regeneradora e o condensador controla a temperatura superior da torre. O perfil de temperatura estabelece as concentrações de H_2S e de CO_2 em todas as seções da torre, tanto do líquido quanto dos gases. O líquido que sai do fundo da torre é a solução de MEA considerada pobre e os gases que saem pelo topo da torre regeneradora contêm altos teores de H_2S e de CO_2, os quais são direcionados para os queimadores dos sistemas de produção. A MEA pobre se encontra a baixa pressão e alta temperatura, condições insatisfatórias para reinício do processo de absorção. A corrente de MEA pobre é então resfriada, utilizando a mesma bateria de trocadores citada anteriormente, em que o fluido frio é a MEA rica. Como uma das correntes necessita ser aquecida e a outra resfriada, por otimização energética utiliza-se a mesma bateria de trocadores de calor. A MEA pobre então resfriada tem sua pressão elevada por meio de uma bomba, a um valor levemente superior à pressão da torre absorvedora. De modo a controlar a temperatura de entrada e a qualidade da MEA pobre, são usados, respectivamente, os seguintes equipamentos: resfriadores e filtros.

Reações de neutralização dos compostos ácidos do gás natural

Neutralização do H_2S – $2\ (HOC_2H_4NH_2) + H_2S \leftrightarrow (HOC_2H_4NH_3)_2S$

Neutralização do CO_2 – $2\ (HOC_2H_4NH_2) + CO_2 + H_2O \leftrightarrow (HOC_2H_4NH_3)_2CO_3$

7.5.5 Principais variáveis operacionais

☐ **Pressão de operação da torre absorvedora** – é uma variável importante para o controle operacional da unidade. Determina a eficiência da remoção dos compostos ácidos. Baixas pressões de operação deslocam o equilíbrio das reações de neutralização do H_2S e CO_2 na direção dos contaminantes (diminuem a eficiência da unidade).

☐ **Relação H_2S/CO_2 da carga** – determina a otimização da concentração da solução de MEA circulante. Quanto maior a relação H_2S/CO_2, maior deve ser a concentração de MEA utilizada. É preciso respeitar o limite de 20% do teor de MEA na solução, de modo a evitar a aceleração do processo corrosivo provocada por esta.

☐ **Vazão de água de reposição** – a água perdida na torre regeneradora deve ser reposta para evitar o teor excessivo de MEA na solução. Valores críticos, acima de 30%, aceleram fortemente as taxas de corrosão. O acompanhamento da concentração da solução de MEA é importante para ajuste do processo. A água deve ser desaerada para evitar a corrosão em equipamentos pela presença do oxigênio dissolvido em fase aquosa.

Condicionamento do Gás Natural

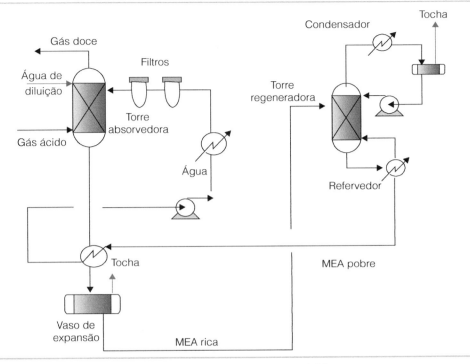

Figura 7.19 Representação esquemática da unidade de remoção de H_2S/CO_2

- **Diferença de temperatura entre a MEA pobre e o gás doce** – utiliza-se uma diferença de 6 °C a 8 °C entre a MEA pobre e o gás na seção de topo da torre absorvedora. O aumento da temperatura da MEA no topo modifica o equilíbrio termodinâmico da reação de neutralização, com consequente aumento do teor de H_2S no gás tratado.

- **Temperatura de topo da regeneradora** – é o controle mais eficaz da carga térmica do refervedor da torre regeneradora. A temperatura do refervedor não deve ultrapassar 126 °C (a degradação da MEA por ação do CO_2 aumenta significativamente a temperaturas mais altas).

- **Teor de H_2S no gás doce** – define a eficiência de absorção da torre absorvedora. Quanto menor o teor residual de H_2S no gás tratado (doce), maior a eficiência da unidade de dessulfurização.

7.5.6 Principais problemas operacionais da unidade

- **Formação de espuma na solução de MEA** – está relacionada a fenômenos físicos ou químicos. No primeiro caso, a turbulência ocasiona o problema;

no segundo, a presença de agentes químicos contaminantes provoca essa anormalidade operacional. A espuma dificulta o controle do nível dos equipamentos por provocar interfaces instáveis que desestabilizam os sensores, com impacto negativo das variáveis controladas do processo.

As causas mais usuais de formação de espuma são: baixa eficiência dos filtros de carvão, má qualidade da MEA, má qualidade da água de reposição, presença de hidrocarbonetos na solução de MEA e alta velocidade do gás na torre absorvedora.

- **Alto teor de H_2S/CO_2 no gás tratado** – é o parâmetro de controle mais importante da unidade. Quanto maior o teor de H_2S no gás tratado, pior é a eficiência da unidade. Qualquer variável que saia de controle acarreta um aumento de H_2S e de CO_2 no gás. Esse teor deve ser monitorado para evitar a transferência de gás fora de especificação.

  Os principais motivos que geram perda de controle operacional e aumento de H_2S no gás são: alto teor de gases ácidos no gás de entrada, má qualidade da MEA de reposição, má regeneração de MEA, baixa temperatura ou baixa eficiência do refervedor de MEA, e baixa vazão ou baixa concentração de MEA circulante.

- **Ocorrência de corrosão na unidade** – vários fatores contribuem para a corrosão na unidade: o tipo de amina utilizada, temperatura reacional, presença de contaminantes, concentração da amina e de gases ácidos no gás de entrada. Os fatores mais críticos são a concentração da solução de MEA e a relação CO_2/H_2S. Esses dois parâmetros determinam os custos operacionais da unidade de dessulfurização.

  A corrosividade da solução de MEA está diretamente relacionada ao parâmetro CO_2/H_2S do gás de entrada. O CO_2 apresenta potencial mais corrosivo que o H_2S quando absorvido. Quanto menor for a relação CO_2/H_2S, menor será a taxa de corrosão da unidade.

- **Aumento da perda de MEA** – o processo prevê a regeneração da MEA utilizada, porém sempre há perdas, as quais devem ser minimizadas, pois as perdas de MEA podem acarretar elevados custos operacionais. O projeto da unidade prevê uma taxa de reposição de cerca de 2% da vazão circulante em um mês de operação contínua.

7.5.7 Outros processos utilizados para adoçamento do gás natural

Alguns outros processos podem ser utilizados, em casos específicos, para tratamento de gás natural. Embora a maioria requeira maiores recursos de investimentos, razões específicas podem determinar a sua utilização. Alguns exemplos são citados a seguir:

Condicionamento do Gás Natural   173

- **Leito sólido** – limitado por motivos econômicos para gases com menos de 350 cm^3/m^3 de H_2S, visto que, em alguns casos não compensa fazer a regeneração do leito (este é descartado após neutralização).

- **Peneiras moleculares** – processo de adsorção em que a água será sempre removida antes da remoção dos compostos de enxofre. O descarte do H_2S e CO_2 na regeneração das colunas das peneiras é um fator inconveniente desse processo.

- **Processo Ryan Holmes** – usado em plantas de processamento de gás com gases de altos teores de CO_2. Um aditivo, normalmente o próprio Líquido de Gás Natural (LGN), é usado para evitar o congelamento do CO_2 no processo, além de auxiliar a separação de H_2S e hidrocarbonetos.

- **Permeação por membrana** – usada industrialmente para separação de gases, com base na permeabilidade relativa. A velocidade de escoamento das moléculas que passam pela membrana é decrescente na seguinte ordem: $H_2O - H_2 - H_2S - CO_2 - O_2 - Ar - CO - N_2 - CH_4$. Dessa forma, pode-se separar tais componentes semelhantemente ao processo utilizado para análise cromatográfica do gás.

  As membranas são constituídas por polímeros e esse processo é usado como primeiro tratamento na separação de CO_2, devendo ser complementado por outro processo de polimento para garantir a especificação do gás.

7.6 COMPRESSÃO DO GÁS NATURAL

7.6.1 Introdução

Nos sistemas de produção e condicionamento de gás, os compressores são empregados para efetuar a ligação entre a produção e a aplicação do gás. Isso porque o gás é produzido a uma pressão inferior àquela adequada ao uso. As aplicações do gás, em sistemas marítimos de produção de gás associado, que demandam maiores níveis de pressão, objetivam auxiliar a elevação do petróleo e a transferência de gás para o continente.

Uma parcela significativa dos poços produtores de petróleo somente é viabilizada por meio da injeção de *gas-lift*,[6] também chamado de gás de elevação. O *gas-lift* é injetado no poço através de válvulas especiais, localizadas na coluna de produção do poço, visando reduzir a massa específica da mistura, bem como o peso da coluna

---

[6] Método de elevação artificial do petróleo que consiste na injeção de gás a alta pressão na coluna de produção de um poço de petróleo, reduzindo a viscosidade do fluido e facilitando a sua transferência para a instalação de produção.

hidrostática compreendida entre o poço e o sistema de produção. Na instalação de produção, o gás produzido depende do fornecimento de energia de pressão para que possa ser transferido para o continente. Dessa forma, justifica-se a existência da unidade de compressão, sistema este vital para garantir o aproveitamento do gás natural e a produção de petróleo.

Diferentemente do que ocorre no processo de bombeamento de um líquido, a compressão de gases é acompanhada por dois efeitos colaterais importantes: a redução do volume específico e a elevação da temperatura.

Quando um líquido assumido incompressível tem a superfície submetida a esforços externos crescentes, sua pressão aumenta, porém não há transferência de energia. Como não há deslocamento do ponto de aplicação das forças, devido à irredutibilidade do volume, nenhum trabalho é realizado. Já no caso da compressão de um gás, a contração do volume experimentada implica a realização de trabalho, o qual é recebido sob a forma de energia interna molecular. Isso explica o fato de os compressores consumirem energia em quantidades muito superiores às que são exigidas pelas bombas.

A elevação de temperatura do gás comprimido é uma consequência do aumento de sua energia interna. É um efeito raramente desejável porque acentua as dificuldades de projeto mecânico dos equipamentos usados no sistema de compressão (a elevação da temperatura reduz a resistência mecânica dos materiais metálicos e, de um modo geral, torna-os mais suscetíveis à corrosão). Esse é um dos motivos que limitam a razão de compressão (relação entre a pressão de descarga e a pressão de sucção do compressor) desses equipamentos. Portanto, para obtenção das pressões requeridas pelo processo (*gas-lift* e transferência) instalam-se sistemas com compressores em série associados a resfriadores e depuradores, sendo este conjunto denominado sistema de compressão em multiestágios.

O sistema de compressão em multiestágios tem a finalidade de realizar a compressão em estágios sucessivos, de forma a obter a razão de compressão requerida pelo processo. Para isso, é necessário resfriar e depurar o gás após cada estágio de compressão, conforme ilustrado na Figura 7.20.

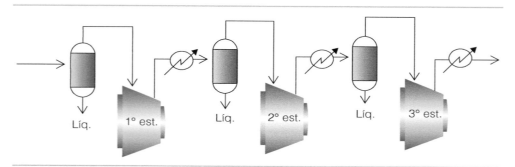

Figura 7.20 Sistema de compressão em multiestágios

O item seguinte descreve-se alguns tipos de compressores industriais, e no item 7.6.3 descreve-se o processo de compressão em multiestágios, em uma abordagem termodinâmica do equilíbrio líquido e vapor.

7.6.2 Tipos de compressores

Dois são os princípios nos quais se fundamentam as concepções de todas as espécies de compressores de uso industrial. Denominam-se princípio volumétrico e princípio dinâmico.

Nos compressores volumétricos ou de deslocamento positivo, a elevação de pressão é conseguida mediante a redução do volume ocupado pelo gás no interior de uma câmara de compressão. Diversas fases podem ser distinguidas na operação dessas máquinas, constituindo o seu ciclo de funcionamento. Inicialmente, certa quantidade de gás é admitida no interior da câmara, a qual, em seguida, é cerrada e passa a sofrer redução de seu volume. Finalmente, a câmara é aberta e o gás liberado para consumo. Esse ciclo de operações se repete a cada rotação do eixo propulsor da máquina. Resulta, pois, um funcionamento intermitente no qual a compressão propriamente dita é efetuada com o sistema fechado, ou seja, com o gás fora de qualquer contato com a sucção e a descarga. Logo será visto que pode haver algumas diferenças entre os ciclos de funcionamento das máquinas que funcionam de acordo com esse princípio, apresentadas aqui em linhas gerais.

Os compressores dinâmicos ou turbocompressores realizam a compressão em duas etapas: inicialmente, o gás é aspirado por um órgão rotativo munido de pás, denominado impelidor, o qual é responsável por toda a transferência de energia proveniente do acionador para o escoamento. Uma parte dessa energia é recebida na forma de entalpia, estando relacionada com a elevação de pressão que se manifesta já no impelidor. Outra parte, entretanto, é transferida na forma cinética, daí a necessidade de uma segunda etapa no processo. Ela ocorre em um órgão fixo, isto é, desprovido de movimento, denominado difusor, dotado das características geométricas necessárias para a conversão da energia cinética do escoamento em entalpia, acarretando suplementar elevação de pressão. Os compressores dinâmicos efetuam a compressão de maneira contínua, de modo que em tempo nenhum o gás perde o contato com a sucção e a descarga, como ocorre nos compressores volumétricos.

Os compressores de maior uso na indústria são os alternativos, os de palhetas, os de parafusos, os de lóbulos, os centrífugos e os axiais. Eles podem ser classificados, de acordo com o princípio conceptivo, conforme mostra Figura 7.21

Os compressores alternativos e centrífugos são os mais frequentemente aplicados ao processamento industrial de gases; mais detalhes serão apresentados a seguir.

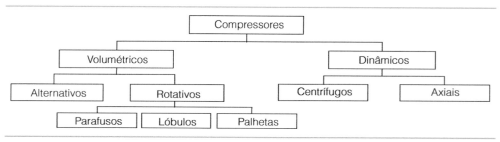

Figura 7.21 Classificação dos compressores

7.6.2.1 Compressores alternativos

Esse é o tradicional compressor de cilindro e pistão, o mais antigo que se conhece. Ele utiliza um sistema mecânico conhecido como biela-manivela para converter o movimento rotativo de um eixo no movimento translacional de um pistão ou êmbolo, como mostra a Figura 7.22. Dessa maneira, a cada rotação do acionador, o pistão efetua um percurso de ida e outro de retorno em relação ao fundo do cilindro, estabelecendo um ciclo de operação que tem como resultado a transferência de uma pequena quantidade de gás do meio de sucção para o meio de descarga.

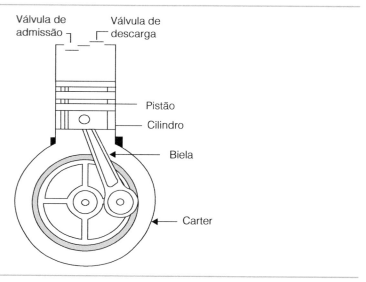

Figura 7.22 Compressor de cilindro e pistão

O funcionamento de um compressor alternativo está intimamente associado ao comportamento das válvulas. Elas possuem um elemento móvel denominado obturador, que funciona como uma válvula de retenção, dando passagem apenas em um sentido e deslocando-se em função das pressões interna e externa ao cilindro. O obturador da válvula de sucção se abre para dentro do cilindro quando a pressão na tubulação de sucção supera a pressão interna do cilindro, e se mantém fechado em caso contrário. O obturador da válvula de descarga se abre para fora do cilindro quando a pressão interna supera a pressão na tubulação de descarga, e se mantém fechado na situação inversa. Com isso, são promovidas as etapas do ciclo de funcionamento do compressor ilustradas na Figura 7.23.

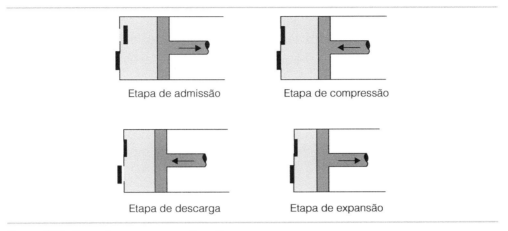

Figura 7.23 Etapas de um compressor alternativo

Na etapa de admissão, o pistão se movimenta no curso de retorno, provocando uma tendência de depressão no interior do cilindro que propicia a abertura da válvula de sucção. O gás é então aspirado. Ao inverter-se o sentido de movimentação do pistão, a válvula de sucção se fecha e o gás é comprimido até que a pressão interna do cilindro seja suficiente para promover a abertura da válvula de descarga. Isso caracteriza a etapa de compressão. Quando a válvula de descarga se abre, a movimentação do pistão faz com que o gás seja expulso do interior do cilindro. Essa situação corresponde à etapa de descarga e dura até que o pistão inverta o seu movimento no ponto mais próximo ao fundo do cilindro. A existência de um espaço morto ou volume morto, compreendido entre o fundo do cilindro e o pistão no ponto final do deslocamento, faz com que nem todo o gás anteriormente aspirado seja efetivamente descarregado. No momento em que a válvula de descarga se fecha, uma pequena massa de gás é ali aprisionada em pressão elevada e impede que a válvula de sucção se abra imediatamente quando o pistão inicia o curso de retorno. Essa etapa, em que as duas válvulas estão bloqueadas e o pistão se movimenta expandindo o volume residual de gás até permitir a abertura da válvula de sucção denomina-se etapa de expansão, e encerra o que se considera como ciclo de funcionamento do compressor.

7.6.2.2 Compressores centrífugos

É o tipo de compressor dinâmico mais utilizado, possui um impelidor ou uma série de impelidores montados em um eixo dotados de palhetas que orientam o fluido na sua trajetória através do impelidor, geralmente encurvadas no sentido inverso ao da rotação do eixo. Sob o efeito da rotação, forma-se uma corrente de gás que é aspirada pela parte central do impelidor e projetada para a periferia, na direção do raio, pela ação da força centrífuga, alcançando os difusores.

Um estágio centrífugo é constituído por dois órgãos principais denominados impelidor e difusor, que podem ser identificados na Figura 7.24. Os compressores centrífugos, geralmente, são constituídos por um conjunto de impelidores e de difusores, Na Figura 7.25 tem-se um esquema que procura ilustrar a trajetória do gás no interior de um compressor centrífugo de múltiplos estágios.

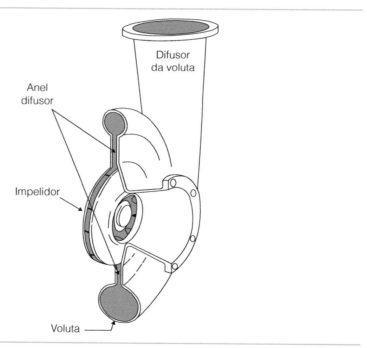

Figura 7.24 Conjunto impelidor-difusor de um compressor centrífugo

O gás é aspirado continuamente pela abertura central do impelidor e descarregado pela periferia deste, em um movimento provocado pela força centrífuga que surge devido à rotação, daí a denominação do compressor. Nesse percurso, a energia cedida pelo acionador é transferida ao gás, uma parte na forma cinética e outra na forma de entalpia, esta última já proporcionando algum ganho de pressão. O fluido descarregado pelo impelidor passa, então, a descrever uma trajetória de aspecto espiral por meio do espaço anular que envolve essa peça, o qual recebe o nome de difusor radial ou anel difusor. Esse movimento leva à desaceleração do fluido, fazendo com que haja conversão de energia cinética em entalpia e, consequentemente, um novo aumento de pressão do gás. Por fim, o fluxo é recolhido em uma caixa espiral denominada voluta e conduzido à descarga do compressor. Durante essa trajetória, as propriedades do escoamento se mantêm invariáveis, ou pelo menos é o que se pretende em termos de projeto. Na maioria dos compressores, o escoamento passa ainda, antes de ser descarregado, por um bocal divergente situado na extremidade final da voluta, onde ocorre um suplementar processo de difusão.

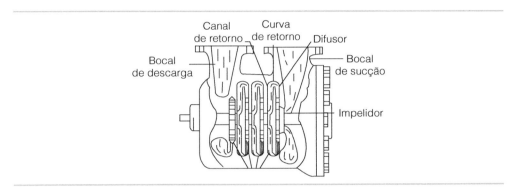

Figura 7.25 Fluxo do fluido no compressor

A escolha do tipo de compressor a ser adotado precede a seleção propriamente dita da máquina e envolve aspectos diversos, não só de natureza técnica, mas também comercial e logística. Entretanto, fazendo uma análise em que se considere apenas as características previstas para o serviço de compressão, é possível estabelecer faixas de operação para as quais cada tipo de compressor se mostra mais adequado e pode, em consequência, ser encontrado nas linhas de produção dos fabricantes. Duas são as características que definem, em última análise, o tipo a ser empregado: vazão volumétrica aspirada e pressão de descarga. A primeira grandeza está relacionada ao porte e à rotação exigidos para o compressor, enquanto a segunda diz respeito aos requisitos de resistência mecânica e estanqueidade. Como as atividades de produção e condicionamento de gás requerem, geralmente, altas vazões e elevada pressão de descarga, os compressores centrífugos são predominantes nos sistemas principais de compressão de gás. Nas instalações de produção, os compressores alternativos são utilizados em aplicações específicas, como na recuperação de gás de baixa pressão, em que as condições de processo requeridas são baixa vazão e alta razão de compressão. Outra tecnologia que tem sido adotada para recuperação de vapores é a do tipo parafuso molhado.

7.6.3 Descrição do sistema de compressão em multiestágios

Em uma instalação marítima de produção de petróleo, o gás natural produzido na separação primária possui uma pressão média de 1 000 kPa. Esse valor é insuficiente para atender a exportação para o continente, assim como para uso na elevação do óleo nos poços de produção *(gas-lift)*. Geralmente, pressões entre 10 000 kPa a 20 000 kPa são necessárias para essas aplicações. Para a exportação, a pressão requerida depende da localização da instalação de produção. Para o *gas-lift,* a pressão necessária depende da profundidade dos poços e da pressão do reservatório. Em ambos os casos, a pressão adequada é superior ao limite máximo de razão de pressão de único compressor. Portanto, é fundamental a utilização de um sistema de compressão em multiestágios.

A seguir, é descrito o processo de compressão em multiestágios, em uma abordagem teórica sobre o equilíbrio termodinâmico de estado líquido e vapor. Dessa forma, é possível prever, para um fluido com composição conhecida e para dadas condições de pressão e temperatura, a massa e as respectivas composições da fase líquida e da fase vapor que estão em equilíbrio. De acordo com essa abordagem, a separação de fases não é função do tempo, pois existe um período suficientemente longo para o estabelecimento do equilíbrio entre as fases. Além disso, não são consideradas ineficiências decorrentes de restrições de contato entre as fases, quer de caráter puramente físico (hidrodinâmico), quer de caráter físico-químico (fenômenos interfaciais).

Dependendo das condições de temperatura e pressão, o gás natural pode estar na forma gasosa, líquida ou mesmo bifásico (mistura de líquido e vapor). Para melhor representar essa variação do estado físico do gás natural, apresenta-se a curva de equilíbrio (Gráfico 7.5, denominado diagrama ou envelope de fases). O estado vapor (vapor superaquecido) ocorre na região de baixa pressão e alta temperatura, enquanto o inverso é característico da fase líquida (líquido sub-resfriado). A região interna à curva representa a coexistência das fases líquida e vapor (bifásico). A curva de pontos de bolha representa as temperaturas de ebulição[7] do gás, para cada pressão correspondente. A curva de pontos de orvalho representa os pontos de condensação[8] do gás, para cada temperatura correspondente. O Gráfico 7.1 apresenta a curva de equilíbrio (diagrama Pressão e Temperatura – P x T), que ocorre ao longo do processo real de compressão multiestágios do gás.

O gás natural é composto por moléculas de metano, etano, propanos, butanos, pentanos, hexanos, entre outros hidrocarbonetos parafínicos, além dos compostos não hidrocarbonetos, tais como CO_2, N_2 e H_2O. A curva do envelope de fases é válida para

---

[7] Temperatura em que aparece a primeira bolha de vapor.

[8] Ponto em que aparece a primeira gota de líquido.

uma determinada composição da mistura, ou seja, em caso de alteração da quantidade de qualquer um de seus componentes tal curva também se altera.

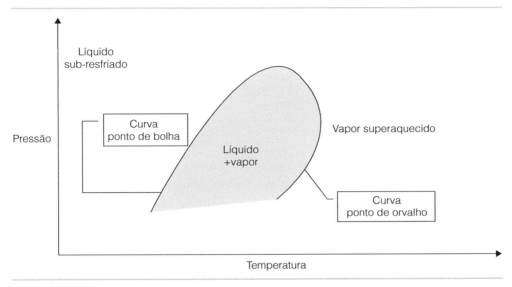

Gráfico 7.1 Diagrama Pressão e Temperatura *(P x T)*

O gás proveniente da separação primária está na condição de vapor saturado, ou seja, no seu ponto de orvalho, conforme ilustrado no Gráfico 7.2. Porém, como já mencionado, a separação entre o óleo e o gás no separador primário não é totalmente eficiente. O gás carrega consigo gotículas de líquidos, chamadas também de névoa, que necessitam ser removidas da corrente gasosa de modo a evitar danos aos compressores. Para isso, utiliza-se um vaso depurador, no qual o líquido é drenado para posterior recuperação, e o gás é direcionado para o primeiro estágio da compressão, como ilustrado na Figura 7.26.

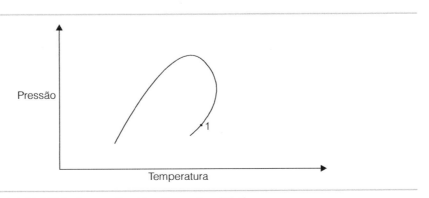

Gráfico 7.2 Ponto inicial (1) do diagrama Pressão e Temperatura *(P x T)*

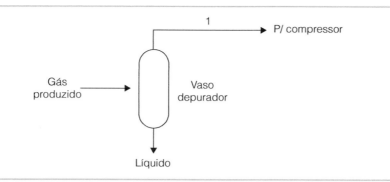

Figura 7.26 Vaso depurador (1° estágio)

O gás na condição de vapor saturado, e devidamente depurado, é comprimido no primeiro estágio de compressão para elevar a pressão ao limite estabelecido pelas condições operacionais, propriedades do fluido e pelas características mecânicas do compressor. Os pontos 1 e 2 representam a sucção e a descarga do compressor, respectivamente (ver Figura 7.27).

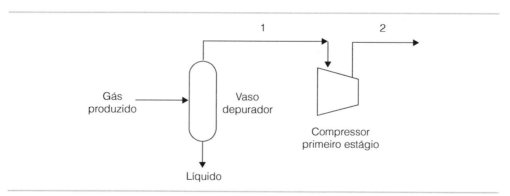

Figura 7.27 Compressor de 1° estágio

Em compressores centrífugos, o processo de compressão é essencialmente adiabático, em que um aumento de pressão eleva a temperatura do gás. O gás passa da condição de vapor saturado (1) para vapor superaquecido (2), conforme Gráfico 7.3. O grau de superaquecimento é dependente das condições operacionais, das propriedades do fluido e das características mecânicas do compressor. A temperatura do gás na descarga do compressor é extremamente alta, em geral, em torno de 160 °C. Esse aumento de temperatura é o principal motivo da limitação da razão de compressão. Faz-se necessário encontrar um ponto de equilíbrio entre a resistência de materiais de fabricação de compressores e a eficiência de compressão, uma vez que o aumento da temperatura reduz consideravelmente a massa específica do gás, ou seja, menos massa por unidade de volume transportado.

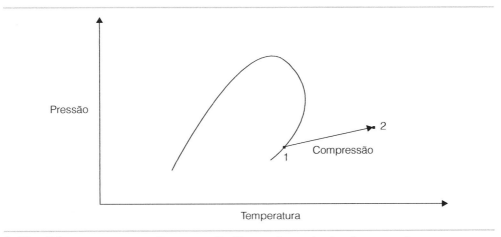

Gráfico 7.3 Diagrama Pressão e Temperatura *(P x T)* – aquecimento de gás pela compressão

Como o nível de pressão ainda é inferior ao desejado, faz-se necessária uma nova etapa de compressão. Porém, na descarga do primeiro estágio do compressor, o gás está demasiadamente quente, necessitando, portanto, de um resfriador para reduzir a temperatura para um valor entre 35 °C e 40 °C (ponto 3), viabilizando uma nova etapa de compressão (ver Figura 7.28).

O gás deixa o primeiro estágio de compressão na condição de vapor superaquecido (2). No resfriador, o gás perde calor e sua condição termodinâmica move-se ao longo do segmento 2-3 (ver Gráfico 7.4), atingindo uma temperatura inferior ao ponto de orvalho (3), quando do equilíbrio líquido-vapor. A fração de líquido formado é proporcional à quantidade de calor removida do gás.

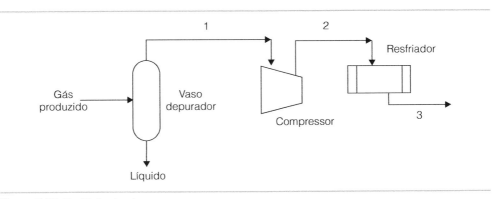

Figura 7.28 Resfriador de gás

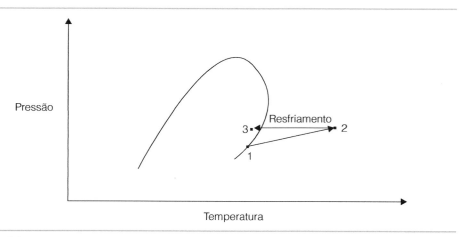

Gráfico 7.4 Diagrama Pressão e Temperatura *(P x T)* – resfriamento do gás

A corrente que sai do resfriador é uma mistura de líquido e vapor. Assim, é necessária a depuração do gás para evitar a presença de líquido no interior do compressor de segundo estágio. O líquido separado retorna ao processo (ver Figura 7.29).

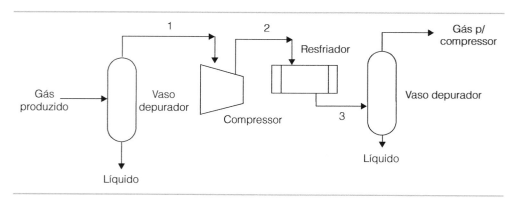

Figura 7.29 Vaso depurador – remoção de líquido

A curva de equilíbrio líquido-vapor do gás natural é alterada somente quando ocorre alteração da composição. As alterações da composição do fluido, no caso de compressão do gás natural, acontecem, geralmente, nos depuradores de gás, nos quais componentes líquidos são separados da corrente gasosa. No Gráfico 7.5, são ilustradas três curvas de equilíbrio líquido e vapor. A curva preta é a do fluido na entrada do depurador de gás, observa-se que o ponto 3 está na região líquido e vapor, sendo, portanto, uma mistura de líquido e de vapor. A curva cinza é a do líquido na saída do depurador, observa-se que se trata de um líquido saturado, na condição de ponto de bolha. A curva pontilhada é a do gás depurado, encontrado na condição de ponto de orvalho.

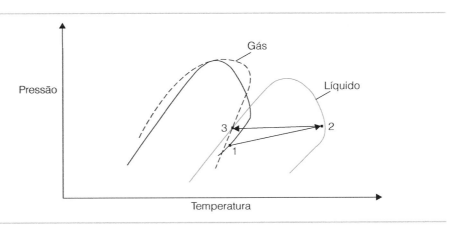

Gráfico 7.5 Curvas de equilíbrio dos fluidos da entrada e das saídas do depurador

O gás na condição de vapor saturado, e devidamente depurado, é comprimido no segundo estágio de compressão para que se possa atingir a pressão requerida para exportação ou para a elevação do petróleo *(gas-lift)*. Veja, na Figura 7.30, a representação esquemática desse processo.

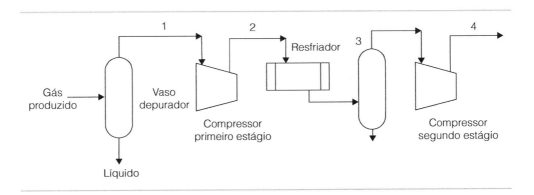

Figura 7.30 Compressor de 2° estágio

O compressor de segundo estágio apresenta o mesmo comportamento do compressor de primeiro estágio, ou seja, o gás tem os valores de pressão e temperatura aumentados por meio de um processo de compressão. No Gráfico 7.6, observa-se que o ponto 4 (descarga do compressor) está na condição de vapor superaquecido.

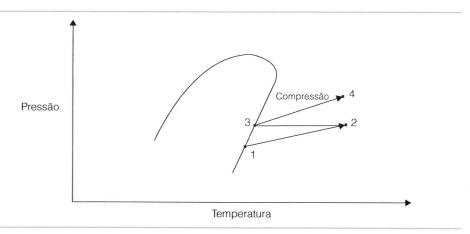

Gráfico 7.6 Diagrama Pressão e Temperatura *(P x T)* – compressão do gás de 2° estágio

Como o nível de temperatura é elevado, em torno de 160 °C, se faz necessária uma nova etapa de resfriamento para que o gás circule pelas tubulações e em outros processos, em condições que minimizem os riscos de danos às pessoas e aos processos. Para tanto, existe um resfriador para reduzir a temperatura, geralmente entre 35 °C e 40 °C (ponto 5), conforme ilustrado na Figura 7.31.

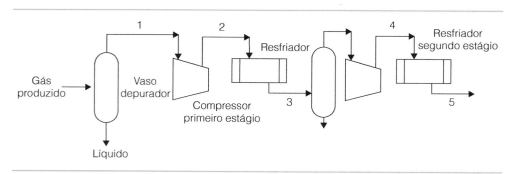

Figura 7.31 Resfriamento do gás de 2° estágio

No resfriador, à medida que o gás é resfriado, sua condição termodinâmica migra do ponto 4 para o 5, atingindo o equilíbrio líquido-vapor, conforme Gráfico 7.7. Mais uma vez, a fração de líquido formado é proporcional à quantidade de calor removido.

A corrente que sai do resfriador é uma mistura de líquido e vapor. Assim, é necessária a instalação de um terceiro vaso depurador (ver Figura 7.32) para remover o líquido do gás, evitando-se, desse modo, a presença de líquido nos sistemas subsequentes.

Condicionamento do Gás Natural

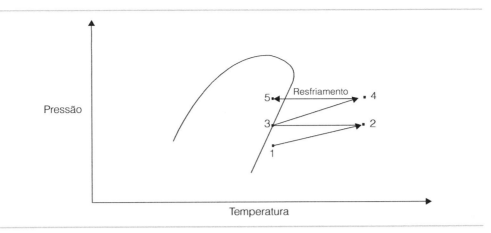

Gráfico 7.7 Diagrama Pressão e Temperatura *(P x T)* – resfriamento do gás de 2° estágio

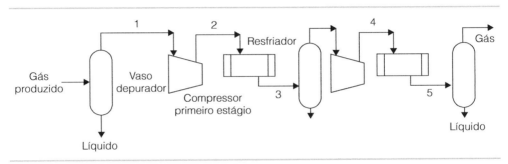

Figura 7.32 Remoção de líquido na saída do sistema de compressão

Da mesma forma do processo de depuração citado anteriormente, a curva de equilíbrio líquido e vapor do gás natural é alterada quando ocorre a separação do líquido e do gás. No Gráfico 7.8, são ilustradas três curvas de equilíbrio líquido e vapor. A curva pontilhada é a do fluido na entrada do depurador de gás, observa-se que o ponto 5 está na região líquido e vapor, sendo, portanto, uma mistura de líquido e de vapor. A curva cinza é a do líquido na saída do depurador, observa-se que se trata de um líquido saturado, na condição de ponto de bolha. A curva preta é a do gás depurado, encontrado na condição de ponto de orvalho.

O gás de saída do depurador está, então, em uma condição de pressão e temperatura capaz de prosseguir para os processos subsequentes. O gás sai do sistema de compressão, geralmente, na condição de vapor saturado.

A partir do desenvolvimento de campos petrolíferos em águas profundas (lâmina d'água acima de 1 000 m), tem sido comum a compressão em três estágios, em que os níveis de pressão requeridos se situam próximos a 20 000 kPa.

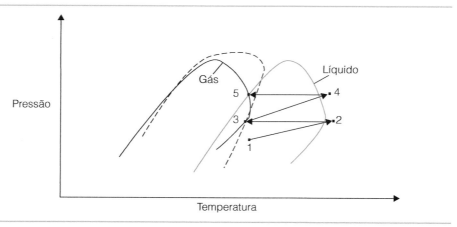

Gráfico 7.8   Curvas de equilíbrio dos fluidos da entrada e das saídas do depurador

7.7 Hidratos de gás natural

7.7.1 Introdução

A formação de hidratos, seja nos dutos de produção ou transporte, seja nos equipamentos – de uma planta de processamento de gás natural, determina a parada geral do sistema, causando grandes perdas de receita, lucro cessante, tempo e aumento de risco operacional. Evitar a formação de hidratos nesses sistemas é de fundamental importância para o efetivo aproveitamento do gás natural e óleo produzido nos campos de produção.

A causa fundamental do problema da formação de hidratos é a presença da água livre (fase líquida) ou em equilíbrio com o gás na fase vapor. O problema se torna crônico a partir do momento em que o gás atinge temperaturas baixas no leito marinho. Nesse contexto, com a predominância da localização dos novos sistemas de produção em águas profundas, a preocupação com a formação de hidratos cresce mais ainda. Muitas unidades marítimas de produção utilizam sistema de elevação de óleo por *gas-lift* na maior parte de seus poços, visto que a formação de hidrato ainda tem causado grandes problemas de perdas operacionais (óleo e gás) nos dias de hoje. Resolver o problema do hidrato é evitar essas perdas, além de garantir o escoamento para o continente.

7.7.2 Definição de hidrato

É uma solução sólida, visualmente similar ao gelo, de composição mal definida entre moléculas de hidrocarbonetos de baixo peso molecular e água. Hidratos de gás são classificados quimicamente como uma forma de clarato.

Condicionamento do Gás Natural   189

Trata-se de cristais formados pelos componentes do gás natural em presença de água. Os hidrocarbonetos ficam encapsulados em uma estrutura cristalina de hidrato, isto é, presos no interior da estrutura. Isso explica o favorecimento da formação de hidratos com moléculas de metano e etano (moléculas de pequeno tamanho).

Hidrocarbonetos de maior peso molecular, como o butano e o pentano, devido ao tamanho de suas cadeias, tendem a atrapalhar a formação da estrutura cristalina, dificultando a sua formação. Gases com alto peso molecular (grande quantidade de pesados) geram uma fase líquida de hidrocarbonetos (condensado de gás natural) quando submetidos a resfriamento. Essa fase líquida tende a atrapalhar a formação de hidratos. Esses gases têm menor tendência a formar hidratos, enquanto gases com elevados teores de H_2S e CO_2 apresentam maior tendência a formarem hidratos.

7.7.3 Estrutura básica do hidrato

A estrutura formada pelas moléculas de água e hidrocarbonetos na constituição de um bloco de hidrato depende de características físicas do sistema, tais como:

- pressão e temperatura do ambiente hidratado;
- conformação física desse ambiente (pontos mortos ou de baixa velocidade de escoamento);
- características químicas dos constituintes, como a composição do gás natural, presença e quantidade de contaminantes (ácidos orgânicos, H_2S, CO_2, sais, entre outros);
- quantidade de água presente.

Em função dessas características, o hidrato formado assumirá uma das seguintes estruturas básicas (Figura 7.33):

- tetradecaedro;
- dodecaedro;
- hexadecaedro.

Em todas as estruturas temos moléculas de hidrocarbonetos aprisionadas em armadilhas (*traps*) formadas por moléculas de água ligadas umas às outras, em uma estrutura rígida, muito semelhante ao gelo. A Figura 7.34 ilustra o exposto.

7.7.4 Mecanismo e condições para formação de hidratos

A formação de hidrato é resultante de um processo de solidificação (congelamento), uma vez que a diminuição da temperatura e o aumento da pressão favorecem sua

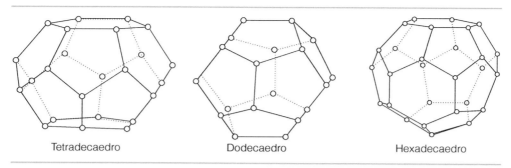

Figura 7.33 Estruturas básicas do hidrato

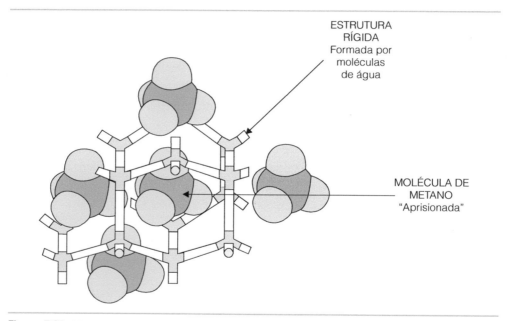

Figura 7.34 Moléculas de metano aprisionadas na estrutura do hidrato

formação. Logo, o gás natural, quando submetido à alta pressão e baixa temperatura, tal como em gasodutos submarinos e linhas de *gas-lift*, tende à formação de hidratos.

No Gráfico 7.9, é apresentado o diagrama pressão e temperatura $(P\ x\ T)$ de um gás natural, incluindo a curva de hidrato. Note que tal curva está presente na região bifásica, na qual líquido e vapor estão em equilíbrio. Além disso, é possível perceber que à medida que a pressão cresce, a temperatura de formação de hidrato também cresce (exceto para regiões à alta pressão, nas quais tal aumento é insignificante).

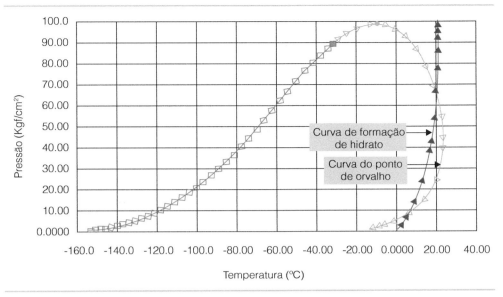

Gráfico 7.9 Envelope de fases com curva de formação de hidrato (Diagrama *P x T*)

7.7.5 Previsão de formação de hidrato

Considerando um gás natural na condição de saturação, contendo teor inferior a 3% molar ($N_2 + CO_2 + H_2S$) e inferior a 7% molar de hidrocarbonetos mais pesados que o propano (C_3^+), pode-se prever o ponto de formação de hidratos, segundo o Método de Katz (ver Gráfico 7.10). Trata-se de um gráfico que correlaciona pressão e temperatura para um gás natural com densidade conhecida. Duas formas de uso são possíveis, visando determinar a condição de formação do hidrato.

Temperatura e densidade conhecida

A partir do gráfico, traça-se uma reta (verticalmente) interligando a temperatura (conhecida) até atingir a curva de densidade (conhecida). A partir do ponto encontrado, traça-se outra reta (horizontalmente) até atingir o eixo das ordenadas (pressão). O valor encontrado representa a máxima pressão, a partir da qual o hidrato pode ocorrer.

Pressão e densidade conhecida

A partir do gráfico traça-se uma reta (horizontalmente) interligando a pressão (conhecida) até atingir a curva de densidade (conhecida). A partir do ponto encontrado, traça-se outra reta (verticalmente) até atingir o eixo das abscissas (temperatura). O valor encontrado representa a menor temperatura, abaixo da qual o hidrato pode ocorrer.

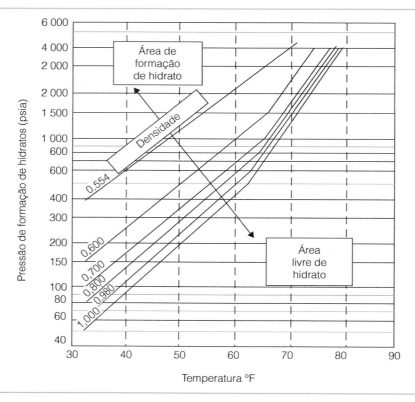

Fonte: GPSA, 2007.

Gráfico 7.10 Gráfico de Katz

Exemplo de uso do gráfico de Katz

Considerando um gás natural a 10 MPa escoando em um gasoduto, com densidade igual a 0,7, pergunta-se: qual a menor temperatura que tal gás poderá escoar sem ocorrer formação de hidrato?

Resposta: Com base no gráfico, trace uma linha horizontal a partir do ponto de pressão 1 500 psia (aproximadamente 10 MPa) até atingir a linha inclinada de densidade 0,7 e daí a temperatura (eixo da abscissa). Teremos, então, como temperatura o valor aproximado de 68 °F (20 °C). Qualquer valor de temperatura abaixo deste permitirá a formação de hidratos.

7.7.6 Local de formação de hidrato

Pontos de acúmulo de água, como curvas em tubulações, conexões e válvulas, são locais prováveis de ocorrência de hidratos quando as condições básicas de formação estão presentes. A Figura 7.35 apresenta uma modificação na direção do fluxo de gás, local de provável formação de hidrato.

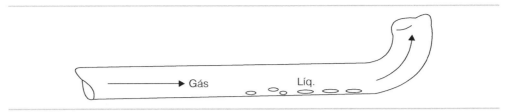

Figura 7.35 Início da condensação de líquido (água) no gasoduto

Quando a temperatura do interior do equipamento ou da tubulação for inferior àquela da formação de hidrato, cristais começarão a se formar e se acumularão nos pontos de estagnação do equipamento ou duto, podendo atingir a sua completa obstrução, conforme mostrado na Figura 7.36.

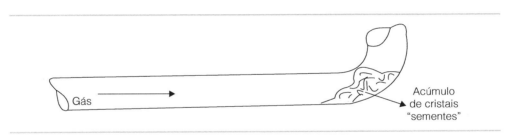

Figura 7.36 Tamponamento do gasoduto

7.7.7 Identificação da presença de hidratos

A identificação prática da formação de hidrato passa pelo conhecimento das limitações operacionais da planta de processo no que diz respeito à temperatura de formação de hidrato. Esse é o primeiro passo a ser dado com a finalidade de se reduzir as perdas operacionais ocasionadas pela formação de hidratos. A temperatura de formação de hidrato depende da pressão e densidade do gás.

À medida que o hidrato se acumula na tubulação, provoca uma alteração da pressão e vazão de escoamento, em linhas de óleo e, principalmente, em linhas de gás (gasoduto ou gás de elevação). Com a restrição da área de escoamento, ocorre aumento da pressão a montante da formação de hidrato, queda na pressão a jusante desta e, consequentemente, redução da vazão. O acompanhamento dessas variáveis, por meio da leitura de indicadores de pressão e de vazão, possibilita a identificação prévia de problemas, antes mesmo de se tornarem significativos.

Nas operações de limpeza de gasodutos, por meio do uso de *pig*[9] pode-se verificar, quando da abertura de um recebedor de *pig*, os resíduos removidos por este. A Figura 7.37 mostra o hidrato coletado em um recebedor em uma instalação marítima de produção de petróleo.

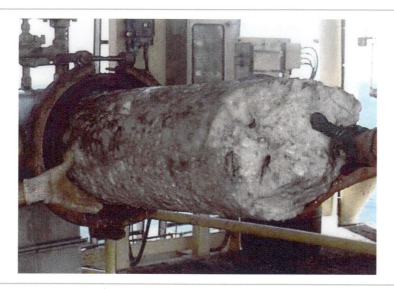

Figura 7.37 Hidrato coletado quando da abertura de recebedor de *pig*

7.7.8 Métodos de dissociação de hidratos

Quando a formação de hidratos se torna um fato, algumas técnicas para sua dissociação podem ser utilizadas, tais como descompressão, aquecimento e injeção de inibidores de hidrato.

O processo de aquecimento é o mais eficiente e, por isso, o mais usado em unidades de processamento de gás, UPGN, ou ainda em atividades de produção terrestres. Em plataformas marítimas, essa técnica não é utilizada em razão da dificuldade de identificação do local exato do tamponamento por hidrato, além de inexistência de ferramentas ou técnicas comerciais para aquecimento localizado em linhas submarinas, em águas cada vez mais profundas.

A técnica da descompressão é bastante utilizada para dissociar o hidrato formado em gasodutos, não sendo uma prática usual em unidades de processamento de gás. Baseia-se na diminuição da pressão até se atingir valores inferiores à pressão de formação

---

[9] Elemento em formato cilíndrico que é inserido no gasoduto por meio de equipamento denominado lançador.

do hidrato. Apesar desse procedimento, sempre ficam pequenos cristais remanescentes no sistema, uma vez que a decomposição destes se processa lentamente.

A injeção de inibidor de formação de hidrato é também utilizada, principalmente quando ocorre algum problema operacional no sistema de desidratação de gás. O inibidor é injetado como medida preventiva e tem melhor efeito quando injetado antes do início da formação do hidrato. Após o bloqueio total da tubulação, a ausência de fluxo de gás torna a injeção de inibidor ineficaz.

Após a utilização de qualquer um dos métodos de dissociação de hidrato, torna-se necessário o uso de um *colchão de inibidor de hidrato* antes de voltar à operação do sistema. O colchão de inibidor tem a finalidade de evitar que volte a haver formação de hidrato quando o gasoduto for novamente colocado em condições normais de operação.

7.7.9 Inibidores da formação de hidratos

O modo mais seguro de se evitar a formação de hidratos é processar apenas gás seco, com seu ponto de orvalho especificado em relação à água para as condições operacionais do sistema, de tal forma que evite a presença de água no estado líquido em qualquer condição de pressão e temperatura do sistema. Porém, ocorrem, muitas vezes, desequilíbrios momentâneos na unidade que levam ao aumento do teor de água do gás e, consequentemente, favorecem a formação de hidratos. Nesse caso, a temperatura mínima da linha pode ser abaixo da temperatura de formação do hidrato e a injeção de inibidores de forma preventiva é necessária.

Diversos produtos podem ser adicionados para abaixar a temperatura de congelamento e de formação de hidrato. Por razões práticas, um álcool ou um glicol é injetado como inibidor, usualmente metanol, etanol, trietilenoglicol (TEG), dietilenoglicol (DEG) ou monoetilenoglicol (MEG).

O uso de metanol ou etanol pode ser efetivo a qualquer temperatura, já os glicóis não são recomendados para utilização a baixa temperatura por causa de sua alta viscosidade. Os álcoois formam um sistema água-álcool que diminui a temperatura em que o hidrato se forma, de tal modo que esta seja inferior à mínima temperatura de escoamento. O teor do inibidor na mistura água-inibidor varia de 20% a 50% em massa, a depender do inibidor utilizado e das condições de pressão e temperatura de escoamento.

O inibidor de hidrato mais utilizado no Brasil em unidades marítimas de produção, por razões de mercado, é o etanol (álcool etílico).

Historicamente, os hidratos têm sido evitados com uso de inibidores termodinâmicos, com a função de reduzir a temperatura de formação do hidrato, tais como metanol, etanol, TEG, etc. Outras opções de produtos químicos, mas com princípios de inibição diferentes, são os inibidores cinéticos. Esses inibidores podem ser divididos em duas categorias – de aderência ou de crescimento. Os inibidores de aderência fixam-se na superfície do cristal de hidrato, evitando, assim, a compactação dos cristais. Os inibidores de crescimento, no entanto, são moléculas ativas, normalmente moléculas oleofínicas de cadeia longa, as quais mantêm o cristal de hidrato disperso na fase de hidrocarboneto, evitando, desse modo, o tamponamento. Esses inibidores têm sido utilizados em situações específicas, pois, apesar de seu alto custo, as dosagens são bem inferiores em comparação aos inibidores termodinâmicos.

7.7.10 Ponto de injeção

O inibidor de hidratos tem a finalidade de se combinar com a água livre, diminuindo a temperatura em que o hidrato se forma. Deve ser injetado na corrente gasosa antes que seja atingida a temperatura de formação de hidrato. O ponto de injeção deve permitir a maior dispersão possível no gás, com a utilização de bicos nebulizadores, conforme a Figura 7.38.

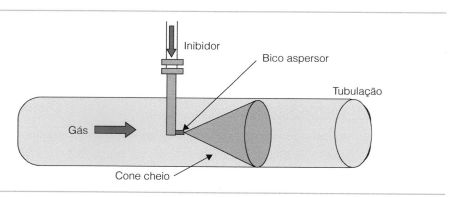

Figura 7.38 Bico injetor para injeção de álcool em gasoduto

A eficiência do inibidor pode ser melhorada com uma boa nebulização do líquido na massa gasosa, provocando maior homogeneização da mistura álcool-gás. Os bicos nebulizadores pulverizam o álcool, formando névoas, dispersando-se na massa gasosa e aumentando, consequentemente, a distribuição e o contato inibidor-água.

7.7.11 Procedimento para o cálculo da vazão de inibidor de hidrato

O objetivo da injeção do produto químico é formar uma solução com a água líquida em uma concentração suficiente, nas condições de pressão e temperatura de trabalho, e evitar a formação de hidrato. Seguem os passos para obtenção da vazão de inibidor de hidrato.

Dados iniciais necessários

- [ ] Pressão e temperatura do gás a ser injetado na linha de gás – P_o e T_o
- [ ] Densidade do gás – D_g
- [ ] Vazão volumétrica de gás na condição de 1 atm e 15,5 °C – $V_{gás}$
- [ ] Pressão e temperatura nas condições críticas de escoamento (maior pressão e menor temperatura – condição mais favorável para ocorrência de hidrato) – P_c e T_c
- [ ] Tipo de inibidor e Massa específica do inibidor – M_{espi}

1° PASSO

Determinação da vazão mássica de água no estado líquido na condição crítica de escoamento.

$$V_{ma} = V_{gás} \times (T_{ao} - T_{ac})$$

(7.3)

Em que:

- [ ] V_{ma} = Vazão mássica de gás expresso em kg/d
- [ ] $V_{gás}$ = Vazão volumétrica de gás a 1 atm e 15,5 °C
- [ ] T_{ao} = Teor de água no estado de vapor na condição de injeção é obtido utilizando o gráfico de McKetta e Wehe a partir da pressão e temperatura na condição de injeção
- [ ] T_{ac} = Teor de água no estado vapor na condição crítica de escoamento é obtido também pelo gráfico de McKetta e Wehe a partir da pressão e temperatura na condição crítica de escoamento

2° PASSO

Determinação da concentração de inibidor na solução água-inibidor (W).

O teor mínimo do inibidor de hidrato que deve ser utilizado, para assegurar que o ponto de hidrato não seja atingido, será dado pela equação de Hammerschemidt.

$$W = \frac{M \, d_p}{K + M \, d_p} \times 100$$

(7.4)

Em que:

d_p = Depressão do ponto de formação de hidrato (°C)

K = Constante do inibidor (ver Tabela 7.3)

M = Massa molar do inibidor de hidrato (ver Tabela 7.3)

W = Porcentagem em massa da solução água-inibidor

198 TECNOLOGIA DA INDÚSTRIA DO GÁS NATURAL

Tabela 7.3 Fatores M e K

Inibidor	Massa molar do inibidor	Constante do inibidor
Metanol	32,04	2 335
Etanol	46,07	2 335
MEG	62,10	4 000
DEG	106,10	4 367

A depressão do ponto de formação de hidrato é a diferença entre a temperatura de formação de hidrato – T_h (obtido no Gráfico 7.10) – e a temperatura na condição crítica de escoamento – T_c.

$$d_p = T_h - T_c \tag{7.5}$$

3° PASSO

Determinação da vazão volumétrica de inibidor – V_i.

$$W = \frac{V_{mi}}{V_{ma} + V_{mi}} \times 100 \qquad \text{ou} \qquad V_{mi} = \frac{V_{ma} W}{100 - W}$$

$$V_i = \frac{V_{mi}}{\text{Massa específica do inibidor}} \tag{7.6}$$

Em que:

W = Teor de inibidor

V_{mi} = Vazão mássica de inibidor

V_{ma} = Vazão mássica de água no estado líquido (obtido no 1° passo)

V_i = Vazão volumétrica de inibidor

Nem todo o inibidor injetado no sistema será diluído de forma homogênea na água líquida presente em todo o perfil de escoamento, ou seja, ocorrerão perdas do inibidor nas seguintes formas:

☐ por diluição na fase líquida de hidrocarboneto presente no escoamento;

☐ na fase vapor, devido ao equilíbrio líquido-vapor em função das condições de pressão e temperatura, volatilidade do inibidor e das composições da fase vapor e da fase líquida;

☐ acúmulo em pontos baixos na tubulação de escoamento;

☐ má distribuição e homogeneização da solução de inibidor.

4° PASSO

A vazão volumétrica de inibidor (V_i) calculado pelas equações anteriores é a vazão volumétrica teórica da solução de inibidor. Para se obter a vazão real de injeção da solução de inibidor, deve-se multiplicar a vazão teórica por um fator de segurança que pode chegar a 100% ou a 300%, ou seja, a vazão de solução de inibidor pode alcançar valores de 2 a 4 vezes a vazão teórica. Esse fator de segurança varia de acordo com cada caso, relacionando-se com os motivos de perdas citados anteriormente.

A utilização de bicos aspersores ou nebulizadores melhora o efeito de diluição entre a água e o inibidor, diminuindo o valor do fator de segurança utilizado.

7.8 Desidratação de Gás Natural

7.8.1 Introdução

Normalmente, o gás natural produzido está saturado com vapor d'água, ou seja, contém a máxima quantidade de água possível no estado vapor. O teor de água de saturação é função da pressão, temperatura e composição do gás. Quanto maior a temperatura e menor a pressão, maior a saturação de água no gás. A presença de gases ácidos, como o H_2S e CO_2, podem elevar o teor de água no gás.

Para o gás natural, cálculos rigorosos podem ser feitos para determinar a quantidade de água. No entanto, para fins práticos pode-se utilizar uma carta empírica, como a desenvolvida por J. J. McKetta e Wehe, em 1958, mostrada no Capítulo 2, a qual permite o cálculo da massa de água absorvida pelo gás na unidade de volume a partir da temperatura e pressão do gás, e com a correção desse valor em função da massa molar do gás.

Na presença de água líquida, hidrocarbonetos leves, como o metano e etano, em uma condição favorável de pressão e temperatura, podem formar compostos sólidos chamados hidratos. Esse é o problema mais comum associado ao transporte de gás natural e é a principal razão para que seja requerida a desidratação de gás. Além da formação de hidratos, a água livre em tubulações é indesejável por várias outras razões, tais como: a restrição do fluxo de gás pelo líquido e a formação de uma mistura corrosiva pela absorção do H_2S e CO_2 pela água, quando esses componentes estão presentes.

A preocupação com a formação de hidratos cresce com a busca de petróleo e gás natural em águas profundas, em que temperatura do fundo do mar atinge valores baixos (4 °C) e pressões de escoamento acima de 15 MPa, condições comuns ao desenvolvimento de novos campos de produção, situados à lâmina d'água profunda.

O processo de desidratação de gás mais adotado em sistemas de produção de petróleo e gás natural é o de absorção com glicol. Trata-se de um processo que envolve o contato íntimo entre duas fases, uma gasosa e outra líquida.

200 TECNOLOGIA DA INDÚSTRIA DO GÁS NATURAL

Um outro processo utilizado é o de permeação de gases por meio de membranas, que são filmes poliméricos e apresentam diferentes afinidades com os componentes do gás natural, tornando possível a separação entre eles.

Outro método de desidratação é pelo processo de adsorção utilizando sólidos, como a sílica gel, alumina ativada ou peneira molecular, em que as moléculas da água são retidas na superfície desses sólidos para definir desde o início a sua finalidade.

7.8.2 O agente desidratante

O glicol é um álcool comercializado nas seguintes formas: monoetilenoglicol (MEG), dietilenoglicol (DEG) e trietilenoglicol (TEG). O MEG é mais utilizado para desidratação de gás em unidades de processamento tipo absorção refrigerada e em alguns casos de sistemas de produção de gás não associado e o TEG é o mais recomendado para absorção de umidade do gás natural em unidades de produção marítimas e em sistemas de produção de gás associado. O DEG, por sua vez, é utilizado em algumas aplicações isoladas.

As características que determinam a escolha do glicol como agente desidratante utilizado para secagem do gás natural são as seguintes:

- ☐ alta solubilidade em água;
- ☐ baixa volatilidade;
- ☐ baixa viscosidade;
- ☐ alta estabilidade química;
- ☐ não inflamável;
- ☐ grande capacidade higroscópica.

A Tabela 7.4 apresenta as principais propriedades físico-químicas de alguns dos agentes desidratantes normalmente mais utilizados para a desidratação de gás natural.

Tabela 7.4   Principais propriedades físico-químicas dos agentes desidratantes

Produto	Pressão de vapor (kPa @ 25 °C)	Viscosidade (cP @ 25 °C)	Massa molar kg/kmol	Temperatura de degradação °C
MEG	16	16,5	62,1	164
DEG	< 1,3	28,2	106,1	164
TEG	< 1,3	37,3	150,2	206

O poder higroscópio das soluções de glicol é diretamente afetado pela concentração do soluto (glicol) em solução aquosa, sendo tanto maior quanto maior for a participação do glicol nessa mistura. Na prática se verifica que a quantidade de água removida da corrente gasosa aumenta à proporção que aumenta a concentração de glicol na solução.

7.8.3 Descrição do processo de desidratação de uma plataforma de produção de petróleo

O processo de desidratação de gás por absorção pode ser resumido em dois subsistemas principais:

- ☐ Subsistema de absorção – opera com alta pressão e baixa temperatura. No subsistema de absorção, ocorre a secagem do gás, ou seja, o glicol remove determinada quantidade de água presente na massa gasosa, de forma a atender a especificação técnica do processo.

- ☐ Subsistema de regeneração – opera com alta temperatura e baixa pressão, possibilitando a remoção de boa parte da água absorvida pela solução de glicol rica em água, tornando, dessa maneira, o processo regenerativo. Dessa forma, a solução restabelece a sua concentração original.

Subsistema de absorção

O gás natural, após ser comprimido nas unidades de compressão, escoa até a unidade de desidratação, entrando no sistema de absorção. Esse gás é denominado gás úmido por estar saturado em água (vapor).

O gás entra na torre absorvedora por meio de dispositivos distribuidores para permitir a subida do gás de forma homogênea e recebe em contracorrente a solução de glicol proveniente do sistema de regeneração. O contato entre o gás e a solução de glicol ocorre intimamente por meio de bandejas ou leito (randômico ou estruturado) e, à medida que essa solução desce pela torre, absorve a umidade do gás natural.

No topo da absorvedora, acima do leito *recheado,* existe um eliminador de névoa, o qual tem como finalidade remover partículas líquidas de glicol arrastada pela corrente de gás. O gás que sai pelo topo da torre, agora chamado de gás seco, possui um teor de umidade em torno de 40 cm^3/m^3 a 150 cm^3/m^3 e temperatura de orvalho de água entre -15 °C a 0 °C.

Após a torre, o gás passa em um vaso depurador para reter partículas líquidas de glicol, objetivando reduzir perdas da solução circulante, e, em seguida, é distribuído entre seus consumidores como *gas-lift,* gás combustível e gás para exportação.

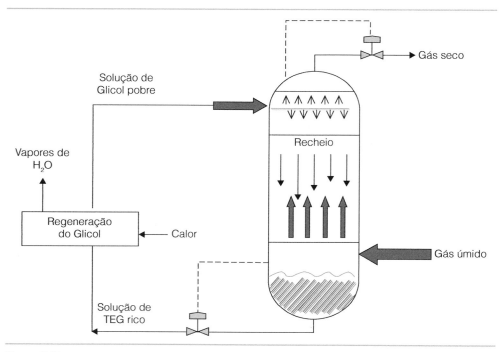

Figura 7.39 Esquema do subsistema de absorção de umidade

Subsistema de regeneração

Assim como o processo de absorção de umidade, o processo de regeneração de TEG é realizado pela manipulação das propriedades físico-químicos da solução de TEG. A capacidade de absorção do TEG é maior com o aumento da pressão e redução da temperatura. Em baixa pressão e alta temperatura, o TEG reduz drasticamente a capacidade de absorção de água. O sistema de regeneração procura, então, transformar TEG rico em TEG pobre pela da redução de pressão e aumento da temperatura.

O TEG que absorve a umidade do gás (conhecido como TEG rico) se acumula na panela de fundo da absorvedora e, posteriormente, escoa para o sistema de regeneração de TEG. Ao sair da torre, a solução de TEG rico sofre uma redução da pressão na válvula controladora de nível desta, atingindo a pressão de trabalho do vaso de expansão. Esse vaso trabalha entre 300 kPa a 500 kPa, e tem como finalidade a separação das três fases geradas no processo de absorção: o gás dissolvido, a fase líquida de hidrocarbonetos e a solução de TEG rico. Essa separação ocorre gravitacionalmente por meio de utilização de chicanas e compartimentos internos ao vaso de expansão.

A corrente de gás liberado da solução antes de sair pelo topo do vaso de expansão passa por um eliminador de névoas a fim de evitar o arraste de partículas líquidas.

Uma linha de gás combustível é utilizada para garantir uma mínima pressão no vaso de expansão, objetivando a transferência de TEG rico por diferencial de pressão. O hidrocarboneto líquido é coletado em uma panela de acúmulo, drenado periodicamente. A fase de glicol rico é a mais densa e se acumula no fundo, sendo enviada, em seguida, para o sistema de filtração por meio de controle de nível.

O sistema de filtração possui dois tipos de filtros, um constituído por cartucho e outro, de carvão ativo. O primeiro tem como finalidade a remoção de partículas sólidas em suspensão, e o segundo, a remoção de contaminantes químicos, principalmente produtos oriundos da degradação do TEG.

A solução de TEG rico, isenta de contaminantes líquidos e sólidos, passa por recuperadores de calor para pré-aquecimento, trocando calor com o glicol pobre quente já regenerado, e entra na seção de topo da torre regeneradora, onde encontra vapores quentes provenientes do fundo da torre.

Uma parte do glicol vaporiza e a parte líquida desce pela torre até atingir o refervedor, o qual utiliza resistências elétricas para manter a temperatura em torno de 204 °C. Essa temperatura promove uma vaporização da solução de TEG, elevando o teor de TEG na solução para 98,7% em massa. Teores superiores a 98,7% em massa são conseguidos com a injeção de gás de retificação (gás natural proveniente de um sistema de condicionamento).

Os vapores quentes que saem do refervedor e sobem pela torre regeneradora encontram o TEG mais frio descendo, ocorrendo, então, novas vaporizações e condensações. No topo da torre regeneradora existe um recuperador de calor que tem como finalidade controlar sua temperatura para evitar perdas de TEG na fase vapor. O líquido que passa pela serpentina desse recuperador de calor é o TEG rico proveniente da torre absorvedora.

Pelo topo da torre ocorre a saída de uma fumaça branca, que caracteriza a liberação de vapor d'água. A torre regeneradora é aberta para a atmosfera, e os vapores que saem desta são direcionados para uma tubulação de alívio de vapores.

O TEG que deixa o refervedor (TEG pobre) se dirige para um vaso acumulador, para, então, ser direcionado aos trocadores de calor TEG rico x TEG pobre, aquecendo o TEG rico que vai entrar na torre. Em seguida, o TEG pobre atinge a sucção das bombas por gravidade. A bomba eleva a pressão do TEG pobre até a pressão de operação da torre absorvedora, sendo resfriado antes de entrar na torre absorvedora, fechando o circuito.

7.8.4 Equipamentos do sistema de desidratação

A seguir, detalha-se cada equipamento existente na planta de desidratação de gás, apresentando sua função, seus internos e funcionamento.

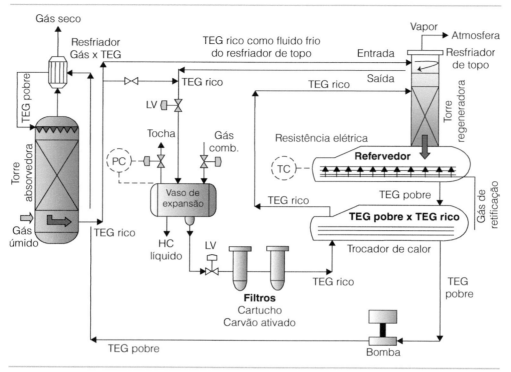

Figura 7.40 Esquema do subsistema de regeneração do TEG

7.8.4.1 Torre absorvedora

O gás entra na torre absorvedora na sua parte inferior (seção de depuração), e atravessa um eliminador de névoa, que remove as partículas líquidas (Figura 7.41). Esse líquido coletado na seção de depuração é constituído basicamente de água e de hidrocarbonetos. O gás, ao subir pela torre contactora, recebe em contracorrente a solução de TEG proveniente do sistema de regeneração. O contato gás-solução de TEG ocorre intimamente por meio de um mecanismo de contato que pode ser pratos valvulados (Figura 7.42), recheios randômicos (Figura 7.43) ou recheio estruturado (Figura 7.44).

As torres com pratos (bandejas) são mais comuns nas plataformas fixas. Essas bandejas são perfuradas, contendo válvulas ou borbulhadores. O TEG entra pelo topo da torre, formando um filme líquido nas bandejas, forçando o gás a atravessá-lo em forma de bolhas pelas válvulas. A dispersão do gás nessa forma aumenta a área superficial de contato, favorecendo a transferência de massa entre as fases. Normalmente, as torres absorvedoras possuem em torno de seis a oito bandejas.

Em plataformas flutuantes, as torres com bandejas são contraindicadas, abrindo espaço, então, para a utilização de recheios randômicos ou recheios estruturados. Ambos, além de não serem prejudicados pelo balanço da plataforma, requerem uma menor quantidade de vazão de líquido. Em uma torre *recheada*, a transferência de massa da água é similar a que ocorre na torre de pratos. O gás, entrando na parte inferior da torre, sofre o contato com uma fina camada de líquido distribuído por toda a área superficial do recheio. A diferença é que agora o contato é somente com o filme líquido que molha o recheio, e não mais com o volume de líquido que preenche o prato.

A solução de TEG rico acumula-se na seção de acumulo e drenagem.

No topo da torre, acima do leito *recheado,* instala-se um eliminador de névoa que tem como finalidade remover partículas líquidas arrastadas pela corrente de gás. Na região entre a seção superior do recheio e o eliminador de névoa pode ser encontrado um trocador do tipo tubo em espiral, com a finalidade de equalizar a temperatura do TEG que entra no recheio da torre. Essa é uma das opções, mas, geralmente, esse trocador de calor não é interno à torre, mas, sim, externo.

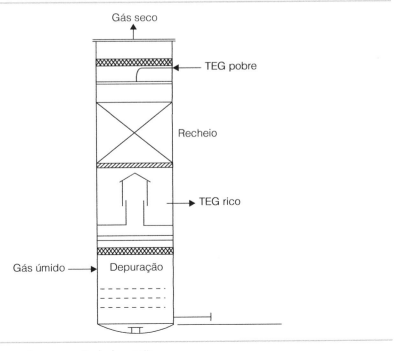

Figura 7.41 Torre absorvedora com seção de depuração

Figura 7.42 Prato valvulado

Figura 7.43 Recheios randômicos

Figura 7.44 Recheio estruturado

7.8.4.2 Vaso de expansão

A solução de TEG rico, proveniente da torre absorvedora, é encaminhada ao vaso de expansão após passar pela válvula que controla o nível deste na torre. Nessa válvula, sofre uma redução de pressão para aproximadamente 300 kPa a 500 kPa. Essa pressão é mantida constante por meio de duas válvulas de controle. Uma abre admitindo gás do sistema de gás combustível, induzindo um aumento na pressão, e outra alivia o gás para a tocha, causando diminuição da pressão. Com essa expansão, os hidrocarbonetos leves que estão associados à solução de TEG rico vaporizam, enquanto a mistura constituída por TEG, água e hidrocarbonetos pesados permanece em fase líquida. Ainda no vaso, o líquido se separa, normalmente, em duas fases. A fase superior é constituída de hidrocarbonetos (fase oleosa) e a inferior é a solução de TEG rico. A fase oleosa é coletada na câmara de hidrocarboneto líquido.

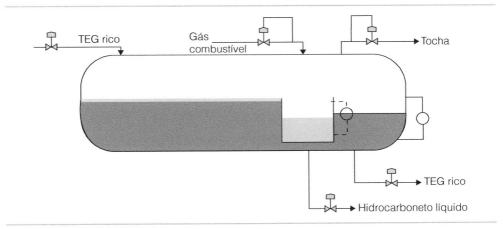

Figura 7.45 Vaso de expansão horizontal

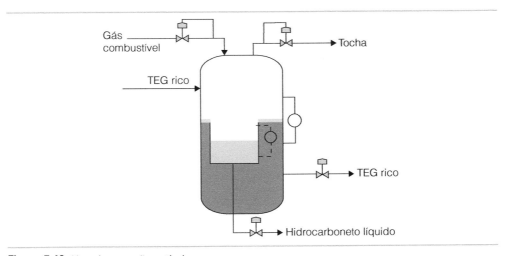

Figura 7.46 Vaso de expansão vertical

Figura 7.47 Foto de um vaso de expansão vertical

7.8.4.3 Sistema de filtração

O sistema de filtração consiste em dois tipos de filtros: um constituído por resina (cartucho) e outro de carvão.

7.8.4.3.1 Filtro cartucho

O filtro de cartucho é um filtro físico que tem por finalidade a remoção de partículas sólidas em suspensão. Os cartuchos são constituídos de polímeros, normalmente resinas fenólicas. São filtros cilíndricos ocos. O TEG rico escoa da superfície externa para a interna. Em geral, existem dois filtros, um em operação e outro em reserva. A perda de carga é monitorada, visto que, ao alcançar 50 kPa, o filtro é isolado e o reserva é alinhado.

7.8.4.3.2 Filtro carvão

O filtro de carvão (Figura 7.50) tem como finalidade a remoção de contaminantes químicos (produtos de degradação do glicol, hidrocarbonetos dissolvidos etc.). Os contaminantes adsorvem na superfície do carvão ativado. Devido a esse mecanismo, o filtro de carvão não deverá apresentar aumento de perda de carga. Como as análises para determinação da qualidade do carvão ativado são demoradas e de alto custo, não é utilizada para a determinação da troca.

Condicionamento do Gás Natural

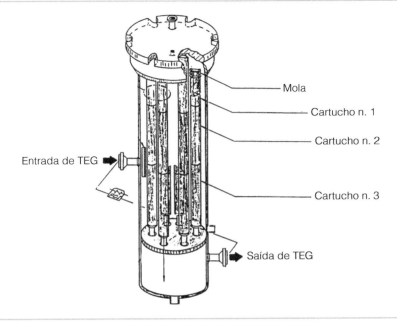

Figura 7.48 Filtro do tipo cartucho

Figura 7.49 Foto de um filtro do tipo cartucho

Figura 7.50 Foto do filtro de carvão

Para se trocar o carvão ativado, deve-se retirar o equipamento de operação, abrir a boca de visita, retirar o carvão antigo, colocar o novo e realizar uma lavagem com água a fim de retirar os finos presentes no carvão. Na Figura 7.51, verifica-se uma ilustração dos dispositivos existentes no filtro de carvão ativado. Deve-se esperar até todo o excesso de água ser drenado e, então, alinhar, novamente o filtro.

7.8.4.4 Trocadores TEG/TEG

Após esse ponto, a solução de TEG está isenta de contaminantes líquidos e sólidos, porém ainda possui uma umidade elevada e não pode retornar ao sistema de absorção.

O TEG é novamente aquecido no conjunto de trocadores de calor TEG/TEG, que são do tipo casco tubo. Pelo casco passa o TEG rico (fluido frio), e pelos tubos, o TEG pobre (fluido quente), que é proveniente da torre de regeneração.

Após a passagem pelos trocadores, o TEG rico atinge a temperatura de 150 °C, aproximadamente, e já inicia o processo de regeneração.

7.8.4.5 Torre regeneradora

O TEG rico, após ser pré-aquecido nos trocadores TEG/TEG, entra na seção intermediária da torre regeneradora, com cerca de 150 °C. Essa seção é provida de recheios do tipo sela de cerâmica, nos quais, então, o TEG rico parcialmente vaporizado entra em contato com os vapores quentes provenientes do fundo da torre. Uma parte do TEG que entra se vaporiza, e a outra desce na torre até atingir o refervedor (fonte de calor da torre).

O refervedor trabalha com resistências elétricas, cuja temperatura de aquecimento é estabelecida por um controlador, sendo mantida em torno de 204 °C. Tal temperatura promove uma vaporização da solução de TEG e o resultado é a obtenção de um teor de 98,7% em massa de TEG na saída do refervedor. Os vapores quentes que saem do refervedor e sobem pela torre regeneradora encontram o TEG mais frio descendo, e aí ocorrem novas vaporizações e condensações. No topo da torre regeneradora existe um recuperador de calor, que tem como finalidade controlar a temperatura de topo, uma vez que o vapor ascendente poderá conter teores altos de TEG. Estes, se não removidos, acarretarão perdas significativas de produto. O fluido que passa pelos tubos (serpentina) desse trocador é o TEG rico, proveniente da torre de absorção ou dos filtros, conforme o projeto.

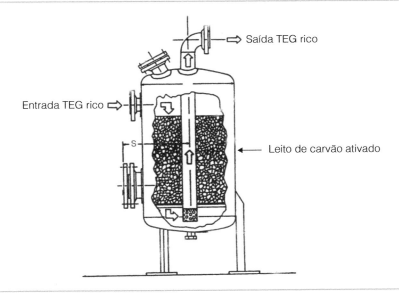

Figura 7.51 Ilustração do filtro de carvão

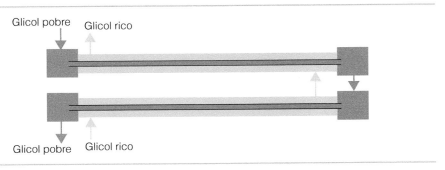

Figura 7.52 Trocador TEG pobre x TEG rico

Figura 7.53 Foto do trocador de TEG

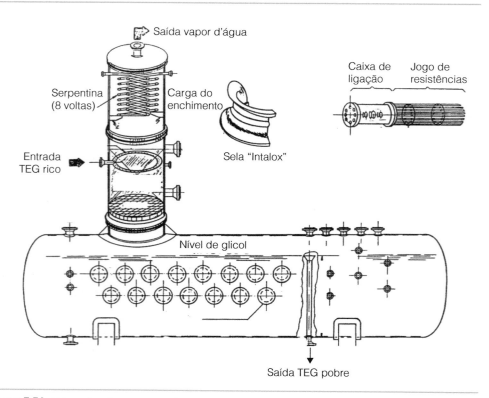

Figura 7.54 Refervedor e torre regeneradora

Figura 7.55 Foto do refervedor

Figura 7.56 Foto da coluna de regeneração

7.8.4.6 Bomba de circulação

A bomba eleva a pressão do TEG pobre até obter a pressão necessária para atingir o topo da torre absorvedora, fechando o circuito. Utiliza-se uma bomba de deslocamento positivo "triplex", visto que a "monoplex" apresenta maior flutuação da vazão e maior desgaste da gaxeta, provocando vazamentos.

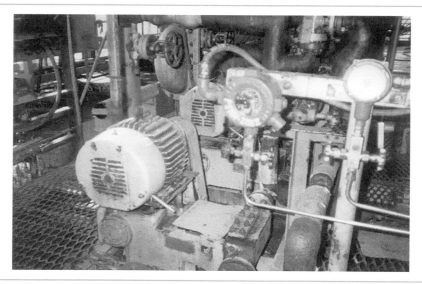

Figura 7.57 Bombas de circulação de TEG

7.8.5 Principais variáveis operacionais do sistema

☐ **Teor de TEG na solução pobre**

Esta variável é a mais influente na definição do teor de água residual do gás tratado.

A qualidade do gás seco usualmente é definida em termos de teor de água ou ponto de orvalho do gás. A capacidade higroscópica da solução de TEG está associada ao teor de TEG nessa solução circulante. Altos teores de TEG na solução propiciam pequenos teores de água do gás seco. O aumento desse teor é obtido por meio do ajuste da temperatura do refervedor da torre regeneradora e do ajuste da vazão de gás de retificação (gás de *stripping*). A Tabela 7.5 apresenta uma correlação entre o teor de TEG pobre e o ponto de orvalho do gás tratado.

Tabela 7.5 Correlação entre teor de TEG pobre e ponto de orvalho do gás tratado, para uma condição simulada a 70 °C de temperatura e 8 500 kPa de pressão

Teor de TEG na solução circulante	Ponto de orvalho do gás seco
98,0%	26 °C
99,0%	15 °C
99,1%	13 °C
99,5%	4 °C

Vazão da solução de TEG Circulante

Existe uma faixa ótima de operação, situada entre um limite mínimo e outro máximo. O limite mínimo é estabelecido de forma a garantir a molhabilidade completa do recheio ou bandejas, enquanto o limite máximo contribui para o aumento da demanda térmica de regeneração, podendo levar à perda de produto.

Temperatura do gás de entrada na torre de absorção

Quanto maior a temperatura do gás, maior é o teor da umidade deste nas condições de saturação. Outro efeito provocado pela temperatura do gás é o poder higroscópio do TEG, que diminui com o aumento da temperatura.

Temperatura do refervedor da torre regeneradora

O processo de regeneração do TEG é realizado em um refervedor, cuja fonte de aquecimento normalmente é um conjunto de resistências elétricas. A temperatura da solução de TEG presente nesse equipamento é monitorada por um controlador de temperatura.

No caso do uso do trietilenoglicol (TEG), a faixa de temperatura normal de operação do refervedor deve se situar na faixa entre 200 °C e 204 °C, não devendo ultrapassar 204 °C, sob risco de ocorrer a degradação do produto (a temperatura de degradação do TEG é de 206 °C). O controlador de temperatura deve ser capaz de comandar as resistências elétricas do refervedor, de forma a garantir essa faixa de temperatura.

Diferença de temperatura entre o TEG pobre e o gás tratado

A diferença entre a temperatura de TEG pobre, que entra na torre absorvedora, em relação à temperatura do gás na seção de topo desse equipamento, deverá ser controlada em uma faixa entre 6 °C e 8 °C. Esse controle é necessário para evitar a condensação de frações pesadas do gás, o que gera contaminação da solução de TEG e formação de espuma.

O controle da temperatura do gás na seção de topo depende da temperatura do gás de entrada, o qual é função da eficiência de troca térmica dos processos antecessores.

Vazão do gás de retificação

A injeção de gás de retificação se faz necessária quando se deseja teor de TEG superior a 98,7%. Esse teor é conseguido com temperatura do refervedor na ordem de 204 °C.

216 TECNOLOGIA DA INDÚSTRIA DO GÁS NATURAL

O sistema de injeção de gás de retificação pode ser aplicado em apenas um ponto ou em dois pontos distintos.

No primeiro caso, a injeção de gás ocorre no refervedor da regeneradora e, no segundo, utiliza-se uma coluna auxiliar, chamada coluna de *Stahl* ou coluna de *Sparger,* como um segundo ponto de aplicação de gás de retificação, além da injeção convencional no refervedor (ver Figura 7.40). A aplicação de um segundo estágio de retificação com gás permite a obtenção de maiores teores de TEG na solução regenerada.

A injeção no refervedor ocorre por meio de um distribuidor localizado dentro do equipamento, constituído por um tubo de pequeno diâmetro perfurado.

A coluna de *Stahl* é uma pequena coluna *recheada* que tem a finalidade de receber o TEG regenerado do refervedor, e, a partir de um contato em contracorrente com o gás injetado, promover uma retificação da solução de TEG (eliminação de água). O resultado é a diminuição da umidade residual do TEG proveniente do refervedor.

Utilizando um sistema de injeção de gás de retificação convencional, pode-se obter teores de TEG pobre em torno de 99,2% em massa. Para teores acima de 99,2% em massa, é necessária a utilização do segundo estágio de retificação de TEG.

O conceito termodinâmico que explica a ação do gás de retificação é apresentado pela teoria das pressões parciais:

$$P_{total} = p_{teg} + p_{água} \text{ (sem gás de retificação)}$$
$$P_{total} = p_{teg} + p_{água} + p_{gás} \text{ (com gás de retificação)}$$

Ao ser injetado gás de retificação, sabendo-se que a pressão do sistema mantém-se constante e igual à atmosférica, conclui-se que a pressão parcial da água mais a pressão parcial do TEG, no caso de utilização de gás de retificação, são menores, permitindo, com isso, uma maior vaporização da água.

A componente água é mais volátil do que o TEG. O resultado disso é que haverá maior remoção de água pelo topo da torre regeneradora e, consequentemente, aumento da pureza da solução de TEG.

Existe um limite para a vazão do gás de retificação, pois a partir de uma dada vazão haverá problema de arraste de TEG pelo topo da torre. Isso ocorre devido a um aumento na velocidade dos vapores que saem pela torre regeneradora.

Temperatura de topo da torre regeneradora

A temperatura de topo da torre regeneradora de TEG é uma variável que influencia na perda de TEG por vaporização. Normalmente, no topo existe uma serpentina de troca térmica pela qual passa a solução de TEG rico, antes de entrar no vaso de expansão. O objetivo desse trocador é controlar a temperatura dos vapores da tubulação de alívio da torre regeneradora, resfriando os vapores d'água que sobem pela torre em direção ao topo. Essa troca de energia minimiza as perdas de TEG pelo topo da torre.

Com a temperatura de topo da torre regeneradora em torno de 104 °C, a composição mássica do vapor é de 98% de água e 2% de TEG, portanto, apresentando perda de produto para a atmosfera. Essa temperatura deve ser mantida entre 100 °C e 102 °C, sem perda de TEG na forma de vapor.

7.8.6 Principais problemas operacionais da unidade

O teor de umidade residual do gás tratado de uma unidade de desidratação de TEG é o principal parâmetro de controle. Esse parâmetro mede a eficiência da unidade, pois a finalidade da unidade de desidratação é especificar o gás tratado, de acordo com os requisitos de escoamento. Essa especificação pode variar em função da lâmina d'água em que o sistema de produção está instalado (caso das unidades marítimas de produção).

As principais variáveis operacionais que influenciam o teor de umidade do gás tratado são as seguintes:

☐ Pressão da torre absorvedora

Esta variável é definida na fase de projeto de modo a permitir o dimensionamento da torre absorvedora e para determinar a capacidade de absorção do sistema. Em algumas ocasiões, a pressão de operação tem sido diferente da pressão de projeto, ou por falha nas premissas consideradas para definição da pressão de projeto, ou até mesmo devido à pressão de reservatório em sistemas de produção de gás não associado.

Pressões diferentes significam velocidades diferentes dentro da torre absorvedora, podendo, em alguns casos, comprometer a performance do sistema.

☐ Teor de TEG na solução pobre

Esta variável é da mais alta importância quando se pretende especificar o gás tratado. O aumento do teor de TEG na solução circulante gera um menor teor de umidade do gás tratado.

É fundamental a utilização do sistema de gás de retificação para se atingir teores menores de água residual no gás tratado, principalmente em sistemas de produção situados em lâminas d'água profunda.

☐ Vazão da solução de TEG circulante

A vazão da solução de TEG circulante deve estar entre o valor mínimo e o máximo estabelecido em projeto, podendo ser mais bem ajustado após testes operacionais. A redução de vazão merece atenção especial, pois pode comprometer a molhabilidade do recheio, favorecendo os caminhos preferenciais e regiões livres de contato líquido-vapor.

Temperatura do gás

A temperatura do gás exerce forte influência na especificação do gás tratado. Quanto maior for a temperatura do gás que entra na torre absorvedora, maior será o teor de umidade do gás tratado. Quanto maior a temperatura do gás, menor será o poder higroscópico do TEG.

O aumento de temperatura do gás ocorre ao longo da campanha de operação do sistema de produção, causado, principalmente, por redução da eficiência de troca térmica dos resfriadores de gás da unidade de compressão. Esse fato gera redução de eficiência da unidade de desidratação e, consequentemente, aumento do teor de água residual do gás tratado.

Alta taxa de reposição de TEG

A taxa normal de reposição de TEG no sistema de desidratação varia com a capacidade da unidade e da pressão do sistema. Taxas elevadas de reposição normalmente indicam a existência de problemas na unidade.

As principais ocorrências que geram aumento da perda de TEG são:

- vazamentos pelas gaxetas das bombas da unidade;
- perda de vapores de TEG pelo topo da torre regeneradora devido à temperatura alta;
- arraste excessivo na torre absorvedora;
- volatilidade do TEG na saída do gás tratado;
- formação de espuma;
- drenagem de TEG em vez de hidrocarboneto no vaso de expansão;
- perda de TEG para a seção de depuração da torre absorvedora;
- eventos de parada de emergência da planta de processo, seguidos de despressurização da unidade.

Descontrole do pH da solução de TEG circulante

O pH da solução de TEG pobre é uma variável que está relacionada aos fenômenos de corrosão e emulsão. Quanto menor o pH da solução de TEG, maior será o caráter corrosivo desta. Valores de pH abaixo de 5 propiciam o estabelecimento de mecanismos de corrosão, por formação de ácidos livres na solução de TEG.

Um valor de pH alto, por sua vez, pode ocasionar o aparecimento de espuma na interface entre as fases líquido-vapor ou líquido-líquido no interior dos equipamentos, gerando interferências no controle de nível dos equipamentos da unidade. Valores de pH acima de 8,5 já caracterizam a faixa susceptível de formação de emulsões estáveis que ocasionam a formação de espuma.

Normalmente, o valor ótimo de pH é igual a 7,3, sendo aceitável a faixa de pH entre 7 e 8. Para valores abaixo de 7, se recomenda a neutralização da solução de TEG com uma solução de TEA (trietanolamina).

Embora de possibilidade mais remota, pode ser necessária a correção de pH muito alto (acima de 8,8), por meio da utilização de solução diluída de ácido acético.

Aumento da pressão da torre regeneradora

A saída dos vapores da torre regeneradora normalmente é direcionada para um suspiro instalado em local seguro. Nos casos em que o suspiro esteja muito distante da torre, o projeto do encaminhamento da tubulação deverá evitar acúmulo de líquido (água condensada) em pontos baixos, dificultando a passagem dos vapores e, consequentemente, pressurizando de modo indevido a torre regeneradora.

Baixa vazão de gás de retificação

Este fato pode ser ocasionado por falhas da válvula redutora de pressão de gás combustível ou entupimentos na válvula agulha que controla a injeção de gás de retificação. A pressurização indevida da torre também pode gerar uma diminuição da vazão de gás injetado.

Baixa eficiência do refervedor da torre regeneradora

O teor de TEG na solução pobre define o poder higroscópico. O controle do teor da solução depende da temperatura de fundo do refervedor e da vazão de gás de retificação.

O controlador de temperatura manipula a energia térmica liberada pelas resistências elétricas do refervedor, de modo a manter a temperatura do refervedor no valor adequado à regeneração da solução de TEG.

No caso de falha de uma ou mais resistências, ou do sistema de controle, pode-se ter uma temperatura insuficiente para a regeneração adequada da solução de TEG, o que permite uma degradação da qualidade do gás tratado.

Vazão circulante fora do range aceitável pode influenciar a performance do refervedor.

Passagem de gás da absorvedora para o vaso de expansão

A atuação da válvula de controle de nível do fundo da torre absorvedora deve ser rápida o suficiente para não permitir a passagem de gás quando ocorre queda brusca de nível desta. Porém, deve ser suave, para evitar oscilações indesejáveis no nível do vaso de expansão.

7.8.7 Sistema de monitoramento da umidade do gás tratado

O desempenho dos analisadores de umidade em linha, atualmente existentes em plataformas de produção de petróleo, ainda está longe das condições ideais. Esses analisadores deveriam monitorar o teor de umidade residual do gás continuamente, entretanto, a maioria apresenta constantes problemas nos elementos sensores, como vida útil reduzida, perda de calibração, desgaste por agressão dos resíduos contidos no gás e demais impurezas nas linhas, entre outros problemas semelhantes.

As poucas alternativas existentes no mercado se resumem a equipamentos sofisticados e dispendiosos, que até o momento não têm apresentado resultados e confiabilidade satisfatórios.

7.9 TRATAMENTO DE GÁS COMBUSTÍVEL

7.9.1 Introdução

Os sistemas de produção de petróleo e gás natural geralmente estão localizados em áreas terrestres remotas ou no mar. Dessa forma, em alguns casos, a demanda energética supera a quantidade ofertada, necessitando, portanto, de instalação de geradores de energia elétrica, em que o gás natural produzido é a melhor fonte de combustível disponível.

O gás natural disponível no sistema de produção está em uma condição bruta, cujas características não são suficientes para atender à qualidade requerida pelos equipamentos ou pelos processos. Dessa forma, o objetivo maior do tratamento de gás combustível é especificar o gás natural de acordo com o que é requerido pelos equipamentos consumidores, para utilização como combustível ou no processo nas unidades de produção.

7.9.2 Usuários de gás natural em uma unidade de produção

O gás natural em uma unidade de produção de petróleo é considerado também uma utilidade, tal como é o ar comprimido, a água de refrigeração, entre outros. Os principais usuários (usos energéticos e não energéticos) do gás natural como utilidade são os seguintes:

- turbinas a gás de geradores ou de compressores;
- motores à combustão de moto-geradores e moto-compressores;
- fornos do sistema de água quente;
- caldeiras a vapor;
- como gás de retificação na torre desaeradora do sistema de água de injeção, objetivando remoção de oxigênio da água;
- para pressurização dos vasos do sistema de tratamento de água;
- para pressurização dos vasos do sistema de desidratação de gás;
- como gás de retificação do sistema de regeneração de TEG, objetivando remover água do TEG;
- combustível para o piloto do sistema de tocha;
- para purga dos coletores de gás do sistema de tocha.

O sistema de tratamento de gás combustível é instalado para atender a todos esses usuários. Geralmente, a qualidade do gás requerido pelo fabricante das turbinas é a mais restritiva.

7.9.3 Qualidade do gás combustível

A qualidade e a composição do combustível queimado em uma turbina a gás impactam na vida útil e performance da turbina. Fabricantes de turbinas estabelecem especificações do combustível, de modo a ajudar a garantir a confiabilidade, disponibilidade e durabilidade de suas turbinas. Essas especificações geralmente são suportadas para garantir a alta performance do processo de combustão. Existem outros fatores, tais como sólidos, líquidos, contaminantes químicos, viscosidade e poder calorífico, que podem levar à degradação do processo de combustão, comprometendo a segurança e a operação da turbina.

Normalmente, os itens a seguir são requeridos na especificação do gás consumido nos equipamentos de combustão.

- Índice de Wobbe.
- Pressão do sistema.
- Temperatura máxima do gás.
- Temperatura de orvalho do gás.
- Isenção de líquidos e sólidos.
- Teor de enxofre máximo: 1,3% em massa.

Índice de Wobbe

O índice de Wobbe é um indicativo do poder calorífico em um sistema à mesma pressão de gás e redução de pressão. Os valores especificados giram em torno de 48 000 kJ/Nm^3. Composições diferentes de gás podem ter o mesmo índice de Wobbe, mas terão uma faixa diferenciada de distribuição de hidrocarbonetos. Uma turbina que se espera operar com uma faixa alta de índice de Wobbe deverá ter sua especificação diferente de uma de mesmo porte, que somente será operada com uma pequena variação desse índice. A especificação de compra da turbina deverá incluir a variação esperada do índice de Wobbe.

Presença de sólidos

Sólidos incluem itens como produtos de incrustação, de corrosão, respingos de soldas, areia, sujeiras e outros materiais que são encontrados na tubulação de suprimento de combustível. A introdução de contaminantes sólidos dentro do pacote da turbina a gás pode causar desgaste excessivo e erosão de válvulas, erosão dos injetores ou de componentes da seção quente da turbina, e bloqueio de pequenas passagens de combustível. A proteção contra a contaminação de sólidos requer uma seleção apropriada de filtros para a carga de sólidos.

Presença de água

A presença de água no gás combustível pode causar problemas se estiver associada a outros contaminantes, tais como sódio, cálcio e magnésio. Água na presença de H_2S ou CO_2 forma ácidos que podem atacar linhas de suprimento e componentes. Além disso, pode também provocar instabilidade da chama.

Presença de hidrocarbonetos líquidos

Hidrocarbonetos líquidos podem causar instabilidade no controle de combustível, carbonização nas seções quentes, carbonização nos bicos injetores, provocando queima irregular entre os injetores e, consequentemente, diferenças de temperatura no interior da turbina.

Um sistema de suprimento adequado, com filtros coalescedores bem especificados e aquecedores com boa disponibilidade, garante a proteção contra a presença de hidrocarbonetos líquidos.

7.9.4 Descrição do sistema típico de tratamento de gás combustível

Existem dezenas de configurações de sistema de tratamento de gás combustível. A Figura 7.58 apresenta um das possibilidades de tratamento de gás combustível e

O Gráfico 7.15 ilustra as transformações termodinâmicas no processo de tratamento de gás combustível. O gás é proveniente da descarga do sistema de compressão. Esse gás quente (a 40 °C – Ponto 1) passa por um trocador de calor que utiliza como fluido de resfriamento o próprio gás combustível frio. O gás resfriado (Ponto 2) sofre expansão em um conjunto de válvulas redutoras de pressão, até a pressão requerida pelos consumidores. Essa expansão provoca uma queda de temperatura próxima a 4 °C (Ponto 3). Ao atingir essa temperatura, uma parcela dos componentes do gás se condensa, e esse líquido é separado no vaso depurador de gás combustível. Nesse ponto, o gás está na condição de vapor saturado, na temperatura do ponto de orvalho, a 4 °C.

O gás sofre um aquecimento no permutador gás-gás (Ponto 4) e, depois, mais um aquecimento, por meio de um aquecedor a água quente, até a temperatura de 55 °C (Ponto 5). Nessa temperatura, o gás está com 51 °C de superaquecimento, ou seja, na condição de vapor superaquecido, minimizando, assim, a possibilidade da presença de água ou hidrocarbonetos líquidos na linha de suprimento de gás combustível.

De modo a garantir a ausência de partículas líquidas e sólidas do gás, este passa ainda por filtros coalescedores. Após essas etapas, o gás está especificado para consumo.

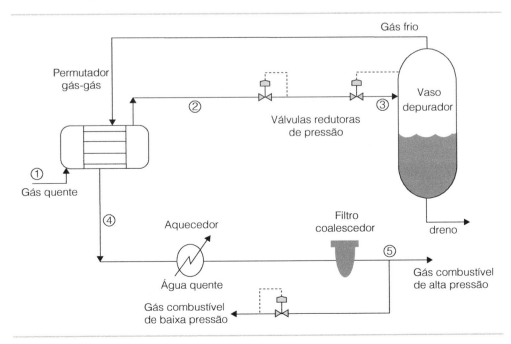

Figura 7.58 Sistema de tratamento de gás combustível

O Gráfico 7.11 ilustra as alterações termodinâmicas do gás durante o processo, a curva de ponto de orvalho pontilhada é o gás no início do processo (gás quente), na condição de vapor saturado. Após resfriamento, este atinge a região de equilíbrio líquido-vapor, tendo, nesse ponto, uma mistura de gás e líquido. Essa mistura passa por válvulas redutoras de pressão, provocando, assim, a redução da pressão e temperatura. Nessa nova condição de pressão e temperatura ocorre um incremento na taxa de líquido e redução da taxa de vapor. Essa mistura é depurada em um vaso depurador, tendo como correntes de saída uma de líquido saturado e outra de gás saturado. Com essa separação de componentes da mistura, a composição e a curva do gás na saída do depurador é modificada, de modo que o gás esteja na condição de vapor saturado ou no seu ponto de orvalho. O gás, então, passa por dois trocadores de calor, responsáveis em fornecer calor para especificar o gás em uma condição de gás superaquecido, minimizando, dessa forma, o risco de presença de líquido nos sistemas usuários do gás combustível.

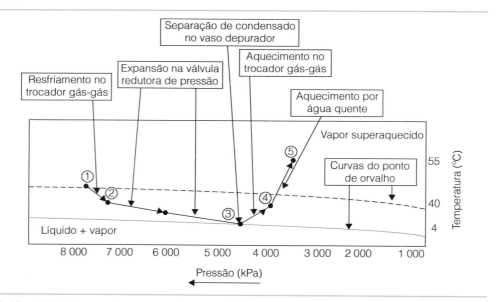

Gráfico 7.11 Processo de tratamento de gás combustível

Nesse contexto, os itens mais relevantes do sistema são os seguintes:

☐ Válvula redutora de pressão – é a responsável por garantir um suprimento constante de combustível para a turbina e outros consumidores. Em algumas situações, em que o diferencial de pressão é alto, recomenda-se instalar válvulas redutoras de pressão em série.

☐ Depurador e filtro coalescedor – garantem o fornecimento de gás isento de partículas líquidas e sólidas.

□ Aquecedor final – garante o grau de superaquecimento do combustível, afastando a possibilidade de condensação de água ou de hidrocarboneto na linha de suprimento de combustível.

O sistema de tratamento de gás combustível normalmente trabalha em dois níveis de pressão: o sistema de gás combustível de alta pressão e o sistema de gás combustível de baixa pressão.

O sistema de alta pressão alimenta as turbinas dos compressores e as turbinas dos geradores, enquanto o sistema de baixa pressão alimenta fornos, selagem de vasos, caldeiras, gás de retificação do sistema de regeneração de glicol, flotadores a gás para manutenção da pressão, gás de retificação das torres desaeradoras do sistema de injeção de água do mar, piloto da tocha e purga dos coletores da tocha. O sistema de gás de baixa pressão é derivado de uma tomada do gás combustível de alta pressão.

7.9.5 Principais variáveis operacionais do sistema de gás combustível

As principais variáveis monitoradas do sistema de gás combustível de uma unidade de produção são apresentadas a seguir. O monitoramento e controle destas permitem garantir a especificação requerida para o gás consumido na unidade.

□ **Pressão do sistema** – o controlador de queima dos diversos queimadores requer uma pressão constante de alimentação, pois a carga térmica, a potência e a relação de gás/ar são reguladas para uma pressão fixa.

□ **Temperatura do sistema** – a temperatura definida no projeto garante a ausência de líquidos nos consumidores e garante também limites de temperatura compatíveis com os materiais do sistema de suprimento de gás.

□ **Temperatura de orvalho (ponto de orvalho)** – deverá ser abaixo da temperatura do gás, garantindo, assim, um grau de superaquecimento.

□ **Diferencial de pressão** – monitorada nos filtros coalescedores, essa variável indica a perda de eficiência dos filtros.

7.9.6 Principais problemas operacionais

Falhas no sistema de tratamento de gás combustível podem acarretar diversos problemas operacionais graves. Os mais críticos são apresentados a seguir:

□ **Diferencial alto de temperatura na seção quente da turbina (chamado de** *spread*, **Delta T4 ou Delta T5)** – a câmara de combustão é monitorada por oito ou mais termopares; caso ocorra um diferencial de temperatura significativo entre os pontos, poderá ocorrer trincas na câmara de combustão ou despalhetamento das turbinas. Essa ocorrência pode ser causada pela queima irregular do gás na câmara de combustão, ocasionada por presença de líquidos no gás combustível ou por falhas no projeto do sistema de suprimento e injeção de combustível.

- **Perda de eficiência de fornos** – incrustações de partículas nas serpentinas, oriundas da combustão incompleta do gás, provocam uma redução significativa da eficiência da troca térmica do equipamento. A combustão incompleta pode ser provocada pela presença de líquidos no gás combustível ou falha do controle de regulagem ar/combustível.

- **Contaminação de produtos** – presença de líquidos no gás combustível pode contaminar produtos químicos contidos em vasos que utilizam gás combustível com selagem ou gás de retificação (desidratação de gás, desaeração da água do mar).

- **Queda do sistema, devido a pressões alta ou baixa** – falhas no projeto ou desgaste de válvulas de controle de pressão podem provocar esse descontrole.

- **Congelamento em válvulas de controle** – redução muito grande da pressão do gás combustível pode provocar congelamento na válvula, devido ao efeito Joule-Thomson.

- **Perda de eficiência de filtros coalescedores** – elementos filtrantes saturados ou mal especificados podem provocar perda de eficiência na remoção de líquidos e sólidos do gás.

Quando ocorrem problemas de forma repetitiva e contínua no sistema de tratamento de gás combustível, é necessária uma avaliação mais profunda para se identificar e isolar a causa fundamental desses problemas. Muitas vezes, a solução passa por modificações na própria unidade de tratamento, por meio da instalação de novos equipamentos ou substituição de algum existente por outro mais eficiente. Nesse sentido, as ações mais comuns utilizadas para a solução de problemas congênitos nesse sistema são aqui apresentadas.

- Instalação de resfriador de gás no sistema, objetivando a redução da temperatura de orvalho do sistema de gás combustível.

- Substituição de válvulas de controle (ou internos) desgastadas, pois desgastes nos internos dessas válvulas provocam descontrole da pressão do sistema.

- Modificações de variáveis operacionais, tais como ajuste de temperatura de saída dos resfriadores (ou aquecedores), com o fim de melhoria na especificação do gás combustível.

- Instalação de filtros coalescedores ou modificação da especificação dos elementos filtrantes, objetivando remover partículas líquidas e sólidas.

7.10 TRATAMENTO QUÍMICO DO GÁS NATURAL

7.10.1 Introdução

O objetivo da injeção de produtos químicos no gás natural produzido é complementar uma etapa do condicionamento do gás para garantia da qualidade mínima necessária à etapa do escoamento deste até um centro processador.

É necessário especificar o gás natural de acordo com o que é requerido pelo sistema de escoamento de gás em relação ao teor de água, teor de H_2S e CO_2 para evitarmos processos de tamponamento por hidratação ou corrosão acelerada nos equipamentos e gasodutos de transferência de gás dos campos de produção.

7.10.2 Produtos químicos injetados no gás

A seguir, são apresentados os principais produtos químicos injetados nos sistemas de condicionamento de gás natural.

Inibidores de hidrato

Inibidor termodinâmico – agente desidratante utilizado para prevenir a formação de hidratos nos gasodutos submarinos. Atua interferindo no equilíbrio termodinâmico do sistema água-gás, fazendo com que as moléculas de água migrem para a fase líquida do inibidor.

Os inibidores termodinâmicos mais comumente utilizados são: etanol (mais utilizado na Bacia de Campos), metanol, TEG e MEG.

O inibidor de hidrato MEG é muito utilizado em poços e sistemas de produção de gás não associado. Injeta-se o MEG o mais próximo possível do poço, de modo a prevenir a formação de hidratos no escoamento entre o poço produtor e a etapa de recuperação e desidratação do MEG.

Inibidor cinético – utilizado para prevenir o tamponamento dos dutos por formação de hidratos. O inibidor cinético não evita a formação do hidrato, apenas retarda essa formação, atuando na velocidade de formação da estrutura sólida. Normalmente, são polímeros de cadeia longa.

Inibidor de corrosão

Compostos patenteados utilizados para reduzir as taxas de corrosão dos gasodutos, devido à presença de produtos corrosivos, como umidade, CO_2, H_2S e ácidos orgânicos.

Sequestrante de H_2S

Compostos utilizados para retirar o H_2S de equilíbrio da fase gasosa (gás natural), com o objetivo de preservar os equipamentos e tubulações da ação desse contaminante sobre as taxas de corrosão desenvolvidas e também assegurar a segurança pessoal dos operadores das instalações de transporte. Normalmente, são injetados no fundo do poço por meio de linhas exclusivas ou em mistura com o *gas-lift*.

8

Processamento de Gás Natural

8 PROCESSAMENTO DE GÁS NATURAL

8.1 Introdução

Com o advento da uniformização da especificação básica para a venda de gás no País, definido na regulamentação do setor, o processamento de gás natural passou a ser um requisito fundamental e indispensável para o adequado aproveitamento desse combustível, seja no âmbito industrial, comercial, automotivo ou domiciliar.

Sistemas industriais são projetados e construídos para permitir o tratamento do gás natural produzido em um campo e, dessa forma, garantir a especificação do gás comercializado. Cada campo produtor vai requerer características específicas das suas instalações de processamento de gás natural em função da qualidade e quantidade dos componentes presentes nesse gás. Cabe ao processador dimensionar os equipamentos das instalações industriais de processamento de forma a garantir a adequação do gás comercializado às especificações definidas nas normas vigentes.

Certamente, a atividade de processamento do gás natural proporciona a otimização da utilização desse insumo, assegura a sua presença e relevância estratégica na matriz energética brasileira e garante, de forma segura, o retorno dos investimentos aplicados nessa atividade.

8.2 Objetivos do processamento de gás natural

O objetivo básico do processamento de gás natural é separar seus componentes em produtos com especificação definida e controlada, para que possam ser utilizados com alto desempenho em aplicações específicas, permitindo a incorporação de maior valor agregado aos produtos gerados.

De modo semelhante à destilação de petróleo, que fraciona o óleo em produtos de especificação definida, uma unidade de processamento de gás natural (UPGN) tem como função básica fracionar o gás em produtos especificados para atendimento às diversas aplicações requeridas pelo mercado.

8.3 Produtos do gás natural

Basicamente, o processamento do gás natural gera gás especificado e pronto para consumo em qualquer equipamento térmico industrial, motor à combustão a gás ou uso domiciliar, conforme especificação contida na Portaria n. 104 da ANP de 08 de julho de 2002 (ver Capítulo 2). Normalmente, esse gás fornecido é chamado, no âmbito industrial, de gás combustível, gás seco, gás processado, gás residual ou, simplesmente, de gás especificado.

Outro combustível de grande importância obtido a partir do gás natural é o Gás Liquefeito de Petróleo (GLP). Esse produto do gás natural é o combustível de maior utilização no âmbito domiciliar, possuindo um alto valor agregado.

Como o mercado de GLP ainda é parcialmente atendido por importação, qualquer aumento de produção interna deste gera uma economia direta de divisas para o País. Nesse cenário, o processamento de gás natural tem uma relevante importância estratégica, pois uma boa parte da produção nacional de GLP é oriunda desse processo industrial.

Normalmente, o fracionamento do Líquido de Gás Natural (LGN) gera, além do GLP, uma fração mais pesada denominada gasolina natural, ou fração C_5^+. Esta, por não possuir uma especificação bem definida, não tem uma aplicação mais nobre. O principal destino dado a essa corrente é a injeção em correntes de petróleo em praticamente todas as Unidades de Processamento de Gás Natural da Petrobras.

O mais novo produto derivado do processamento do gás natural é o etano petroquímico, o qual deve ser fornecido como matéria-prima para a indústria de base para a fabricação de polietilenos de várias densidades, como o Pólo Gás Químico do Rio de Janeiro.

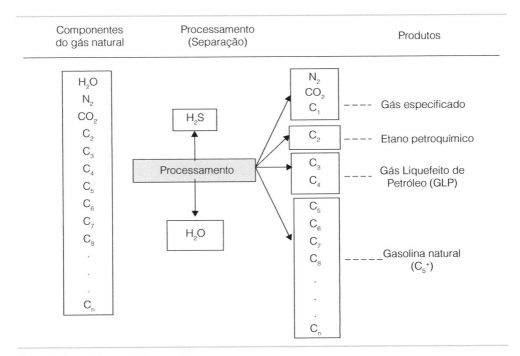

Figura 8.1   Produtos do gás natural

8.4 Configuração básica de uma unidade de processamento de gás natural

Uma unidade de processamento de gás natural é composta basicamente por duas áreas distintas e sistemas auxiliares e de tratamento de produto (ver Figura 8.2).

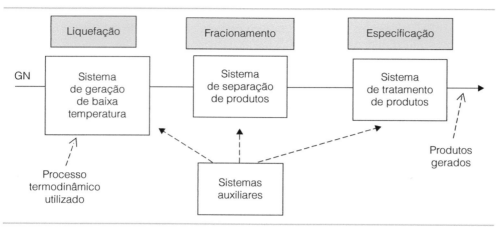

Figura 8.2 Esquema básico de uma UPGN

- *Área fria* – Área responsável pela liquefação dos componentes mais pesados do gás natural, gerando uma fração líquida de alto valor agregado. A área fria de uma unidade de processamento de gás opera normalmente com baixas temperaturas e altas pressões, condições que favorecem a condensação da riqueza do gás natural.

- *Área quente* – Área responsável pelo fracionamento do líquido de gás natural gerado na área fria em produtos finais com especificação bem definida. Opera, em geral, com temperaturas mais altas e pressões mais baixas do que a área fria. A alta temperatura e baixa pressão favorecem a separação das frações de hidrocarbonetos constituintes do líquido de gás natural obtido.

- *Sistemas de tratamento de carga e produtos* – Sistemas responsáveis pela garantia da qualidade dos produtos obtidos e também pela especificação requerida para a corrente de gás natural carga da unidade. Os principais sistemas de tratamento de carga e produtos são os tratamentos dessulfurizantes, sejam tradicionais, por lavagem cáustica, ou patenteados à base de óxidos metálicos.

- *Sistemas auxiliares* – Sistemas responsáveis pela geração das facilidades necessárias para a perfeita operação das áreas fria e quente e pelos sistemas de tratamento dos produtos gerados. Os principais sistemas auxiliares são:

√ *Sistema de aquecimento de óleo térmico* – Normalmente, um forno aquece o óleo térmico e este cede carga térmica para todos os refervedores da área quente da unidade. Em unidades com sistema de geração de vapor d'água, este fluido pode ser utilizado como fonte quente.

√ *Sistema de compressão de propano* – Utilizado como fonte fria (sozinho ou com a turbo-expansão) para obtenção da temperatura necessária para a condensação das frações pesadas do gás.

√ *Sistema de desidratação de gás natural* – Responsável pela retirada da água do gás, visando evitar a formação de hidratos na unidade durante a etapa de resfriamento.

Outros sistemas auxiliares podem ser adicionados ao projeto, visando à especificação final de produtos, à geração de facilidades para consumo interno ou outros sistemas de apoio à operação.

8.5 Tipos de unidades de processamento de gás natural

O ponto mais importante das unidades de processamento de gás natural é o sistema de geração de criogenia (baixas temperaturas), responsável pela liquefação dos componentes pesados do gás natural. O processo termodinâmico escolhido para esse fim define o tipo de unidade a ser utilizado. São citados, a seguir, os processos atualmente utilizados no mundo em projetos de aproveitamento de gás natural produzido:

- efeito Joule-Thomson;
- refrigeração simples;
- absorção refrigerada;
- turbo-expansão;
- processos combinados.

Como processo combinado podemos entender a utilização em conjunto de mais de um dos processos anteriormente citados. Já o processo absorção refrigerada, embora envolva duas operações unitárias distintas da engenharia de processo (absorção e refrigeração), não é considerado propriamente um processo combinado, pois não existe unidade que opere apenas com a etapa de absorção.

8.6 Escolha do processo termodinâmico

Basicamente, a escolha do processo a ser utilizado no projeto de uma nova unidade de processamento de gás natural depende de fatores técnicos, ligados ao reservatório, e também de fatores econômicos de mercado.

Os fatores a seguir relacionados devem ser analisados e discutidos por um grupo multidisciplinar encarregado pelo desenvolvimento do estudo de viabilidade técnico-econômica (EVTE), o qual, normalmente, dá suporte à decisão gerencial sobre a escolha do processo a ser utilizado.

- ☐ Qualidade requerida do gás processado.
- ☐ Curva de produção do reservatório (duração das reservas).
- ☐ Vazão de gás natural disponível.
- ☐ Produtos requeridos (gás especificado, corrente de etano, GLP).
- ☐ Proximidade de centros consumidores.
- ☐ Porte e tipo de consumidores (para todos os produtos).
- ☐ Condição de mercado para projeto e aquisição das instalações (disponibilidade de equipamentos, prazos de entrega).
- ☐ Tempo de retorno do capital investido.

A análise desses fatores técnicos, vinculada ao estudo do reservatório de gás e do mercado consumidor, juntamente aos fatores estratégicos gerenciais da companhia detentora da concessão de produção irá determinar o plano de exploração e comercialização das reservas de gás do campo produtor, bem como orientar a escolha mais adequada do processo a ser utilizado no processamento do gás.

As condições de mercado são bastante relevantes. A escolha de um determinado processo pode ser fortemente influenciada pela disponibilidade ou falta de um determinado tipo de equipamento ou material no mercado. Prazos de entrega costumam ser o caminho crítico para conclusão de um empreendimento e projetos na área de exploração de gás natural não fogem a essa regra.

Muitas vezes, apenas um dos fatores apresentados define o único processo que deve ser utilizado em determinada aplicação. Se o objetivo de um projeto é produzir etano puro para suprimento de um polo petroquímico, por exemplo, o processo já está escolhido, pois apenas o processo turbo-expansão tem capacidade de gerar e especificar esse produto.

A quantidade de gás disponível também é muito importante nessa escolha. Com base na avaliação financeira do empreendimento é mais difícil viabilizar unidades que utilizam tecnologias mais complexas, como o processo turbo-expansão, o qual possui baixa capacidade nominal (quantidade pequena de gás disponível).

A qualidade requerida do gás residual gerado também pode influenciar a utilização ou não de um processo, haja vista que processos de baixo investimento podem não garantir o atendimento a especificações mais rígidas.

Como exemplo, tem-se o efeito Joule-Thomson puro, o qual não é capaz de garantir o atendimento à Portaria da ANP n. 104 para qualquer composição de gás rico.

Dependendo da composição do gás a ser tratado, podem ser necessários alguns ajustes adicionais para garantir, principalmente, o atendimento ao valor da especificação do propano no gás de venda.

O processo de refrigeração simples, embora capaz de garantir essa especificação, pode necessitar também de alguns ajustes adicionais em determinadas situações especiais para permitir essa garantia.

A composição do gás natural a ser tratado é certamente um dos itens mais relevantes na escolha do processo termodinâmico a ser utilizado. Gases com baixo teor de propano e etano podem ser enquadrados com facilidade, apenas ajustando-se as frações mais pesadas, como butanos e pentanos. Esse ajuste é facilmente conseguido com qualquer um dos processos já citados, inclusive o processo Joule-Thomson, o mais simples de todos.

De uma forma geral, quanto maior rigor nas especificações dos produtos for requerido, maior deverá ser o investimento necessário, pois nos obriga a utilizar processos de tecnologia mais refinada, com sistemas de controle mais complexos e equipamentos mais eficientes. Certamente, esses processos de maior grau de tecnologia aplicada demandam maior tempo de desenvolvimento e construção, além de custos mais altos.

Projetos que requeiram curto prazo para entrar em operação (por exemplo, projetos para antecipação de produção de gás) não permitem a utilização de equipamentos com longos prazos de entrega e, em geral, utilizam adaptações em projetos já existentes para serem concluídos mais rapidamente.

8.7 Processo Joule-Thomson

8.7.1 Introdução

É o mais simples e barato dos processos, porém é também o de uso mais restrito, devido às suas limitações técnicas.

Como já visto no tópico anterior (Escolha do Processo Termodinâmico), esse processo não garante a especificação para venda do gás processado para qualquer composição de gás rico e é normalmente utilizado apenas em projetos em que a composição do gás natural a ser tratado já está bem próxima da especificação pretendida, faltando apenas um ajuste das frações mais pesadas, como butanos e pentanos.

Basicamente, é um processo utilizado para acerto de ponto de orvalho de gás natural, objetivando sua adequação para movimentação por gasodutos. Dessa forma, o processo pode ser utilizado para separar frações pesadas do gás natural e permitir seu transporte em escoamento monofásico de maior eficiência (elimina-se o risco de condensação no interior dos gasodutos de transporte).

Em utilizações nas quais a garantia de qualidade do gás gerado é fundamental, como em contratos de venda de gás de longo prazo, conforme a especificação da Portaria n. 104, esse processo deve ser complementado com sistemas que garantam o valor ideal das variáveis de controle (pressão ou temperatura) a montante do sistema de separação de fases líquido-gás. Esse sistema pode ser um compressor para assegurar certo nível mínimo de expansão, independentemente da pressão de chegada do gás, ou um sistema de refrigeração, para garantir um valor de temperatura, definido antes da etapa de expansão. Um ou outro sistema permitem aumentar a garantia da qualidade dos produtos gerados no processo, porém exigem a utilização de equipamentos adicionais.

8.7.2 Fundamento termodinâmico

O fundamento termodinâmico associado a esse processo é a liquefação dos componentes mais pesados do gás natural devido à queda de temperatura proporcionada pela expansão isentálpica em uma válvula de controle de pressão.

8.7.3 Principais características

As principais características desse processo são basicamente o baixo custo e, evidentemente, a sua baixa eficiência de performance na liquefação das frações pesadas do gás natural. Nesse contexto, apresenta-se suas características mais relevantes:

- expansão isentálpica ($\Delta h = 0$);
- baixa eficiência de performance;
- baixo nível de recuperação de propano;
- baixo investimento;
- processo normalmente utilizado para acerto de ponto de orvalho de gás natural.

8.7.4 Descrição básica do processo

Pode ser utilizada prévia compressão ou não, a depender do nível de pressão disponível e também do nível de ajuste de ponto de orvalho, ao qual o gás deve ser submetido (ver Figura 8.3).

8.7.5 Esquema do processo

Uma válvula de controle de pressão (PV) quebra a pressão da linha e garante a estabilidade da pressão de fornecimento de gás tratado. A variável temperatura, mo-

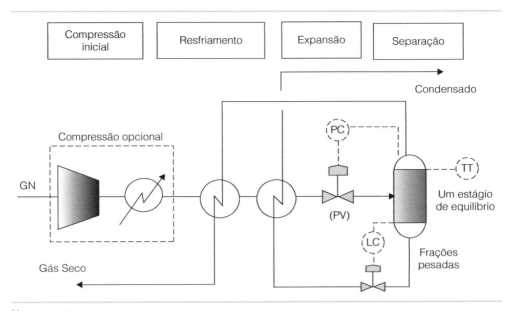

Nota: TT = Transmissor de temperatura
Figura 8.3 Esquema Joule-Thomson

nitorada no vaso de separação de fases, estabelece o ponto de orvalho do gás, ou seja, define a qualidade atingida pelo gás processado.

O gás gerado possui um menor teor de frações pesadas do que o gás na entrada da unidade, porém não é garantida a separação total das frações mais pesadas. O ponto de corte é definido em função da temperatura mínima que o gás atingirá durante o escoamento até a entrega ao consumidor final. O projeto deve acertar o ponto de orvalho do gás, de forma que essa temperatura mínima durante o escoamento não gere mais condensação no interior dos gasodutos.

Nesse processo, temos ainda que estabelecer o que fazer com o líquido gerado, uma vez que este possui uma alta pressão de vapor (valor usual próximo a 2,94 MPa ou 30 kgf/cm^2) e não pode ser descartado sem maiores cuidados. No caso de existência de unidades industriais que possam receber esse descarte, o problema é mais facilmente resolvido. De outra forma, será necessário projetar um sistema de estabilização do condensado. Para esse fim é possível utilizar vasos separadores, como estágios de equilíbrio (um ou dois estágios, dependendo das pressões envolvidas).

8.7.6 Principais malhas de controle do processo

A variável operacional mais importante do processo é a temperatura obtida no vaso separador de fases após a expansão. O valor de projeto dessa variável é função direta do ponto de orvalho pretendido para o gás tratado. Essa variável é controlada indiretamente, por meio do controle da pressão do vaso separador (numericamente, o valor da temperatura de operação do vaso separador deve ser igual ao valor desejado para o ponto de orvalho do gás tratado).

A pressão do vaso separador é definida em função da pressão necessária para se escoar o gás processado até o seu ponto de destino. Uma vez que essa pressão está definida pela necessidade de escoamento do gás, o grau da expansão conseguido na válvula de controle de pressão a montante do vaso separador é função da pressão de chegada do gás. Se essa pressão diminui por problemas na produção ou presença de líquido no duto, o grau de expansão também diminui, impactando negativamente a qualidade do gás tratado. Sistemas em que essa condição de oscilação de pressão da carga é incompatível com a garantia da qualidade do gás tratado obrigam a instalação de um compressor na entrada da unidade para que se possa efetivamente controlar a pressão de entrada e, consequentemente, o grau de expansão do gás.

Outra variável controlada da unidade é o nível de fundo do vaso separador, responsável pela retirada do líquido condensado na etapa da expansão. Uma válvula de controle de nível (LV) pode mantê-lo constante, evitando o ocasional arraste de partículas líquidas pelo gás.

8.8 Processo refrigeração simples

8.8.1 Introdução

É considerado um processo simples e de médio investimento, podendo gerar gás especificado para venda, embora esse processo também possua algumas limitações técnicas, principalmente no que diz respeito ao teor residual de propano (C_3) no gás processado. Se o objetivo do projeto for maximizar a produção de GLP, deverá ser considerada a possibilidade de utilização de um processo mais eficiente (e certamente mais caro).

O sistema mais delicado de uma unidade que utiliza esse processo é o ciclo de refrigeração, o qual utiliza compressores de propano como fonte de energia para liquefação das frações mais pesadas do gás natural.

Normalmente, unidades que utilizam esse processo termodinâmico são do tipo DPP (*dew point plant*) ou unidade de acerto de ponto de orvalho de gás. Essas unidades têm como objetivo principal apenas especificar o gás processado, sem grandes compromissos com a especificação do líquido gerado ou com a maximização dessa fração líquida.

8.8.2 Fundamento termodinâmico

Nesse processo temos a liquefação das frações mais pesadas do gás natural por meio da redução de temperatura provocada pela troca térmica do gás com um fluido refrigerante.

Em geral, é utilizado o propano como fluido refrigerante em um ciclo de refrigeração convencional. Esse propano utilizado no ciclo é produzido a partir do próprio gás natural, por meio do fracionamento de uma porção do LGN gerado na unidade.

Devido à obtenção de baixas temperaturas, o gás natural precisa ser desidratado antes de ser submetido às trocas térmicas nos permutadores de aproveitamento de energia e nos permutadores a propano.

Basicamente, usa-se a injeção de monoetilenoglicol (MEG), que funciona como agente desidratante em um ciclo fechado. O MEG é regenerado em um sistema auxiliar composto por uma torre retificadora com refervedor que elimina o vapor d'água absorvido pelo MEG do gás natural.

8.8.3 Principais características

☐ Exige desidratação do gás natural.

☐ Atinge baixas temperaturas.

☐ Utilização de um ciclo de refrigeração a propano.

☐ Processo simples e robusto.

☐ Não necessita de pressões altas (não opera com expansão do gás).

☐ Considerado de médio investimento.

8.8.4 Descrição básica do processo

O gás natural é inicialmente separado do condensado e da água livre em um vaso separador trifásico. Após essa primeira separação, o gás é desidratado pela utilização de monoetilenoglicol (MEG) em um sistema de absorção por contato físico nos permutadores da unidade. O MEG é nebulizado por meio de bicos aspersores, diretamente sobre os espelhos dos permutadores, de forma a entrar nos tubos do permutador intimamente misturado ao gás escoado. Por similaridade química, o vapor d'água presente no gás migra para a fase líquida da solução de MEG. Após a injeção de MEG e absorção da água do gás, a solução aquosa de MEG é separada do gás e segue para o sistema de regeneração de MEG.

A solução de MEG é regenerada por ação de calor, com vaporização da água retirada do gás. Em seguida, esta, concentrada, retorna para novo contato com o gás de alimentação da unidade, operando em um ciclo fechado.

O gás seco (desidratado) tem sua temperatura reduzida no sistema de refrigeração da unidade por meio da utilização de um ciclo a propano, causando a condensação das frações mais pesadas do gás. O gás frio pobre remanescente troca calor com o gás natural, carga da unidade, para recuperar energia.

Em uma torre de desetanização, o excesso de etano incorporado ao líquido gerado na etapa de refrigeração é vaporizado e separado do líquido restante. Essa retirada de excesso de etano permite alcançar a especificação da Pressão de Vapor Reid (PVR) do líquido gerado. O etano vaporizado gera um gás residual que sai pelo topo dessa torre. Pelo fundo, o líquido de gás natural (chamado simplesmente de LGN) deixa a torre para ser submetido à próxima etapa.

O LGN pode ser destilado em uma torre desbutanizadora para produção de GLP e C_5^+ ou apenas ser misturado com a carga de uma outra unidade para processamento posterior.

8.8.5 Principais malhas de controle da unidade

As principais malhas de controle operacional da unidade e os valores usualmente praticados na sua operação são os seguintes:

☐ *Vazão de carga da unidade* – controla a entrada de gás na unidade. Os valores usuais dependem do porte da unidade. A faixa normal de capacidades nominais de projeto vai de 150 000 m³/d a 5 000 000 m³/d.

☐ *Pressão de descarga do compressor de propano* – é função da qualidade do propano refrigerante e da carga da unidade. Carga acima do valor nominal ou alto teor de etano no propano refrigerante causam alta pressão da descarga do compressor. Valores usuais: em torno de 1,18 MPa a 1,47 MPa (12 kgf/cm² a 15 kgf/cm²).

☐ *Temperatura de regeneração do MEG* – a baixa eficiência do sistema de regeneração pode ocasionar baixo teor de MEG na vazão circulante e, consequentemente, formação de hidratos na unidade. Valor usual: 120 °C.

☐ *Vazão de circulação de MEG* – a baixa vazão circulante de MEG pode causar formação de hidratos. Valores usuais: em torno de 25 a 45 litros de solução de MEG a 80% em volume por litro de água retirada do gás.

☐ *Nível do vaso separador de MEG* – o descontrole do nível desse vaso pode ocasionar arraste de MEG pelo gás (nível alto) ou passagem de gás para o sistema de regeneração de MEG (nível baixo). Valores usuais: em torno de 50% a 70% do nível máximo.

☐ *Pressão do vaso separador de condensado* – a pressão do vaso separador influencia diretamente o escoamento do gás processado para as redes de distribuição. Valores usuais: função direta da pressão necessária para o escoamento do gás até a rede de distribuição.

☐ *Nível de fundo da torre desetanizadora* – controla a retirada de produto líquido da torre. Valores usuais: em torno de 50% a 70% do nível máximo.

- *Pressão da torre desetanizadora* – controla o teor de etano do LGN produzido (é responsável pela pressão de vapor do líquido separado). Valores usuais: em torno de 0,98 MPa a 1,67 MPa (10 kgf/cm^2 a 17 kgf/cm^2).
- *Temperatura de fundo da torre desetanizadora* – com a pressão da torre controla o teor de etano residual no LGN produzido. Valores usuais: em torno de 90 °C a 100 °C.
- *Temperatura de fundo da torre desbutanizadora* – controla o nível de corte entre os produtos de topo (GLP) e de fundo (C_5^+). Determina a Pressão de Vapor Reid (PVR) do produto de fundo. Valores usuais: em torno de 110 °C a 125 °C.
- *Temperatura de topo da torre desbutanizadora* – esta variável é controlada pela razão de refluxo. Valores usuais: em torno de 55 °C a 70 °C.
- *Nível de fundo da torre desbutanizadora* – controla a retirada de produto líquido da torre. Valores usuais: em torno de 50% a 70% do nível máximo.
- *Pressão da torre desbutanizadora* – controla a eficiência de separação da torre. Valores usuais: em torno de 1,18 MPa a 1,67 MPa (12 kgf/cm^2 a 17 kgf/cm^2).
- *Vazão de refluxo da torre desbutanizadora* – controla a qualidade do produto de topo (GLP) gerado. Valores usuais: de 3:1 a 5:1 (em relação à vazão de produto de topo).

8.8.6 Esquema do processo

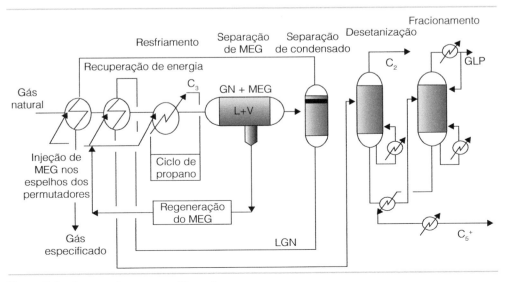

Figura 8.4 Esquema do processo refrigeração

Variações no esquema de recuperação de energia podem ser utilizadas com o objetivo de otimizar o aproveitamento energético da unidade. De uma forma geral, é importante fazer as correntes frias trocarem calor com o gás natural de entrada da unidade para que a potência requerida e, logicamente, o tamanho e custo dos compressores de propano sejam significativamente menores. A troca térmica com o líquido frio separado, em geral, deve ser a última devido à maior capacidade de troca do líquido em relação ao gás. Essa disposição das etapas de troca maximiza o aproveitamento de energia.

8.8.7 Principais problemas operacionais da unidade

☐ Formação de hidrato

Os principais fatores que podem ocasionar formação de hidratos em uma unidade desse tipo estão relacionados à injeção de desidratante. Entupimento no bico nebulizador ou baixa eficiência da bomba de circulação de MEG podem levar à formação de hidrato.

A baixa eficiência de regeneração do MEG por falha na alimentação do fluido quente do refervedor ou por geração de caminhos preferenciais no leito do recheio da torre regeneradora são os principais motivos da piora da qualidade da solução de MEG, o que, certamente, pode acarretar a formação de hidrato na unidade.

O aumento do teor de umidade no gás natural, acima dos valores previstos no projeto original, também pode ocasionar formação de hidratos na unidade (nesse caso, a vazão circulante de MEG torna-se insuficiente para promover a desidratação adequada do gás).

☐ Parada dos compressores de propano

Por ser uma unidade criogênica, o ciclo de propano pode ser considerado o principal sistema desta.

Problemas relacionados à qualidade do propano refrigerante do ciclo podem acarretar problemas operacionais nos compressores, como pressão muito alta ou muito baixa na descarga da máquina, o que poderia causar a parada destes. Nesse mesmo sentido, problemas elétricos também podem provocar o mesmo efeito.

8.9 Processo absorção refrigerada

8.9.1 Introdução

O processo absorção refrigerada possui alto rendimento na recuperação de propano, sendo capaz de garantir a especificação do gás processado, conforme a Portaria n. 104 da ANP.

Esse processo, por ter um nível maior de complexidade, possui um custo médio razoavelmente maior que os anteriores; assim, para garantir o retorno do investimento realizado, precisa ser dimensionado para uma capacidade nominal de carga mínima. Normalmente, plantas com capacidade nominal igual ou acima de 1 000 000 m³/d de gás natural têm retorno do investimento garantido em pouco tempo de operação. Entretanto, em caso de a carga apresentar alto teor de frações de hidrocarbonetos pesados (C_3^+ da ordem de 10%), podem ser viabilizadas plantas com capacidades menores.

8.9.2 Fundamento termodinâmico

Nesse processo, o fundamento termodinâmico utilizado é a combinação da refrigeração com o efeito da absorção de fração de pesados do gás natural por meio do uso de um solvente adequado, nesse caso, uma fração de petróleo na faixa da aguarrás.

Nessa etapa ocorre a liquefação de parte das frações mais pesadas do gás natural por meio da queda de temperatura proporcionada por um ciclo de propano e parte pela absorção provocada pela lavagem em contracorrente do gás natural com aguarrás.

Como sistemas principais, temos um ciclo de refrigeração a propano utilizado na etapa de refrigeração e uma torre absorvedora utilizada na etapa de absorção.

O gás natural obviamente precisa ser desidratado antes de ser resfriado para evitar a formação de hidratos que geram obstruções nas linhas da unidade. Nesse sentido, é utilizado um sistema auxiliar de injeção e regeneração de MEG para garantir a adequada desidratação do gás natural.

8.9.3 Principais características

As principais características do processo absorção refrigerada são as seguintes:
- [ ] Processo físico e exotérmico.
- [ ] Utilização de solvente (óleo de absorção).
- [ ] Mecanismo de absorção – lavagem do gás em contracorrente.
- [ ] Variáveis de controle principais:
    - √ temperatura;
    - √ pressão;
    - √ vazão de solvente.
- [ ] Aspecto crítico – afinidade *versus* seletividade do solvente.
- [ ] Alta recuperação de propano.
- [ ] Alto investimento.

8.9.4 Descrição básica do processo

A unidade é dividida em sistemas básicos e auxiliares, nos quais ocorrem os diversos processos unitários que fazem parte da operação de processamento do gás natural (ver Figura 8.5).

8.9.5 Esquema simplificado do processo

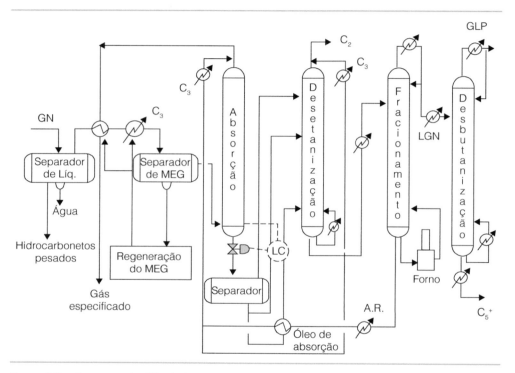

Figura 8.5 Fluxograma simplificado do processo absorção refrigerada

O gás natural é previamente separado da fase líquida e da água livre presente na corrente de hidrocarbonetos e recebe a injeção de MEG, de forma idêntica ao já descrito no processo refrigeração simples.

O gás praticamente isento de água é resfriado no sistema de refrigeração a propano quando ocorre, então, aproximadamente metade da condensação total obtida na unidade. A outra metade da condensação ocorre na torre de absorção por meio do contato do gás natural com um líquido de absorção (solvente), que é injetado em contracorrente com o gás resfriado. A fração não absorvida constitui-se no gás residual (basicamente metano e etano) que sai pelo topo da torre de absorção especificado para venda ao consumidor final.

O líquido condensado pelo resfriamento com propano sai do vaso separador de glicol e entra pelo fundo da torre absorvedora, juntamente com o gás não condensado. O gás sobe pela torre e o líquido sai pelo fundo desta com o solvente e o condensado formado nessa etapa de absorção, sem participar do equilíbrio de fases que ocorre nos estágios dessa torre (para efeito de equilíbrio termodinâmico é como se o líquido gerado na etapa de refrigeração não entrasse na torre de absorção).

O produto de fundo da torre de absorção (chamado de óleo rico) é constituído pelo óleo de absorção e pela fração do gás condensada nas etapas de refrigeração e absorção.

Na etapa de absorção, uma grande quantidade de etano é incorporada ao óleo rico. Dessa forma, parte desse componente é retirada do óleo rico na torre de desetanização, localizada após a torre de absorção, gerando um gás residual rico em etano no topo da desetanizadora e um óleo rico desetanizado no fundo desta.

A próxima etapa do processo é a etapa de fracionamento do LGN gerado. Em uma torre fracionadora, o óleo rico (aguarrás + LGN) é separado em líquido de gás natural (LGN) que sai pelo topo da torre na fase vapor e em óleo de absorção (aguarrás) isento de frações do LGN gerado no processo. Esse óleo de absorção destilado é chamado de óleo pobre e sai pelo fundo da torre. O calor necessário para promover essa separação é proporcionado por um forno, que funciona, nesse caso, como o refervedor da torre de fracionamento.

Parte do óleo pobre que sai do fundo da fracionadora transfere energia térmica para os refervedores das torres de processo da unidade, é resfriada com água e, finalmente, com óleo rico frio. Essa passagem por uma série de permutadores permite uma melhor otimização energética da unidade, pois ao mesmo tempo em que provê carga térmica para todos os consumidores da unidade, possibilita o resfriamento do óleo pobre necessário para a etapa de absorção.

Após o resfriamento, o óleo pobre é novamente injetado nas torres de absorção e desetanização em um ciclo fechado.

O LGN separado que sai pelo topo da torre fracionadora alimenta a torre desbutanizadora para separação em GLP, que sai pelo topo da torre, e gasolina natural, que sai pelo fundo. O GLP oriundo do topo da torre desbutanizadora segue para a etapa de tratamento final, onde ocorre a retirada de componentes que transmitem corrosividade ao produto. Esta etapa pode ser realizada em uma unidade de tratamento cáustico convencional ou em um sistema patenteado à base de óxidos metálicos (Fe ou Zn).

Uma vez tratado, o GLP segue para o sistema de odorização, onde é injetado na corrente de GLP produzido um agente indicador de vazamento, por questão de segurança de manuseio.

Após ser odorizado, o GLP é enviado para as esferas de armazenamento e, em seguida, para o carregamento por carretas, enquanto a gasolina natural é enviada para os tanques de C_5^+, para posterior bombeio ao destino final.

8.9.6 Etapa de separação de líquidos (água e condensado)

A água livre que chega com o gás natural dos campos de produção é separada na entrada da unidade, gerando um gás em equilíbrio com vapor d'água (gás saturado ou no ponto de orvalho), conforme apresentado na Figura 8.6. Também eventuais frações pesadas de hidrocarbonetos, condensadas durante o escoamento para unidade, são separadas nessa etapa.

O equipamento utilizado é um vaso separador horizontal trifásico, o qual tem duas saídas para líquido, sob controle de nível e uma saída para gás, que controla a pressão de operação do equipamento. A entrada de carga é controlada por uma válvula de controle de vazão, a qual permite o controle de carga da unidade.

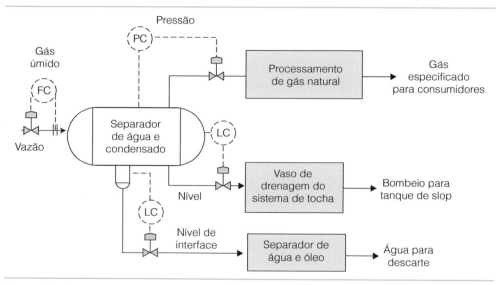

Figura 8.6 Separação de água e condensado

Principais malhas de controle

- ☐ Nível de hidrocarboneto líquido do vaso separador.
- ☐ Nível de água da bota do vaso separador.
- ☐ Pressão do vaso separador.

8.9.7 Etapa de desidratação do gás natural

O gás, embora isento de água livre, possui vapor d'água em equilíbrio, que deve ser removido para permitir a operação da unidade em baixas temperaturas (elimina condição favorável à formação de hidratos).

O processo usado na desidratação do gás natural em unidades do tipo absorção refrigerada é a absorção da água (soluto) pelo MEG (solvente), aproveitando a maior afinidade química existente entre o MEG e a água, uma vez que as duas substâncias possuem moléculas polares, enquanto os hidrocarbonetos componentes do gás natural são apolares.

O MEG é nebulizado na corrente de gás por intermédio de bicos nebulizadores instalados na entrada dos permutadores responsáveis pela refrigeração do gás natural, conforme já descrito no processo de refrigeração simples.

São utilizados bicos nebulizadores que transformam a massa do líquido em gotículas de pequeno tamanho, que se dispersam na massa gasosa com grande facilidade. Não havendo remoção adequada de água, haverá formação de hidratos que causarão obstrução das linhas e equipamentos da unidade.

O sistema de desidratação do gás natural opera intimamente ligado ao sistema de regeneração do agente desidratante (MEG), o qual circula em um ciclo fechado entre os dois sistemas. Não é possível operar um sem o outro.

Agente desidratante utilizado:

– Nome comercial:	Monoetilenoglicol (MEG)
– Massa molar:	62 kg/kmol
– Temperatura de degradação:	164,4 °C
– Teor de MEG regenerado:	80% a 85% (em volume)
– Teor de MEG saturado:	60% a 65% (em volume)
– Fórmula química:	$HO\text{-}CH_2\text{-}CH_2\text{-}OH$

O controle do teor do MEG regenerado e saturado é feito em função da densidade relativa, usando-se um gráfico de densidade *versus* teor de MEG. O pH do sistema deve ser controlado próximo a 7,0 para evitar a formação de espuma.

Desidratação com Monoetilenoglicol (MEG)

O processo de desidratação de gás natural com MEG é baseado no mecanismo da transferência de massa entre a fase líquida (solução de MEG) e a fase gasosa (gás úmido), por meio da aspersão da solução desidratante dentro da fase gasosa nos permutadores da unidade (ver Figura 8.7).

O gás natural é resfriado no permutador gás-gás e no permutador a propano. Com a redução da temperatura, a água presente no gás migra para a fase líquida da solução de MEG devido à diminuição da constante de equilíbrio que determina a quantidade máxima de vapor d'água que pode ficar em equilíbrio com o gás. Ao migrar para a fase líquida, a água não se solidifica (formando hidratos) devido à presença do MEG, que é nebulizado dentro da corrente de gás natural.

O MEG com a água retirada da fase gasosa é separado do gás natural em um vaso separador horizontal por meio da utilização de chicanas e compartimentos internos ao vaso.

A vazão circulante de MEG é controlada por ação no controlador do cursor da bomba de MEG, a qual é uma bomba alternativa de baixa vazão e alta pressão de descarga.

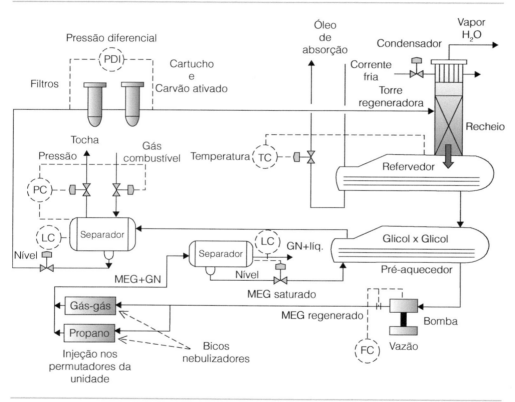

Nota: PDI = Indicador de pressão diferencial

Figura 8.7 Esquema do sistema de desidratação do gás natural e regeneração do monoetilenoglicol

8.9.8 Etapa de regeneração do MEG

O MEG saturado com água absorvida do gás natural é concentrado na torre de regeneração de MEG. Esta é recheada com peças de recheio cerâmico tipo "sela intalox" ou similar e opera com uma temperatura de regeneração da ordem de 120 °C. O teor de MEG na solução varia de 65% (entrada do MEG saturado) até 85% em volume (saída do MEG regenerado).

O produto da torre é o MEG regenerado, que volta ao sistema para novamente absorver água do gás natural em um circuito fechado de baixa perda de produto.

Deve-se cuidar para que a temperatura da torre de regeneração não ultrapasse muito o valor de projeto, para evitar a decomposição do MEG, que pode ocasionar a formação de ácido acético ($H_6C_2O_2$), produto da oxidação do MEG, o qual é um agente responsável pelo aumento das taxas de corrosão interna dos equipamentos da unidade.

O topo da torre regeneradora deve ser controlado de forma a minimizar as perdas de vapores de MEG. Uma corrente fria passando pelo condensador de topo pode ser utilizada para esse controle.

Antes da etapa de regeneração, a solução de MEG é purificada em filtros tipo cartucho e de carvão ativado para retenção de impurezas sólidas e líquidas. Após a regeneração e recuperação de calor, a solução de MEG é bombeada para os permutadores, onde é novamente nebulizada na corrente de gás natural, fechando o ciclo do sistema de desidratação da unidade.

Principais malhas de controle

- ☐ *Temperatura de regeneração do MEG* – a baixa eficiência do sistema de regeneração pode ocasionar baixo teor de MEG na vazão circulante e, consequentemente, formação de hidratos na unidade. Essa temperatura é controlada no refervedor da torre regeneradora. Valor usual: 120 °C.

- ☐ *Vazão de circulação de MEG* – a baixa vazão circulante de MEG pode causar formação de hidratos. Valores usuais: em torno de 25 a 45 litros de solução de MEG a 80% em volume por litro de água retirada do gás.

- ☐ *Nível do vaso separador de MEG* – o descontrole do nível desse vaso pode ocasionar arraste de MEG pelo gás (nível alto) ou passagem de gás para o sistema de regeneração de MEG (nível baixo). Valores usuais: em torno de 50% a 70% do nível máximo.

- ☐ *Nível do vaso expansor de MEG* – o descontrole do nível desse vaso pode ocasionar arraste de hidrocarbonetos pelo MEG (nível baixo) ou perda de MEG (nível alto). Valores usuais: aproximadamente de 50% a 70% do nível máximo.

- ☐ *Pressão do vaso expansor* – a pressão do vaso expansor de MEG controla o nível de leves absorvidos pelo agente desidratante. Valores usuais: em torno de 0,34 MPa a 0,50 MPa (3,5 kgf/cm^2 a 5,0 kgf/cm^2).

- ☐ *Temperatura de topo da torre regeneradora* – controla a perda de MEG arrastado pelo vapor d'água que sai pelo topo de torre. Valores usuais: em torno de 102 °C a 105 °C.

8.9.9 Etapa de refrigeração a propano

A unidade utiliza um ciclo de refrigeração a propano para atingir as temperaturas negativas necessárias ao processo. O gás natural é refrigerado com propano antes de entrar na torre absorvedora, assim como os vapores de topo da torre absorvedora e desetanizadora, as quais possuem condensadores a propano no sistema de topo (ver Figura 8.8 e Gráfico 8.1).

O ciclo possui dois compressores de propano (sendo um reserva) com dois estágios de compressão para atuarem no processo de compressão dos vapores de propano gerados nos permutadores. O vapor de propano, após compressão, é resfriado e liquefeito no condensador de propano e vai para o vaso acumulador. Do acumulador, o propano é sub-resfriado com os vapores do topo da torre desetanizadora e segue para o vaso economizador de propano, no qual ocorre uma expansão, gerando um vapor à pressão manométrica de 392 kPa (4,0 kgf/cm^2), que entra no 2º estágio do compressor de propano, e um líquido que segue, então, para o vaso separador de propano.

☐ *Ciclo de refrigeração a propano* – o diagrama a seguir apresenta as quatro etapas do ciclo de refrigeração utilizado na unidade.

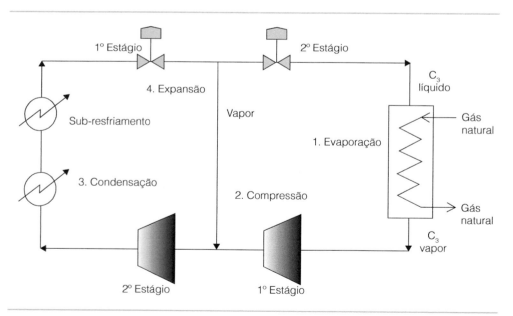

Figura 8.8 Ciclo de refrigeração da UPGN

Do separador, o propano líquido alimenta os permutadores do sistema de refrigeração e retorna na fase vapor para o mesmo vaso, para daí então retornar à sucção dos compressores sob controle de pressão no valor de 83 kPa (0,85 kgf/cm^2).

A energia requerida (calor latente) pela mudança de fase do propano, que passa da fase líquida para a fase vapor, é retirada das correntes gasosas do gás natural no refrigerador de gás e nos condensadores das torres absorvedora e desetanizadora.

- *Diagrama pressão* versus *entalpia* – o diagrama *p versus h* permite a avaliação termodinâmica do ciclo de propano da unidade tipo absorção refrigerada.

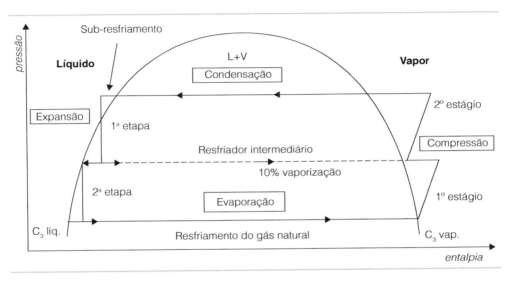

Figura 8.9 Relação pressão *versus* entalpia

Principais malhas de controle

- *Controle de nível do vaso do primeiro estágio do compressor* – valores usuais: 50% a 70% do nível máximo.
- *Controle de nível do vaso do segundo estágio do compressor* – valores usuais: 50% a 70% do nível máximo.
- *Controle de nível do resfriador a propano de gás natural* – esta variável controla a taxa de condensação de pesados do gás. Quanto mais alto for o nível de propano, mais frações pesadas são condensadas. A contrapartida é que o nível alto do resfriador tende a aumentar a pressão da descarga do compressor de propano. Esse permutador possui a maior vazão circulante de propano da unidade. Valores usuais: 40% a 60% do nível máximo.
- *Controle de nível de propano do permutador de topo absorvedora* – esta variável controla a taxa de reabsorção da fração C_3^+ do topo da torre absorvedora. Quanto mais alto for o nível de propano, menor será o teor de pesados no gás especificado para venda. Valores usuais: 40% a 60% do nível máximo.

☐ *Controle de nível de propano do permutador de topo desetanizadora* – esta variável controla a taxa de reabsorção da fração de etano do topo da torre desetanizadora. Quanto mais alto for o nível de propano, maior será o teor de etano do LGN produzido. Valores usuais: 40% a 60% do nível máximo.

☐ *Controle de pressão do primeiro estágio do compressor* – valores usuais: 80 kPa a 90 kPa (0,80 kgf/cm^2 a 0,90 kgf/cm^2). O valor de projeto (85 kPa ou 0,85 kgf/cm^2) é definido em função da temperatura de equilíbrio para o propano puro a -28 °C.

☐ *Controle de pressão do segundo estágio do compressor* – valores usuais: 390 kPa a 410 kPa (4,0 kgf/cm^2 a 4,2 kgf/cm^2).

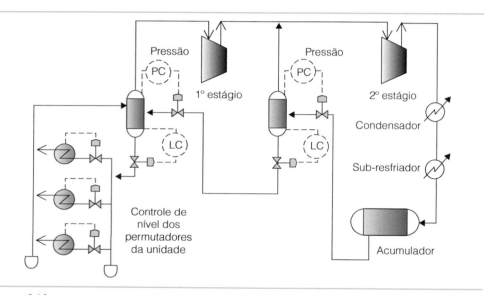

Figura 8.10   Esquema do sistema de refrigeração a propano

8.9.10 Etapa de absorção

O processo de absorção pode ser físico ou químico. Se a absorção for química, esta pode ocorrer por reações reversíveis ou irreversíveis. As reações químicas reversíveis exigem equipamento adicional para regeneração do solvente, já as irreversíveis exigem o descarte do solvente.

O solvente não deve ser caro ou tóxico, para não inviabilizar o processo. Deve também apresentar uma boa estabilidade química e uma baixa pressão de vapor, pois o gás que deixa a torre de absorção sai saturado de solvente e uma pressão de vapor alta deste último implica uma alta perda de solvente.

No caso da absorção efetuada em uma planta de gás natural, o processo é puramente físico, aproveitando a afinidade existente entre o solvente (óleo de absorção) e o soluto (frações pesadas do gás natural). Usa-se normalmente como solvente em uma UPGN uma fração de hidrocarbonetos na faixa do hexano (aguarrás).

Mecanismo da absorção

O processo de absorção em uma planta de gás natural é regido por três variáveis principais da torre de absorção:

- temperatura;
- pressão;
- vazão de solvente (óleo de absorção).

As leis da termodinâmica mostram que todo sistema tenta se acomodar em um ponto de equilíbrio (ponto de mais baixa energia) e que o sistema sempre vai responder de forma contrária a qualquer tentativa de mudança desse ponto. Por isso, um aumento de pressão favorece o processo de absorção, uma vez que se tem a passagem de massa da fase vapor para a fase líquida, com consequente redução de volume, tendendo, assim, a minimizar esse incremento de pressão.

Uma menor temperatura também pelo mesmo princípio termodinâmico favorece a absorção, pois sendo um processo exotérmico (libera calor), a energia térmica liberada pela absorção tenderá a atenuar essa diminuição de temperatura. Uma maior vazão de solvente favorece a absorção por colocar maior quantidade de líquido em contato com o gás.

A reunião dessas três variáveis direcionadas para o favorecimento do processo de absorção permite retirar praticamente toda a riqueza do gás natural processado, liberando, então, um gás residual composto basicamente por metano e etano (gás pobre).

Na realidade, é impossível isentar completamente o gás residual gerado de frações C_3^+, pois o equilíbrio termodinâmico faz com que o gás de topo da torre deixe-o saturado em componentes da fração de LGN e no próprio óleo de absorção (aguarrás).

O gás rico escoa em contracorrente com o óleo de absorção, ocorrendo, portanto, o contato íntimo necessário para que haja transferência de massa e energia entre as fases líquida e vapor (ver Figura 8.11). Essa transferência será tanto mais intensa quanto maior for o tempo de contato e a diferença de concentração do soluto entre as fases, que é a força motriz do processo.

Na medida em que o vapor sobe pela torre e as frações pesadas são absorvidas pelo solvente, quantidades de energia térmica são liberadas devido ao processo de absorção ser exotérmico, promovendo, assim, uma tendência de aquecimento no topo da torre, fato que é corrigido com o uso de um fluido refrigerante eficiente no condensador da torre absorvedora.

Um projeto atual de UPGN contempla o uso de injeção de óleo de absorção no vapor de saída da torre, promovendo, com isso, uma refrigeração efetiva do solvente no condensador a propano antes de este entrar na torre e absorver as frações pesadas do gás natural, além de possibilitar uma pré-saturação do soluto no solvente (aguarrás). Dessa forma, o óleo de absorção volta à torre como refluxo de topo.

Seletividade *versus* afinidade do solvente

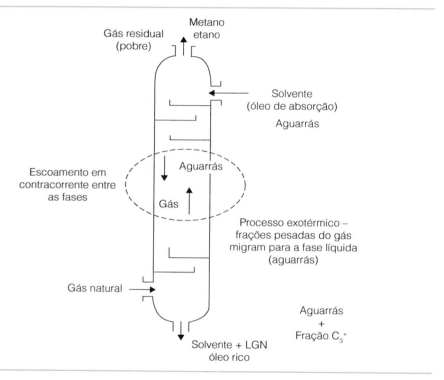

Figura 8.11   Mecanismo de absorção

A aguarrás usada nas UPGNs como solvente é escolhida em função de sua afinidade com os hidrocarbonetos presentes no gás natural com cadeias de três ou mais átomos de carbono.

Os parâmetros usados no controle das propriedades de absorção da aguarrás são os pontos inicial e final de ebulição. Quando se quer maximizar a produção de GLP, é possível acrescentar maior quantidade de etano no LGN absorvido. Deve-se, então, buscar uma diminuição no Ponto Inicial de Ebulição (PIE) da aguarrás (tornando-a mais leve), aumentando, assim, a sua afinidade em relação às frações mais leves do gás natural.

O aumento da afinidade do solvente por esta ou aquela fração de hidrocarbonetos não é específico, ou seja, a seletividade da aguarrás não permite uma maior absorção de propano sem um proporcional aumento da absorção de etano.

Principais malhas de controle

- *Pressão da torre absorvedora* – quanto maior for a pressão da torre, mais eficiente é a etapa de absorção. Valores usuais: 4,41 MPa a 5,88 MPa (45 kgf/cm^2 a 60 kgf/cm^2).
- *Temperatura do topo de torre absorvedora* – controlada pelo permutador a propano do topo da torre. Valores usuais: -23 °C a -25 °C ou mais baixos, a depender da pressão da especificação do ciclo de propano da unidade.
- *Vazão do óleo de absorção* – juntamente com a pressão e temperatura de topo da torre, define a eficiência da etapa de absorção. Valores usuais: depende do porte da unidade.
- *Nível do vaso de topo da torre absorvedora* – valores usuais: em torno de 50% a 70% do nível máximo.
- *Nível de fundo da torre absorvedora* – valores usuais: em torno de 50% a 70% do nível máximo.

8.9.11 Etapa de desetanização

A torre desetanizadora é uma torre de destilação completa, possuindo seção de absorção e de esgotamento. No fundo dessa torre, o aquecimento promovido pelo refervedor garante a vaporização do excesso de etano absorvido. No topo desta, a admissão de solvente, aliada ao resfriamento promovido pelo condensador a propano, garante a geração de um gás de topo pobre, constituído basicamente por etano e praticamente isento de fração C_3^+.

O óleo rico proveniente do fundo da torre absorvedora segue para o vaso separador de óleo rico, em que o vapor gerado na expansão ocorrida na válvula de controle de pressão localizada à montante deste é separado e encaminhado para a seção de absorção da torre desetanizadora. O líquido do fundo do vaso separador é dividido em duas correntes: a primeira é admitida diretamente na torre desetanizadora e a segunda é aquecida por meio do resfriamento do óleo pobre antes de ser admitida na torre desetanizadora alguns pratos abaixo do prato de carga da primeira corrente líquida.

O vaso separador de óleo rico permite observar o ponto de menor temperatura da unidade. O líquido previamente refrigerado até -25,0 °C pelo ciclo a propano na etapa de refrigeração é expandido de 5,69 MPa (58 kgf/cm^2) para 1,77 MPa (18 kgf/cm^2)

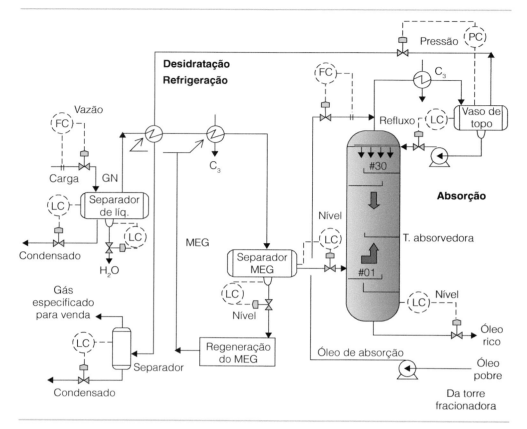

Figura 8.12 Sistema de absorção

na válvula de controle de pressão à montante desse equipamento. Dessa forma, a temperatura do vaso separador pode atingir valores extremos da ordem de -48,0 °C.

O perfil de temperatura da torre desetanizadora é o mais inclinado da unidade (ver Gráfico 8.1), variando de aproximadamente 100 °C no fundo da torre, proporcionado pelo refervedor, até valores negativos, da ordem de -25 °C, no topo desta, devido à utilização do sistema de refrigeração a propano.

A torre dispõe de três entradas de carga: uma constituída de vapor frio, gerado pela expansão do óleo rico na válvula de controle de pressão, e duas entradas líquidas, provenientes do fundo do vaso separador de óleo rico. Uma das correntes líquidas é previamente aquecida para entrar na torre. Esta possui ainda uma injeção de óleo de absorção no topo, responsável pela reabsorção das frações C_3^+ do gás residual.

Como na torre absorvedora, a injeção de óleo de absorção ocorre na saída de topo da torre desetanizadora. Dessa maneira, o óleo de absorção passa inicialmente no condensador a propano do sistema de topo, antes de entrar na torre como refluxo de topo para promover a absorção das frações pesadas de hidrocarbonetos.

Processamento de Gás Natural

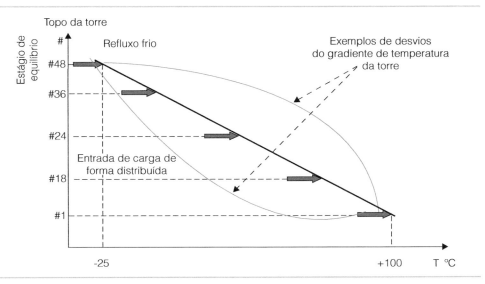

Gráfico 8.1 Perfil de temperatura da torre desetanizadora

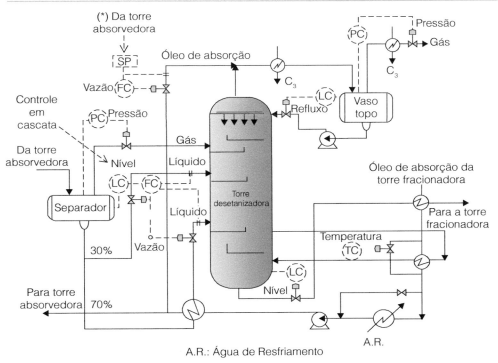

A.R.: Água de Resfriamento

(*) O ajuste de vazão da torre absorvedora serve de *set point* (= SP) para o controle de vazão de óleo de absorção da torre desetanizadora.

Figura 8.13 Sistema de desetanização

A divisão das entradas de carga nessa torre permite a manutenção do perfil de temperatura sem grandes desvios. Na prática, por meio da divisão das entradas de carga evita-se a falta de líquido em algumas seções da torre, o que comprometeria a eficiência final de separação e a qualidade dos produtos gerados pela desetanizadora.

O gás separado após a pré-saturação do óleo pobre sai do vaso acumulador de topo da torre sob controle de pressão, sub-resfria o propano refrigerante e é enviado para ser comprimido nos compressores de gás residual. Cumpre lembrar que parte é queimada como gás combustível no forno da unidade.

8.9.12 Etapa de fracionamento do óleo rico

A função da torre fracionadora é separar o LGN da aguarrás, que retorna às torres de absorção e desetanização por um processo de destilação convencional (ver Figura 8.14).

O óleo rico efluente do fundo da desetanizadora é pré-aquecido e entra na fracionadora, onde recebe o aquecimento final no fundo da torre.

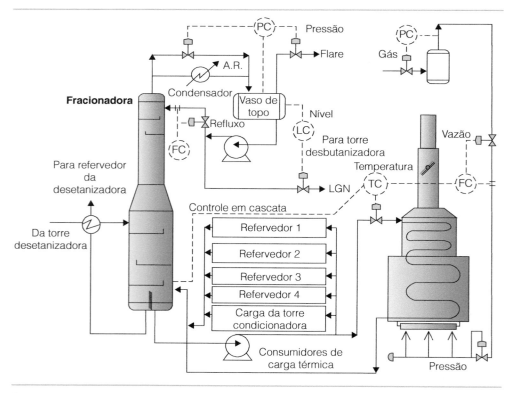

Observação: Refervedor 1 – Torre desbutanizadora; Refervedor 2 – Regeneração do MEG; Refervedor 3 – Torre de produção de propano; Refervedor 4 – Torre condicionadora.

Figura 8.14 Sistema de fracionamento do óleo rico

O fundo da torre opera como pulmão de óleo pobre e o refervedor desta é o forno que funciona também indiretamente como fonte de aquecimento para os refervedores das outras torres da unidade.

O produto de topo da torre é totalmente liquefeito no condensador de topo, sendo uma parte bombeada de volta à torre como refluxo interno e outra parte retirada como produto para alimentar a torre desbutanizadora (LGN).

O ponto de corte entre aguarrás do fundo e LGN do topo é definido pelo Ponto Inicial de Ebulição (PIE) da aguarrás, dado que quanto mais baixo esse PIE, mais leves se tornam os produtos de topo (LGN) e fundo (aguarrás) da torre, além de aumentar a quantidade de etano absorvido pela aguarrás na etapa da absorção.

A incorporação de aguarrás ao LGN, evidenciada pelo aumento do Ponto Final de Ebulição (PFE) do LGN e também pelo aumento do PIE da aguarrás, gera aumento no consumo desta, assim como a incorporação do líquido de gás natural à aguarrás gera uma diminuição momentânea na produção de LGN (ocorrência normalmente ocasionada pela redução de temperatura do fundo da torre).

A vazão de aguarrás para o forno refervedor da torre possui um valor mínimo, abaixo do qual a segurança do forno estaria comprometida devido ao risco de craqueamento e consequente coqueamento dentro das serpentinas (em razão do alto tempo de residência do produto dentro do forno). Essa vazão mínima é garantida de forma automática.

O forno transmite energia térmica para a corrente de óleo de absorção que sofre vaporização parcial. As temperaturas de entrada e saída do forno não são muito diferentes.

Principais malhas de controle

- *Pressão da torre fracionadora* – esta variável influencia a separação entre produto de topo e fundo da torre. Quanto maior for a pressão da torre, mais difícil será a separação. Valores usuais: 1,08 MPa a 1,27 MPa (11 kgf/cm^2 a 13 kgf/cm^2).

- *Vazão de refluxo da torre fracionadora* – esta malha controla diretamente a qualidade do LGN produzido. Valores usuais: 2 a 4 vezes a vazão de LGN produzido.

- *Nível do vaso de topo da torre fracionadora* – valores usuais: em torno de 50% a 70% do nível máximo.

- *Nível de fundo da torre fracionadora* – valores usuais: em torno de 50% a 70% do nível máximo.

- *Temperatura do topo da torre fracionadora* – esta variável é controlada pela vazão de refluxo. Valores usuais: 72 °C a 85 °C.

☐ **Temperatura do fundo da torre fracionadora** – esta variável define o PIE do óleo de absorção, o qual controla a qualidade da etapa da absorção. Valores usuais: 280 °C a 310 °C.

☐ **Vazão de gás combustível do forno** – esta variável, juntamente à pressão do anel de alimentação de gás, controla a temperatura do forno refervedor da torre fracionadora. Valores usuais: dependem do porte da unidade.

8.9.13 Etapa de desbutanização

Nesta etapa ocorre um processo de destilação na torre desbutanizadora, com evidente valorização da seção de absorção, na qual se processa a especificação do GLP produzido pela unidade (ver Figura 8.15). A carga da torre é constituída pelo produto de topo da torre fracionadora e é pré-aquecida pela gasolina natural (produto de fundo da própria desbutanizadora).

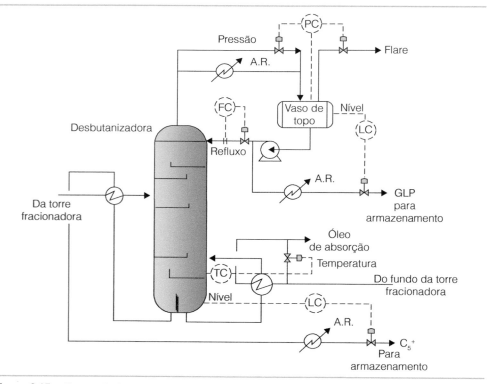

Figura 8.15 Sistema de desbutanização

O fluido quente do refervedor da desbutanizadora é a aguarrás quente proveniente do forno da fracionadora. O vapor de topo da desbutanizadora, constituído basicamente de propano e butano, é totalmente liquefeito no condensador de topo. Parte do líquido retorna à torre como refluxo de topo, e o restante é retirado da torre como produto e enviado para tratamento, odorização e posterior armazenamento.

O ponto de corte entre topo e fundo é definido pela análise de intemperismo. O objetivo é incorporar o máximo possível de pentano ao GLP permitido pela especificação do produto.

A análise de Pressão de Vapor Reid (PVR) determina o máximo teor de etano que pode ser incorporado à corrente de GLP produzida, visto que o ajuste dessa variável deve ser feito na torre desetanizadora. Valores de etano entre 2% e 12% em volume são usuais em GLP produzido por uma UPGN. Características específicas do sistema de armazenamento e também as necessidades dos clientes finais do GLP determinam o valor exato de etanização do GLP produzido em cada unidade.

Principais malhas de controle

- *Pressão da torre desbutanizadora* – esta variável influencia a separação entre produto de topo e fundo da torre. Quanto maior for a pressão da torre, mais difícil será a separação. Valores usuais: 1,23 MPa a 1,47 MPa (12,5 kgf/cm^2 a 15 kgf/cm^2).

- *Vazão de refluxo da torre desbutanizadora* – esta malha controla diretamente a qualidade do GLP produzido. Valores usuais: 3 a 5 vezes a vazão de LGN produzido.

- *Nível do vaso de topo da torre desbutanizadora* – valores usuais: em torno de 50% a 70% do nível máximo.

- *Nível de fundo da torre desbutanizadora* – valores usuais: em torno de 50% a 70% do nível máximo.

- *Temperatura do topo da torre desbutanizadora* – esta variável é controlada pela vazão de refluxo. Valores usuais: 55 °C a 70 °C.

- *Temperatura do fundo da torre desbutanizadora* – esta variável define o corte entre o GLP produzido e a fração $C_5{}^+$ que sai pelo fundo da torre. Valores usuais: 110 °C a 125 °C.

Quando a torre desbutanizadora tem também como compromisso especificar o produto de fundo (gasolina natural), esta é chamada então de torre estabilizadora e, normalmente, tem como alternativa operacional alterar o prato de carga para uma posição mais alta, aumentando a seção de esgotamento.

Influência da pressão na qualidade dos produtos

O processo usual de separação do LGN obtido do gás natural em produtos finais é a destilação. A variável que determina o grau de dificuldade dessa separação é a diferença de temperatura de ebulição entre os componentes das frações a serem separadas. Basicamente, quanto maior for a diferença de ponto de ebulição entre os componentes a serem separados, mais fácil é o processo de separação e mais puros (melhor qualidade) serão os produtos gerados.

Segundo esse princípio, no processo de separação dos produtos gerados do gás natural por destilação, é importante operarmos as torres de destilação com pressões mais baixas possíveis, observando, porém, o limite necessário para manter-se o escoamento da vazão processada nos equipamentos da unidade por diferencial de pressão.

O Gráfico 8.2 apresenta de forma ilustrativa a influência da pressão na diferença de temperatura de ebulição entre dois hidrocarbonetos, determinando maior ou menor facilidade de separação entre estes.

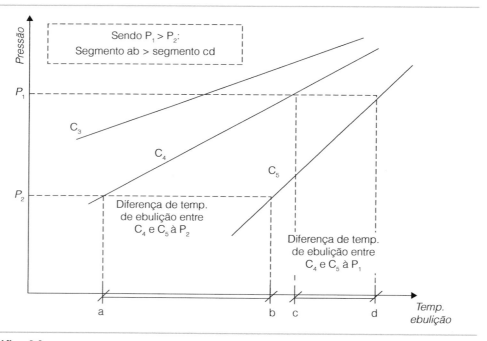

Gráfico 8.2 Influência da pressão no ponto de ebulição dos componentes do gás natural

8.9.14 Etapa de reposição de propano

O ciclo de refrigeração da unidade de processamento de gás natural em condições normais de operação consome certa quantidade de propano, que precisa ser reposta periodicamente. Para se ter uma independência de suprimento externo e também o controle da qualidade desse insumo tão fundamental à eficiência do processo, o projeto da unidade contempla um sistema de produção de propano próprio, a partir da destilação de uma pequena vazão de GLP produzido na torre desbutanizadora ou de LGN separado na torre fracionadora (ver Figura 8.16).

O sistema é constituído basicamente por uma torre despropanizadora de pequeno diâmetro (normalmente algo em torno de 100 mm ou 4 polegadas), com recheio tipo anel *Pall ring* de 19 mm ou ¾ de polegada. A torre é dotada de um sistema de aquecimento de fundo suprido por um refervedor (trocador de calor alimentado pelo óleo de absorção circulante da unidade).

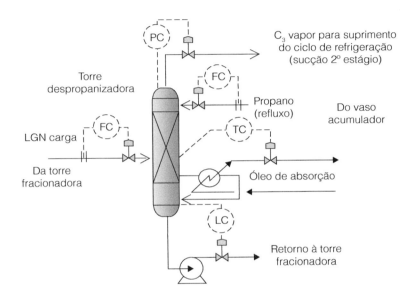

Figura 8.16 Sistema de produção de propano

A carga da despropanizadora é oriunda da torre fracionadora. Na versão mais simples, não existe sistema de topo (condensador e tambor de topo), dado que o propano vaporizado sai da torre sob controle de pressão e alimenta diretamente o vaso de sucção do segundo estágio do compressor de propano. Devido à ausência do sistema de topo, existe uma vazão de propano oriunda do vaso acumulador de propano do sistema de refrigeração que é injetada no topo da torre despropanizadora para fazer o refluxo líquido desta (a torre não condensa produto de topo).

Essa configuração, embora otimizada, é bastante sensível a variações das condições operacionais, de forma que é comum o sistema apresentar problemas de perda de produção.

A corrente de produto de fundo retorna para o topo da torre fracionadora por ação de uma pequena bomba alternativa.

Variações dessa configuração podem ser utilizadas no sistema. Como exemplo, pode ser utilizado um desvio direto da torre desbutanizadora para a alimentação da torre despropanizadora com GLP, em vez de LGN. Nessa configuração, o fundo, constituído por butano praticamente puro, é enviado de volta para a torre desbutanizadora e é incorporado ao sistema de produção de GLP. O topo da torre também pode ser modificado em função de uma melhor eficiência de produção. É possível projetar um sistema de topo que permita fazer o refluxo com a própria produção da torre, como ocorre em uma torre de destilação convencional. Evidentemente, essa melhoria no projeto implica custos adicionais, os quais devem ser avaliados do ponto de vista de retorno do investimento.

Principais malhas de controle

As principais malhas de controle operacional da torre despropanizadora e os valores usualmente praticados na operação desta são os seguintes:

- ☐ *Vazão de carga da torre despropanizadora* – controla a entrada de LGN na torre. Valores usuais: dependem do porte da unidade.

- ☐ *Pressão da torre despropanizadora* – valores usuais: em torno de 0,98 MPa a 1,18 MPa (10 kgf/cm^2 a 12 kgf/cm^2).

- ☐ *Temperatura de topo da torre despropanizadora* – esta variável é controlada pela vazão de refluxo da torre. É interessante observar que essa torre não condensa propano no topo, apenas o envia na fase vapor para um ponto de baixa pressão do ciclo de refrigeração a propano da unidade, como reposição de produto. Valores usuais utilizando carga de LGN: 32 °C a 40 °C. Valores usuais utilizando carga de GLP: 32 °C a 36 °C (a variação de temperatura do topo de torre é função da variação de composição da carga).

- ☐ *Temperatura de fundo da torre despropanizadora* – valores usuais: 50 °C a 60 °C (com carga LGN). Valores usuais: 48 °C a 55 °C (com carga GLP).

- ☐ *Vazão de refluxo de propano* – valores usuais: 0,80:1 a 0,90:1 (em relação à vazão de propano produzido).

- ☐ *Nível do fundo da torre despropanizadora* – valores usuais: em torno de 50% a 70% do nível máximo.

8.9.15 Etapa de condicionamento de óleo de absorção

O gás natural contém pequenas quantidades de hidrocarbonetos com ponto de ebulição mais alto que o Ponto Final de Ebulição (PFE) desejado para o óleo de absorção (ver Figura 8.17). Esses hidrocarbonetos são retidos no óleo de absorção fracionado (óleo pobre) e, caso não sejam removidos, após algum tempo de campanha, conferirão ao óleo características diferentes daquelas iniciais, alterando a seletividade e a faixa de afinidade do solvente.

Processamento de Gás Natural

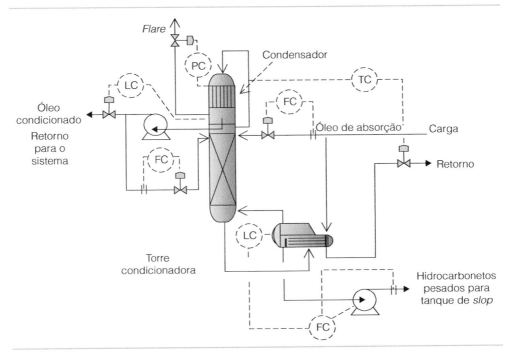

Figura 8.17 Sistema de condicionamento de óleo de absorção

A torre condicionadora mantém a massa molar média e o Ponto Final de Ebulição (PFE) do solvente constante, removendo esses hidrocarbonetos pesados.

Uma pequena vazão de óleo pobre é desviada do sistema de absorção e alimenta continuamente a torre condicionadora. O óleo condicionado é condensado e retirado pelo topo da torre e o resíduo, formado por frações pesadas de hidrocarbonetos acima da faixa da aguarrás, sai pelo fundo. Esse resíduo normalmente é bombeado para o tanque de *slop* da unidade (coleta de correntes oleosas) para posterior destinação final.

Principais malhas de controle

As principais malhas de controle operacional do sistema de condicionamento de óleo de absorção e os valores usualmente praticados na operação desta são os seguintes:

- *Vazão de carga da torre condicionadora* – controla a entrada de óleo de absorção na torre. Valores usuais: dependem do porte da unidade, mas de uma forma geral, a vazão é bem pequena.

- *Vazão de produto de topo da torre condicionadora* – controla a saída de óleo condicionado da torre. Valores usuais: dependem do porte da unidade.

- *Pressão da torre condicionadora* – uma válvula controla a pressão da torre, aliviando vapores leves para o *flare*, em caso de pressão alta. Valores usuais: em torno de 90 kPa a 110 kPa (0,9 kgf/cm^2 a 1,1 kgf/cm^2).

- *Temperatura de topo da torre condicionadora* – é controlada por ação indireta sobre vazão de óleo térmico do refervedor. Valores usuais: 170 °C a 185 °C.

- *Temperatura de fundo da torre condicionadora* – controla o PFE do óleo condicionado. Valores usuais: 220 °C a 250 °C.

- *Vazão de refluxo de óleo condicionado* – valores usuais: 1,25 a 1,50 vezes a vazão de óleo condicionado produzido.

- *Nível do refervedor* – controla a vazão da bomba alternativa de fundo por ação no regulador do cursor do pistão. Valores usuais: em torno de 50% a 70% do nível máximo.

8.9.16 Principais problemas operacionais da unidade

Formação de hidrato

A formação de hidratos é, sem dúvida, o pior problema que uma unidade operando a baixas temperaturas pode ter. Os principais fatores que podem ocasionar hidratação na unidade são os seguintes:

- *Injeção de MEG deficiente* – seja por entupimento dos bicos nebulizadores, baixa eficiência da bomba de circulação de MEG ou vazamento pela gaxeta, a redução da vazão de MEG injetado é a maior causa de formação de hidratos na unidade.

- *Aumento do teor de água no gás natural* – o aumento do teor de água no gás, acima do previsto no projeto, pode gerar formação de hidratos por falta de agente desidratante.

- *Regeneração deficiente* – baixa temperatura do refervedor da regeneradora de MEG, caminho preferencial no leito de recheio da torre, baixa vazão de óleo térmico são fatores que podem comprometer a regeneração e, por conseguinte, acarretar a formação de hidratos na unidade.

Parada dos compressores de propano

Por ser o principal equipamento da unidade, a falha deste implica perda da especificação dos produtos gerados. Os principais motivos de parada dos compressores de propano são relacionados à qualidade do propano do ciclo. Alto teor de etano presente no propano refrigerante acarreta pressão alta na descarga da máquina, o que pode determinar a queda do compressor. Altos teores de pesados, como butano, também trazem problemas ao sistema, pois geram a ocorrência de pressão baixa e formação de líquido na sucção da máquina. Problemas relacionados ao sistema elétrico de alimentação dos motores dos compressores também podem causar paradas não programadas.

Arraste de líquido na absorção

Vazões muito elevadas de óleo de absorção ou da carga da unidade podem acarretar arraste de líquido pelo gás processado. Essa ocorrência é bastante preocupante, pois coloca em risco a especificação do gás vendido, além de permitir a passagem de líquido para os gasodutos de transporte. O líquido nos gasodutos pode chegar até as instalações dos clientes finais e causar vários danos, que vão desde a perda de bateladas de produtos e equipamentos até a ocorrência de acidentes graves.

Perda de nível no fracionamento

A perda de nível da torre de fracionamento normalmente está relacionada a uma vaporização rápida do óleo de absorção (aguarrás) no fundo da torre. Basicamente, esse fato pode ocorrer quando aquecemos muito rápido o fundo da torre para especificar o PIE do óleo de absorção. A rápida perda de leves pode diminuir drasticamente o nível da fracionadora sem que haja tempo para o retorno do óleo circulante da unidade.

Sistema térmico (geração de calor)

Os principais problemas envolvendo a área quente dessa unidade estão relacionados, de alguma forma, à falha do forno, sendo a mais comum causada por falha da instrumentação de controle e segurança do equipamento. Problemas como a queda do refratário, furo da serpentina, travamento do abafador e baixa qualidade do combustível também podem gerar falhas do equipamento.

Isolamento térmico frio danificado

Como opera com baixas temperaturas, este tipo de unidade é muito sensível à perda de eficiência por falha de isolamento térmico. Em condições normais, a unidade vai perdendo eficiência na liquefação de frações pesadas do gás, conforme o isolamento vai envelhecendo durante a campanha de operação. Quando ocorre algum fato que impacta o nível de isolamento térmico dos sistemas a frio da unidade, a perda de eficiência é imediata, gerando, muitas vezes, a necessidade de paradas não programadas da unidade para recuperação do isolamento.

Figura 8.18   UPGN Atalaia SE – Processo absorção refrigerada

8.10 Processo turbo-expansão

8.10.1 Introdução

O processo turbo-expansão é o mais eficiente processo termodinâmico atualmente utilizado em unidades de processamento de gás natural. Possui excelente rendimento na recuperação de propano, sendo capaz de praticamente zerar o teor desse componente no gás processado.

Também é o único[1] processo capaz de separar etano petroquímico, tendo um alto rendimento na recuperação desse componente, de forma que o gás processado gerado é constituído basicamente por metano.

Possui um alto custo, necessitando, dessa forma, de uma vazão elevada que garanta o retorno do investimento. Unidades desse tipo precisam ter capacidade nominal igual ou acima de 2 500 000 m³/d para que se tenha retorno adequado.

8.10.2 Fundamento termodinâmico

A liquefação dos componentes mais pesados do gás natural neste processo é garantida pela expansão do gás natural em uma turbina, a qual libera energia que é utilizada para acionar um compressor auxiliar (*booster*) do sistema principal de compressão de gás processado ou gás carga da unidade. Um conjunto turbo-expansor é

---

[1] Processos combinados podem, eventualmente, produzir etano, porém estes acabam sendo mais caros e complexos do que o turbo-expansão.

responsável por essa etapa de expansão isentrópica (expansão mantendo a entropia constante, com geração de trabalho).

Devido à redução de temperatura proporcionada pela expansão isentrópica com a realização de trabalho, o processo consegue atingir temperaturas abaixo de -95 °C.

No caso de processamento de gás com alto teor de pesados, a unidade recebe um ciclo de refrigeração a propano para propiciar a liquefação das frações mais pesadas, sem comprometer o desempenho da etapa de expansão do gás natural no turbo-expansor (riqueza do gás natural acima de 8% em volume).

8.10.3 Principais características

- [ ] Expansão isentrópica ($\Delta s = 0$), com realização de trabalho.
- [ ] Proporciona a temperatura mais baixa de todos os processos.
- [ ] Maior eficiência (riqueza residual do gás processado tende a zero).
- [ ] Único com possibilidade de gerar etano para petroquímica.
- [ ] Total recuperação de propano.
- [ ] Alta recuperação de etano.
- [ ] Necessita de alto investimento.

8.10.4 Descrição básica do processo

O gás natural previamente separado da fase líquida (condensado de gás natural) e da água livre presente na corrente de hidrocarbonetos é comprimido para fazer a carga da unidade. Essa compressão inicial assegura a pressão necessária para a etapa de expansão posterior.

Após a compressão, o gás é tratado para retirada de compostos sulfurados, normalmente em reatores com leitos de compostos à base de óxidos de ferro ou zinco. O gás isento de componentes que geram corrosão passa, então, para a etapa de desidratação, por meio da utilização de um sistema de peneiras moleculares.

O gás desidratado é refrigerado, primeiro pelas correntes de saída e, depois, pelo sistema de refrigeração a propano, quando ocorre a condensação das frações mais pesadas do gás. Após essa etapa de refrigeração, o gás sofre uma expansão isentrópica, com geração de trabalho, por meio de uma turbina de expansão, quando, então, a temperatura abaixa o suficiente para que ocorra a liquefação de todos os mais pesados que o componente metano, gerando uma corrente bifásica.

Após a etapa de expansão, a mistura bifásica entra na torre desmetanizadora, que dá o corte final entre o gás processado (basicamente metano puro que sai pelo topo da torre pronto para venda após troca térmica) e o produto de fundo, composto pela fração C_2^+, que segue para fracionamento.

O produto de fundo da torre desmetanizadora, basicamente um LGN etanizado de alta pressão de vapor, é, então, fracionado nos produtos de interesse nas torres fracionadoras subsequentes. Os produtos gerados a partir do LGN etanizado dependem sobretudo da demanda dos consumidores locais, sendo, inclusive, possível a geração de uma corrente de etano pura, se houver demanda comercial para esse produto.

O trabalho gerado durante a etapa de expansão do gás é utilizado, normalmente, por um compressor conjugado ao turbo-expansor, o qual tem a função de aumentar a pressão do gás processado antes da compressão final para transporte, aproveitando a energia gerada pela expansão do gás que está sendo resfriado. Essa energia também pode ser aproveitada em um compressor *booster* do sistema de compressão do gás carga da unidade, de acordo com a experiência do projetista.

As etapas do processo (ver Figura 8.19) podem sofrer alguma alteração, em função de especificidades de cada projeto, porém, de uma forma geral, atendem às seguintes premissas:

- compressão inicial – aumento do nível de pressão para processamento;
- dessulfurização – remoção de compostos de enxofre do gás natural;
- desidratação – remoção de umidade do gás natural;
- regeneração – remoção de umidade das peneiras moleculares;

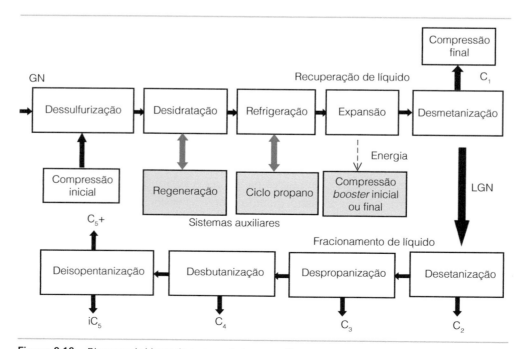

Figura 8.19 Diagrama de blocos do processo turbo-expansão

Processamento de Gás Natural

□ pré-resfriamento – recuperação de energia por troca térmica em permutadores;

□ ciclo de refrigeração a propano – utilizado para resfriamento do gás natural;

□ expansão de gás natural – liquefação das frações pesadas do gás natural;

□ desmetanização – separação das fases líquida e gasosa, com liberação do metano;

□ compressão de gás residual – aumento do nível de pressão para escoamento;

□ fracionamento do LGN – separação do líquido de gás natural em correntes puras de produtos especificados.

O processo turbo-expansão pode servir para gerar corrente de etano petroquímico. Nessa situação, a torre desmetanizadora opera em condições de recuperação de etano para a fase líquida. Dessa forma, torna-se necessário um sistema de destilação de etano no pacote de fracionamento, composto de uma torre desetanizadora e um condensador de topo resfriado por uma corrente de propano como agente refrigerante.

Em outra alternativa de utilização, o processo turbo-expansão pode não prever a separação de uma corrente de etano puro. Nesse caso, a torre desmetanizadora opera em condições de desetanizadora, ou seja, rejeitando etano para o gás produzido.

Basicamente, as temperaturas de topo e fundo são modificadas para atender a essa premissa de rejeição de etano para a fase vapor. Alterações no controle das correntes intermediárias de alimentação da torre desmetanizadora criam uma nova configuração do balanço térmico dessa torre, permitindo a rejeição de etano.

Existem várias configurações que podem ser utilizadas em um projeto de processamento de gás por turbo-expansão. As etapas do processo que mais apresentam possibilidades de configurações diversas são a desmetanização e o pré-resfriamento da carga de gás natural. Existem vários projetos operando com configurações diferentes de troca térmica entre as correntes de carga da torre desmetanizadora com o gás frio já processado. Cada qual procura ser o mais eficiente possível, otimizando ao máximo o aproveitamento energético do processo. A criatividade e experiência da equipe de projeto permitem a criação de várias soluções para esses sistemas.

8.10.5 Esquema do processo turbo-expansão

A seguir, é apresentada esquematicamente uma possível solução para um projeto turbo-expansão que visa a produção de etano petroquímico. Mesmo nesse projeto, várias pequenas alterações podem ser desenvolvidas para atender melhor um ou outro propósito específico de um empreendimento para aproveitamento de gás natural de uma outra área produtora.

Para efeito de simplificação e facilidade de entendimento, apenas as principais correntes do processo são apresentadas.

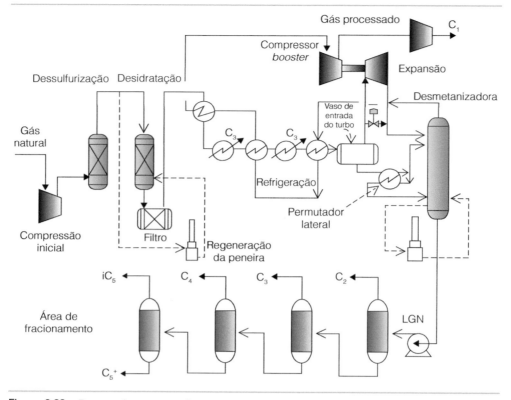

Figura 8.20 Esquema do processo turbo-expansão

8.10.6 Etapa de compressão inicial

Para garantir a pressão mínima de operação da unidade, pode ser necessária a compressão inicial do gás natural, que é a carga da unidade. O valor mínimo da pressão de projeto deve ser atendido para que a expansão do gás no turbo-expansor consiga gerar as temperaturas baixas previstas no projeto e, com isso, seja garantida a geração dos produtos na quantidade e qualidade esperadas.

Principal malha de controle

Devido à necessidade de garantia de pressão mínima, esta é a variável mais importante dessa etapa. O controle de pressão ocorre pela atuação na descarga do compressor, permitindo uma estabilização do fluxo de carga e garantindo o grau de expansão adequado para o processo.

Processamento de Gás Natural

As outras malhas dessa etapa são as referentes ao controle operacional do compressor de carga, visto que os valores das variáveis dependem das pressões existentes e do grau de expansão necessário para a garantia da qualidade dos produtos gerados.

Valores usuais de pressão de descarga do gás natural proveniente da estação de compressão são da ordem de 6,9 MPa a 7,9 MPa (70,0 kgf/cm^2 a 80,0 kgf/cm^2).

8.10.7 Etapa de dessulfurização

O gás natural com alta pressão e saturado em água alimenta os vasos de remoção de H_2S, constituídos por um leito fixo de óxidos sintéticos metálicos (ferro ou zinco). O teor de H_2S na saída desse processo é de, no máximo, 0,10 cm^3/m^3.

Essa etapa é necessária devido à ocorrência de concentração de H_2S na corrente líquida formada pela fração C_2^+ produzida pela unidade. De outra forma, a movimentação dessa corrente com altos teores de H_2S poderia gerar graves problemas. O gás necessariamente deve estar saturado em água, para que as reações de neutralização ocorram com a eficiência desejada.

Principais malhas de controle

As principais malhas de controle operacional do sistema de dessulfurização e os valores usualmente praticados em sua operação são os seguintes:

☐ *Vazão de alimentação de cada vaso de Sulfatreat* – esta variável não é controlada diretamente por ação de válvulas de controle. É apenas monitorada por medição de campo. Valores usuais: dependem do número de vasos do sistema de tratamento.

☐ *Pressão diferencial dos leitos de Sulfatreat* – monitora a perda de carga em cada leito da unidade. Valores usuais: em torno de 40 kPa a 90 kPa (0,4 kgf/cm^2 a 0,9 kgf/cm^2).

☐ *Nível de fundo do vaso separador de líquido* – controla o nível do vaso responsável por drenar o excesso de água (água livre) injetado no gás para a garantia da saturação em água. Valores usuais: em torno de 15% a 20% do nível máximo.

☐ *Teor de H_2S no gás de entrada na unidade de tratamento* – monitora o teor de H_2S no gás que será tratado. Valores usuais: em torno de 2 cm^3/m^3 a 10 cm^3/m^3.

☐ *Teor de H_2S no gás tratado* – monitora o teor de H_2S no gás tratado. Valores usuais: em torno de 0 cm^3/m^3 a 1 cm^3/m^3.

Fonte: Foto cedida por Sidney Carvalho dos Santos, 2002.

Figura 8.21   Vasos da unidade de dessulfurização de Cabiúnas – Processo Sulfatreat

8.10.8 Etapa de desidratação

O gás proveniente da Unidade de Tratamento de Gás Natural chega ao vaso separador de líquido para separação de condensado e água livre arrastada. O gás livre de líquido é enviado para os vasos secadores de gás natural. Cada secador contém um leito fixo de peneira molecular (ver Figura 8.22) para adsorção do vapor d'água em equilíbrio com o gás natural (umidade do gás natural). A altura do leito é calculada para conferir uma autonomia de, no mínimo, 15 horas de operação. Após um ciclo de operação de aproximadamente 15 horas, o leito da peneira fica saturado em água, sendo necessário, então, iniciar a etapa de regeneração da peneira, a qual dura aproximadamente seis horas.

Fonte: Foto cedida por Sidney Carvalho dos Santos, 2002.

Figura 8.22   Reatores dos leitos de desidratação da URL de Cabiúnas

Após a regeneração, ainda é necessária a etapa de resfriamento do leito, antes que este entre em operação normal. O resfriamento se completa em quatro horas, no máximo, podendo ser concluído assim que a temperatura do gás atingir 50 °C. Enquanto um leito está sendo regenerado, o outro está em operação normal, desidratando o gás natural carga da unidade (pode também ser utilizado para controle do tempo de regeneração, um limite de tempo para que o decréscimo de temperatura do leito seja inferior a 1 °C).

Com o propósito de se garantir a qualidade do gás continuamente, existe uma altura de leito da peneira chamada de leito de guarda, cujo objetivo é conferir uma segurança extra à qualidade do gás. O medidor de umidade monitora o valor da umidade residual do gás tratado entre o final do leito normal da peneira e esse leito de guarda, de forma que, mesmo em caso de ser detectado um aumento na umidade do gás, tirando-o de especificação, ainda se terá um tempo de aproximadamente seis horas, durante o qual o leito de guarda consegue garantir a qualidade final do gás.

As peneiras moleculares constituem-se de um complexo de compostos, formados por alumínio, silício, oxigênio e sódio. Esses componentes são combinados a fim de formar uma mistura cerâmica estável. Durante o processo de fabricação são formadas cavidades rígidas na estrutura, em que a molécula de água fica armazenada após o processo de adsorção que ocorre durante a passagem do gás úmido pelo leito da peneira. O diâmetro médio das cavidades (aberturas dos poros) é rigidamente controlado durante o processo de fabricação. É ele que determina a seletividade do material da peneira pelas moléculas de água. Moléculas maiores do que as cavidades formadas não conseguem entrar (não são adsorvidas pela peneira). As moléculas de uma peneira molecular se unem naturalmente, formando uma estrutura semelhante a um cristal, o qual contém uma rede de cavidades formadas pelas "paredes" das moléculas da peneira. Podem ser fabricados vários tipos de cristais diferentes, com grande variação de tamanho e configuração dos poros (cavidades), conforme for o objetivo do processo (qual o tipo de molécula deverá ser retida pela peneira).

Os cristais das peneiras utilizados nos sistemas de desidratação de gás natural são normalmente ligados com um tipo de argila, para formar pequenas esferas de tamanho controlado (*pellets* ou pelotas). O processo de fabricação da peneira é a tecnologia que o fabricante guarda com cuidado, pois está aí o valor agregado do processo.

A Figura 8.23 apresenta uma maquete do leito fixo das peneiras moleculares. Esse leito é montado dentro dos reatores de desidratação de gás, conforme o volume e a altura do leito definidos pelo projeto do sistema de desidratação.

Fonte: Foto cedida por Sidney Carvalho dos Santos, 2002.

Figura 8.23   Maquete do leito da peneira molecular

Características principais da peneira molecular

- Diâmetro de partícula – 3,2 mm.
- Massa específica – 640 kg/m^3 a 700 kg/m^3.
- Capacidade de retenção de água – 22,5 kg/100 kg.
- Suporte – esfera cerâmica inerte.
- Grades de retenção do leito – metálicas.
- Mecanismo – adsorção de água.
- Material das partículas – zeólitos sintéticos.
- Alumino-silicatos metálicos.

Principais malhas de controle

- *Teor de água do gás desidratado* – valor normal: ponto de orvalho do gás abaixo de -100 °C.
- *Controle de nível do vaso separador de líquido* – separa líquidos eventualmente arrastados da etapa de dessulfurização. Valores usuais: 15% a 20% do nível máximo.
- *Controle de pressão do vaso separador de líquido* – mantém sob controle a pressão dos vasos das peneiras. Valores usuais: função da pressão de operação da unidade.
- *Pressão diferencial dos filtros das peneiras* – garante a integridade dos elementos filtrantes (cartuchos) da peneira. Valores usuais: 20 kPa a 30 kPa (0,2 kgf/cm^2 a 0,3 kgf/cm^2).

8.10.9 Regeneração das peneiras moleculares

A regeneração é feita por uma corrente de gás seco a cerca de 250 °C, que é injetada no leito saturado da peneira (ver Figura 8.24). A alta temperatura do gás vaporiza e retira a água do leito da peneira. É utilizado um forno para aquecimento do gás utilizado na regeneração.

Os equipamentos auxiliares – filtro de poeira, compressor de gás regenerado, resfriador de gás de regeneração e vaso separador – completam o sistema de regeneração das peneiras. O gás utilizado na regeneração, após o tratamento nesses equipamentos auxiliares, retorna à corrente principal de carga da unidade.

Principais malhas de controle

- *Controle de temperatura do gás de regeneração* – controla a eficiência da etapa de regeneração e a conclusão dessa etapa. Quando o gás usado na desidratação atinge 220 °C, a etapa de regeneração é concluída. Valores usuais: 240 °C a 250 °C. Essa temperatura é controlada indiretamente, por meio do controle da temperatura do gás de saída do forno, no valor de 250 °C.

- *Controle de nível do vaso decantador de água* – controla o descarte da água separada do gás natural nas peneiras. Valores usuais: 20% a 30% do nível máximo.

- *Controle de pressão do retorno de gás usado na regeneração* – esta variável controla a pressão de descarga do compressor que permite o retorno da corrente de gás utilizada na regeneração à corrente principal. Valores usuais: pressão ligeiramente superior à pressão da corrente de gás de alimentação das peneiras.

- *Vazão de gás para o forno* – controla a vazão do gás utilizado na regeneração. Valores usuais: dependem do porte da unidade, mas valores entre 10 000 m³/h e 15 000 m³/h são comuns.

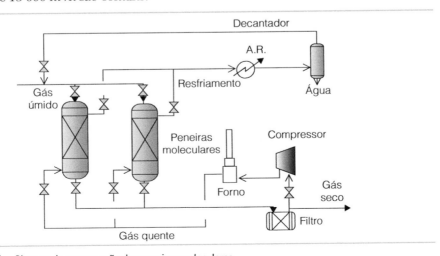

Figura 8.24 Sistema de regeneração das peneiras moleculares

8.10.10 Etapa de pré-resfriamento

Esta etapa permite economia no projeto, traduzida em menores equipamentos de refrigeração e menor custo com eletricidade. As frações frias trocam calor com a carga de gás natural mais quente em permutadores de alumínio tipo trocadores de placas (ou originalmente chamados *Plate Fin Heat Exchanger*), antes de sair da unidade para destinação final (ver Figura 8.25).

Os permutadores tipo *Plate Fin Heat Exchanger* são constituídos por placas de alumínio fundido, formadas por blocos de camadas alternadas entre passagens estreitas e aletas corrugadas. As camadas são separadas umas das outras por chapas seladas ao longo das extremidades por meio de barras laterais. Esse tipo de permutador possui uma grande área de transferência térmica por volume, devido às placas serem dispostas muito próximas entre si e o alumínio permitir uma alta taxa de transferência de calor entre as correntes.

Pelo fato de o equipamento ser bastante sensível ao tamponamento por partículas sólidas, nas entradas dos permutadores normalmente são instalados filtros tipo "chapéu de bruxa", para impedir a obstrução por partículas de processos de oxidação ou poeira das peneiras moleculares.

O gás natural seco é submetido a cinco estágios de pré-resfriamento, por meio do aproveitamento da corrente fria de gás residual proveniente da torre desmetanizadora e de um ciclo de refrigeração a propano. A sequência de passagem pelos permutadores é a seguinte: primeiro permutador gás-gás, primeiro resfriador de gás a propano, segundo permutador gás-gás, segundo resfriador de gás a propano e terceiro permutador gás-gás. Nota-se que os permutadores de aproveitamento de energia estão misturados com os permutadores a propano, de forma a otimizar o resfriamento do gás natural, com o menor gasto de energia.

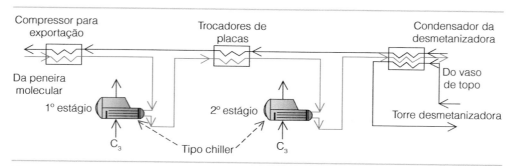

Figura 8.25 Sequência de resfriamento do gás natural

Principal malha de controle

Para monitoração do estado dos filtros na entrada dos permutadores, são instalados medidores de pressão diferencial a montante e a jusante do filtro. Valor usual de operação: 10 kPa a 20 kPa (0,1 kgf/cm^2 a 0,2 kgf/cm^2). Acima de 20 kPa o filtro é considerado sujo e deve ser limpo.

8.10.11 Etapa de refrigeração a propano

As unidades de turbo-expansão podem utilizar resfriamento apenas a partir da expansão do gás no turbo-expansor ou ainda utilizar uma etapa de resfriamento da carga, por meio de um ciclo de refrigeração a propano em regime fechado, como o utilizado pelo processo absorção refrigerada (ver Figura 8.26). O calor latente da vaporização do propano é a fonte de refrigeração do gás natural.

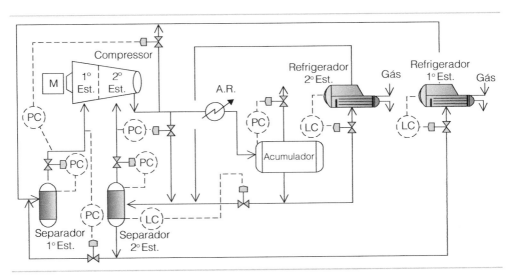

Figura 8.26 Sistema de refrigeração a propano

O fator determinante da utilização da etapa de pré-resfriamento é a riqueza do gás natural, carga da unidade. Normalmente, gases muito pobres, com riqueza abaixo de 6%, não necessitam de pré-resfriamento. Já gases mais ricos demandam a aplicação desse artifício. A etapa de pré-resfriamento garante que as frações mais pesadas condensem antes da passagem pelas palhetas da turbina do expansor, facilitando sobremaneira o projeto do equipamento. O ciclo de propano utilizado no resfriamento do gás é constituído basicamente por um compressor centrífugo de propano de dois estágios, no qual ocorre a etapa de compressão do ciclo.

Após a compressão, o propano na fase vapor é resfriado no condensador do ciclo em que ocorre a etapa de condensação. O propano líquido condensado é armazenado no vaso acumulador de propano do sistema. Parte do propano que sai do vaso acumulador é expandido na válvula de entrada do primeiro resfriador de gás natural do ciclo (primeira parte da etapa de expansão do ciclo) e parte alimenta o vaso economizador de propano para posterior expansão na válvula do segundo resfriador de gás natural (segunda parte da etapa de expansão do ciclo).

Dentro dos resfriadores ocorre a etapa de vaporização do ciclo. O vapor de propano oriundo do resfriador de gás natural do segundo estágio é encaminhado para o vaso economizador de propano e daí para a sucção do segundo estágio do compressor. O vapor oriundo do resfriador do primeiro estágio é encaminhado para o vaso separador e daí para sucção do primeiro estágio do compressor. Após a bateria de resfriamento, o gás misturado com frações condensadas é encaminhado para o vaso separador de gás do turbo-expansor (vaso de topo de torre desmetanizadora).

Principais malhas de controle

- *Controle de nível do vaso do segundo estágio do compressor* – valores usuais: 50% a 70% do nível máximo.

- *Controle de nível do resfriador a propano do primeiro estágio* – esta variável controla a taxa de condensação de pesados do gás. Quanto mais alto for o nível de propano, mais frações pesadas são condensadas. A contrapartida é que o nível alto do resfriador tende a aumentar a pressão da descarga do compressor de propano. Valores usuais: 40% a 100% do nível máximo.

- *Controle de nível do resfriador a propano do segundo estágio* – esta variável também controla a taxa de condensação de pesados do gás. Quanto mais alto for o nível de propano, mais frações pesadas são condensadas. Valores usuais: 40% a 100% do nível máximo.

- *Controle de pressão do primeiro estágio do compressor* – esta variável controla a temperatura do primeiro estágio do compressor. Valores usuais: 80 kPa a 90 kPa (0,80 kgf/cm^2 a 0,90 kgf/cm^2). O valor de projeto (85 kPa ou 0,85 kgf/cm^2) é definido em função da temperatura de equilíbrio para o propano puro a -25 °C.

- *Controle de pressão do vaso do primeiro estágio do compressor* – esta variável controla a pressão de sucção do compressor. Valores usuais: 78 kPa a 88 kPa (0,8 kgf/cm^2 a 0,9 kgf/cm^2).

- *Controle de pressão do vaso do segundo estágio do compressor* – esta variável controla a pressão interestágio do compressor. Valores usuais: 390 kPa a 410 kPa (4,0 kgf/cm^2 a 4,2 kgf/cm^2).

□ *Controle de pressão do vaso acumulador* – esta variável controla a pressão de descarga do compressor. Valores usuais: 1,17 MPa a 1,47 MPa (12,0 kgf/cm² a 15,0 kgf/cm²).

8.10.12 Etapa de expansão isentrópica

É o sistema mais importante e mais complexo da unidade, sendo responsável pelas baixas temperaturas necessárias à liquefação da fração C_2^+ do gás natural. A correta operação do turbo-expansor (ver Figuras 8.27 e 8.28), principal equipamento da unidade, define, em última instância, se a unidade obterá os produtos desejados, na quantidade e qualidade esperadas.

Fonte: Foto cedida por Sidney Carvalho dos Santos, 2002.
Figura 8.27   Conjunto rotativo do turbo-expansor da URL Cabiúnas

Fonte: Foto cedida por Sidney Carvalho dos Santos, 2002.
Figura 8.28   Turbo-expansor da URL de Cabiúnas

282 TECNOLOGIA DA INDÚSTRIA DO GÁS NATURAL

A partir do vaso de sucção do turbo-expansor, o gás natural é dividido em duas correntes, a primeira enviada para resfriamento no condensador de topo da torre desmetanizadora, transformando-se no refluxo desta a partir da injeção na bandeja mais alta da torre. A outra corrente é enviada para o turbo-expansor, no qual ocorre um forte resfriamento do gás, com condensação das frações mais pesadas do que o metano.

A expansão do gás natural, além de gerar o efeito do resfriamento, fornece energia para a compressão do gás seco no compressor auxiliar (*booster*) do sistema de compressão de gás residual.

O líquido contido no fundo do vaso de sucção do turbo-expansor é direcionado para a torre desmetanizadora, após resfriamento no permutador líquido-líquido que utiliza a corrente fria desta.

Principais malhas de controle

☐ *Controle de rotação do turbo-expansor* – esta variável é controlada pela vazão de alimentação de gás do expansor, que é definida pela capacidade nominal da unidade. Valores usuais de rotação: da ordem de 21 000 rpm.

☐ *Controle de pressão da sucção do expansor* – esta variável é controlada indiretamente pelo controle da pressão do vaso de entrada do turbo-expansor. Valores usuais: 6,86 MPa a 7,36 MPa (70 kgf/cm^2 a 75 kgf/cm^2).

8.10.13 Etapa de desmetanização do LGN

A torre desmetanizadora é um dos principais equipamentos da unidade, constituída por seção de topo e de fundo (ver Figura 8.29). Na seção de topo ocorre a formação do gás seco, basicamente composto de metano, e na seção de fundo verifica-se a formação do Líquido de Gás Natural (LGN), constituído por componentes mais pesados do que o metano, os quais são condensados durante o resfriamento do gás natural.

A torre possui várias entradas de carga, de modo a garantir o gradiente térmico adequado ao enquadramento das especificações técnicas dos produtos gerados. A torre possui um total de 48 estágios de equilíbrio (bandejas valvuladas).

O gás frio que deixa o topo da torre desmetanizadora a cerca de -96 °C é utilizado em trocas térmicas para pré-resfriar o gás natural carga da unidade, por meio dos permutadores de placas de alumínio.

O fundo da torre opera com um forno que tem a função de refervedor da desmetanizadora. O produto de fundo (C_2^+ ou C_3^+, conforme o caso de operação) é enviado para a esfera de armazenamento ou resfriado, previamente, em um resfriador final de LGN (também conforme o caso de operação), concluindo, assim, essa etapa de recuperação de líquido.

A etapa de fracionamento do LGN, com geração dos produtos finais líquidos da unidade (GLP, etano petroquímico, C_5^+), pode ser realizada no mesmo local da etapa de recuperação de líquido ou em local distinto, como é o caso do projeto Cabiúnas, no Estado do Rio de Janeiro, e do projeto MEGA, na Argentina. Nesses dois exemplos, a unidade de recuperação de líquido é interligada por um duto transportador de LGN à unidade de fracionamento de líquido.

A torre desmetanizadora também pode ser utilizada para operar como uma desetanizadora, rejeitando etano para o gás disponibilizado para venda. Com essa finalidade, as principais variáveis de controle do processo precisam ter seus valores alterados.

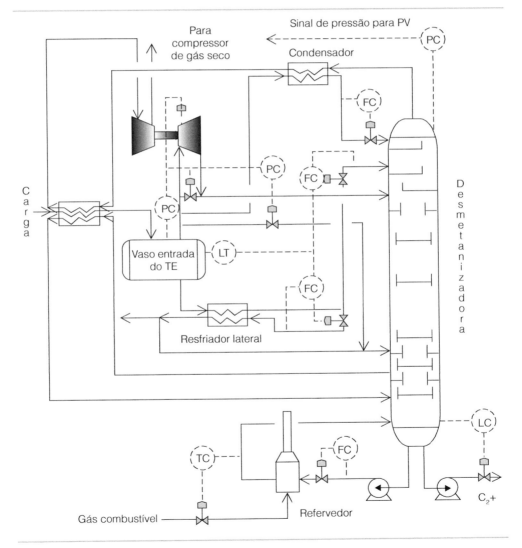

Nota: TE = Turbo-expansor
PV = Válvula controladora de pressão

Figura 8.29 Etapa de expansão e desmetanização

Condições de operação da torre desmetanizadora

Primeira alternativa – operação com produção de etano petroquímico

A corrente de gás de saída do vaso de alimentação do turbo-expansor é dividida em duas correntes. A primeira segue para o condensador, onde é resfriada e parcialmente condensada para entrar na torre como o refluxo interno desta. A outra corrente de gás vai para o turbo-expansor, onde o gás é expandido, resfriado e parcialmente condensado, entrando na torre algumas bandejas abaixo da primeira corrente.

A corrente de líquido que sai do vaso de alimentação do turbo-expansor é resfriada no permutador lateral da torre (a jusante do vaso de entrada do turbo-expansor) e é dividida em duas correntes. A primeira corrente líquida de saída segue diretamente para a torre. A segunda, por sua vez, retorna como fluido frio para o permutador lateral, sob controle de pressão, e, na saída deste, entra na torre, que, nessa alternativa operacional de produção de etano petroquímico, funciona como uma desmetanizadora.

Principais malhas de controle para produção de etano

- *Controle de nível do vaso de topo* – valores usuais: 50% a 70% do nível máximo.

- *Controle de pressão da torre desmetanizadora* – valores usuais: 2,45 MPa a 2,94 MPa (25 kgf/cm^2 a 30 kgf/cm^2).

- *Controle de vazão de refluxo da torre* – controla a entrada de fluido frio no topo da torre para compor o refluxo interno. É uma variável que influencia fortemente a eficiência de recuperação de líquidos da unidade. Valores usuais: em condições normais, a vazão mássica de refluxo é cerca de 3 a 4 vezes maior do que a vazão de vapor de saída pelo topo da torre.

- *Controle de temperatura do topo da torre* – é resultado indireto da troca térmica que ocorre no condensador da torre. Valores usuais: -90 °C a -95 °C.

- *Controle de temperatura do fundo da torre* – atua diretamente na vazão de gás para o forno (refervedor da torre). Valores usuais: 27 °C a 30 °C.

- *Controle de nível de fundo da torre* – valores usuais: 50% a 70% do nível máximo.

- *Controle de vazão do refervedor da torre* – valores usuais: é função do porte da unidade.

- *Controle da razão entre as vazões de alimentação intermediárias da torre* – permite um ajuste fino do perfil de temperatura da torre. Valores usuais: o projeto prevê que a corrente de retorno para o permutador lateral seja de 2,2 a 2,5 vezes maior do que a corrente que entra direto na torre.

Segunda alternativa – operação com rejeição de etano para o gás

Nesta alternativa, a corrente de gás de saída do vaso de alimentação do turbo-expansor é dividida em três correntes: a primeira segue para o condensador, onde é resfriada e parcialmente condensada para entrar na torre como refluxo interno desta, como na alternativa anterior. A segunda corrente vai diretamente para a torre, que, nesse caso, opera como uma desetanizadora.

A terceira corrente vai para o turbo-expansor, onde o gás é expandido, resfriado e parcialmente condensado na torre, compondo o refluxo interno desta.

A corrente de líquido que sai do vaso de alimentação do turbo-expansor é resfriada no permutador lateral da torre (a jusante do vaso de topo) e é dividida em duas correntes: a primeira segue diretamente para a torre. A outra segue para o permutador lateral (como fluido frio) e, depois, para o último resfriador de gás natural antes da etapa da expansão (também como fluido frio) e de entrar na torre.

Principais malhas de controle para rejeição de etano

- ☐ *Controle de temperatura do topo da torre* (para rejeição de etano). Valores usuais: -65 °C a -70 °C.

- ☐ *Controle de temperatura do fundo da torre* (para rejeição de etano). Valores usuais: 85 °C a 90 °C.

- ☐ *Controle de pressão da torre desmetanizadora* – neste caso, o valor da pressão de operação da torre independe da alternativa operacional (desmetanização ou desetanização). Valores usuais permanecem os mesmos: 2,45 MPa a 2,94 MPa (25 kgf/cm^2 a 30 kgf/cm^2).

8.10.14 Etapa de compressão de gás seco

O gás de saída da torre desmetanizadora troca calor nos permutadores *plate fin* da unidade e flui para o vaso separador de gás seco, no qual ocorre remoção eventual de líquido. O gás seco segue para o compressor auxiliar (compressor acoplado ao turbo-expansor) e, então, para o compressor principal de gás residual (ver Figura 8.30), sendo resfriado no permutador de gás seco antes de ser, finalmente, encaminhado para o gasoduto de transferência.

Fonte: Foto cedida por Sidney Carvalho dos Santos, 2002.
Figura 8.30 Compressor de gás residual da URL de Cabiúnas

Principais malhas de controle

- *Controle de pressão de descarga do compressor* – esta variável controla a pressão de entrada do gás na malha de transporte para entrega ao consumidor final. Valores usuais: é função da pressão dos gasodutos de transporte.

- *Controle anti-surge do compressor* – feito por uma válvula de controle de fluxo, o controle garante a vazão mínima necessária que impede a ocorrência do fenômeno chamado *surge* no compressor.

8.10.15 Etapa de fracionamento do LGN

O LGN etanizado segue para área de fracionamento para ser separado nas frações de hidrocarbonetos de interesse comercial, por meio da passagem do LGN por uma sequência em série de torres destiladoras. A sequência de fracionamento do LGN é:

- torre desetanizadora – separa a corrente de etano do LGN;
- torre despropanizadora – separa a corrente de propano do LGN;
- torre desbutanizadora – separa a corrente de butano do LGN;
- torre deisopentanizadora – separa a corrente de isopentano pelo topo e a corrente C_5^+ pelo fundo.

Existe apenas uma bomba, chamada bomba de carga da área de fracionamento, que alimenta a primeira torre da série, a desetanizadora. Para a alimentação das demais torres da sequência, as pressões de operação são definidas de forma a permitir o escoamento sequencial do LGN apenas por diferença de pressão, sem necessidade de bombas intermediárias.

Principais malhas de controle

- Controle de pressão das torres.
- Controle de temperatura de topo das torres.
- Controle de temperatura de fundo das torres.
- Controle de nível dos vasos de topo.
- Vazão de refluxo.

Valores usuais

A Tabela 8.1 apresenta os valores usuais praticados no sistema de fracionamento de LGN.

Tabela 8.1 Valores usuais das variáveis de controle (%)

Variável / torre	Deseta-nizadora	Despropa-nizadora	Desbuta-nizadora	Deisopenta-nizadora
Pressão (kPa) (kgf/cm²)	2,35 a 2,75 / 24 a 28	1,67 a 1,96 / 17 a 20	0,49 a 0,69 / 5 a 7	0,15 a 0,19 / 1,5 a 1,9
Temperatura topo (°C)	5 a 10	50 a 55	53 a 58	55 a 60
Temperatura fundo (°C)	65 a 70	78 a 85	95 a 106	70 a 78
Nível vaso topo (% máx.)	50 a 70	50 a 70	50 a 70	50 a 70
Razão de refluxo	1,4 a 2,0	1,5 a 1,8	1,2 a 1,5	15,0 a 20,0
n° de bandejas	37	23	36	62

Figura 8.31   UPGN turbo-expansão de Pilar – Petrobras

8.10.16 Processo turbo-expansão para produção de etano – Exemplos de aplicação

8.10.16.1 Projeto Cabiúnas

Os objetivos principais do Projeto Cabiúnas são ampliar a capacidade de transporte de gás natural produzido na Bacia de Campos e garantir o fornecimento de insumos ao Pólo Gás-Químico do Rio de Janeiro.

O aumento da produção de gás natural da Bacia de Campos exigiu um proporcional aumento da capacidade de escoamento deste para possibilitar o seu aproveitamento nos grandes centros consumidores. O Projeto Cabiúnas, por meio de um complexo industrial de processamento de gás natural, veio proporcionar as condições técnicas ideais para a movimentação de gás a partir dos campos produtores até a entrega de produtos acabados aos consumidores finais de gás e ao Pólo Gás Químico.

O Pólo do Rio é um projeto integrado para produção de polietilenos de diversas densidades e está localizado no Município de Duque de Caxias-RJ, contíguo à Refinaria de Duque de Caxias (Reduc). Utiliza como insumos o etano e o propano oriundos do gás natural, produzidos na Bacia de Campos-RJ, pela Petrobras.

A companhia Rio Polímeros é a empresa com participação acionária da Unipar, Suzano, Petroquisa e Bndespar, constituída para construir e operar as plantas de pirólise e polimerização de etenos do Complexo Gás Químico do Rio de Janeiro.

Concepção básica do projeto

O projeto é constituído por um gasoduto que interliga Barra do Furado a Cabiúnas, representado na Figura 8.32, para escoamento do gás produzido pelas plataformas da Bacia de Campos (Gascab II); um sistema de compressão de gás natural, localizado em Cabiúnas; dois módulos da Unidade de Recuperação de Líquido (URL), também localizados em Cabiúnas; um duto de transferência de líquido de gás natural (Osduc II), interligando Cabiúnas à Reduc; e uma Unidade de Fracionamento de Líquido (UFL), localizada na Reduc, Rio de Janeiro.

O gás natural produzido da Bacia de Campos é escoado por gasodutos até Cabiúnas, onde é processado na URL. Essa unidade, por meio do processo turbo-expensão, liquefaz as frações mais pesadas do gás natural, gerando uma corrente líquida constituída de etano, propano, butano e mais pesados, e uma fração gasosa, constituída basicamente de metano quase puro. A fração gasosa é escoada para o Rio de Janeiro, pelo gasoduto que interliga Cabiúnas à Reduc (Gasduc II), sendo parte entregue às termelétricas da região Norte-Fluminense. A fração líquida é escoada para a Reduc pelo do duto Osduc II e fracionada na UFL para separação de etano, propano, butano, isopentano e C_5^+.

A fração de etano oriunda da UFL é tratada na Unidade de Remoção de CO_2 para separação desse componente na corrente entregue ao Pólo Gás Químico.

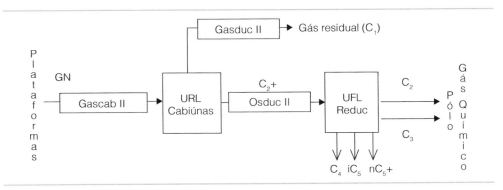

Figura 8.32 Visão geral dos ativos do Projeto Cabiúnas

O etano e o propano são entregues à Rio Polímeros, o butano é encaminhado para a corrente de GLP produzida pela refinaria, o isopentano é utilizado para elevar a octanagem da gasolina e o C_5^+ é distribuído para mistura com outras frações de nafta da Reduc.

Já nas instalações da empresa Rio Polímeros, o etano e o propano são processados na unidade de pirólise (craqueamento por ação térmica em fornos) para geração de eteno e propeno. Em seguida, a corrente vai para a unidade de polimerização para produção de polietilenos de diversas densidades (ver Figura 8.33).

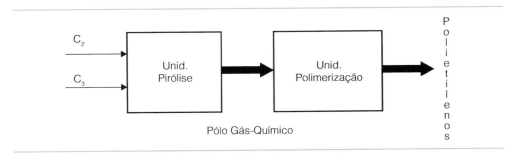

Figura 8.33 Esquema do Pólo Gás-Químico do Rio de Janeiro

8.10.16.2 Projeto MEGA

O Projeto MEGA (ver Figura 8.34) é um empreendimento com participação acionária da Petrobras, Repsol-YPF e Dow Chemical, as quais criaram a companhia MEGA, responsável por operar e manter os ativos desse projeto.

O projeto possui uma unidade recuperadora de líquido, na província de Neuquen, dividida em dois módulos, com capacidade total de 36 000 000 m³/d, em que se processa o gás da região de Loma La Lata. Essa unidade (ver Figura 8.35) separa o metano do etano e frações mais pesadas. O metano separado alimenta a rede de gás natural da Argentina. O líquido, constituído por etano e frações mais pesadas, segue por um duto de 300 mm (12 polegadas) de diâmetro e 600 km de extensão, que interliga Neuquen à Bahia Blanca.

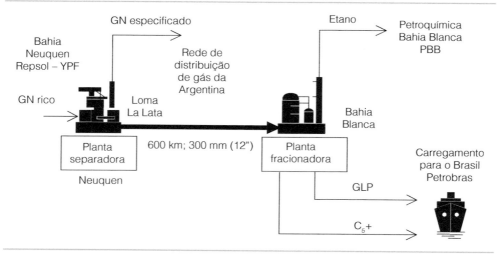

Figura 8.34 Esquema do Projeto MEGA

Figura 8.35 Planta recuperadora de líquido de Neuquen

Em Bahia Blanca existe uma unidade fracionadora de líquido de gás natural, a qual separa o líquido que chega de Loma La Lata em frações de etano, GLP e C_5^+. O etano é fornecido para o Pólo Gás-Químico que pertence à Dow Chemical e as frações de GLP e C_5^+ são vendidas à Petrobras.

8.10.17 Principais problemas operacionais do processo turbo-expansão

☐ Falha do sistema supervisório de controle

Devido ao alto nível de complexidade, a unidade possui um sistema de controle bastante automatizado. Dessa forma, opera com baixo nível de intervenção manual, o que facilita o controle, reduz a rotina operacional e minimiza riscos e erros; porém, torna o sistema mais sensível, em caso de falha do sistema supervisório. Normalmente, falhas na rede dos Controladores Lógicos Programáveis (CLPs) ou na rede dos computadores de controle significam parada total da unidade pelo tempo necessário à correção do problema.

☐ Formação de hidrato

Para uma unidade que chega a atingir -96 °C, a formação de hidratos é um problema bastante crítico, obrigando a parada geral dos sistemas a frio da unidade por várias horas para desfazer o hidrato formado. A melhor e única solução eficaz é a prevenção, e esta tem como princípio básico a medição contínua da umidade residual do gás processado, por meio de medidores em linha para propiciar as correções necessárias a tempo de evitar o processo de formação de hidrato. Os principais fatores que podem ocasionar formação de hidrato nesse tipo de unidade são os seguintes:

☐ leito da peneira saturado (tempo de campanha esgotado);

☐ falha do compressor de gás quente;

☐ aumento do teor de água no gás natural;

☐ regeneração deficiente (temperatura baixa por falha do forno, baixa vazão de gás quente ou falha no controlador da programação da regeneração).

☐ Parada do turbo-expansor

Como principal equipamento da unidade, a falha do turbo-expansor causa perda de eficiência na obtenção de baixas temperaturas, porém a unidade permanece operando por meio da válvula de desvio do turbo-expansor, obtendo-se a expansão isentálpica por efeito Joule-Thomson, o qual é menos eficiente do que a expansão isentrópica promovida pelo turbo-expansor.

□ Parada dos compressores de propano

A parada do compressor de propano normalmente está relacionada à qualidade do propano do ciclo. Altos teores de etano presentes no propano refrigerante acarretam pressões altas na descarga da máquina, o que pode determinar a queda do compressor. Altos teores de pesados, como butano, também trazem problemas ao sistema, pois geram a ocorrência de pressão baixa e formação de líquido na sucção da máquina.

A ocorrência de subtensão pode provocar bloqueio do sistema de proteção do motor elétrico do compressor, gerando também paradas não programadas.

□ Falha do forno da desmetanizadora

Os principais problemas envolvendo a área quente dessa unidade estão relacionados de alguma forma à falha do forno, sendo a mais comum causada por falha da instrumentação de controle e segurança do equipamento.

Problemas, como má qualidade do combustível, queda de refratário, furo da serpentina e travamento do abafador, também podem gerar paradas do equipamento.

□ Isolamento térmico frio danificado

Quando ocorre algum fato que impacta o nível de isolamento térmico dos sistemas a frio da unidade, a perda de eficiência é imediata, implicando, muitas vezes, a necessidade de paradas não programadas para recuperação do isolamento.

8.11 PROCESSOS COMBINADOS

8.11.1 Introdução

Existem situações excepcionais em que é interessante a aplicação de processos termodinâmicos associados, em um projeto de aproveitamento de gás natural, de modo a se atingir um objetivo específico otimizado. Alguns exemplos podem ser citados na aplicação de processos combinados em unidades de processamento de gás natural existentes.

8.11.2 Planta de gás de San Alberto – Bolívia

A unidade responsável pela especificação do gás importado da Bolívia pelo Brasil é uma UPGN, a qual utiliza dois processos termodinâmicos combinados: a refrigeração simples, dada por um sistema de refrigeração a propano, e o efeito Joule-Thomson, gerado pela expansão do gás em uma válvula de controle de pressão.

O objetivo da unidade é especificar o gás produzido no campo, conforme definido nos contratos de venda de gás (nesse caso particular, a especificação do gás importado deve atender à Portaria n. 104 da ANP). A opção pela escolha dos processos combinados de refrigeração simples e efeito Joule-Thomson deve-se basicamente à baixa riqueza do gás do campo de San Alberto (em torno de 6%), aliada à alta pressão existente no reservatório.

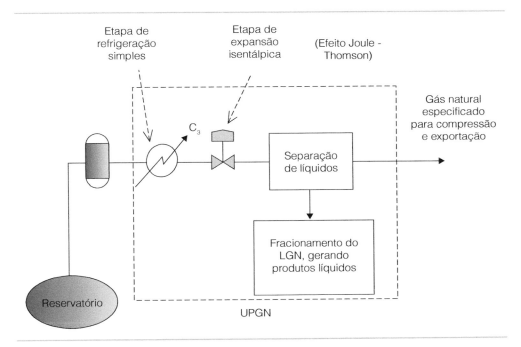

Figura 8.36 Esquema da planta de San Alberto – Bolívia

8.11.3 Unidade de processamento de gás da UEGA – Araucária (PR)

A unidade de processamento de gás natural da UEGA (ver Figura 8.37) foi construída para acertar o teor de etano do gás natural que serve de carga para a termelétrica da UEGA. As turbinas dos grupos turbo-geradores apresentam uma restrição de especificação de carga, a qual permite um teor de 6%, no máximo, de etano, presente no gás combustível de alimentação do sistema.

Para atender a esse objetivo, a unidade da UEGA foi projetada com aplicação dos dois processos combinados (refrigeração simples e Joule-Thomson).

O gás carga da unidade já é especificado, conforme a Portaria n. 104 da ANP, porém a limitação do teor de etano das turbinas obrigou a utilização de um tratamento adicional, por meio do processamento do gás em uma unidade de processamento específica para acerto do teor de etano.

8.12 Comparação entre os principais processos utilizados

8.12.1 Introdução

Como já observado anteriormente, vários itens devem ser avaliados durante a etapa decisória sobre qual processo termodinâmico usar em um projeto de aproveitamento de gás natural de determinado campo produtor. Muitas vezes, o projeto mais caro não é a melhor resposta, assim como o mais barato também pode não ser o mais adequado para determinada aplicação específica.

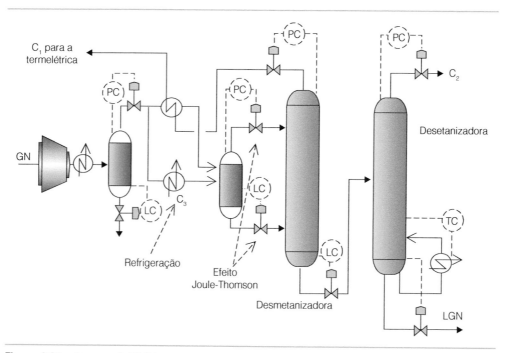

Figura 8.37 Esquema da UPGN da UEGA – Araucária (PR)

Não existe um processo que seja sempre melhor do que os outros. O que existe é a melhor adequação de um deles a uma determinada situação, baseada nas premissas de cada projeto de aproveitamento de gás.

A Tabela 8.2 pode servir de orientação na definição do processo termodinâmico a ser utilizado em um projeto, em função dos objetivos a serem alcançados por este.

Tabela 8.2 Resumo processos x objetivos

Objetivos/Processos	JT	RS	AR	TE
Especificar ponto de orvalho	S	S	S	S
Especificar gás conforme Portaria n. 104 da ANP	N	S	S	S
Maximizar produção de GLP	N	N	S	S
Produzir etano petroquímico	N	N	N	S

JT: Processo Joule-Thomson / RS: Processo refrigeração simples / AR: Processo absorção refrigerada / TE: Processo turbo-expansão.

Obviamente, essa tabela não consegue representar todos os aspectos influentes sobre a escolha do processo, em função dos objetivos de um determinado projeto. Como exemplos ilustrativos, citamos algumas exceções:

- ☐ O processo Joule-Thomson consegue especificar o gás, conforme a Portaria ANP n. 104, desde que a composição do gás a ser tratado não apresente altos teores de etano, propano e mais pesados.

- ☐ Processo refrigeração simples – pode não conseguir especificar o gás, conforme a mesma Portaria, se o gás a ser tratado tiver alto teor de etano.

- ☐ Processo absorção refrigerada – pode ser adaptado para também gerar etano petroquímico, em situações específicas (certamente, com alto custo e grande complexidade).

No entanto, apesar das limitações descritas anteriormente, a Tabela 8.2 pode ser utilizada, de forma geral, como uma primeira análise comparativa sobre os objetivos propostos e processos possíveis, em relação a um determinado projeto, desde que se conheçam bem os parâmetros decisórios e as premissas básicas deste.

Uma outra forma de comparação entre processos termodinâmicos de processamento de gás natural é por meio da abordagem de componentes-chave: de forma simplificada, se pretendemos gerar etano petroquímico, o componente-chave do projeto será o etano e os processos possíveis serão o turbo-expansão e a absorção refrigerada.

Se o objetivo for gerar GLP, o componente-chave será o propano e os processos disponíveis serão a refrigeração simples, a absorção refrigerada e a turbo-expansão.

Se o intuito for apenas especificar o gás, o componente-chave será o butano e o processo poderá ser o Joule-Thomson, por ser o processo mais simples e mais barato, desde que a composição do gás a ser tratado permita essa escolha.

8.12.2 Expansão isentálpica *versus* isentrópica

A expansão isentrópica ocorrida em um turbo-expansor é cerca de duas vezes mais eficiente do que a expansão isentálpica ocorrida em uma válvula de controle de pressão, basicamente, porque na primeira temos a realização de trabalho pela expansão do gás, gerando movimento no eixo da turbina expansora. Esse movimento de rotação pode ser aproveitado como trabalho na ponta do eixo. Normalmente, no caso de turbo-expansores, esse trabalho é aproveitado na compressão *booster* do gás seco processado ou na compressão adicional do gás carga do expansor, visando aumentar a diferença de pressão no processo de expansão.

Dessa forma, a redução de temperatura proporcionada pela expansão isentrópica é bem mais eficiente no processo de geração de líquidos em uma UPGN, porém, certamente, a demanda de recursos é maior.

A Figura 8.38 ilustra a comparação entre os processos de expansão citados.

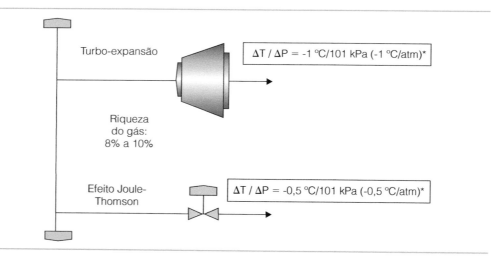

* Esses valores são aproximados e dependentes da composição do gás a ser expandido.

Figura 8.38 Comparação entre os processos de expansão

8.12.3 Refrigeração simples *versus* absorção refrigerada

A refrigeração simples utiliza apenas resfriamento do gás natural em um permutador a propano. A temperatura de resfriamento do gás é em torno de -35 °C. Toda a condensação, nesse caso, ocorre em função dessa redução de temperatura.

No processo absorção refrigerada, temos um primeiro estágio de condensação de frações pesadas em função da refrigeração em um permutador a propano e, posteriormente, um segundo estágio de liquefação de pesados, proporcionado por uma etapa de absorção, por meio de escoamento em contracorrente do gás com um solvente de grande afinidade com as frações mais pesadas presentes no gás. Devido à etapa de absorção, a refrigeração é, nesse caso, mais branda, causando resfriamento do gás até a temperatura de -25 °C. Esse nível de temperatura proporciona menor gasto de energia no ciclo de propano.

De uma forma geral, a absorção refrigerada é um processo mais eficiente do que o processo que utiliza a refrigeração simples, gerando um gás residual com menor teor de pesados. O gasto energético do ciclo de propano é menor, porém existe a necessidade de um sistema de fracionamento de óleo de absorção (solvente utilizado na absorção) com a utilização de um forno.

Esquematicamente, a comparação entre os processos refrigeração simples e absorção refrigerada pode ser apresentada conforme a Figura 8.39.

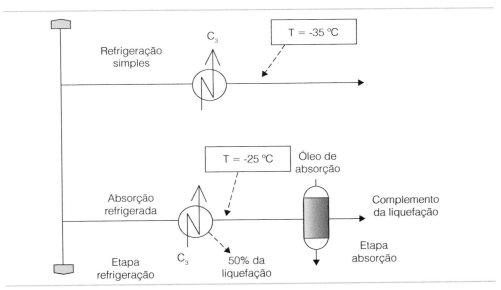

Figura 8.39 Comparação entre os processos de refrigeração

8.13 Processamento de condensado de gás natural

8.13.1 Introdução

Durante o escoamento do gás por meio dos gasodutos de transferência, dos pontos de produção até o ponto de processamento, as frações mais pesadas do gás se condensam, gerando o aparecimento de uma segunda fase no interior dos dutos. Essa condensação ocorre por mudanças nas condições termodinâmicas de pressão e temperatura, durante o escoamento do gás. Devido aos mesmos fatores, uma parte da água presente no gás também condensa, gerando o aparecimento de uma terceira fase distinta, nos dutos de transferência.

Essa mistura multifásica chega pelos gasodutos dos pontos de produção até o local definido para tratamento do gás, porém precisa ser separada antes do processamento efetivo do gás. Quanto maiores as distâncias envolvidas na transferência do gás, maior deve ser a quantidade liquefeita durante o escoamento deste.

Utiliza-se, para essa separação de fases, um equipamento chamado coletor de condensado, o qual é constituído por tubos horizontais de grande diâmetro e grande extensão, dispostos lado a lado, com um tubo de grande diâmetro (chamado "flauta") instalado transversalmente em uma das extremidades do equipamento, abaixo da linha dos tubos horizontais. Tubos verticais são interligados aos horizontais para recolhimento do gás separado (ver Figuras 8.40, 8.41 e 8.42).

A função da flauta do coletor é recolher o líquido separado. Um leve declive (em torno de 1 grau) entre as extremidades dos tubos horizontais garante o recolhimento de todo o líquido no lado mais baixo do coletor.

8.13.2 Separação de fases do gás natural escoado

Poderíamos dizer que uma Unidade de Processamento de Condensado de Gás Natural (UPCGN) é uma UPGN incompleta. Em uma UPCGN, a área fria responsável pela recuperação do líquido de gás natural não é necessária. Nesse caso, o líquido é gerado durante o escoamento do gás pelos gasodutos, em função das modificações ocorridas na temperatura e pressão no interior do duto.

Dessa forma, como o líquido já está disponível, basta a UPCGN ser capaz de fracioná-lo em produtos especificados para consumo pelo mercado.

Mecanismo de separação

O mecanismo de separação de fases do coletor de condensado é basicamente definido pelas seguintes características:

- separação física de fases;
- alto tempo de residência;
- baixas velocidades de escoamento;
- ação gravitacional forte sobre as fases líquidas;
- composições das fases hidrocarboneto líquido e gás como função da pressão e temperatura do coletor.

O coletor de condensado (ver Figuras 8.40, 8.41 e 8.42) é um separador trifásico de grande volume físico, que proporciona baixas velocidades de escoamento e um alto tempo de residência, fatores que definem condições ótimas para a separação plena das fases presentes no equipamento. Devido ao alto tempo de residência, as fases líquidas de hidrocarboneto e água, e a fase vapor de gás natural, conseguem atingir a condição de equilíbrio termodinâmico. Dessa forma, as composições das fases são resultado das condições de pressão e temperatura do coletor. Qualquer mudança nessas variáveis causa modificação na composição das fases separadas no equipamento.

A ação gravitacional atua nas fases líquidas de forma a permitir velocidades diferenciadas de ascensão de gás e líquido pelos tubos verticais, gerando um gás praticamente isento de partículas líquidas na saída superior do equipamento. No tubo coletor de líquido (flauta), a água (mais densa) fica acumulada no fundo e o condensado de gás (mais leve) forma um nível por cima desta.

Características técnicas principais do coletor de condensado do Terminal de Cabiúnas:

- dois módulos independentes (podem operar a pressões diferentes);
- comprimento dos tubos – 300 m;
- quantidade de tubos – 8 (cada módulo);
- diâmetro dos tubos – 1,0 m (42 polegadas);
- volume físico do coletor – 3 000 m^3 (1 500 m^3 por módulo).

Fonte: Foto cedida por Sidney Carvalho dos Santos.

Figura 8.40 Coletor de condensado do Terminal de Cabiúnas

Fonte: Foto cedida por Sidney Carvalho dos Santos.

Figura 8.41   Tubulão ("flauta") do coletor

Fonte: Foto cedida por Sidney Carvalho dos Santos.

Figura 8.42   Entrada do coletor de condensado

O destino das três fases separadas (ver Figura 8.43) depende das condições existentes no ponto de chegada dos dutos e, certamente, dos volumes separados. Pequenas quantidades de água e condensado, separadas, podem ser transferidas para outros pontos para tratamento final, já grandes quantidades vão exigir tratamento no próprio local de separação.

Normalmente, o gás separado do líquido nos tubulões do coletor é enviado para uma UPGN, para especificação e posterior venda ao cliente final. A água separada pode ser enviada para tratamento em um sistema de Separação de Água e Óleo (SAO) a placas ou um sistema de ciclones.

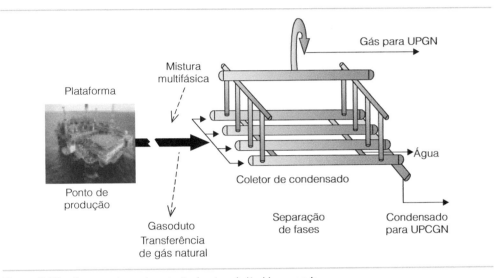

Figura 8.43 Esquema da movimentação do gás e do líquido separado

O condensado separado pode ser estabilizado para condições compatíveis com o transporte pressurizado por carretas de GLP, no caso de pequenas quantidades ou processado em uma unidade de processamento de condensado de gás natural (UPCGN) para produção de GLP e gasolina natural, no caso de quantidades, maiores que inviabilizem o transporte do produto intermediário (líquido de gás natural estabilizado – LGN).

8.13.3 Unidade de processamento de condensado de gás natural

A unidade de processamento de condensado de gás natural é bastante simples, composta, basicamente, por três sistemas de separação, sendo dois gás-líquido, utilizados no acerto da Pressão de Vapor Reid (PVR) dos produtos, e outro líquido-líquido, utilizado no fracionamento de GLP e gasolina natural (C_5^+).

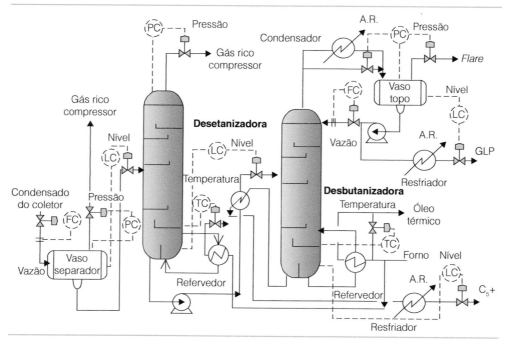

Figura 8.44 Unidade de processamento de condensado de gás natural – UPCGN

8.13.4 Etapas básicas do processo

Etapa de desmetanização do condensado

Esta etapa prevê a separação do metano do condensado de gás natural. A retirada do metano do líquido permite uma estabilização inicial do condensado e gera uma corrente de gás de alta riqueza (em torno de 25%). Basicamente, o condensado é submetido a uma expansão isentálpica de baixa intensidade, apenas suficiente para liberar o metano da fase líquida.

O gás liberado do vaso separador (em média pressão) é comprimido e enviado para uma unidade de processamento de gás natural.

Etapa de desetanização do condensado

Esta etapa permite a estabilização final da Pressão de Vapor Reid (PVR) do condensado, tornando-o adequado para a próxima etapa do processo. Em última análise, a desetanização especifica a pressão de vapor do GLP a ser produzido na etapa de desbutanização da unidade.

Nessa fase, o suprimento de uma carga térmica no fundo da torre desetanizadora garante a vaporização do etano do líquido de gás natural. As condições operacionais dessa etapa influenciam fortemente a obtenção da qualidade requerida dos produtos da próxima etapa.

A parte superior da torre desetanizadora não condensa o produto de topo. Evidentemente, essa torre não apresenta seção de absorção. O gás rico em etano liberado do topo da torre (em baixa pressão) é comprimido e enviado para uma unidade de processamento de gás natural ou consumido no forno da própria unidade, conforme escolha do projetista.

Observação

Caso essa torre fosse projetada para condensar produto de topo, deveria operar com uma pressão bem mais alta ou utilizar, um condensador com fluido refrigerante, propano ou amônia, para operar com temperatura no condensador bem mais baixa do que a temperatura ambiente.

Etapa de fracionamento do LGN

O fracionamento do Líquido de Gás Natural estabilizado (LGN) ocorre em uma torre convencional de destilação, chamada torre fracionadora de LGN, com a formação de dois produtos básicos: o produto de topo GLP e o produto de fundo, chamado gasolina natural ou fração C_5^+.

A torre fracionadora pode também ser chamada de desbutanizadora. É projetada para incorporar o componente butano à corrente de topo, adicionado de algum pentano permitido pelo teste do intemperismo do GLP. A adequação do corte entre produtos de topo e fundo da torre garante a especificação de ambas as correntes. Esse corte é controlado pelas variáveis operacionais da etapa de fracionamento.

Etapa de aquecimento de óleo térmico

Um sistema de apoio opera suprindo a carga térmica necessária para a devida operação dos refervedores da unidade (fundo das torres desetanizadora e fracionadora). O sistema é basicamente constituído por um forno, no qual circula um óleo térmico em um ciclo fechado; um conjunto de bombas, para manter a vazão circulante do óleo; e um vaso acumulador, para estabilizar o sistema.

Etapa de desidratação de condensado

Em alguns casos, esta etapa pode ser necessária, em função das condições termodinâmicas de entrada do condensado na unidade. Quando necessária, a desidratação é realizada por um sistema de monoetilenoglicol (MEG), que circula em um ciclo

TECNOLOGIA DA INDÚSTRIA DO GÁS NATURAL

fechado entre a desidratação de condensado e a regeneração do agente desidratante (conforme já apresentado no processo absorção refrigerada).

A maioria dos projetos de unidades de processamento de condensado de gás natural (UPCGNs) existentes dispensam a utilização da etapa de desidratação do líquido, por não apresentarem indícios de tendência à formação de hidratos.

Principais malhas de controle

- ☐ *Controle da vazão de carga da unidade* – controla a vazão de condensado processado. Valores usuais: dependem do porte da unidade, mas projetos com capacidade nominal de 33 m³/h a 65 m³/h de condensado são mais comuns.

- ☐ *Controle de nível de condensado do vaso separador da desmetanização* – valores usuais: 50% a 70% do nível máximo.

- ☐ *Controle de pressão do vaso separador da desmetanização* – esta variável controla a estabilização inicial do condensado processado e também o teor de riqueza do gás separado nesse equipamento. A pressão de operação do equipamento é função da pressão do coletor de condensado, pois o processo deve permitir um nível de expansão que garanta uma adequada liberação de metano do líquido processado. Valores normalmente praticados: 3,92 MPa a 4,90 MPa (40 kgf/cm² a 50 kgf/cm²). O valor de projeto (4,51 MPa ou 46 kgf/cm²) é, em geral, o mais utilizado.

- ☐ *Controle de pressão da torre desetanizadora* – esta variável controla a PVR do condensado processado. Em última análise, controla a pressão de vapor do GLP produzido. Uma alta pressão de operação dificulta a vaporização do etano, aumentando a PVR do líquido. Baixas pressões facilitam o acerto da PVR, mas podem dificultar o escoamento para a torre fracionadora. Como essa desetanizadora não condensa o produto de topo (não tem a seção de absorção), a pressão de operação é mais baixa do que seria o previsível. Valores usuais: 1,37 kPa a 1,67 kPa (14 kgf/cm² a 17 kgf/cm²).

- ☐ *Controle de temperatura de topo da torre desetanizadora* – esta variável não é controlada, pois a torre desetanizadora não dispõe de sistema de topo (condensador de topo). Valores usuais: 8 °C a 15 °C.

- ☐ *Controle de temperatura de fundo da torre desetanizadora* – esta variável é controlada pela vazão do óleo térmico do refervedor. Valores usuais: 70 °C a 80 °C.

- ☐ *Controle de pressão da torre fracionadora* – a pressão é controlada por uma malha em *split range*. Duas válvulas recebem sinal do controlador, uma abre aliviando vapores para a tocha, em caso de pressão alta, e a outra abre desviando vapores quentes do condensador para a torre, em caso de pressão baixa. Altas pressões de operação dificultam a separação do GLP, piorando a qualidade desse produto. Baixas pressões dificultam o escoamento da corrente de GLP produzida para as esferas de armazenamento. Valores usuais: 1,47 MPa a 1,77 MPa (15 kgf/cm^2 a 18 kgf/cm^2).

- *Controle de temperatura de topo da torre fracionadora* – esta variável é função da vazão de refluxo de topo, que gera o refluxo interno da torre. Valores usuais: 60 °C a 70 °C.
- *Controle de temperatura de fundo da torre fracionadora* – esta variável é controlada pela vazão do óleo térmico do refervedor. Valores usuais: 100 °C a 120 °C.
- *Controle da vazão de refluxo da torre* – esta variável controla a qualidade do produto de topo (GLP) produzido e, indiretamente, determina a temperatura de topo da torre. Valores usuais: 3 a 5 vezes a vazão de GLP produzida.
- *Controle de nível do vaso de topo da fracionadora* – valores usuais: 50% a 70% do nível máximo.
- *Controle de nível de fundo da fracionadora* – valores usuais: 50% a 70% do nível máximo.
- *Controle de temperatura da corrente circulante do forno* – a temperatura do óleo térmico é controlada pela vazão de gás combustível do forno. Valores usuais: 200 °C a 215 °C.

8.14 Tratamento dos produtos gerados

8.14.1 Introdução

Tão importante quanto produzir combustíveis é garantir a especificação destes, conforme com as normas vigentes, para o atendimento adequado aos consumidores finais.

Como observado anteriormente, o gás natural só pode ser comercializado de acordo com a especificação técnica descrita na Portaria n. 104 da ANP (gás especificado). Porém, outros combustíveis derivados do gás natural também precisam estar de acordo com normas específicas para poderem ser comercializados. Um bom exemplo é o Gás Liquefeito de Petróleo (GLP), que precisa atender a especificação definida pela ANP, segundo a Resolução n. 18, para ter sua comercialização liberada.

8.14.2 Especificação do GLP

A especificação técnica do GLP é definida na Resolução ANP n. 18, de 02 de setembro de 2004. Essa resolução define as características gerais a serem atendidas para comercialização do GLP e das frações de propano e butano utilizadas comercialmente.

306 TECNOLOGIA DA INDÚSTRIA DO GÁS NATURAL

Tabela 8.3 A Resolução ANP n. 18

Característica	Unidade	Propano Comercial	Butano Comercial	GLP
Pressão de Vapor a 37,8 °C, máx.	kPa	1 430	480	1 430
Resíduo Volátil – Ponto de Ebulição 95% evap., máx.	°C	-38,3	2,2	2,2
Butanos e mais pesados, máx.	% vol.	2,5	–	–
Pentanos e mais pesados, máx.	% vol.	–	2,0	2,0
Resíduo 100 ml evaporados, máx. Teste da Mancha	ml	0,05 Passa	0,05 –	0,05 –
Enxofre Total, máx.	mg/kg	185	140	140
H_2S		Passa	Passa	Passa
Corrosividade ao Cobre a 37,8 °C 1 hora, máx.		1	1	1
Massa Específica a 20 °C	kg/m³	Anotar	Anotar	Anotar
Umidade		Passa	–	–
Água Livre		–	Ausente	Ausente
Odorização	20% limite Inferior de Inflamabilidade			

Fonte: Dados extraídos da Resolução n. 18 da ANP, de 02/09/2004.

Apesar de o GLP produzido a partir do gás natural ser um produto praticamente isento de contaminantes, faz-se necessária a utilização de sistemas de tratamento específicos para a garantia plena do atendimento à Resolução n. 18 da ANP, que define a especificação básica para comercialização do produto.

8.14.3 Tratamento cáustico do GLP

Tem como objetivo retirar compostos de enxofre presentes no GLP que geram corrosividade à lâmina de cobre. Basicamente, passamos a corrente de GLP através de um leito de hidróxido de sódio, com o objetivo de promover contato íntimo entre os cátions alcalinos e os ânions sulfetos, gerando, assim, reações exotérmicas de neutralização praticamente irreversíveis (ver Figuras 8.45 e 8.46).

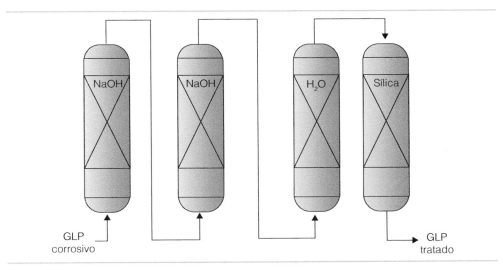

Figura 8.45 Esquema da unidade de tratamento cáustico de GLP

Fonte: Foto cedida por Sidney Carvalho dos Santos.

Figura 8.46 Unidade de tratamento cáustico de GLP de Cabiúnas – RJ

Após a etapa de neutralização, a corrente de GLP é lavada em um leito fixo de água para reter eventuais partículas arrastadas de soda cáustica (hidróxido de sódio). Em seguida, o GLP atravessa um leito fixo de sílica (areia com granulometria definida), o qual é responsável por separar e reter partículas de água arrastadas por efeito de coalescência do leito de lavagem.

A unidade tem a flexibilidade operacional de utilizar os dois leitos de neutralização em paralelo, em série ou apenas um leito de cada vez.

Complementam a unidade dois tanques de pequena capacidade, um para armazenar a solução de hidróxido de sódio concentrada, e outro para armazenar a solução de hidróxido de sódio já diluída e pronta para uso.

Reações características

$$RSH + NaOH \longrightarrow RSNa + H_2O$$

$$H_2S + 2\,NaOH \longrightarrow Na_2S + 2\,H_2O$$

$$CO_2 + 2\,NaOH \longrightarrow Na_2CO_3 + H_2O$$

As reações exotérmicas e irreversíveis, que ocorrem dentro do reator, geram sais insolúveis e energia térmica dentro do leito reacional. A precipitação desses sais insolúveis impõe limites máximos de concentração de hidróxido de sódio no leito reacional, em função dos problemas de entupimento que ocorrem, principalmente, durante dias frios.

8.14.4 Sistemas patenteados de tratamento de GLP

Existem outras opções para tratamento de GLP, em substituição ao sistema tradicional cáustico. Trata-se de sistemas patenteados (ver Figura 8.47), à base de mistura de óxidos metálicos dispostos em leitos estacionários de reatores. O material sólido é granulado de forma a oferecer grande superfície de contato. O GLP na fase líquida atravessa o leito sólido, e os agentes contaminantes, que geram corrosividade, são neutralizados por reações químicas ocorridas entre estes e os componentes do leito (mistura de óxidos).

Basicamente, existem duas grandes correntes de fabricantes: uma que utiliza a mistura de óxidos de ferro (menos ativa, porém mais barata) e outra que utiliza a mistura de óxidos de zinco (mais ativa, porém mais cara).

Após o período de vida útil dos leitos, estes precisam ser substituídos, sendo o produto formado em seu interior descartado para aterro comum. Os fabricantes de ambas as tecnologias garantem que os produtos gerados pelas reações de neutralização não agridem o meio ambiente.

8.14.5 Odorização do GLP

Após o tratamento, injetamos uma diminuta quantidade de odorante no GLP, como medida de segurança, para facilitar a detecção de quaisquer possíveis vazamentos. O odorante usado, no caso do GLP, é o etil mercaptan, devido à sua maior afinidade com a fração de GLP, em função da similaridade estrutural da cadeia do produto.

Processamento de Gás Natural 309

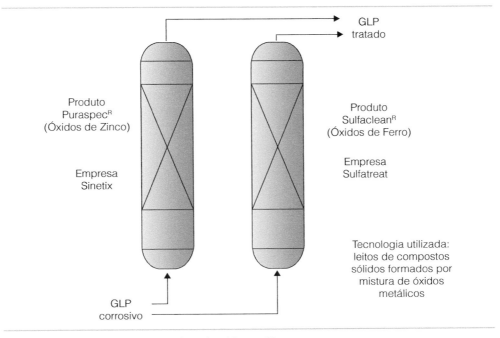

Figura 8.47 Sistemas patenteados à base de óxidos metálicos

O sistema de odorização é bastante simples, constituído de um vasilhame pressurizado de armazenamento do odorante, duas bombas de injeção (uma principal e outra reserva), bico injetor e tubos de aço inox (tubos de instrumentação), conforme apresentado na Figura 8.48.

Fonte: Foto cedida por Sidney Carvalho dos Santos.

Figura 8.48 Odorização de GLP da UPCGN de Cabiúnas – RJ

310 TECNOLOGIA DA INDÚSTRIA DO GÁS NATURAL

Características do odorante utilizado para GLP

Nome do produto – Etil mercaptana

Nome químico – Etanotiol (mercaptoetano; etil tioálcool; tioetanol; álcool tioetílico)

Aspecto – líquido incolor amarelo claro de odor desagradável

Ponto de ebulição – 34,4 °C a 36,1 °C @ 101,32 kPa

Ponto de fusão – -147 °C

Ponto de fulgor – -48,3 °C

Temperatura de autoignição – 299 °C

Limite de explosividade superior – 18,2% (em volume)

Limite de explosividade inferior – 2,8% (em volume)

Densidade – 0,846 @ 15,5 °C

Pressão de vapor – 1 117 kPa (838 mmHg) @ 37,8 °C

Limite de odor – 1 mm^3/m^3 (ppb em volume)

8.14.6 Tratamento do gás natural

Para a operação adequada das unidades de processamento, pode ser necessário o prévio tratamento do gás natural, no intuito de assegurar o atendimento à especificação da carga dessas unidades.

Um bom exemplo dessa condição é a necessidade de realizar a dessulfurização do gás natural das unidades projetadas para produzir etano petroquímico. O H_2S contido no gás natural tende a se concentrar na corrente de etano produzida, acarretando risco no transporte dessa corrente.

8.14.7 Dessulfurização do gás natural

Os mesmos fabricantes de produtos para tratar o GLP, também fazem produtos para tratar o gás natural (na fase vapor). Basicamente, são os mesmos, o que muda é a granulometria média dos produtos, que são adaptados para tratarem líquidos ou gás.

O gás natural atravessa o leito estacionário da mistura de óxidos de zinco ou ferro, dependendo do fabricante, e os agentes contaminantes do gás natural que geram corrosividade são neutralizados por reações químicas ocorridas entre estes e os componentes do leito.

Para que as reações de neutralização ocorram com taxas de conversão adequadas, é necessário que o gás natural esteja saturado em água. Dessa forma, o projeto prevê a injeção de água no gás e, em seguida , a separação do excesso da água injetada por meio de um vaso separador.

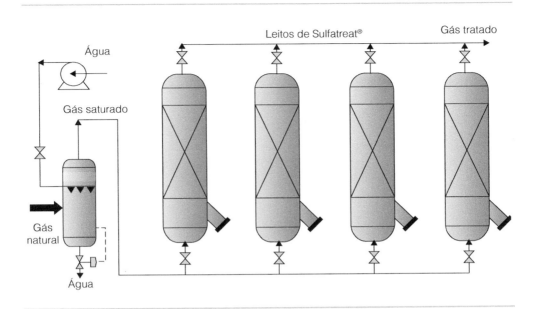

Figura 8.49 Sistemas patenteados de tratamento de gás natural – processo Sulfatreat

8.14.8 Odorização do gás natural

Apesar de as unidades de processamento de gás natural serem projetadas para garantir a especificação do gás, conforme a Portaria n. 104 da ANP, ainda é necessário odorizarmos o gás para completo atendimento da norma.

Conforme a legislação em vigor, o gás natural também precisa ser odorizado, para garantir o transporte com segurança. Após o processamento do gás, é injetada uma diminuta quantidade de odorante, como medida de segurança, para facilitar a detecção de quaisquer possíveis vazamentos nos dutos utilizados para transporte. O odorante usado, tratando-se de gás natural, é o Spotleak 1009, em razão de sua grande afinidade com a fração leve do gás processado.

Características do odorante utilizado para gás natural

Nome comercial do produto – Spotleak 1009

Composição do produto

- Terc-butilmercaptana (77% a 80% em massa)
- Isopropilmercaptana (16% a 23% em massa)
- N-propilmercaptana (< 4% em massa)

Aspecto – líquido incolor amarelo claro de odor desagradável
Ponto de ebulição – 62 °C @ 101,32 kPa
Ponto de fulgor – 27 °C
Temperatura de autoignição – 245 °C
Densidade – 0,812 @ 15,5 °C
Pressão de vapor – 45,5 kPa @ 37,8 °C

Fonte: Foto cedida por Sidney Carvalho dos Santos.

Figura 8.50   Tambores de odorante

Fonte: Foto cedida por Sidney Carvalho dos Santos.

Figura 8.51   Ponto de injeção de odorante de Cabiúnas – RJ

8.15 Unidades de processamento de gás natural

8.15.1 Introdução

Como a especificação do gás natural, definida pela ANP por meio da Portaria n. 104, praticamente exige que todo o gás produzido seja processado para que possa ser

Processamento de Gás Natural 313

vendido ao consumidor final, cada novo campo produtor de gás colocado em produção exige que novas unidades de processamento de gás natural sejam construídas.

Dessa forma, as áreas produtoras mais importantes de gás do País estão sempre associadas a grandes complexos de tratamento e processamento de gás.

8.15.2 Unidades existentes

A Tabela 8.4 apresenta as principais unidades de processamento de gás natural existentes no Brasil, sua localização e seus principais dados de projeto. Todas as unidades citadas são de propriedade da Petrobras.

Tabela 8.4 Unidades de processamento de gás natural da Petrobras

Unidade	Loc.	Cap. nom. $(10^3 \ m^3/d)(*)$	Processo termodinâmico	Prod. nominal (m^3)		
				GLP	C_5^+	LGN
URUCU I	AM	600	absorção refrigerada	178	11	
URUCU II	AM	6 000	turbo-expansão	1990	113	
URUCU III	AM	3 000	turbo-expansão	615	69	
LUBNOR	CE	350	absorção refrigerada	147	33	
GUAMARÉ I	RN	2 000	absorção refrigerada	545	89	
GUAMARÉ II	RN	2 000	turbo-expansão	632	168	
GUAMARÉ III	RN	1 500	turbo-expansão	248	82	
PILAR	AL	1 800	turbo-expansão	290	30	
ATALAIA	SE	2 000	absorção refrigerada	580	250	
CARMÓPOLIS	SE	350	refrigeração simples	52	17	
CATU I	BA	1 400	absorção refrigerada	330	150	
CATU II	BA	2 500	turbo-expansão	–	91	302
MANATI	BA	6 000	Joule-Thomson + RS	–	–	
CANDEIAS	BA	2 000	absorção refrigerada	490	225	
LAGOA PARDA	ES	150	refrigeração simples	31	12	
UPGN CABIÚNAS	RJ	600	absorção refrigerada	179	15	
URGN CABIÚNAS	RJ	3 000	refrigeração simples	–	–	1 100
UPCGN CABIÚNAS	RJ	1 500 (**)	condensado	689	295	
URL I CABIÚNAS	RJ	5 400	turbo-expansão	–	–	3 000
URL II CABIÚNAS	RJ	5 400	turbo-expansão	–	–	3 000
REDUC I	RJ	2 400	absorção refrigerada	564	94	
REDUC II	RJ	2 400	turbo-expansão	576	51	
UGN RPBC	SP	2 300	Joule-Thomson + RS	–	–	1 500

(*) Condições 101,3 kPa e 20 °C.
RS = refrigeração simples.
(**) Metros cúbicos de condensado de gás natural por dia (fase líquida).

Figura 8.52 UPGN de Urucu – AM

Figura 8.53 UPGN de Atalaia – SE

8.15.3 Novos projetos de unidades de processamento de gás natural

Os novos empreendimentos na área de processamento de gás do Brasil, como seria esperado, estão previstos para serem instalados nos centros produtores de gás natural atualmente em desenvolvimento no País.

Os principais campos em desenvolvimento estão localizados nos Estados do Espírito Santo, São Paulo e Bahia, e as novas unidades de processamento de gás natural são listadas a seguir.

UPGN da fazenda São Francisco, BA – Projeto definido para aproveitamento do gás do Campo de Manati, localizado no litoral sul da Bahia, próximo à cidade de Camamú. Como característica importante, o gás de Manati tem um alto teor de nitrogênio.

☐ Capacidade nominal – 6 000 000 m³/d (101,3 kPa, 20 °C).

Processamento de Gás Natural

□ Tipo de unidade – Joule-Thomson (futuramente combinado com refrigeração simples).

□ Objetivo principal – especificação do ponto de orvalho do gás produzido.

No início de operação do campo, a alta pressão do gás produzido permite a utilização do efeito Joule-Thomson isoladamente. Após a redução da pressão do reservatório, será necessária a utilização de refrigeração adicional para enquadramento do gás produzido.

UPGN de Caraguatatuba, SP – Para aproveitamento do gás do bloco BS-400, chamado Campo de Mexilhão, localizado no litoral de São Paulo, a cerca de 140 km do Terminal aquaviário da Petrobras de São Sebastião. Fazem parte desse pólo, além do campo de Mexilhão, a área de Cedro e outras pequenas áreas adjacentes. A capacidade total desse polo deverá ser atingida no início da próxima década, quando deverão ser produzidos cerca de 15 000 000 m^3/d de gás e 3 000 m^3/d de óleo leve e condensado.

□ Capacidade nominal – 15 000 000 m^3/d (101,3 kPa, 20 °C).

□ Tipo de unidade – refrigeração simples.

□ Objetivo principal – especificação do ponto de orvalho do gás produzido.

O projeto contará ainda com uma unidade de processamento de condensado de gás natural (UPCGN) para aproveitamento do líquido gerado na movimentação do gás até o continente.

Complexo de gás de Cacimbas, ES (UTG-NORTE) – Complexo de gás projetado para aproveitamento de gás natural produzido nos novos campos localizados no litoral do Espírito Santo, Peroá-Cangoá e Golfinho. Por terem características bem diferentes, foram definidos projetos distintos para o aproveitamento dos gases desses campos.

UPGN de Peroá-Cangoá, ES – Aproveitamento dos Campos de Peroá e Cangoá, cujo gás tem baixo teor de frações pesadas.

□ Capacidade nominal – 5 500 000 m^3/d (101,3 kPa, 20 °C).

□ Tipo de unidade – refrigeração simples.

□ Objetivo principal – especificação do ponto de orvalho do gás produzido.

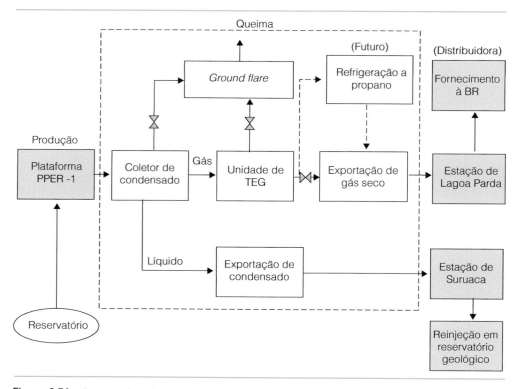

Figura 8.54 Esquema do projeto – UPGN Peroá-Cangoá

Figura 8.55 Planta de Peroá-Cangoá – Complexo de Cacimbas

UPGN de Golfinho, ES – Aproveitamento do Campo de Golfinho, cujo campo tem um alto teor de frações pesadas.

- ☐ Capacidade nominal – 3 500 000 m³/d (101,3 kPa, 20 °C).
- ☐ Tipo de unidade – turbo-expansão.
- ☐ Objetivos principais – especificação do ponto de orvalho do gás produzido e produção de GLP.

O projeto de Golfinho se completa com uma unidade de processamento de condensado de gás natural para aproveitamento do condensado formado nos dutos marítimos.

UPGN de Ubu, ES (UTG-SUL) – Projeto em desenvolvimento para possibilitar o aproveitamento do gás existente no Parque das Baleias (Jubarte, Franca, Cachalote, Anã, Azul) e Parque das Conchas, localizados no litoral sul do Espírito Santo.

- ☐ Capacidade nominal – 2 500 000 m³/d (101,3 kPa, 20 °C).
- ☐ Tipo de unidade – turbo-expansão.
- ☐ Objetivos principais – especificação do ponto de orvalho do gás produzido e produção de GLP.

Esse projeto também prevê a construção de uma unidade de processamento de condensado de gás natural.

UPGN do bloco BS-500, RJ – Deverá processar o gás produzido nos campos do bloco identificado como BS-500, localizados no litoral sul do Rio de Janeiro a cerca de 160 km da capital, em frente à praia de Sepetiba.

- ☐ Potencial do bloco – 20 000 000 m³/d de gás natural (101,3 kPa, 20 °C).
- ☐ 24 000 m³/d a 32 000 m³/d de óleo leve e condensado.

O projeto, até a data atual, está na etapa preliminar de aquisição de dados, de forma que não são conhecidas a quantidade nem a qualidade do gás presente no reservatório. Após os estudos iniciais serem concluídos, poderão ser definidos a capacidade, tipo e objetivo da unidade a ser construída.

8.15.4 Novas áreas produtoras de gás em desenvolvimento

Além dos projetos anteriores, existem algumas ampliações em carteira a serem desenvolvidas pela Petrobras e seus parceiros, os quais devem aumentar a disponibilidade de gás natural nacional. São alguns exemplos desses projetos em desenvolvimento os relacionados a seguir:

Desenvolvimento da Bacia do Espírito Santo

As expectativas de aumento da produção de gás no Estado do Espírito Santo são muito grandes. Áreas como os poços ESS-164, ESS-130, adjacências do campo de Golfinho, e também a ampliação do campo de Peroá (reservatórios mais profundos) devem atender a expectativa de produção do estado de mais de 20 milhões de metros cúbicos por dia (101,3 kPa, 20 °C), já no final de 2008.

A longo prazo, novas áreas, como os campos de Ametista, Camapu, Cormorão e Tatuí, devem elevar ainda mais a produção do estado.

Ampliação do pólo Merluza

O pólo Merluza está localizado no Estado de São Paulo, a cerca de 200 km de Santos, e tem capacidade atual de produzir até 1 200 000 m³/d (101,3 kPa, 20 °C) de gás natural e 250 m³/d de condensado.

Com a ampliação prevista da plataforma existente, para aproveitamento dos campos de Lagosta e a área do poço SPS-25, e a instalação de uma nova plataforma para ampliação da produção do campo de Merluza, esse pólo terá potencial para atingir uma produção de 9 a 10 milhões de metros cúbicos por dia (101,3 kPa, 20 °C) de gás e cerca de 4 000 m³/d de óleo leve e condensado.

Desenvolvimento do pólo Sul (SP, PR e SC)

Este pólo está localizado a cerca de 200 km do litoral dos Estados de São Paulo, Paraná e Santa Catarina, no qual já está em produção a plataforma de Coral, no litoral do Paraná. O projeto de desenvolvimento do pólo prevê o início da produção do campo de Cavalo-Marinho, no litoral de Santa Catarina, em 2008, que, somado a outros campos adjacentes, deverá permitir a produção de cerca de 3 000 000 m³/d (101,3 kPa, 20 °C) de gás natural e 22 000 m³/d de óleo leve e condensado. Espera-se que o pico desse pólo seja alcançado no ano de 2010.

Desenvolvimento do pólo Centro

Os blocos contidos neste pólo estão localizados a cerca de 250 km da costa dos Estados de São Paulo e do Rio de Janeiro, em uma área a Sudeste do campo de Mexilhão. Os poços a serem perfurados para desenvolvimento e produção desse pólo deverão ser de alta complexidade de perfuração, em função da grande profundidade da área.

A fase atual de seu desenvolvimento ainda é exploratória e poucas informações estão disponíveis sobre a quantidade e qualidade do gás presente nos reservatórios.

Uma vez confirmadas as expectativas da área em relação aos volumes potenciais dos reservatórios, uma das possibilidades de aproveitamento da produção de gás seria o envio do gás para a plataforma de Mexilhão e sua transferência para tratamento na planta a ser construída em Caraguatatuba, litoral paulista.

9

Transporte de Gás Natural

9 TRANSPORTE DE GÁS NATURAL

9.1 INTRODUÇÃO

O transporte de gás natural é o segundo elo da cadeia do gás natural e considerado, por muitos autores, o de maior importância ou mesmo o "coração da rede". Após o término da etapa de produção, vista anteriormente, o gás natural já está condicionado e em condições de ser fornecido ao mercado consumidor. Entre suas características, consideradas de maior importância, em termos de especificação técnica, destacam-se:

- ☐ Teor de umidade (ponto de orvalho da água).
- ☐ Ponto de orvalho de hidrocarbonetos.
- ☐ Teor de gás sulfídrico (H_2S).
- ☐ Teor de dióxido de carbono (CO_2).

Os parâmetros de especificação técnica, estabelecidos pela Portaria n. 104 da ANP quanto à comercialização de gás, podem ser visualizados no Capítulo 2 desta obra.

Com a sanção da Lei n. 9.478, em 1997, terminou a exclusividade da Petrobras no exercício do monopólio da União Federal em relação às atividades de: pesquisa e lavra de jazidas, refino do petróleo nacional ou importado, importação e exportação de petróleo e gás natural, assim como o transporte de petróleo e seus derivados e gás natural.

Naquele mesmo ano foi criada a Agência Nacional do Petróleo (ANP), com a finalidade de promover a regulação, a contratação e a fiscalização das atividades econômicas integrantes da indústria do petróleo. Tais atividades são concedidas (ou autorizadas) para empresas, por meio de processos de Licitação Pública (concessão de blocos de produção de petróleo e gás natural). Houve ainda a criação da Transpetro, subsidiária da Petrobras, a qual tornou-se responsável pela operação dos seus dutos (terrestres e marítimos), terminais de petróleo derivados e de gás natural.

Outro aspecto relevante da Lei n. 9.478 é a regulamentação quanto ao livre acesso à rede de gasodutos existentes no País. Tal regulamentação possibilita que uma empresa solicite autorização à ANP para a construção de gasodutos. Tal cenário difere daquele anterior à citada lei (monopólio das atividades de transporte), consolidando, assim, uma posição de livre concorrência entre os atores envolvidos. Nessa nova concepção fica definida a interface entre a atividade de transporte e de comercialização, ou seja, no ponto de recebimento (*City Gate*) das companhias distribuidoras, ambas realizadas por agentes diferentes.

Apresentam-se a seguir alguns conceitos estabelecidos pela ANP referentes às atividades de transporte.

Transporte – É a movimentação de petróleo e seus derivados
ou gás natural, em meio ou percurso considerado de interesse geral.

Transferência – É a movimentação de petróleo e seus derivados ou gás natural, em meio ou percurso considerado de interesse específico e exclusivo do proprietário ou explorador das facilidades. Os dutos de transferência não estão sob o regime de acesso.

Existe ainda, de acordo com a ANP, um processo denominado reclassificação de dutos de transferência para transporte, em situações em que se comprove o interesse geral. Tais dutos estão normalmente situados nas áreas de produção (coleta, tratamento e medição) e algumas vezes existem dificuldades de identificação de campo quanto ao ponto de transição entre as atividades de transferência e de transporte.

Segundo a ANP, existem duas modalidades de transporte a serem realizados pelas empresas transportadoras, quais sejam:

Transporte firme – Serviço prestado pelo transportador ao carregador, com movimentação de gás de forma ininterrupta até o limite estabelecido pela capacidade contratada.

Transporte não firme – Serviço de transporte de gás prestado a um carregador, que pode ser reduzido ou interrompido pelo transportador.

Nota-se, portanto, que o transporte de gás natural canalizado só pode ser realizado por empresas que não comercializam o produto, ou seja, que não podem comprar ou vender gás natural, com exceção dos volumes necessários ao consumo próprio.

Com a finalidade de fomentar a livre concorrência entre as empresas transportadoras quanto ao acesso às capacidades dos dutos de transporte, a ANP implantou os chamados Leilões de Capacidade Firme de Transporte.

9.2 Tipos de transporte de gás natural

9.2.1 Fase gasosa

O transporte de gás, na fase gasosa, utiliza uma infraestrutura composta por uma rede de gasodutos, interligando as áreas de produção aos pontos de entrega (*City*

Gate) das distribuidoras. Essa rede é formada por uma malha de gasodutos, que possui 5 433 km de extensão e capacidade de 71,5 x 10^6 m^3/d. O trecho que escoa gás de origem nacional possui 2 533 km, sendo operado pela Transpetro, Nova Transportadora do Nordeste (NTN) e Transportadora do Nordeste e Sudeste (TNS).

Veja na Figura 9.1 uma representação esquemática da rede nacional de gasodutos.

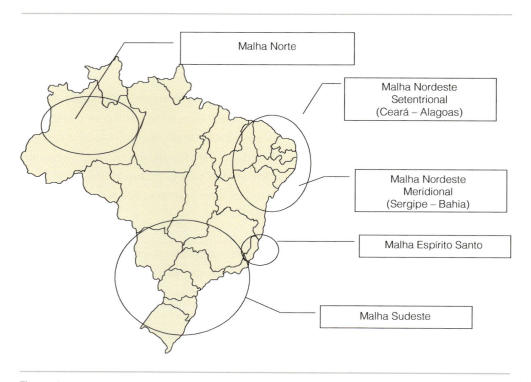

Figura 9.1 Representação esquemática da malha atual de gasodutos no Brasil

A malha que transporta gás importado apresenta 2 900 km de extensão, com capacidade de 35,3 x 10^6 m^3/d e é constituída pelos gasodutos dispostos na Figura 9.2.

Gasoduto Bolívia-Brasil (Gasbol)

O gasoduto Bolívia-Brasil (Gasbol) é constituído por dutos, em trecho nacional (2 583 km) e boliviano (567 km), ligando a cidade de Santa Cruz de la Sierra (Bolívia) ao Rio Grande do Sul. A capacidade de projeto é de 30 x 10^6 m^3/d, operado pela Transportadora Brasileira do Gasoduto Bolívia-Brasil S.A. (TBG). O trecho norte desse gasoduto interliga as cidades de Corumbá (MT) a Guararema (SP). O trecho sul interliga a cidade de Campinas (SP) à refinaria Alberto Pasqualini (REFAP), localizada em Canoas (RS).

Gasoduto Uruguaiana-Porto Alegre

O gasoduto Uruguaiana-Porto Alegre é constituído por três trechos: 1 – fronteira até Uruguaiana (25 km), 2 – Uruguaiana até Porto Alegre (565 km – em construção) e 3 – Copesul até Porto Alegre (25 km). A capacidade desse gasoduto é de 12 x 10^6 m^3/d. A Figura 9.3 apresenta, de forma esquemática, o traçado do gasoduto Uruguaiana-Porto Alegre.

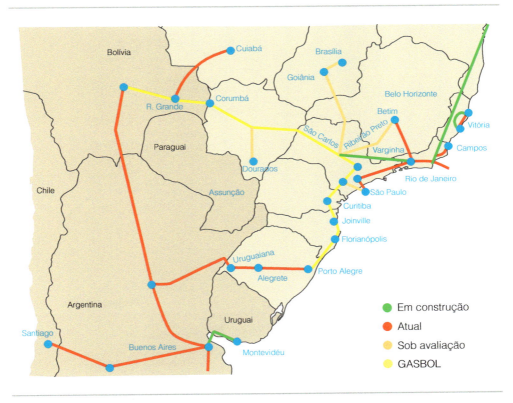

Figura 9.2   Gasodutos de importação de gás

Gasoduto Lateral Cuiabá

O gasoduto Lateral Cuiabá interliga o gasoduto Gasbol à cidade de Cuiabá, com extensão de 267 km e capacidade de 2,8 x 10^6 m^3/d. Esse gasoduto é operado pela transportadora Gasocidente.

Para atendimento da demanda futura de gás nas regiões Norte e Nordeste, foi criado o Projeto Malhas (ver Figura 9.3). Tal projeto prevê a ampliação da atual rede de gasodutos no País, incluindo a interligação da malha sul/sudeste com a norte/nordeste. Dessa forma, o gás produzido localmente poderá ser comercializado em outras regiões (nas quais houver consumo), deixando de ser um produto local. A estimativa de atendimento ao mercado futuro de gás no País (2015)[1] justifica esse esforço para construção da infraestrutura de transporte. Adicionalmente, tal projeto almeja atender à demanda de gás das usinas termelétricas pertencentes ao Programa Prioritário de Termeletricidade (PPT), criado pelo governo federal em 2001.

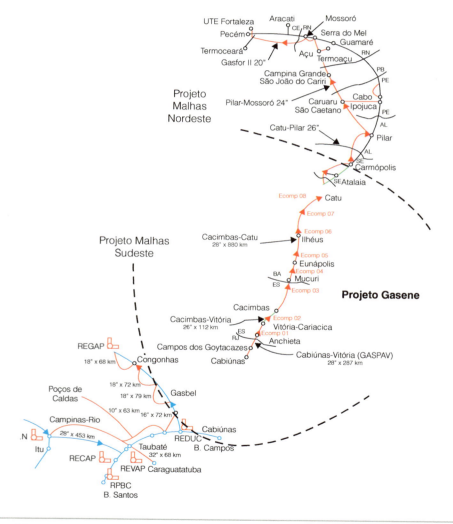

Figura 9.3 Representação esquemática da futura rede básica de gás natural

---

[1] Reserva provada estimada de 650 x 10^9 m³, demanda da ordem de 100 x10^6 m³/d e acréscimo de mais de 4 000 km de novos gasodutos.

Os investimentos na ampliação da malha Sudeste concentram-se na construção do gasoduto Campinas-Rio de Janeiro (445 km e capacidade de 8,7 x 10^6 m^3/d), São Carlos-Belo Horizonte (capacidade 7,5 x 10^6 m^3/d) e de Itu-Santos (175 km e capacidade de 6 x 10^6 m^3/d). O projeto Gasene será composto pelos seguintes dutos: Cabiúnas-Vitória, Cacimbas-Vitória e Cacimbas-Catu.

Na região Norte, os gasodutos Urucu-Coari-Manaus (2,5 x 10^6 m^3/d) e Urucu-Porto Velho (520 km e capacidade de 2,5 x 10^6 m^3/d) estão em fase de licenciamento ambiental e, quando concluída, estes atenderão à demanda de gás prioritariamente para o mercado termelétrico. Espera-se o término dessas obras em 2008, as quais, sem dúvida, contribuirão significativamente para redução dos gastos do governo federal com óleo combustível e óleo diesel, utilizados nas termelétricas da região para geração de energia elétrica. A Agência Nacional de Energia Elétrica (Aneel) prevê uma queda significativa no custo da geração elétrica quando da substituição do combustível das usinas termelétricas por gás natural, beneficiando, assim, os municípios daquela região.

Existe ainda o Gasoduto de Unificação Nacional (Gasun), que faz parte desse projeto de ampliação, com mais de 5 000 km de extensão, e permitirá o escoamento do gás importado boliviano até as regiões Norte-Nordeste.

Na Bacia de Santos, com a entrada em produção das novas reservas de gás, em especial o do campo BS-400, novos gasodutos serão implantados. Veja na Figura 9.4 a malha (tracejado) do futuro escoamento de gás oriundo da Bacia de Santos.

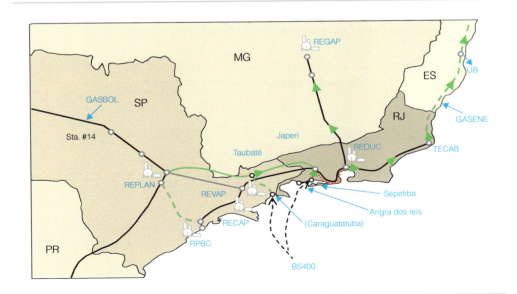

Figura 9.4 Representação esquemática da futura malha de escoamento na Bacia de Santos

Custos de transporte

O custo do transporte de gás natural por meio de gasodutos envolve a composição dos custos dos componentes apresentados anteriormente. Quando comparado ao transporte de petróleo, em fase líquida, considerando mesmo diâmetro, este último leva ligeira vantagem, uma vez que consegue transportar cerca de cinco vezes mais energia.

No aspecto econômico, o peso do componente tubulação, no investimento total para a construção de um gasoduto, pode chegar a 80% do capital empreendido. Portanto, é imprescindível a realização de um estudo técnico-econômico para a seleção do diâmetro ótimo. Para isso, avaliam-se para uma faixa de diâmetros de tubulação os custos de transporte correspondentes (valor monetário/unidade de energia). Como referência para início do estudo, pode-se considerar uma velocidade de escoamento ótimo, equivalente a 20 m/s.

Dessa forma, o diâmetro inicial selecionado seria o correspondente à citada velocidade de escoamento. Nessa avaliação, consideram-se, para cada um dos diâmetros, todos os custos de investimento e de operação, bem como a distância ótima entre as estações de compressão, de forma a se obter o menor custo de transporte. Ao final do processo, é importante que se verifique se o diâmetro obtido é fabricado comercialmente e, caso necessário, que se utilizem valores comerciais mais próximos àquele obtido pelo estudo.

A correlação entre o custo da tubulação em função da distância e do seu diâmetro é apresentada no Gráfico 9.1.

Adicionalmente, também pode ser incorporada neste estudo uma análise de sensibilidade dos componentes de maior peso para o custo global, tais como o custo do aço, custo da energia elétrica, demanda futura de gás, entre outros.

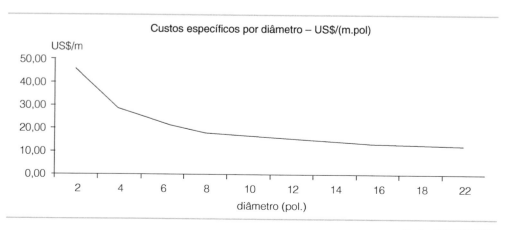

Fonte: ALENCAR, 2000.

Gráfico 9.1 Influência do diâmetro e da distância no custo de uma tubulação

Um conceito importante nessa análise é a economia de escala, que é a tendência de redução do custo unitário de transporte com o aumento do porte do projeto. Entretanto, a análise da capacidade da instalação depende das reservas existentes, do potencial do mercado consumidor atual e futuro, e também do tipo de tecnologia a ser utilizada.

Um exemplo didático é apresentado no Gráfico 9.2, no qual se verifica que, para cada um dos diâmetros analisados, pode-se obter um valor mínimo de custo de transporte. Nota-se que para o mesmo diâmetro um mesmo valor de custo pode ser obtido, quando se aumenta a vazão de escoamento. Outro aspecto relevante é que, com o aumento do diâmetro da tubulação, pode-se obter o mesmo valor de custo de transporte (em relação ao de diâmetro menor), à medida que se aumenta a vazão de escoamento. Essa análise apresenta grande importância para atendimento da demanda futura do mercado de gás natural, a fim de assegurar rentabilidade financeira para os investidores e maior penetração do gás natural nos mercados consumidores.

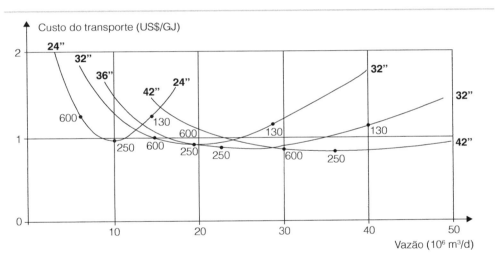

OBS.: • 130, 250 e 600 correspondem a distância entre as estações de compressão (em km).
• Os cálculos foram efetuados com base em valores médios, que devem ser corrigidos com dados reais de custos de compressão, custos de gás combustível, custos financeiros, característica do gás, tipo das unidades de compressão e eficiência do tubo.

Fonte: POULALLION, 1986, p. 105.

Gráfico 9.2 Custo do transporte por gasoduto *versus* vazão diária
(calculado para L = 2.000 km - P_2 = 8 MPa - P_2/P_1 = 1,5)

Segundo Almeida e Bicalho (2000), o desenvolvimento da atividade de transporte gera as seguintes implicações: custo de investimento elevado, baixa flexibilidade e grandes economias de escala. Tais economias, segundo Laureano (2005), estão associadas a:

328 TECNOLOGIA DA INDÚSTRIA DO GÁS NATURAL

☐ Pesados custos fixos.

☐ Custos de construção dos dutos, os quais crescem proporcionalmente menos que o diâmetro e a capacidade.

☐ Custos dos compressores, os quais crescem proporcionalmente menos do que o aumento da pressão.

☐ Menor queda de pressão com o aumento do diâmetro.

9.2.2 Aspectos relevantes no dimensionamento de dutos

Em virtude das grandes distâncias existentes entre as áreas de produção e o mercado consumidor, além da característica de sazonalidade da demanda, é fundamental que sejam analisados os seguintes fatores para fins de dimensionamento dos dutos da rede de transporte.

☐ Fator de utilização

Corresponde à folga existente entre a capacidade de transporte e aquela que se pretende utilizar. Normalmente, utiliza-se o fator da ordem de 0,8 (corresponde a 80% de utilização).

☐ Levantamento do mercado

Identificação de mercados potenciais de demanda de gás natural e dos respectivos estudos de viabilidade econômica do empreendimento. Quanto maior a confiabilidade desses estudos, menores serão os riscos e maior a probabilidade de conseguir investidores para tal empreendimento.

☐ Taxa de crescimento do mercado

O estudo de mercado poderá conduzir à redução de investimentos e custos da futura rede de transporte, podendo ser integrada às redes virtuais de transporte (GNC e GNL). Outro aspecto relevante é a verificação da legislação em vigor e das exigências do processo de licenciamento ambiental, que muitas vezes é caminho crítico para a conclusão da obra.

Veja, no Gráfico 9.3, a representação esquemática das possíveis curvas de demanda para uma rede de transporte de gás natural. O estudo de análise técnico-econômico fornecerá a melhor alternativa a ser considerada para o dimensionamento da futura rede de gás, evitando a opção por alternativas que levem ao aumento desnecessário no custo de transporte.

9.2.3 Fase líquida

Uma alternativa ao transporte por duto, utilizada no mundo para transporte do gás natural, é a liquefação do gás natural, gerando o produto conhecido como Gás Natural Liquefeito (GNL). O aumento da demanda mundial de gás natural, a longa distância entre as áreas de produção e consumo, além do desenvolvimento tecnológico que proporciona redução de custos da liquefação do gás, são alguns dos pilares do crescente mercado de GNL no mundo.

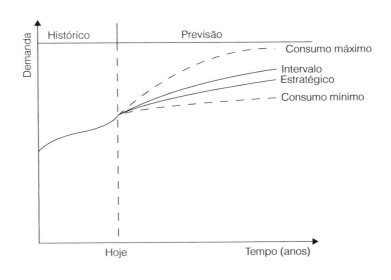

Fonte: POULALLION, 1986, p. 82.

Gráfico 9.3 Curvas de demanda

O mercado mundial de GNL está estruturado em três polos regionais distintos: Estados Unidos, Europa e Ásia.

Estados Unidos – maior consumidor de gás natural, vêm intensificando os projetos de importação de gás de outras regiões (Canadá, México etc.).

Europa – caracterizada por ampla rede de gasodutos que interligam vários países europeus, com importação do gás proveniente da Rússia.

Ásia – mercado fortemente dependente do GNL, tendo o Japão como maior consumidor (100%).

Entre as principais rotas de transporte de GNL no mundo tem-se:

- Brunei para Japão.
- Indonésia para Japão/Coreia.

- Malásia para Japão/Coreia.
- Abu Dhabi para Japão.
- Qatar para Japão/Coreia.
- Trinidad para Europa/EUA.

Para melhor visualização dessas rotas e outras existentes no mundo, apresenta-se a Figura 9.5.

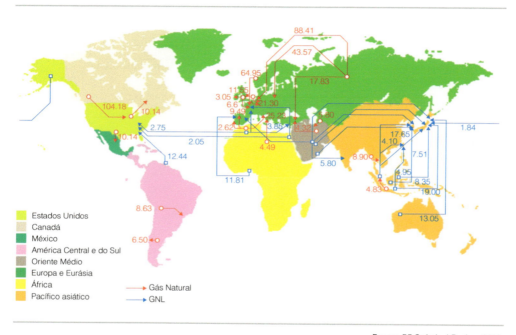

Fonte: *BP Sttistical Review*, 2006.

Figura 9.5   Principais rotas comerciais de gás e futuras de GNL

O gás natural é liquefeito em torno de -160 °C à pressão atmosférica, com redução aproximada de volume de 600 vezes. O metano, que é o componente de maior participação na composição do gás natural, apresenta ponto de condensação de -161,5 °C à pressão atmosférica, tendo uma redução volumétrica de 629. A Figura 9.6 apresenta uma estrutura básica da cadeia de transporte de GNL.

Os tanques criogênicos usam paredes duplas, ligadas por suportes de baixa condutibilidade térmica, e possuem, nas zonas de baixas temperaturas, materiais de alta resistência ao impacto e grande resistência mecânica. A parede interna que entra em contato com o GNL é feita de aço-liga (níquel ou alumínio), enquanto o lado externo é feito de concreto protendido.

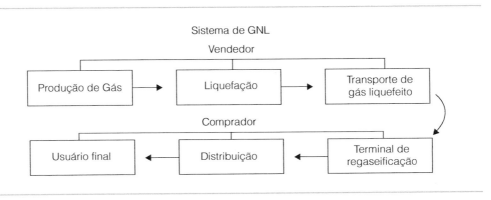

Figura 9.6   Estrutura básica da cadeia de transporte de GNL

Contudo, apesar do isolamento térmico, acontece sempre uma vaporização (*boil off*)[2]. Esse volume vaporizado corresponde a:

- **Tanques terrestres** – 0,1% volume contido por dia.
- **Tanques de navios metaneiros** – 0,20% da carga armazenada em tanques por dia.

Nos terminais de GNL há o reaproveitamento desse gás evaporado como combustível, realimentado após recompressão ao Terminal de Liquefação, ou envio para o mercado a partir do Terminal de Regaseificação. Nos navios metaneiros, esse fluido é usado como combustível, geralmente na propulsão.

Existem vários processos de liquefação, que utilizam fluidos refrigerantes (butano, propano, entre outros), passando por processos de compressão e expansão em múltiplos estágios. Antes da liquefação do gás, é necessária a remoção de CO_2, da água, e das frações mais pesadas, para evitar que esses componentes se solidifiquem (hidratos) a baixas temperaturas. Acrescenta-se que, antes da liquefação, o gás natural é processado para retirada do GLP (mistura de propano e butanos) e C_5^+ (denominada gasolina natural). Os terminais marítimos devem ser convenientemente localizados e interligados por gasodutos ao mercado consumidor. O GNL é transferido por bombas centrífugas criogênicas para o sistema de regaseificação. Caso estivesse no estado gasoso, a energia requerida para a compressão seria muito maior. Existe a possibilidade do aproveitamento do frio, para armazéns frigoríficos, produção de energia elétrica, e produção de argônio, oxigênio e nitrogênio. Um terminal de liquefação que movimenta um fluxo de 15×10^6 m^3/d tem capacidade para alimentar uma central termelétrica de 108 MW, com baixo custo energético.

---

[2]   Perda por vaporização que ocorre em tanques de armazenamento do GNL.

O transporte de GNL em grandes volumes é realizado por meio de navios metaneiros (ver Gráfico 9.5 e Figuras 9.6 e 9.7), que atendem as normas internacionais de segurança (Intergovernmental Maritime Consultative Organization – IMCO). Essas embarcações dispõem de tanques esféricos, construídas em aço-liga (resistente a temperaturas criogênicas) com capacidade para armazenar mais de 25×10^3 m^3 de GNL, o equivalente a $11,1 \times 10^3$ toneladas. O custo estimado de um navio de GNL com essa capacidade varia entre US$ 200 e 220 milhões, o que equivale a um custo unitário de US$ 1,7 por metro cúbico de capacidade.

A viabilização de um transporte por metaneiro, em relação ao transporte por gasoduto, é função da distância e do volume a ser transportado.

A Abiquim (1998) apresentou dados de custos da cadeia do GNL (Tabela 9.1) de acordo com a capacidade da planta e da distância de transporte.

Tabela 9.1 Custos da cadeia de GNL (US$/GJ)

Etapa	Capacidade ($\times 10^6$ m^3/d)		
	16,4	32,8	49,2
Instalação			
Liquefação	1,2-1,6	0,9-1,2	0,8-1,1
Regaseificação	0,4	0,4	0,4
Distância de Transporte			
1 000 km	0,2	0,2	0,2
8 000 km	1,6	1,6	1,6
Total (1 000 km)	1,8-2,2	1,5-1,8	1,4-1,7
Total (8 000 km)	3,2-3,6	2,9-3,2	2,8-3,1

Fonte: ABIQUIM, 1998.

Veja no Gráfico 9.4 o custo comparativo entre transporte via duto e GNL.

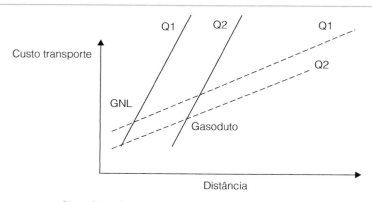

Gráfico 9.4 Custo comparativo gasoduto *versus* GNL

O desenvolvimento tecnológico obtido nos últimos anos permitiu a redução dos custos de capital e operação, tornando o projeto de GNL competitivo quando comparado ao transporte em fase gasosa. Tal situação pode ser comprovada pelo crescimento de 2,5% a.a. da demanda de gás natural no mundo, no período entre 2000 e 2005. Segundo o Relatório Técnico da companhia British Petroleum (BP) de 2006, o volume mundial de gás comercializado em 2005 atingiu 721,5 bilhões de metros cúbicos, com uma participação do GNL da ordem de 26% (ver Gráfico 9.5).

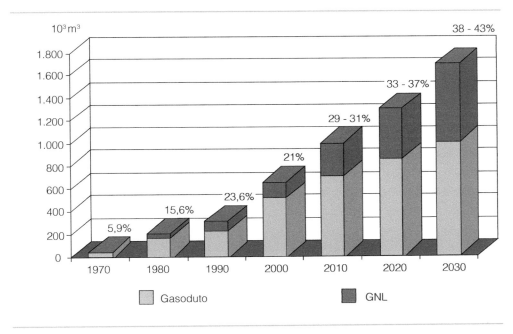

Fonte: CEDIGAZ, 2003.

Gráfico 9.5 Panorama internacional de comércio de gás

Mais recentemente, em 2006, com a entrada em operação de terminais de GNL no México, China e Espanha, houve um rápido crescimento do comércio internacional desse produto, que representou no final daquele ano 211 bilhões de metros cúbicos (CEDIGAZ, 2007).

O custo médio unitário de liquefação vem reduzindo a cada ano, e já atingiu valores abaixo de US$ 200/t anuais. O custo de investimento dos navios GNL também segue o mesmo caminho, chegando atualmente a 1,2 US$/m^3 de capacidade.

A tendência mundial é de aumento do consumo de GNL, principalmente devido à necessidade de muitos países (como o Brasil) atenderem a crescente demanda (oferta insuficiente) a curto prazo. Acrescenta-se ainda a volatilidade atual de preço do gás natural no mercado mundial e a construção mais rápida (Terminais GNL) do que a do gasoduto como fatores essenciais para a escolha dessa modalidade de transporte para assegurar o suprimento desse importante energético.

Para a escolha da modalidade de transporte entre duto e GNL consideram-se os seguintes fatores:

- [ ] Reservas
- [ ] Distância reserva *versus* mercado
- [ ] Mercado potencial
- [ ] Custo de produção
- [ ] Custo financeiro sobre capital investido
- [ ] Localização das instalações fixas
- [ ] Segurança
- [ ] Prazo de implantação

No Brasil, no início da década de 2000, foi criado o Consórcio Gemini, com a participação da Petrobras e da White Martins. A empresa Gás-Local foi criada com a finalidade de transportar e comercializar o gás natural liquefeito, produzido na planta de liquefação (capacidade de 380 000 m³/d) da White Martins, localizada em Paulínia, no Estado de São Paulo. O projeto considera ainda uma frota de caminhões com tanques criogênicos e unidades de regaseificação do GNL.

Atualmente, a Petrobras Distribuidora já realiza o transporte de Gás Natural Comprimido (GNC) com êxito para o interior de São Paulo e Bahia. As atividades do Consórcio permitirão que o gás natural na forma liquefeita (GNL) abasteça áreas não alcançadas pelos serviços públicos de distribuição de gás natural por meio de redes de tubulações das companhias distribuidoras locais. Futuramente, pretende-se estender essa tecnologia de transporte para outros estados, envolvendo as respectivas distribuidoras de gás canalizado, indústrias e postos de GNV dessas regiões. O transporte do GNL previsto considera o uso de caminhões-tanque, que podem suprir a demanda de cidades situadas em um raio de até 600 km no entorno de São Paulo.

O foco desse tipo de transporte no País é o atendimento aos mercados distantes, que ainda não foram desenvolvidos (potenciais) e que ainda não são atendidos por gasodutos. Como exemplo, tem-se o Estado de Goiás e o interior do Paraná. Ressalta-se, ainda, que o objetivo desse projeto não é de concorrer com o monopólio estadual das distribuidoras de gás natural, mas, sim, antecipar a chegada do combustível em regiões que ainda não possuem infraestrutura (antecipar a cultura pelo gás natural).

Em 2006, o Conselho Administrativo de Defesa Econômica (Cade) aprovou o acordo entre a White Martins e a Petrobras para a compra direta do gás natural, exigindo apenas que as empresas tornem públicas as informações sobre prazos contratuais e volumes de gás comprado. Essa regulamentação é importante, pois no caso do Estado de São Paulo as operações de transporte incluem a área de concessão da Companhia de Gás de São Paulo (Comgás). Veja, na Figura 9.7, algumas das modalidades possíveis de transporte do GNL.

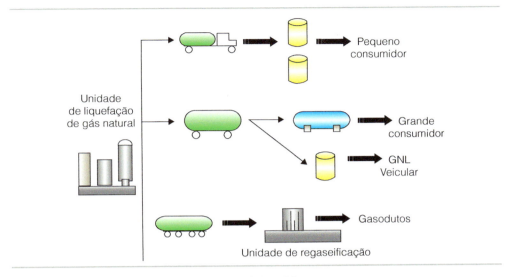

Figura 9.7   Desenho esquemático de uma Unidade GNL modelo

A localização da primeira unidade de liquefação em Paulínia, apesar de sua pequena capacidade, é estratégica, pois estará próxima ao gasoduto Bolívia-Brasil (Gasbol). Adicionalmente, terá o benefício de estar próxima de importantes rodovias, ferrovias, da refinaria Replan e do mercado industrial e veicular. São considerados como mercado consumidor aqueles situados em um raio de até 600 km no entorno da unidade (ver Figura 9.8), com possibilidade de aumento.

No futuro, essa nova modalidade de transporte poderá ter grande aplicação, a partir da implantação do estudo realizado pelo Grupo de Economia de Energia da Universidade Federal do Rio de Janeiro (UFRJ), denominado Corredores Azuis. Esse projeto consiste no desenvolvimento de infraestrutura de abastecimento para GNV nas rodovias, mediante programas para difusão do gás no transporte rodoviário de cargas e de passageiros. Por esse projeto, está prevista a interligação dos países do Cone Sul, a partir da instalação de 33 postos em rodovias brasileiras e internacionais, um a cada 200 quilômetros, partindo da capital mineira. Essa distância se justifica pela possibilidade de um veículo abastecido com GNV ser capaz de percorrer cerca de 300 km sem precisar renovar sua carga de combustível. Um ponto marcante desse projeto é o fornecimento de gás, transportado na forma líquida, até cidades distantes da capital paulista, cuja população atual dificilmente justificaria a construção de rede de gasodutos.

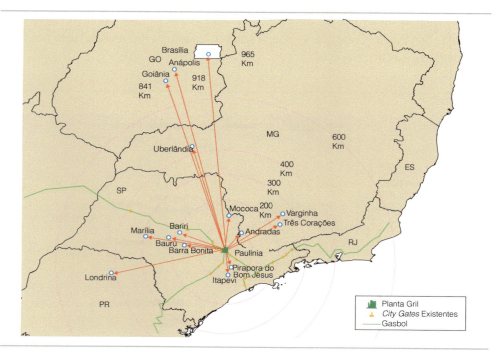

Fonte: Gás-Local, 2005.

Figura 9.8   Mapa esquemático dos caminhos do GNL

As elevadas distâncias entre as maiores regiões produtoras do País e novos consumidores, o longo período de implantação de uma rede de gasodutos, o elevado aporte financeiro envolvido e as incertezas existentes na política de preços para o produto são algumas das causas que vêm limitando o aumento da oferta de gás no mercado brasileiro.

Acrescenta-se ainda, como benefício do citado projeto, a possibilidade de aumento da participação do número de conversões de veículos pesados para gás natural, o que pode levar à redução do consumo de diesel e, consequentemente, da redução das emissões de gases de efeito estufa.

Com a recente nacionalização das reservas petrolíferas da Bolívia, e consequente encarecimento do preço do gás importado desse país, já se discute a possibilidade de importar Gás Natural Liquefeito (GNL) para as regiões Nordeste, Sul e Sudeste. Trata-se de uma nova estratégia para ajustar a relação entre a oferta e demanda de gás natural no País, com base no uso do GNL importado.

Atualmente, considerando os vultosos investimentos em gasodutos, inclusive em estruturas de distribuição, para atendimento a um mercado incerto e sazonal, principalmente na região Nordeste, a alternativa do GNL vem se fortalecendo. Como argumento favorável ao GNL, tem-se que a infraestrutura dos novos gasodutos deverá operar na maior parte do tempo, com baixo fator de utilização, ou seja, com parte de sua capacidade disponível ociosa durante longos períodos do ano (impacto negativo na tarifa).

Nesse contexto de incertezas quanto ao desenvolvimento do mercado consumidor, ainda em formação, inclusive quanto à operação das usinas termelétricas (PPT), a alternativa da oferta flexível de GNL vem se fortalecendo no País.

Entre as alternativas para a instalação de Terminais de GNL destacam-se: Suape (PE) e a região Sul/Sudeste, ou seja, litoral dos Estados do Rio de Janeiro, São Paulo e Santa Catarina (Figuras 9.9 e 9.10). As vazões de gás consideradas nesses dois projetos são de $6 \times 10^6 \, m^3/d$ e $14 \times 10^6 \, m^3/d$.

Existem ainda alternativas para a importação de GNL, como o caso de Trinidad e Tobago, no Caribe. Todo esse esforço se justifica diante da necessidade de reduzir a dependência de importação do gás boliviano (da ordem de 50%) e no atendimento de demandas locais (Termelétricas no Nordeste), cujas reservas são insuficientes para atender à demanda futura.

Para viabilizar tal empreendimento, é importante que seja planejada a construção de centros de regaseificação (três anos), próximos aos mercados consumidores de gás. Outro aspecto relevante é a dificuldade existente no momento para a aquisição de navios de GNL para construção, haja vista a grande procura no mercado internacional.

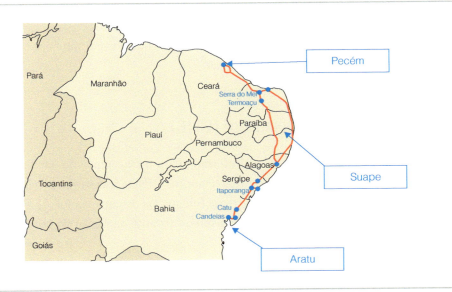

Figura 9.9   Alternativa do GNL no Nordeste

Figura 9.10 Alternativa do GNL na região Sul/Sudeste

O sucesso do projeto de importação do gás na forma de GNL depende da viabilização dos contratos do tipo *spot* e *swap*.[3] Esse tipo de contrato é considerado condição necessária para a negociação de excedentes desse energético no mundo. Até o momento, o avanço desses tipos de contratos em curto prazo, observado nestes últimos anos, relaciona-se a eventos circunstanciais, tais como problemas políticos na Indonésia, choque do petróleo no mercado norte-americano, entre outros. De qualquer forma, independentemente da metodologia a ser utilizada no cálculo da tarifa do gás importado na forma de GNL, ela precisa compensar os elevados custos operacionais, inerentes ao processo de liquefação, regaseificação, transporte e também os agentes financeiros envolvidos ao longo dessa cadeia.

9.3 Gás Natural Comprimido[4] (GNC)

Uma outra alternativa adicional utilizada para o transporte do gás natural é a modalidade da compressão desse fluido em cilindros (GNC), à alta pressão (24,0 MPa). Esses cilindros são acomodados em carretas (chamadas de carretas-feixe) e transportados, por via rodoviária, até o local de consumo (distante da região de produção). Da

---

[3] Contratos realizados de fornecimento de gás, a curto prazo, normalmente estabelecidos para atendimento de demandas sazonais e/ou emergenciais.
[4] Compressed Natural Gas (CNG).

mesma forma que o GNL transportado por carretas, o objetivo é antecipar e divulgar o uso do produto no mercado consumidor, com potencial de consumo, mas que não dispõe de rede de abastecimento (companhia distribuidora). O sucesso do Gás Natural Veicular (GNV) nos grandes centros urbanos despertou a necessidade de consumo em vários municípios do País (mercados emergentes), principalmente em cenários de alta do preço do petróleo no mercado internacional.

Um exemplo dessa modalidade de escoamento é o Projeto GNC de Campina Grande no Estado da Paraíba. A capacidade dos cilindros das carretas utilizadas no transporte entre João Pessoa e Campina Grande é da ordem de 5 000 m^3 e a distância entre as duas cidades é de 112 km (percurso realizado em três horas aproximadamente).

Veja na Figura 9.11 a carreta de GNC utilizada nesse tipo de transporte.

Fonte: BONFIM; SANTOS, 2004.

Figura 9.11 Alternativa do GNL no Nordeste

Um dos aspectos críticos dessa modalidade de transporte é a necessidade de compressor no momento da transferência do produto no posto de abastecimento. Quando essa operação é realizada por diferencial de pressão, permanece gás residual nos cilindros (não aproveitado). Outro aspecto relevante é a utilização de tecnologia na fabricação dos componentes utilizados nos cilindros, entre outros.

O aspecto econômico é fundamental para a viabilização desse tipo de transporte. Quanto menor a diferença do preço do gás entre as cidades (produtor e consumidor) e também entre esse produto e os combustíveis derivados (álcool e gasolina), maior será a atratividade do projeto.

Esse tipo de transporte não deve ser visto como um concorrente do transporte por gasoduto ou mesmo do GNL. Uma vez construído o gasoduto, o fornecimento de gás natural poderá ser ampliado a outros usos, tais como industrial, residencial, sistemas de cogeração etc. Nesse caso, o sistema de transporte por GNC poderá migrar para outra cidade vizinha com a mesma concepção anterior.

Note que as alternativas de transporte já citadas são complementares e podem ser perfeitamente integradas em uma grande rede (combinação da rede básica e da rede virtual). A distribuição do Gás Natural Comprimido (GNC) e do liquefeito (GNL) poderá incrementar o crescimento do gás natural canalizado no País. Essas modalidades de transporte, no mundo, podem ser atrativas para aplicações temporárias, que visam à monetização de reservas de gás. Segundo Deshpande e Economides (2003), para distâncias de até 3 750 km, o transporte de GNC é mais atrativo do que o de GNL, enquanto para maiores distâncias ocorre o contrário (Tabela 9.2).

Tabela 9.2   Preço unitário comparativo para fornecimento LGN e GNC

Distâncias (km)	GNL (US$/GJ)	GNC (US$/GJ)
805	2,55	1,63 – 1,66
1 609	2,65	1,83 – 1,92
2 414	2,75	2,14 – 2,19
3 219	2,85	2,39 – 2,45
4 023	2,95	2,52 – 2,98
5 633	3,25	3,16 – 3,51
8 047	3,65	3,92 – 4,57

Fonte: Adaptada de Deshpande e Economides, 2003.

Existe a necessidade de estabelecer uma nova legislação, por meio da ANP, para regular a distribuição do GNC e do GNL (marco regulatório) não considerados na atual legislação estadual, que aborde a concessão do serviço de distribuição do gás canalizado. Note, na Figura 9.12, um mapa esquemático da seleção da modalidade de transporte em função da distância entre produtor e consumidor e os volumes a serem transportados.

9.4 Armazenamento de gás natural

O armazenamento do gás natural é uma estratégia muito utilizada pelas companhias operadoras de gás no mundo para fins de regulação da relação oferta *versus* demanda. Trata-se de uma tomada de decisão de ordem econômica e também de segurança por essas corporações.

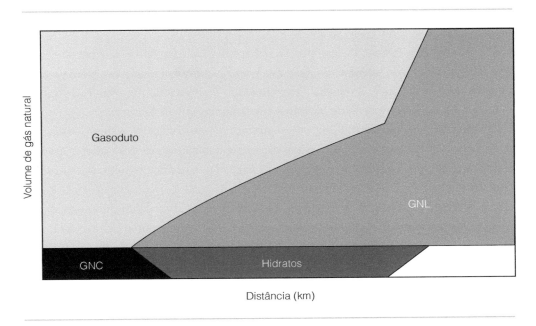

Figura 9.12 Mapa esquemático de seleção de modalidades de transporte de gás natural

Em muitos países, a demanda de gás é influenciada pelas estações do ano, ocorrendo oscilações significativas durante determinados períodos do dia, mês ou ano. Dessa forma, para que não haja perdas na produção de gás ou mesmo falta de suprimento do produto em momentos de pico de consumo para o mercado consumidor, torna-se necessária a existência de um sistema de armazenamento do gás, capaz de adequar oscilações entre produção e demanda. Um exemplo que representa essa situação são as redes de suprimento de gás das concessionárias para os consumidores residenciais e comerciais, em que fica bem marcado um menor consumo durante os finais de semana e curtos picos de consumo nos horários de maior movimento das populações (pela manhã e ao final da tarde) nos dias úteis.

Normalmente, os gasodutos são sistemas naturais de armazenamento de gás, pois são dimensionados com folga em sua capacidade. No entanto, a operação contínua desse sistema pode aumentar o custo do transporte (operação com capacidade ociosa), principalmente quando a distância entre as regiões de produção e consumo for significativa.

O sistema de armazenamento consiste no confinamento do gás natural em tanques (próximo ao centro consumidor) ou mesmo em reservatórios naturais (terrestre ou marítimo), de forma que sirva como um "pulmão" ao mercado consumidor. As formações mais utilizadas para essa finalidade são as cavernas de rochas salinas (sistemas impermeáveis) existentes em certas regiões ou poços secos (poços com a produção de óleo exaurida).

Em geral, a injeção de gás ocorre por meio da utilização de compressores de alta pressão (cerca de 20 MPa) de descarga e vazões também altas, da ordem de 2 a 5 milhões de metros cúbicos por dia. O gás injetado é anteriormente desidratado, para evitar problema de formação de hidrato e corrosão nas linhas de injeção.

Em situações de parada de produção ou pico de consumo, o fluxo da injeção se inverte e o gás armazenado passa a alimentar o gasoduto de transporte, assegurando suprimento contínuo ao mercado nas vazões necessárias para atendimento ao consumo.

A Figura 9.13 mostra o esquema de um sistema genérico de injeção e armazenamento de gás natural utilizado para absorver flutuações de consumo do mercado.

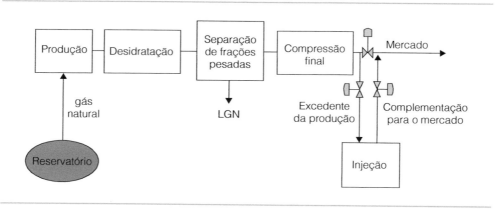

Figura 9.13 Representação esquemática do sistema de injeção e armazenamento de gás

O sistema de armazenamento, quando implantado, possibilita a eliminação de obras de ampliação dos gasodutos existentes, ramais e unidades de compressão, além de garantir o suprimento do mercado consumidor. O resultado final é a redução dos investimentos do empreendimento, que irão refletir nas futuras tarifas a serem aplicadas no transporte do gás.

Para fins de viabilização técnica e econômica desse sistema, os seguintes parâmetros devem ser normalmente considerados pelos investidores:

☐ Distância entre o armazenamento e o centro consumidor.

☐ Existência de gasodutos.

☐ Capacidade de fornecimento de gás para o mercado.

☐ Características geológicas do reservatório.

☐ Estudo de análise de risco e de impacto ambiental.

Principais sistemas de armazenamento de gás natural

Existem dois tipos de reservatórios que podem ser utilizados para armazenamento de gás natural. O primeiro compreende sistemas de armazenamento de cavidades ocas e podem ser constituídos por cavernas de rochas salinas (rochas impermeáveis) ou minas subterrâneas abandonadas. O segundo tipo pode ser constituído por poços exauridos de petróleo e gás ou aquíferos subterrâneos (aquíferos não utilizados para suprimento de água às populações).

Principais características dos reservatórios

Os reservatórios formados por minas e cavernas apresentam uma relação de gás útil por gás injetado maior, embora, de uma forma geral, possuam uma capacidade menor de armazenamento. Normalmente, esse tipo de reservatório também necessita de uma menor pressão de injeção em comparação aos reservatórios formados por rocha porosa, conforme apresentado na Tabela 9.3.

Tabela 9.3 Características de reservatórios armazenadores de gás

Característica reservatório	Cavernas Minas subterrâneas	Poços exauridos Aquíferos subterrâneos
Pressão	6,86 a 29,42 MPa	7,85 a 35,30 MPa
Capacidade	30 000 a 150 000 m³/d	100 000 a 10 000 000 m³/d
Gás útil	70% a 80%	50% a 70%
Vazão de retirada diária	1% a 10% do vol. de gás útil	1% a 5% do vol. de gás útil
Profundidade	400 a 1 800 m	400 a 3 000 m

Fonte: KLAFKI, 2003.

Na Figura 9.14 é apresentado, a título ilustrativo, um sistema de injeção de gás natural composto por um conjunto de cavernas em rochas salinas de média profundidade. As características de integridade e impermeabilidade desse tipo de rocha garantem uma boa recuperação do volume de gás injetado, sendo esse volume proporcional ao número de cavernas utilizadas.

Armazenamento de gás nas redes de distribuição

Existe um tipo de reservatório de baixa capacidade de armazenamento, o qual pode ser construído e utilizado para regular as flutuações que ocorrem na relação entre suprimento e consumo das redes de distribuição durante os horários de maior demanda. São constituídos por tubos de grande diâmetro e grande comprimento, os quais são soldados e interligados lado a lado, em um arranjo semelhante a um coletor de condensado utilizado nos sistemas de transferência de gás dos campos marítimos de produção até o continente.

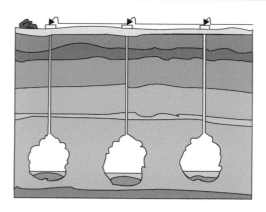

Fonte: KLAFKI, 2003.

Figura 9.14 Armazenamento em cavernas (rochas salinas)

O gás é comprimido a cerca de 21,51 MPa (220 kgf/cm^2) e armazenado nos horários de baixo consumo (principalmente durante a noite). Nos horários de maior consumo, o gás armazenado é liberado dos tubos, sob controle de pressão, alimentando a malha de dutos de distribuição de gás e complementando as necessidades de gás do mercado. Os sistemas desse tipo podem armazenar de 300 a 500 x 10^3 m^3 de gás natural, quantia considerada suficiente para atender ao perfil de consumo normal das redes de distribuição de gás domiciliar localizadas na maioria das cidades brasileiras.

Segundo a instalação apresentada na Figura 9.15, a injeção de gás ocorre por meio da utilização de compressores com alta pressão (20 MPa) de descarga e vazão da ordem de 500 000 m^3/d. O gás injetado é desidratado para evitar problema de formação de hidrato e corrosão nas linhas de injeção. Em situações de parada de produção, o fluxo da injeção se inverte e o gás armazenado passa a alimentar o gasoduto de transferência, assegurando suprimento ao mercado.

Veja na Figura 9.16 a concepção adotada de reinjeção de gás em instalações marítimas de produção de petróleo para fins de armazenamento em reservatório geológico.

A vantagem da reinjeção de gás em instalações marítimas de produção é a eliminação da queima de gás em cenários de contingência (gasodutos e instalações terrestres), em que a transferência (gasoduto) é interrompida. O gás armazenado poderá ser produzido posteriormente para a instalação a ela interligada (tubulação) e, em seguida, transferido para o continente (atendimento à demanda de consumidores). Outro aspecto relevante dessa instalação é o fato de o gás armazenado incorporar frações pesadas de hidrocarbonetos existentes no reservatório, o que possibilita aumento de riqueza e naturalmente de seu valor energético.

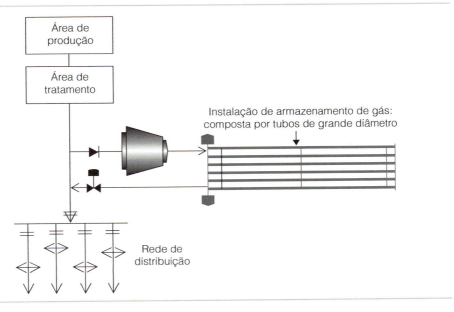

Figura 9.15 Sistema de armazenamento de gás natural de baixa capacidade

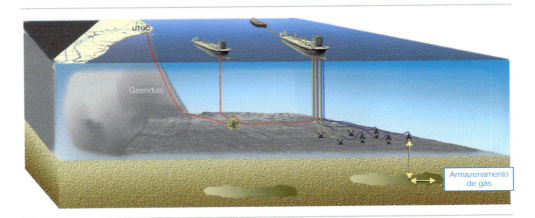

Figura 9.16 Reinjeção de gás em instalações marítimas de produção de petróleo

9.5 Gás Natural Adsorvido (GNA)

Existe uma tecnologia, em fase de desenvolvimento, que utiliza compostos adsorventes para fins de armazenamento do gás natural. Essa tecnologia faz uso de materiais porosos, da temperatura ambiente e da pressão na ordem de 3,5 MPa, valor inferior ao utilizado pela tecnologia do GNC (20 MPa). Essa importante característica do GNA permite redução de custos com armazenamento e também na compressão deste, o que desperta no meio industrial interesse por pesquisas e desenvolvimento de projetos-piloto. A viabilidade comercial desse processo depende fortemente da seleção de materiais porosos para armazenamento de gás, competitivo em relação às tecnologias do GNC e GNL.

Entre os materiais que estão sendo testados no mundo destacam-se:

☐ Carvão ativado com poros de dimensões entre 1 e 2,5 nm, alta área superficial ($1\ 000\ m^2.g^{-1}$).

☐ Plasmas frios obtidos por descargas elétricas em gases oxidantes (O_2 e CO_2), projeto de pesquisa que está sendo realizado no Brasil.

Entre as matérias-primas, em fase de testes, a casca de macadâmia pode ser considerada uma forte candidata à aplicação em tanques de armazenamento de gás. Esse material é submetido a processo de ativação, em reator de plasmas frios, com descarga elétrica com oxigênio.

A capacidade de adsorção do carvão ativado (CA) pode ser entendida como a capacidade de os poros do material adsorvente reterem o gás natural. Na prática, sabe-se que quanto maior for essa capacidade de adsorção maior será a capacidade de transporte, que representa forte fator competitivo com outras tecnologias. Veja os resultados, no Gráfico 9.6, obtidos por Azevedo (2004) por meio do projeto ADSPOR, que está incluso na carteira de projetos da RedeGasEnergia. Esse projeto tem por finalidade avaliar técnica e economicamente o armazenamento e transporte de GNA pelo uso de carvão ativado.

Note no Gráfico 9.6 a queda acentuada do custo do GNA com o aumento da capacidade de adsorção. Outro importante fator analisado por esse projeto é a influência da produção mensal de GNA no custo final. Veja os resultados obtidos no Gráfico 9.7.

De acordo com esse gráfico, o aumento da produção mensal acima de $4 \times 10^6\ m^3$ (CNTP) contribuirá para a redução do custo final (valor pouco acima de R\$ $0,310/m^3$ na CNTP).

Quanto à influência da distância a ser percorrida até os centros de consumo, verificou-se que independentemente do meio (carreta, ferrovia, cabotagem) o valor eleva-se com o aumento da distância. Entretanto, a utilização de transporte por rodovias (carretas) é mais viável para curtas distâncias e desaconselhável para longos percursos. No transporte por ferrovia ocorre o contrário, uma vez que é mais viável para longas distâncias. Os transportes intermodais (rodoviário-ferroviário e rodoviário-cabotagem) só se justificam para grandes deslocamentos, apresentando menor variação de custos com a distância.

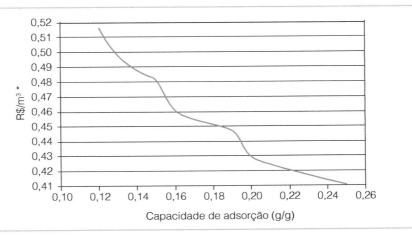

* volume na CNTP. Fonte: AZEVEDO et al., 2004, p. 6.

Gráfico 9.6 Custo final do GNA *versus* capacidade de adsorção

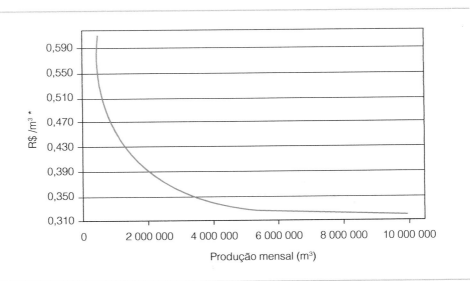

* volume na CNTP. Fonte: AZEVEDO et al., 2004, p. 6.

Gráfico 9.7 Custo final do GNA *versus* produção mensal

9.6 Rede de transporte de gás natural no Cone Sul

Com a tendência de crescimento da demanda de gás natural nos países do Cone Sul, surge a necessidade de investimentos em infraestrutura de gasodutos. No caso brasileiro, essa necessidade se fortalece com a recente nacionalização das reservas de hidrocarbonetos na Bolívia, onerando significativamente o custo da importação do gás natural (ela representa cerca de 50% da oferta no mercado nacional).

Devido às grandes distâncias entre as maiores reservas de gás no Cone Sul e os mercados consumidores, além do desafio de eliminar barreiras técnicas, econômicas e políticas, inerentes a cada país, começa a se fortalecer a ideia entre os governos desses países da necessidade de implantar projetos de integração gasífera no Cone Sul.

As reservas de gás natural da América do Sul, principalmente da Bolívia e Venezuela, aliadas às novas descobertas no Brasil, sem dúvida é uma forte base no processo de transformação do Mercosul em um grande bloco econômico.

Diante dessa demanda crescente de consumo de gás, será necessário encontrar alternativas a curto prazo, haja vista o longo período para construção da infraestrutura de transporte.

Nesse contexto, reforça-se a necessidade de maior integração energética entre os países do Cone Sul, visando benefícios econômicos e sociais para estes.

Previsões mais recentes do Ministério de Minas e Energia (2006) não descartam a possibilidade da ocorrência de nova crise energética em 2009, caso as usinas termelétricas do PPT não entrem em funcionamento nos prazos estabelecidos.

A recente estatização das reservas petrolíferas na Bolívia e o consequente aumento do preço do gás importado pelo Brasil, a curto prazo, poderão comprometer a viabilidade do cronograma do PPT (responsável pela demanda de 50% do gás em 2010).

Diante desse quadro, já se iniciam novos estudos para diversificar as fontes de importação de gás, enquanto a produção de gás oriundo das novas descobertas da Bacia de Santos e do Espírito Santo não se inicia (prevista para 2008). A Venezuela, na condição de possuir a sexta maior reserva mundial de gás, poderia contribuir para o fornecimento de gás ao Brasil, seja por meio de gasoduto a ser interligado no Gasbol ou em forma de gás natural liquefeito.

Uma alternativa em estudo no momento é a construção de um gasoduto Sul-Americano, interligando Venezuela, Brasil e Argentina, com extensão de 7 mil quilômetros e investimentos da ordem de US$ 23 bilhões. Caso venha a ser aprovado, estima-se que este poderá entrar em operação em sete anos. No entanto, um dos pontos críticos para o andamento desse processo é a necessidade de a Venezuela certificar sua reserva de gás por organizações credenciadas internacionalmente. Veja, na Figura 9.17, uma representação esquemática das principais redes de gasodutos no Cone Sul instalados em 2002.

Fonte: VILAS BOAS, 2004.

Figura 9.17 Gasodutos do Cone Sul

Diante desse cenário de incertezas políticas e conflitos quanto a aspectos regulatórios da indústria gasífera, está sendo postergado o início das obras de construção dos gasodutos de integração entre países do Cone Sul. O atraso na implantação desses projetos e a falta de investimentos requeridos poderão levar à ocorrência de crises no setor de geração de energia nesses países.

9.7 Hidratos de Gás Natural (HGN)

Uma tecnologia alternativa ao transporte de gás por meio de gasodutos, GNC e GNL é o hidrato de gás natural.[5] Conforme apresentado no Capítulo 7, hidrato é um composto sólido constituído basicamente por uma mistura de hidrocarbonetos, gases inertes, gases ácidos e água. Esses compostos são estáveis à pressão atmosférica e a

---

[5] Natural Gas Hidrate (NGH).

baixas temperaturas (ordem de -15 °C). A estrutura cristalina formada é estável devido à existência de fracas ligações químicas (Van der Waals) entre as moléculas de água e moléculas dos compostos que ficam aprisionadas nas cavidades formadas (retículo de moléculas,[6] com vazios, que são cavidades e podem aprisionar hidrocarbonetos). Na prática, para cada 46 moléculas de água se formam oito cavidades (estrutura conhecida internacionalmente como *Structure I clathrate hydrates*).

O grande potencial de aplicação dessa tecnologia é para as reservas de gás, as quais ainda não foram desenvolvidas por questões econômicas, podendo, inclusive, ser aplicado aos transportes que percorrem grandes distâncias, como os navios metaneiros. Outro aspecto interessante dessa tecnologia é que o gás regaseificado em instalações de armazenamento de GNL poderá ser transformado em pelotas de sólidos e ser transportado mediante carretas. Essa modalidade de formato apresenta vantagens na estabilidade do produto e na eficiência das operações de carga e descarga em carretas e navios transportadores do produto. Um aspecto de segurança de suma importância nas operações de regaseificação do hidrato é a grande vaporização da água presente (fator de encolhimento de 1 000), que, no caso de descontrole dessa operação, pode levar a danos em equipamentos de processo e, principalmente, nas equipes de operação. Recomenda-se, sobretudo, o atendimento rigoroso das normas de segurança estabelecidas pelo projetista da instalação. Outro aspecto a ser considerado é a análise da malha viária e dos estudos de risco no transporte, além da consulta da legislação específica dos países em que os equipamentos serão aplicados (conflitos de interesses entre agentes reguladores). No caso do Brasil, o transporte está sob a regulação federal e a distribuição do gás, sob regulação estadual (gás canalizado pelas Companhias Distribuidoras Estaduais).

---

[6] Termo conhecido na literatura estrangeira como *cluster*.

10

Distribuição de Gás Natural

10 DISTRIBUIÇÃO DE GÁS NATURAL

10.1 INTRODUÇÃO

A movimentação do gás natural, a partir de sua fonte de produção até a entrega na estação de transferência de custódia para a empresa distribuidora local, é chamada de operação de transferência (no caso de gás não especificado para venda) ou operação de transporte (no caso de gás pronto para consumo).

A etapa final da chegada do gás aos pontos de consumo, marcada pela passagem da custódia do transportador para o distribuidor no Ponto de Entrega de gás (também chamado PE ou *City Gate*), indica o início da etapa final da cadeia do gás natural, chamada de distribuição do gás natural, a qual é concluída com a entrega efetiva do gás ao cliente final para consumo.

Cabe às companhias estaduais de distribuição, dentro de cada estado da Federação, executar essa tarefa de entrega do gás ao cliente final, seja do ramo industrial, residencial, comercial, automotivo ou de produção de energia elétrica (usinas termelétricas). A valoração do gás só se completa nesse momento final, quando o consumo do gás efetivamente ocorre nas instalações do consumidor.

A limitação da oferta de gás nacional e o rigor das normas existentes (que tratam da qualidade do gás natural de fato vendido) vêm incentivando as empresas operadoras, estados e a própria iniciativa privada a realizarem investimentos, visando à importação desse combustível de outros países, como é o caso da Bolívia e de outras fontes supridoras de GNL.

10.2 REGULAÇÃO DA ATIVIDADE DE DISTRIBUIÇÃO DE GÁS NATURAL

No início da atividade de exploração, produção, transporte e comercialização de gás natural no Brasil, não havia nenhum marco regulador que definisse as regras da comercialização no País. Os contratos eram assinados pelo produtor e cliente diretamente, não havia premissas fixas básicas de qualidade mínima requerida a ser garantida. Em última análise, havia vários tipos de gases e vários tipos de contratos celebrados, um para cada tipo de consumidor.

Anteriormente à regulamentação do setor de gás, em especial até o ano de 1988, apenas os Estados do Rio de Janeiro e São Paulo possuíam companhias distribuidoras locais (chamadas CDLs) de gás canalizado. Nos demais estados brasileiros, a Petrobras fornecia gás, em geral manufaturado, diretamente aos consumidores industriais finais.

Com a promulgação da Constituição Federal, em 5 de outubro de 1988, esse cenário começou a se modificar. A redação do § 2º, do art. 25, da CF, determina, aos estados federativos, a exclusividade sobre as atividades de exploração dos serviços de comercialização de gás canalizado dentro de cada estado.

Posteriormente, com a aprovação da Medida Provisória n. 5, de 15 de agosto de 1995, os estados ficaram desobrigados de ter participação acionária das companhias distribuidoras de gás. Dessa forma, passaram a ter a opção adicional de explorar, mediante concessão à empresa privada, as atividades de exploração dos serviços de comercialização de gás canalizado. Essa concessão é oferecida às companhias interessadas em prestar o serviço de distribuição, por meio de leilões abertos ao público empresarial em geral (licitações públicas), desde que previamente cadastradas e atendendo aos regulamentos dispostos pelos órgãos reguladores estaduais. A garantia da exclusividade na comercialização do gás natural permite às companhias vencedoras do processo licitatório, agora chamadas de distribuidoras, investirem na ampliação do mercado de gás natural e nas malhas de distribuição deste. No mesmo sentido, a criação da Agência Nacional de Petróleo, Gás Natural e Biocombustíveis (ANP) permitiu o início da regulação do setor de gás no Brasil, inclusive sobre essa etapa de distribuição.

A partir do início da década de 1990, diversas unidades federativas do País instituíram, por meio de leis estaduais, suas próprias distribuidoras de gás canalizado, as quais seriam habilitadas a distribuir gás aos consumidores finais, mediante concessão.

O modelo definido de composição acionária da maioria das companhias distribuidoras criadas pelos estados baseia-se em um padrão tripartite, no qual o governo estadual controla a distribuidora com 51% de seu capital, a Petrobras Gás S.A. (Gaspetro – subsidiária integral da Petrobras) participa com 24,5% e a iniciativa privada detém os 24,5% restantes. Excetuam-se a essa regra os Estados do Espírito Santo, Minas Gerais, Paraná, Rio de Janeiro e São Paulo, nos quais a composição acionária de suas respectivas distribuidoras não obedece a esse modelo.

No Espírito Santo, a concessão para a exploração dos serviços públicos de distribuição de gás canalizado foi outorgada à Petrobras Distribuidora S.A. (BR Distribuidora), empresa subsidiária integral da Petrobras, por meio de licitação pública, pelo período de 50 anos, contados a partir de 16 de dezembro de 1993.

Em Minas Gerais, o controle majoritário da distribuidora local, Gasmig, pertence à Companhia Energética de Minas Gerais (Cemig).

No Paraná, a Companhia Paranaense de Energia (Copel) é proprietária de 51% do capital votante da concessionária local (Compagás), sendo a Petrobras sua acionista.

Os Estados do Rio de Janeiro e São Paulo possuem companhias de distribuição controladas por empresas privadas, cujo controle acionário pertence a grupos empresariais internacionais. As companhias CEG e CEG-RIO S.A. (RJ) foram privatizadas em julho de 1997, atualmente controladas pela Gas Natural SDG S.A. A privatização da Comgás (SP) ocorreu em abril de 1999, passando seu controle acionário às empresas BG International e Shell.

As distribuidoras Gás Brasiliano (SP) e Gás Natural São Paulo Sul (SP) foram constituídas como empresas privadas e são controladas, respectivamente, pelos grupos ENI International B.V. Italgas e Gas Natural SDG, S.A.

10.3 COMPANHIAS ESTADUAIS DE DISTRIBUIÇÃO DE GÁS DO BRASIL

Com o novo cenário criado, em função da regulamentação da atividade de distribuição de gás canalizado, cada estado buscou desenvolver a melhor opção local de negócio para a exploração dos serviços de comercialização do produto junto aos consumidores finais. A partir desse momento, várias companhias distribuidoras estaduais foram criadas, algumas com participação direta do estado e outras vencedoras de processos licitatórios de concessão.

A Tabela 10.1 apresenta as companhias distribuidoras criadas, visto que, até o momento, algumas existem apenas no papel, não exercendo ainda nenhuma atividade de comercialização de gás em seus estados.

Tabela 10.1 Companhias estaduais de distribuição de gás

Distribuidora	Área de concessão
Companhia de Gás do Amazonas – Cigás	Estado do Amazonas
Companhia Rondoniense de Gás – Rongás	Estado de Rondônia
Gás de Alagoas – Algás	Estado do Alagoas
Companhia de Gás da Bahia – Bahiagás	Estado da Bahia
Companhia de gás do Ceará – Cegás	Estado do Ceará
Companhia Pernambucana de Gás – Copergás	Estado de Pernambuco
Companhia Maranhense de Gás – Gasmar	Estado do Maranhão
Companhia de Gás do Piauí – Gaspisa	Estado do Piauí
Companhia Paraibana de Gás – PBGÁS	Estado da Paraíba
Companhia Potiguar de Gás – Potigas	Estado do Rio Grande do Norte
Empresa Sergipana de Gás – Sergás	Estado de Sergipe
Companhia Brasiliense de Gás – Cebgás	Brasília (Distrito Federal)

(Continua)

(Continuação)

Distribuidora	Área de concessão
Agência Goiana de Gás Canalizado – Goiasgás	Estado de Goiás
Companhia de Gás do Mato Grosso do Sul – MSGÁS	Estado do Mato Grosso do Sul
BR Distribuidora – ES	Estado do Espírito Santo
Companhia Distribuidora de Gás do Rio de Janeiro – CEG	Região metropolitana do Rio de Janeiro
CEG Rio S.A.	Interior do Estado do Rio de Janeiro
Companhia de Gás São Paulo – Comgás	Região metropolitana de São Paulo, Campinas, Santos e São José dos Campos
Gás Brasiliano Distribuidora S.A.	Noroeste do Estado de São Paulo
Companhia de Gás de Minas Gerais – Gasmig	Estado de Minas Gerais
Gás Natural São Paulo Sul S.A. – SPS	Sul do Estado de São Paulo
Companhia Paranaense de Gás – Compagas	Estado do Paraná
Companhia de Gás de Santa Catarina – SCGÁS	Estado de Santa Catarina
Companhia de Gás do Rio Grande do Sul – Sulgás	Estado do Rio Grande do Sul

Fonte: ABEGAS, 2006.

BR – Petrobras Distribuidora – ES

A Petrobras Distribuidora obteve, em dezembro de 1993, a concessão para distribuição, por cinquenta anos, de gás natural no Espírito Santo. Os principais acordos firmados com o governo do estado são relativos ao atendimento ao mercado industrial, residencial, comercial e a novos investimentos em rede de dutos de distribuição. Atualmente, mais de 90% do total comercializado têm como destino grandes indústrias do estado, com destaque para a Companhia Vale, que responde por 50% das vendas do produto.

Composição acionária da companhia – Petrobras Distribuidora BR (100%).

Companhia de Gás de Minas Gerais – Gasmig

Fundada em 1986, a Gasmig é a empresa responsável pelos serviços de distribuição de gás canalizado em Minas Gerais. A empresa tem atuação nas cidades mineiras

356   TECNOLOGIA DA INDÚSTRIA DO GÁS NATURAL

de Juiz de Fora, Belo Horizonte, Contagem, Betim, Vespasiano, São José da Lapa, Santa Luzia e Ibirité.

Composição acionária da companhia – Cia. Energética de Minas Gerais (95,1%); MGI Minas Gerais Participações S.A. (4,4%); prefeitura municipal de Belo Horizonte (0,5%).

Companhia Distribuidora de Gás do Rio de Janeiro – CEG e CEG Rio

A CEG e a CEG Rio S.A. são concessionárias de serviço público de distribuição de gás canalizado no Rio de Janeiro. A área de atuação da CEG é a região metropolitana do Rio, cabendo à CEG Rio S.A. a distribuição de gás no interior do estado.

O grupo Gas Natural, maior grupo gasista da Espanha, é o operador técnico da Companhia Distribuidora de Gás do Rio de Janeiro (CEG) e da CEG Rio S.A.

Tabela 10.2   Composição acionária da CEG e CEG Rio

CEG	CEG Rio
Bndespar (34,54%)	Ementhal (33,8%)
Enron (25,38%)	Gás Natural (25,1%)
Gás Natural SDG (18,89%)	Gaspetro (25%)
Iberdrola (9,87%)	Iberdrola (13,1%)
Pluspetrol (2,25%)	Pluspetrol (3%)
Outros (9,07%)	

Fonte: ABEGAS.

Companhia de Gás de Santa Catarina – SCGÁS

A Companhia de Gás de Santa Catarina (SCGÁS), criada em 1994, é uma sociedade de economia mista, a qual tem por objetivo executar os serviços públicos locais de distribuição de gás canalizado no Estado de Santa Catarina.

Composição acionária da companhia – Gaspart (41%); Gaspetro (41%); Estado de Santa Catarina (17%); Infragás (1%).

Companhia de Gás do Estado do Rio Grande do Sul – Sulgás

A Companhia de Gás do Estado do Rio Grande do Sul (Sulgás), é a empresa responsável pela distribuição e comercialização do gás natural em todo esse território. A empresa foi criada em 1993, resultado de uma parceria entre o governo do Estado do Rio Grande do Sul e a Petrobras Distribuidora.

Distribuição de Gás Natural

O gás distribuído pela Sulgás vem diretamente da Bolívia até Canoas, pelo gasoduto Bolívia-Brasil. Outro gás distribuído no Rio Grande do Sul é o gás de origem argentina, que entra por Uruguaiana e abastece a Usina Termelétrica da AES.

Composição acionária da companhia – Estado do Rio Grande do Sul (51%); Gaspetro (49%).

Companhia Paranaense de Gás – Compagás

A Compagás é uma empresa de economia mista que faz a distribuição do gás canalizado para o Paraná. Foi constituída em 28 de dezembro de 1994 e iniciou as atividades em 9 de maio de 1995. A Compagás tem a concessão do governo do estado para explorar o serviço público de fornecimento de gás canalizado.

Composição acionária da companhia – Copel (51%); Dutopar (24,5%); Gaspetro (24,5%).

Gás Natural São Paulo Sul S.A. – SPS

Em abril de 2000, o grupo Gás Natural obteve a concessão para a distribuição do produto gás natural no sul do Estado de São Paulo, entre as regiões administrativas de Sorocaba e Registro. A zona adquirida tem a extensão de 53 000 km.

Composição acionária da companhia – Gás Natural SDG (100%).

Companhia de Gás de São Paulo – Comgás

A Comgás foi privatizada em leilão realizado em abril de 1999. O acionista controlador da Comgás é a Integral Investments, que possui como acionistas majoritários o BG Group e o Grupo Shell.

Em maio de 1999, foi assinado o contrato de concessão, com duração de 30 anos, para distribuição de gás natural na região metropolitana de São Paulo, Vale do Paraíba, Baixada Santista e Campinas.

A Comgás é a maior distribuidora de gás natural canalizado do País e tem 5,2 mil quilômetros de rede espalhados por 117 municípios, atingindo mais de 680 mil consumidores nos segmentos residencial, comercial e industrial.

Composição acionária da companhia – Integral Investments (71,9%); Shell (6,3%); outros investidores pulverizados (21,8%).

Gás Brasiliano Distribuidora S.A.

A AGIP do Brasil é parte integrante da Agippetroli, empresa do Grupo ENI, responsável pelas atividades de refino e distribuição dos produtos petrolíferos do grupo.

Composição acionária da companhia – Snam (51%); Italgás (49%).

Companhia de Gás da Bahia – Bahiagás

A Companhia de Gás da Bahia (Bahiagás) é uma empresa de economia mista, com participação acionária do governo do Estado da Bahia, da BR – Petrobras Distribuidora S.A. e da Gás Participações S.A. (Gaspart).

A empresa foi constituída em 1991 e implantou o seu sistema de distribuição de gás natural, com início de operação e comercialização em 1994, atendendo, inicialmente, as empresas localizadas no Pólo Petroquímico de Camaçari e no Centro Industrial de Aratú. Atualmente, atende também ao segmento automotivo e, a partir de 2001, iniciou a ampliação desse atendimento para os segmentos residencial e comercial em Salvador.

Composição acionária da companhia – Gaspart (41,5%); Gaspetro (41,5%); Estado da Bahia (17%).

Sergipe Gás S.A. – Sergás

A Sergás é a concessionária exclusiva da distribuição de gás natural canalizado no Estado de Sergipe, vinculada à secretaria de estado da infraestrutura, e foi criada em janeiro de 1993, vindo a ser constituída em dezembro de 1993, como uma sociedade de economia mista.

Atualmente, a Sergás possui uma rede de distribuição com, aproximadamente, 43 km de extensão, recebendo o gás proveniente da Petrobras por meio de cinco pontos de entrega dos gasodutos de transporte, os quais são ligados diretamente às cinco estações de redução de pressão (ERP) e de odorização, de propriedade da Sergás, atendendo aos clientes localizados nos distritos industriais de Aracaju, Nossa Senhora do Socorro e Estância, além daqueles situados no município de Rosário do Catete e Itaporanga D'Ajuda.

Composição acionária da companhia – Gaspart (41,5%); Gaspetro (41,5%); Estado de Sergipe (17%).

Gás de Alagoas S.A. – Algás

A Algás foi criada em dezembro de 1992, porém teve seu início de operação apenas em agosto de 1994.

Composição acionária da companhia – Gaspart (41,5%); Gaspetro (41,5%); Estado de Alagoas (17%).

Companhia Pernambucana de Gás – Copergás

A Copergás começou a distribuir o gás natural em Pernambuco em junho de 1994, atendendo a clientes de diferentes setores da economia pernambucana e com uma demanda superior a 500 000 metros cúbicos por dia.

A empresa é atualmente a maior rede de distribuição de gás natural do Nordeste, com mais de 150 km de gasodutos e 46 estações de redução de pressão e medição.

Composição acionária da companhia – Gaspart (41,5%); Gaspetro (41,5%); Estado de Pernambuco (17%).

Companhia Paraibana de Gás – PBGÁS

A PBGÁS possui uma rede de 32 km de extensão que atende a todo o distrito industrial de João Pessoa, atingindo também os municípios de Santa Rita, Bayeux e Conde.

Composição acionária da companhia – Gaspart (41,5%); Gaspetro (41,5%); Estado da Paraíba (17%).

Companhia Potiguar de Gás – Potigás

A Potigás é uma sociedade de economia mista, responsável exclusiva pela distribuição de gás canalizado no Estado do Rio Grande do Norte. Foi fundada em novembro de 1993 e suas operações tiveram início em março de 1995.

Composição acionária da companhia – Gaspetro (41,5%); Gás Industrial Participações (20,75%); Empresa Industrial Técnica (20,75%); Estado do Rio Grande do Norte (17%).

Companhia de Gás do Ceará – Cegás

A Cegás é a concessionária estadual de distribuição de gás natural canalizado no Estado do Ceará.

Sua história se inicia em 1992. Seu efetivo funcionamento ocorreu no início de 1994, com a assinatura do contrato de concessão com o governo do estado para a exploração industrial, comercial e institucional dos serviços de gás canalizado.

Composição acionária da companhia – Textília S.A. (41,5%); Gaspetro (41,5%); Estado do Ceará (17%).

Companhia de Gás do Piauí – Gaspisa

Composição acionária da companhia – Estado do Piauí (25,5%); Gaspetro (37,25%); Termogás S.A. (37,25%).

Companhia Maranhense de Gás – Gasmar

Composição acionária da companhia – Estado do Maranhão (25,5%); Gaspetro (23,5%); Termogás S.A. (51,0%).

Companhia Rondoniense de Gás S.A. – Rongás

Composição acionária da companhia – Termogás (41,5%); Gaspetro (41,5%); Estado de Rondônia (17%).

Agência Goiânia de Gás Canalizado S.A. – Goiasgás

Composição acionária da companhia – Gaspetro (28,17%); Estado de Goiás (17%); Agência Fomento de Goiás (2,67%); Consórcio Gasgoiano (42,16%); cinco empresas privadas goianas (10%).

Companhia Brasiliense de Gás – Cebgás

Composição acionária da companhia – Consórcio Brasiliagas (51%); Gaspetro (32%); Cia. Energética de Brasília-CEB (17%).

Companhia de Gás do Amazonas – Cigás

A Cigás é a concessionária pública para distribuição de gás natural no Estado do Amazonas, criada pela lei n. 2.325, de 8 de maio de 1995. A Cigás atenderá ao parque termelétrico da Companhia Manaus Energia em uma parceria que substituirá o uso do óleo combustível por gás natural, trazendo mais confiabilidade para o sistema gerador e vantagens com a diminuição de emissão de poluentes. Essa substituição também ocorrerá em outros municípios do estado, como Coari, Codajás, Anori, Anamã, Caapiranga e Manacapuru.

10.4 Agências Reguladoras Estaduais em Operação

A exemplo da criação da Agência Nacional do Petróleo, Gás Natural e Biocombustíveis (ANP), que tem a função de regulamentar todas as atividades ligadas ao negócio de petróleo e gás em âmbito nacional, foram criadas Agências Reguladoras Estaduais, com a finalidade de regimentar e fiscalizar a distribuição de gás natural canalizado dentro de cada estado federativo. Na Tabela 10.3, é apresentada a relação dessas agências que atuam no país.

Distribuição de Gás Natural

Tabela 10.3 Agências reguladoras estaduais

Estado	Agência
Alagoas	Agência Reguladora de Serviços Públicos do Estado de Alagoas – Arsal
Amazonas	Agência Reguladora de Serviços Públicos Concedidos do Amazonas – Arsam
Bahia	Agência Estadual de Regulação dos Serviços Públicos de Energia, Transportes e Comunicação da Bahia – Agerba
Ceará	Agência de Regulação do Ceará – Arce
Espírito Santo	Agência de Desenvolvimento em Rede do Espírito Santo – Aderes
Goiás	Agência Goiânia de Regulação, Controle e Fiscalização de Serviços Públicos – AGR
Mato Grosso	Agência Estadual de Regulação dos Serviços Públicos Delegados do Estado do Mato Grosso – Ager/MT
Mato Grosso do Sul	Agência Estadual de Regulação de Serviços Públicos de Mato Grosso do Sul – Agerpan
Pará	Agência de Regulação e Controle de Serviços Públicos do Pará – Arcon
Paraíba	Agência Estadual de Energia da Paraíba – Ageel
Pernambuco	Agência Estadual de Regulação dos Serviços Públicos Delegados de Pernambuco – Arpe
Rio de Janeiro	Agência Reguladora de Serviços Públicos Concedidos do Estado do Rio de Janeiro – Asep
Rio Grande do Norte	Agência Reguladora de Serviços Públicos do Rio Grande do Norte – Arsep
Rio Grande do Sul	Agência Estadual de Regulação dos Serviços Públicos Delegados do RS – AGERGS
São Paulo	Comissão de Serviços Públicos de Energia – CSPE
Sergipe	Agência Reguladora dos Serviços Concedidos do Estado de Sergipe – Ases

Fonte: Associação Brasileira das Agências de Regulação (Abar).

10.5 REDES DE DISTRIBUIÇÃO DE GÁS

As redes de distribuição transportam gás natural a baixas pressões, com tubulações de diâmetros menores do que as dos gasodutos de transporte (chamadas de linhas tronco ou linhas principais). Essas tubulações, normalmente de propriedade das companhias de distribuição estaduais, permitem a entrega de gás de forma pulverizada aos clientes de uma determinada região. É essa rede que recebe o gás dos gasodutos de transporte em um ponto de entrega ou estação de transferência de custódia e o leva até as indústrias e aos centros urbanos e, por fim, até as residências dos consumidores finais (ver Figura 10.1). A rede de gás natural é tão importante e segura quanto as redes de energia elétrica, telefone, água ou fibra ótica, e contribuem para facilitar a vida das pessoas e impulsionar o comércio e as indústrias.

Os materiais normalmente empregados nas tubulações das redes de distribuição são: o ferro fundido, o aço e, mais recentemente, a utilização de material não metálico, como o polietileno de alta densidade.

Características das redes de distribuição

As redes apresentam algumas características relevantes que as diferenciam de um sistema de dutos com função de transporte de gás natural. As principais são apresentadas a seguir:

- ☐ **Baixa pressão** – as redes de distribuição tendem a operar com pressões bem mais baixas do que os dutos de transporte por questões de segurança, uma vez que, em geral, estão localizadas dentro de cidades e áreas densamente povoadas.

- ☐ **Baixa vazão de gás** – embora não seja um item decisivo no projeto da rede, normalmente, as vazões movimentadas em cada ramal da rede não são muito altas, sobretudo se comparadas com as vazões movimentadas nos dutos de transporte. Basicamente, procura-se distribuir os ramais em uma região, de forma a se utilizar tubos de pequenos diâmetros (mais seguros) para não interromper o fornecimento de gás de muitos consumidores, quando da necessidade de bloqueio de um ramal específico.

- ☐ **Forma de anel** – visando a garantia de fornecimento de gás, as redes costumam ser construídas em forma de anel, possibilitando a sua alimentação por mais de um ponto. Por conseguinte, em caso de bloqueio de um ponto de fornecimento de gás por motivos de manutenção das linhas ou uma emergência, sempre haverá a possibilidade de continuidade do abastecimento, por meio de um outro ponto de alimentação daquele ramal específico.

- ☐ **Reforço estrutural em pontos notáveis** – também por questões de segurança e garantia de continuidade de fornecimento de gás, alguns pontos mais críticos, como travessias de estradas, rios, linhas férreas e outros semelhantes, utilizam reforço estrutural, visando maior proteção das linhas das redes de distribuição. Normalmente, nesses pontos, são utilizados tubos camisa, instalados no lugar da passagem, e a tubulação de gás passa por dentro destes de forma mais protegida.

☐ **Sistemas adicionais de proteção** – a exemplo das tubulações de transporte, as linhas de distribuição também contam com sistemas de proteção catódica, anodos de sacrifício, medições de potencial de corrosão e outros sistemas de garantia de integridade das tubulações.

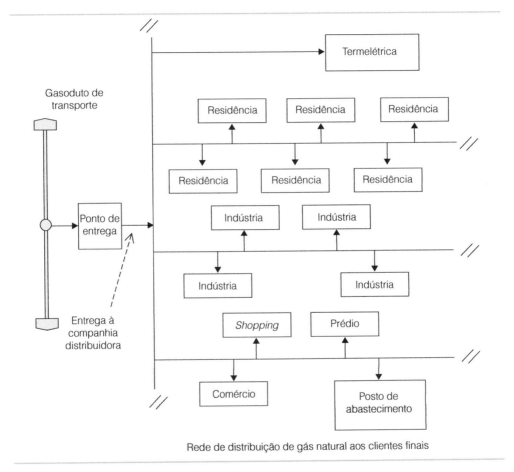

Figura 10.1 Esquema de rede de distribuição de gás natural

10.6 Estação de transferência de custódia

As estações de transferência de custódia, também chamadas de pontos de entrega de gás (PEs) ou simplesmente *City Gates*, referem-se ao ponto em que o gás passa de uma linha principal de transmissão para um sistema de distribuição local. É o ponto em que uma rede de distribuição recebe gás de uma companhia transportadora ou de um sistema de transmissão para distribuição pulverizada aos clientes finais do gás.

Em geral, os pontos de entrega são construídos de forma modular (ver Figura 10.2) e compostos basicamente por sistemas de filtragem, aquecimento, regulagem de pressão e medição. A necessidade de cada módulo depende das condições de processo, que normalmente são informadas no projeto de cada ponto de entrega.

O projeto também deve contemplar a instalação de uma junta de isolamento elétrico do tipo monobloco a montante e outra a jusante do ponto de entrega, para garantir que não haja interferência no sistema de proteção catódica da tubulação e também no isolamento de correntes geradas por descargas elétricas.

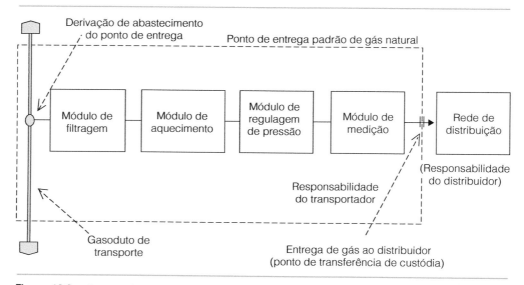

Figura 10.2 Esquema de ponto de entrega padrão de gás natural

O transportador é responsável pela qualidade de gás até o ponto de entrega deste ao distribuidor no limite de bateria das instalações do ponto de entrega. As características básicas mais importantes de cada módulo das estações de transferência de custódia são apresentadas a seguir.

Módulo de filtragem

O módulo de filtragem (ver Figura 10.3) deve ser obrigatoriamente o primeiro módulo do ponto de entrega. Este tem a função de retirar partículas sólidas e líquidas eventualmente presentes na corrente de gás natural, evitando danos nos equipamentos e instrumentos do ponto de entrega, e garantindo a qualidade do gás entregue ao cliente.

A presença de água, dióxido de carbono e compostos de enxofre provoca a corrosão interna nos dutos de transporte de gás natural, gerando a formação de óxidos de ferro (pó preto) que, nas condições normais de operação do duto, permanecem aderidos à parede deste. Quando a velocidade do escoamento do gás atinge valores críticos, ou seja, quando ocorre uma despressurização do duto por problemas operacionais, por exemplo, falha no suprimento de gás, esse pó preto é descolado da parede do duto, sendo arrastado pelo fluxo de gás até os pontos de entrega, causando sérios transtornos operacionais.

O módulo de filtragem pode ser constituído de um ou dois estágios de filtração. No caso de um único estágio, haverá dois filtros conjugados, um reserva do outro, com uma seção formada por um ciclone e outra constituída por cartuchos. As duas seções constituem um único equipamento (única carcaça).

No caso de dois estágios, no primeiro o gás passa por um filtro tipo ciclone, que deve reter a maior parcela de impurezas; no segundo, o gás passa por outro filtro, tipo cartucho, o qual deve reter as impurezas de menor granulometria.

Normalmente, só o segundo estágio de filtragem (filtro cartucho) possui reserva para possibilitar a substituição do cartucho sem interrupção do fornecimento de gás ao cliente. Periodicamente, os elementos filtrantes (cartuchos) do filtro devem ser substituídos, para se evitar danos ao equipamento por aumento da perda de carga ocasionada pelo entupimento dos poros do elemento.

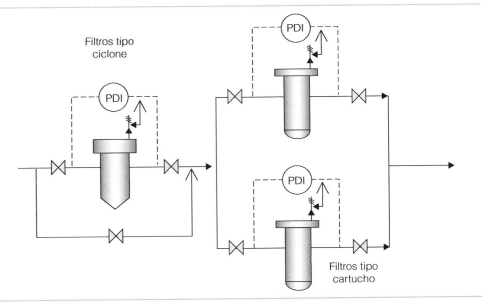

Nota: PDI = Indicador de pressão diferencial

Figura 10.3   Esquema do módulo de filtração

Módulo de aquecimento

A utilização do aquecimento se faz necessária quando o diferencial de pressão gerado nas válvulas reguladoras de pressão causa uma queda de temperatura (por efeito Joule-Thomson) suficiente para permitir a formação de hidrato na tubulação e nos equipamentos do sistema, danificando os seus internos e revestimentos ou, ainda, a formação de condensado (liquefação de frações mais pesadas do gás) no interior destes.

A menos que seja especificado o contrário, o aquecedor deve ser projetado para manter a temperatura na saída do ponto de entrega em torno de 20 °C.

O combustível utilizado pelo aquecedor normalmente é o próprio gás natural. O aquecedor deve ser do tipo indireto por banho líquido (água quente no casco e gás na serpentina). A temperatura da água deve ser projetada de forma a permitir uma vaporização mínima, reduzindo a frequência de sua reposição. Os principais componentes do módulo de aquecimento são os seguintes:

☐ **Aquecedor de gás** – em geral são utilizados dois aquecedores instalados, cada um dimensionado para 50% da capacidade térmica requerida pelo sistema e 100% da vazão máxima de gás requerida para o ponto de entrega. Em condições normais, ambos os aquecedores operam simultaneamente. Em caso de falha de um deles, a temperatura de saída do ponto de entrega deverá ser mantida em um valor maior ou igual a 5 °C à máxima pressão de entrada e máxima vazão.

O aquecedor opera à pressão ambiente e, por não gerar vapor, não é considerado um equipamento classificado como vaso de pressão. Dessa forma, não está sujeito à Norma Regulamentadora do Ministério do Trabalho, NR-13, que define as premissas, itens de segurança mínimos e salvaguardas a serem utilizadas no projeto e operação de equipamentos tipo caldeiras e semelhantes.

☐ **Válvula de controle de três vias** – são utilizadas válvulas do tipo divergente, sendo uma para cada ramal de aquecimento e controladas por um único instrumento controlador pneumático de temperatura instalado na saída do ponto de entrega. O gás é dividido em duas correntes nessa válvula. Uma corrente passa pelo aquecedor de gás e a outra por fora deste (desvio). Após o equipamento, estas misturam-se novamente para alcançar a temperatura controlada na saída do ponto de entrega. Quanto mais quente o gás estiver, maior será a vazão desviada e vice-versa.

A Figura 10.4 apresenta o esquema do módulo de aquecimento, com seus principais componentes, e o sistema de fornecimento de gás combustível para aquecimento da água do aquecedor.

Distribuição de Gás Natural 367

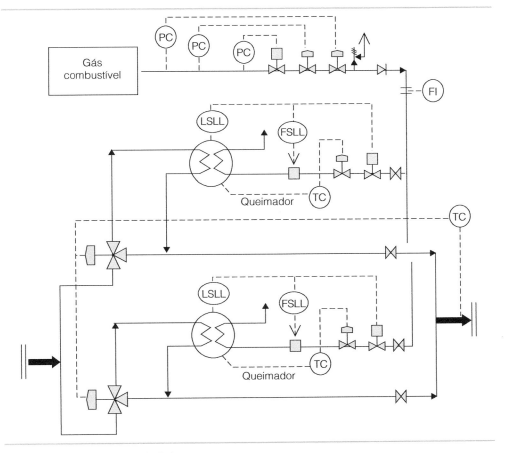

Nota: LSLL = Chave de nível muito baixo
FI = Indicador de vazão
FSLL = Chave de fluxo muito baixo

Figura 10.4 Esquema do módulo de aquecimento

Módulo de regulagem de pressão

No módulo de regulagem, a pressão da linha principal é reduzida até a pressão de fornecimento contratada com o consumidor. É composto de, no mínimo, dois ramais, visto que um fica em condição de reserva automática *(hot stand-by)*, podendo entrar em operação de forma imediata e automática, no caso de falha do sistema principal. Os principais componentes do módulo de regulagem de pressão são os seguintes:

- **Válvula de bloqueio manual** – é o elemento inserido em pontos estratégicos da rede, com o objetivo de propiciar o isolamento de uma parte do sistema, para que possa ser efetuado um serviço de manutenção ou facilitar a drenagem de impurezas acumuladas. Os tipos de válvulas mais utilizados são: esfera, macho, globo e borboleta.

- **Válvula de bloqueio automático** – com fechamento por alta pressão, essa válvula limita a pressão máxima do ramal, desabilitando-o em caso de falha das válvulas controladoras de pressão. É um dos dispositivos de proteção recomendado pela norma, que atua rapidamente caso ocorra uma anormalidade no setor em que estiver instalado, decorrente do aumento excessivo da pressão (falha no regulador de pressão) ou do aumento exagerado do fluxo de gás (rompimento da tubulação).

Figura 10.5 Teste de fábrica dos aquecedores do módulo de aquecimento

- **Válvula controladora de pressão** – esta válvula é utilizada para manter os níveis de pressão dentro de uma faixa satisfatória. Similarmente à válvula de bloqueio automática, pode ser acionada diretamente ou por piloto. No acionamento direto, o grau de abertura da válvula é obtido pelo equilíbrio entre as forças que atuam no conjunto mola-diafragma e quanto maior a pressão, menor a abertura, o que compatibiliza o fluxo do gás passante com a demanda desse combustível.

Em geral, cada ramal de regulagem de pressão (também chamado de tramo de regulagem de pressão) possui duas válvulas controladoras em série, que operam com valores diferenciados. A primeira, tipo falha-abre, também chamada de válvula ativa, opera com um valor um pouco mais alto do que a segunda, chamada de válvula monitora, tipo falha-fecha.

As válvulas de controle de pressão normalmente são do tipo auto-operada ou piloto operada, ambas projetadas com característica de controle do tipo igual porcentagem. O piloto é um dispositivo secundário que permite um controle mais preciso do perfil da pressão.

☐ **Válvula de alívio de pressão** – tem a função de evitar o fechamento indevido da válvula de bloqueio automático, quando ocorre uma sobrepressão decorrente de vazamento (passagem) de até 1% da vazão volumétrica máxima de gás através da válvula reguladora (em caso de paralisação de consumo, as válvulas de controle de pressão podem permitir uma pequena passagem de gás, a qual ocasiona a pressurização excessiva do módulo de regulagem de pressão).

A válvula de segurança tem uma função similar à de alívio de pressão, ou seja, a de atuar quando um determinado nível de pressão preestabelecido é ultrapassado, diferindo somente pela vazão de escoamento. Na válvula de segurança, essa vazão é superior, pois somente fecha caso a pressão diminua para um valor abaixo do disparo, enquanto na válvula de alívio é restabelecida assim que a pressão retorna ao valor de disparo.

☐ **Válvula de retenção** – é adotada em estação reguladora de pressão que possui desvio, para permitir que haja a seletividade entre as válvulas de bloqueio. Tem a função de evitar retorno de gás de um tramo para o outro.

A Figura 10.6 apresenta o esquema do módulo de regulagem de pressão, composto por dois ramais independentes de redução de pressão para o consumidor, sendo um reserva automática do outro. A figura mostra os principais equipamentos utilizados no controle da pressão de transferência do gás para a rede de distribuição.

Módulo de medição

Este módulo é constituído (ver Figuras 10.7 e 10.8) de, no mínimo, dois ramais de medição independentes, sendo um reserva do outro. Pode haver mais de dois ramais, no caso de previsão de altas variações da vazão de consumo. Se isso ocorrer, a modulação da capacidade de medição, com a entrada e retirada dos ramais, deve ser feita de forma automática, considerando-se, para tal, a faixa de operação ou rangeabilidade do medidor selecionado.

No projeto do módulo de medição, deve ser considerada a necessidade de correção volumétrica, em função da modificação das variáveis de pressão, temperatura e fator de compressibilidade do gás fornecido. Os principais componentes do módulo de regulagem de pressão são descritos a seguir.

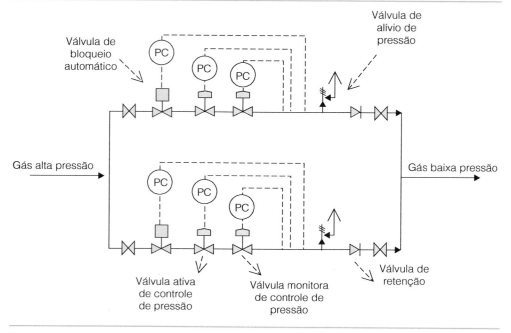

Figura 10.6 Módulo esquemático de regulagem de pressão

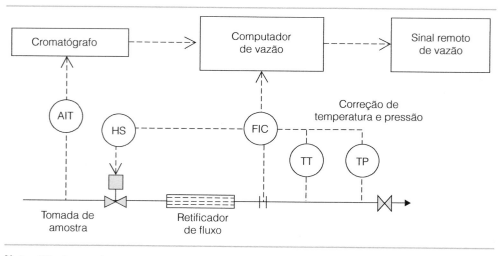

Nota: AIT = Amostrador

Figura 10.7 Módulo esquemático de medição

Elementos primários de vazão

Os elementos primários de vazão são selecionados conforme a aplicação, a precisão e a faixa de operação ou rangeabilidade contratadas. Os tipos mais utilizados nos pontos de entrega existentes são:

- **Placa de orifício** – apresenta baixo custo, robustez e facilidade de instalação e manutenção. Esse elemento tem sua instalação normalizada por entidades internacionais. Os trechos retos de medição devem ser montados entre flanges, de modo a permitir que eles sejam inspecionados periodicamente, sobretudo no que diz respeito à rugosidade interna das linhas.

Fonte: Foto cedida por Sidney Carvalho dos Santos, 2005.

Figura 10.8 Ponto de entrega da UTE Mário Lago

Caso seja necessário, poderão ser utilizados dois transmissores de pressão diferencial, a depender da faixa de medição desejada (para compatibilizar o range de medição).

- **Turbina de medição** – deve ser utilizada quando for necessário garantir uma maior rangeabilidade que a oferecida pela placa de orifício. A turbina necessita de calibração periódica, de acordo com recomendações do fabricante. As estações de medição dotadas de turbinas devem prever a utilização de um carretel para medidores-mestre para possibilitar a sua calibração.

  O projeto de aplicação da turbina é normalizado por entidades internacionais.

- **Ultrassom** – deve ser utilizado quando é necessário garantir grande rangeabilidade, maior precisão e robustez na medição. No entanto, é fundamental que seja traçado um plano de calibração para esses medidores, com possibilidade de instalação de medidor em série (por meio de carretel já instalado, na linha atendendo o trecho reto determinado) para acompanhamento e envio destes para laboratório credenciado ou reconhecido internacionalmente.

Os medidores de vazão do tipo ultrassom utilizados normalmente são do tipo multicanais com sensores no processo, alojados em carretel entre flanges, com cabeçotes extraíveis sem necessidade de despressurização do gasoduto. Deverão ter exatidão e repetibilidade que os credenciem a operar com transferência de custódia de gás natural.

Retificador de fluxo

É utilizado para possibilitar a redução do comprimento reto a montante do elemento primário de medição. Tem como função fazer o gás passar no elemento primário da forma mais linear possível, garantindo, assim, uma medição correta e confiável. Basicamente, é constituído por placas tipo aletas, as quais são montadas internamente em um pedaço de tubo liso.

Válvula de bloqueio automático dos ramais

As válvulas de bloqueio do módulo de medição são utilizadas para se colocar os ramais de medição em operação de forma automática. O fechamento automático das válvulas de bloqueio dos ramais de medição é função das seguintes premissas:

- Se a válvula estiver em posição manual local, não poderá ser aberta remotamente.
- Caso haja mais que dois ramais de medição, a entrada em operação do segundo ramal em diante será automática, em função da vazão de fornecimento.

Computador de vazão

Pode ser utilizado um único computador de vazão para todos os ramais de medição (pontos de entrega de baixa vazão) ou um computador para cada ramal de medição, no caso de pontos de entrega de alta vazão.

O computador de vazão utilizado deve ter correções de temperatura e pressão e ser microprocessado. Dessa forma, o cálculo da vazão de gás entregue é automático, totalizado e já corrigido em função das variações de pressão e temperatura do ponto de medição.

Deve também dispor de memórias *flash* (não volátil) para armazenar os parâmetros de configuração e dados históricos, como pressões, vazões e temperaturas (máximas, mínimas e médias); composição média do gás (leitura do cromatógrafo); volumes corrigidos para a condição de referência da Portaria ANP/Inmetro 1/2000 (0,101325 MPa e 20 °C) e total de energia em BTU entregue a cada dia. Todos esses dados devem ficar armazenados por, no mínimo, 35 dias.

Cromatógrafo

Os cromatógrafos utilizados devem ter capacidade de determinação de hidrocarbonetos, variando de C_1 a C_6^+, inertes (N_2, $CO_2 + N_2$) e O_2. Os cilindros de gases padrão e de arraste devem ficar abrigados de intempéries. As linhas de amostra e tomadas nos dutos precisam ser devidamente dimensionadas e instaladas, de forma a evitar problemas de aprisionamento de material particulado, condensado e água, possibilitando a coleta e descarte do gás de maneira segura e automática. O ponto de amostragem deve ficar perto do ponto de medição e do cromatógrafo para minimizar ao máximo possíveis interferências e atrasos nos valores de composição medidos.

11

Comercialização de Gás Natural

11 COMERCIALIZAÇÃO DE GÁS NATURAL

11.1 Introdução

C onforme apresentado no capítulo anterior, a atividade de distribuição do gás natural tem como principal característica a atuação direta desse serviço pelos estados da federação ou mediante concessão e permissão às Companhias Distribuidoras Locais (CDL) de gás canalizado. Entretanto, as Leis Estaduais que regulamentam a constituição das CDLs atribuem a elas a exclusividade da exploração de serviços locais de gás canalizado, contemplando tanto as atividades de distribuição quanto as de comercialização do gás natural. Com a implantação da Lei n. 9.478/97, conforme apresentado no Capítulo 1, a cadeia do gás natural foi estruturada em segmentos diversos e interdependentes, em que as atividades de distribuição e transporte, por terem características de monopólios naturais, seriam reguladas, enquanto as demais (exploração, produção e comercialização) seriam abertas à competição do mercado. Dessa forma, ressalta-se que, segundo o modelo estrutural estabelecido pela ANP, as atividades de distribuição e comercialização são distintas, embora não seja assim considerada por algumas CDLs do País. A diferença entre elas é que a primeira contempla a construção, operação e manutenção das redes de gasodutos de distribuição[1] de gás canalizado, enquanto a segunda considera a compra de gás pelas CDLs de um carregador ou produtor, bem como a sua venda posterior aos consumidores finais.

11.2 Histórico sobre o preço do gás natural no Brasil

Historicamente, até 1999, vigorava no País a Portaria DNC n. 24/1994, que estabelecia um valor máximo para o preço de venda do gás natural, para fins comerciais, equivalente a 75% do preço do óleo combustível do tipo A1.

Com a criação da Lei n. 9.478/97, um novo marco regulatório foi estabelecido no País, para a indústria do gás natural. Segundo essa lei, as atividades de exploração e produção, importação e exportação permanecem como monopólio da União, podendo a ANP concedê-las ou autorizar o seu exercício a empresas estatais ou estrangeiras. O modelo de organização proposto pela ANP previa a independência das atividades de exploração e produção, transporte, comercialização e distribuição. A intenção era intensificar a entrada de novos atores nesse mercado e criar condições (mecanismos) a fim de tornar mais clara a estrutura de custos para a formação do preço do gás, iniciar o processo de desregulamentação, favorecendo, assim, a livre concorrência entre as partes.

---

[1] Diferente de gasoduto de transporte, sendo este último de interesse geral, enquanto o primeiro é de interesse dos serviços locais de gás canalizado aos usuários finais.

Um dos instrumentos utilizados para atingir o objetivo proposto, em um mercado ainda em formação, foi a regulamentação do preço do gás natural de origem nacional, por meio da Portaria Interministerial do MME/MF n. 003/2000. Esta descreve que os preços máximos de venda do gás natural de produção nacional para vendas à vista às empresas concessionárias de gás canalizado serão calculados conforme a equação 11.1:

$$Pm = Pgt + Tref \tag{11.1}$$

Em que:

Pm – preço máximo

Pgt – preço referencial do gás natural na entrada do gasoduto de transporte

$Tref$ – tarifa de transporte de referência entre os pontos de recepção e entrega

Essa Portaria iniciou um processo de reestruturação das relações comerciais no mercado de gás natural, e projeta uma futura separação efetiva entre as atividades de comercialização e transporte do gás no País. Dessa forma, de 2000 até o final de 2001, durante seu período de vigência (período de transição com preços controlados pelo Ministério das Minas e Energia/Fazenda) previa-se a unificação do preço do gás natural, sem distinção de sua utilização. Foi estabelecida uma fórmula matemática que fixa um teto máximo para seu preço e separa o preço do gás em duas parcelas: *commodity* e transporte.

Commodity[2] – Parcela destinada a remunerar o produtor e que inclui todos os custos e a remuneração referentes à produção, transferência e processamento do gás natural até a entrada do gasoduto de transporte. Esta é corrigida trimestralmente em função da variação de uma cesta de óleos combustíveis com cotações na Europa e no US Gulf (mesma da Bolívia) e da variação do câmbio.

Transporte – Cabe à ANP estabelecer o preço desta parcela, que inclui todos os custos e a remuneração dessa atividade. Tem como base o valor estimado dos ativos de transporte, de acordo com o custo de reposição da malha de transporte existente.

Essas duas parcelas eram corrigidas monetariamente, de forma diferente, cabendo à ANP a determinação da parcela do transporte (Tref). Como na composição dessa parcela considera-se a distância entre produtor e consumidor, houve diferenças no preço do gás entre os estados, conforme Portaria n. 108/2000.

A intenção da ANP era manter em vigor tal regulamentação até o momento em que fossem firmados contratos de transporte, os quais refletissem os custos associados à prestação de serviço dos agentes envolvidos.

---

[2] Também denominado *wellhead price*.

Quanto ao gás importado, somente poderá ser comercializado no território brasileiro, mediante prévia e expressa autorização de importação pela ANP, segundo a Portaria ANP n. 43 de 1998.

Qualquer organização interessada na importação de gás poderá fazê-lo, desde que atenda aos requisitos da citada Portaria. Uma vez apta para efetuar a importação, a organização envolvida na comercialização do produto deverá firmar um Contrato de Suprimento de Gás Natural com o produtor estrangeiro.

No entanto, os preços do gás natural de origem importada são livremente negociados, conforme essa mesma Portaria.

No caso do preço do gás para as usinas termelétricas (Programa Prioritário de Termeletricidade (PPT) do Ministério de Minas e Energia), foi feita uma diferenciação, conforme estabelecido pela Portaria MME/MF n. 176/2001. Segundo esta, o preço a ser cobrado seria único em todo o País, independentemente de sua origem, fixado em US\$ 2,581/10^6 btu. Foi previsto ainda um mecanismo de compensação das variações cambiais, alinhando os reajustes de preço do gás natural com os reajustes das tarifas de energia elétrica. Entretanto, o atraso no cronograma de obras, a priorização pelo governo atual de projetos hidrelétricos (menor custo de geração), problemas no processo de licenciamento ambiental, a nacionalização das reservas de petróleo e gás na Bolívia (encarecimento do preço do gás importado) levaram à perda de interesse de investidores nesse mercado. Quando da implementação da Lei do Gás, esperava-se uma definição das regras a serem estabelecidas para a cadeia do gás natural, a qual conduza à conclusão do PPT, reduzindo, assim, o risco de uma nova crise energética, nesta década.

Entretanto, no início de 2002, deixou de vigorar a Portaria n. 03/2000, com a liberação do mercado de petróleo e gás natural no País. A partir daquele momento, o preço do gás natural seria negociado direta e livremente entre as partes interessadas.

Os contratos de compra e venda de gás entre distribuidoras estaduais e a Petrobras, estabelecidos antes da abertura do mercado, ainda não foram revisados, segundo essa nova regulamentação.

Em 2005, a ANP elaborou a Resolução n. 29/2005 para consulta pública, que estabelece critérios tarifários aplicáveis ao transporte dutoviário de gás natural. Segundo tal Resolução, o art. 4° estabelece:

> Art. 4° As tarifas aplicáveis a cada serviço e/ou carregador serão compostas por uma estrutura de encargos relacionados à natureza dos custos atribuíveis a sua prestação, devendo refletir:
> I – os custos da prestação eficiente do serviço;
> II – os determinantes de custos, tais como a distância entre os pontos de recepção e entrega, o volume e o prazo de contratação, observando a responsabilidade de cada carregador e/ou serviço na ocorrência desses custos e a qualidade relativa entre os tipos de serviço oferecidos.

Espera-se que por meio da implantação da nova legislação (Lei do Gás), os critérios de comercialização entre os atores da cadeia gasífera sejam estabelecidos e cujos mecanismos a serem adotados, de fato, contribuam para o aumento da participação do gás na matriz energética nacional.

11.3 PRINCIPAIS ASPECTOS PARA A DETERMINAÇÃO DO PREÇO DO GÁS

O mercado de gás natural apresenta característica de vulnerabilidade, principalmente devido aos elevados investimentos em infraestrutura, assim como a sua dependência em relação a combustíveis substitutos. Acrescenta-se ainda que o gás natural não apresenta mercado cativo, como ocorre no setor elétrico. Desse modo, o principal componente para a expansão desse mercado é o preço a ser estabelecido, de forma que seja competitivo e que possa atender aos seguintes requisitos:

- ☐ Competitivo em relação a outros combustíveis (derivados de petróleo).

- ☐ Cobrir custos ao longo de toda a cadeia gasífera.

- ☐ Prover remuneração adequada dos investimentos.

De acordo com estudo realizado pela ANP (2004), as seguintes diretrizes são propostas para uma política de formação de preço para o gás natural.

a) Transparência

O processo de formação do preço do gás precisa ser transparente, simples e de fácil acesso a todos os interessados. Atualmente, cabe ao Estado e ao Ministério de Minas e Energia o papel da formulação da política de preços.

b) Previsibilidade

No cenário atual de necessidade de aumento da participação do gás na matriz energética, longo prazo de maturação dos investimentos e custos da infra-estrutura de transporte reforçam a importância da previsibilidade do preço futuro do gás.

c) Preço justo

O preço do gás natural é considerado justo (ótimo) quando remunera todos os elos da cadeia e permite produzir ao custo médio mínimo.

d) Regulados *versus* livres

Após o término do período de transição (2000 a 2001), no qual havia controle do preço do gás no País, ainda existem argumentos favoráveis para a sua volta, ou seja, mercado ainda em formação e características de monopólio natural em atividades da cadeia do gás. No entanto, a manutenção da situação atual, em que o preço seja determinado livremente pelo mercado, é interessante, uma vez que se espera um amadurecimento do mercado e a implantação de regras claras na futura legislação, ou seja, na Lei do Gás.

e) Vinculados ou não

Historicamente, nos anos 1980, com o Plano de Antecipação da Produção de Gás, denominado Plangás, já havia uma vinculação do preço do gás ao do óleo combustível e menor que este. Entretanto, ainda existem razões para o retorno dessa concepção:

☐ A incapacidade do mercado na definição de um preço que permita a rápida inserção do gás na matriz energética nacional.

☐ A vantagem ambiental do gás não está refletida no seu preço (não considera benefícios sociais). No caso de substituição do óleo diesel (veículos) nos grandes centros urbanos haveria redução dos índices de poluição atmosférica.

Com a ausência de uma política de preço (vinculada a combustíveis concorrentes) haveria uma tendência de aumento da oferta de gás somente para consumidores dispostos a pagar um preço mais elevado por este. Como a oferta é limitada (cenário de demanda reprimida), o consumo poderia se deslocar para segmentos menos prioritários (substituição da gasolina em veículos leves (GNV), em detrimento do fornecimento a termelétricas do PPT).

f) Tarifas postais *versus* distância

As tarifas de transporte podem ser definidas levando-se em conta a distância entre os pontos considerados ou não, denominando-se distância e postal, respectivamente. No primeiro caso, a demanda é expressa em unidades de volume (m^3). No segundo, a demanda é expressa pelo momento de capacidade de transporte ($m^3 . km$).

Para as tarifas a distância tem-se ainda duas formas:

☐ Tarifas ponto a ponto

São aquelas aplicadas entre cada ponto de recepção e entrega.

Tarifa A/B = Tarifa unitária [R$/($m^3 . km$)]

Em que A = recepção; B = entrega e a distância = A/B (km)

☐ Tarifas zonais

São aquelas que se aplicam quando o gasoduto é dividido em zonas tarifárias, dentro das quais as tarifas por unidade de volume têm o mesmo valor. Utiliza-se o conceito de centro de carga para estabelecer o valor da tarifa em cada zona.

Segundo a ANP, as tarifas postais são utilizadas em mercados monopolistas e ultramaduros. As tarifas não postais se justificam para fins da eliminação do subsídio cruzado entre usuários do serviço.[3]

Ressalta-se que essas alternativas não são excludentes, podendo-se ponderar a contribuição da distância com a política de integração geográfica, favorecendo a inserção do gás em locais mais distantes. Adicionalmente, devem ser consideradas nesse contexto as redes virtuais de transporte de gás, que poderiam antecipar o fornecimento e o desenvolvimento do mercado no País.

11.4 CONTRATOS DE COMERCIALIZAÇÃO

Na indústria do petróleo, as relações comerciais ao longo de toda a cadeia produtiva são realizadas por meio de contratos. Trata-se de instrumentos contratuais de compra e venda do produto, estabelecendo as quantidades envolvidas, qualidade do produto, condições de entrega, preço, garantias, entre outros itens.

As seguintes terminologias técnicas são comuns de serem encontradas nesses contratos:

☐ Quantidade Diária Programada (QDP).

☐ Quantidade de gás (objeto do contrato) em que a compradora tenha solicitado à vendedora para que lhe seja colocada à disposição no ponto de entrega[4] (normalmente da companhia distribuidora local) no correspondente dia confirmado pela vendedora.

☐ Quantidade Diária Contratual (QDC).

☐ Quantidade de gás (objeto do contrato) em que a vendedora compromete-se a aceitar uma determinada Quantidade Diária Programada (QDP).

Atualmente, esses contratos são negociados livremente entre as partes e, segundo a Portaria n. 001/03, a ANP deve ter conhecimento e apreciação das disposições contratuais acordadas.

---

3   Consumidores mais próximos subsidiando consumidores mais distantes.

4   Também conhecido como *City Gate*.

Entre as modalidades possíveis de serviços de transporte tem-se:
- ☐ Serviço de Transporte Firme (STF)

    Modalidade de transporte em que o Transportador é obrigado a programar e transportar o volume diário de gás solicitado pelo Carregador até a capacidade contratada de transporte.

- ☐ Serviço de Transporte Interruptível (STI)

    Modalidade de transporte em que o serviço pode ser interrompido pelo Transportador, de acordo com as condições estabelecidas pelo contrato com o Carregador.

    Entre os contratos em vigor no País, existem tanto aqueles que cobrem o transporte de gás de origem nacional como o de gás importado. No primeiro caso, existe o Contrato Malha Sudeste, com prazo de vigência de 20 anos (início em 2005) e capacidade contratada variável entre 34,7 x 10^6 m³/d e 43,8 x 10^6 m³/d.

No caso do gás importado, atualmente existem duas vias de importação. A primeira é oriunda do gasoduto Bolívia-Brasil (Gasbol), enquanto a segunda é a do gasoduto Uruguaiana-Porto Alegre. No primeiro caso, existe um contrato de capacidade de transporte[5] entre a TBG (transportadora) e a Petrobras (acionista majoritário e principal carregador), com capacidade equivalente a 30 x 10^6 m³/d, durante 20 anos (início 2000). Veja, na Figura 11.1, uma representação esquemática da modalidade de comercialização do gás de origem nacional.

O longo prazo de vigência dos contratos de gás (20 anos) é típico para mercados pouco maduros ou em formação, como o que ocorre no Brasil.[6] Nesse caso, o objetivo é assegurar retorno dos investimentos realizados no setor, assim como a viabilização de financiamentos (necessários para implantar a infraestrutura de transporte), sendo grande a percepção de risco.

Os contratos de compra e venda de gás também consideram as garantias, que são cláusulas com o objetivo de assegurar um fluxo de caixa mínimo aos investidores na atividade de transporte. Existem as seguintes modalidades de cláusulas:

Ship or pay (SOP)

É o compromisso de fornecimento do gás pelo vendedor, sob pena da obrigatoriedade de pagamento ao Transportador, com capacidade mínima de transporte con-

---

[5] Os contratos de comercialização de gás importado são chamados de Contratos de Suprimento de Gás ou *Gas Supply Agreements* (GSA).

[6] Exceção para países que desenvolvem mercados *spot* para o gás natural.

tratada, mesmo que não seja utilizada pelo Carregador. Este último deverá entregar o gás nos pontos estabelecidos contratualmente com o Transportador.

Take or pay (TOP)

Esta modalidade de contrato estabelece a obrigatoriedade de compra de uma quantidade mínima de gás natural, independentemente de este consumo se realizar. Segundo Laureano (2005), mesmo que o comprador tenha programado quantidades inferiores à QDC, este se compromete a pagar um porcentual de volume desse gás naquele período, tendo a possibilidade de retirá-lo posteriormente. Em geral, esse compromisso corresponde a 70% ou mais da QDP programada para o correspondente dia. Quanto mais essa capacidade se aproximar da capacidade máxima contratada de transporte de gás, menor será a flexibilidade do contrato e maior será o grau de repasse do risco do investimento. É previsto ainda o repasse dos compromissos assumidos ao longo da cadeia do gás natural até a sua chegada ao consumidor final. Da mesma forma que no caso anterior, é considerada a garantia de retorno do investimento aos supridores desse energético.

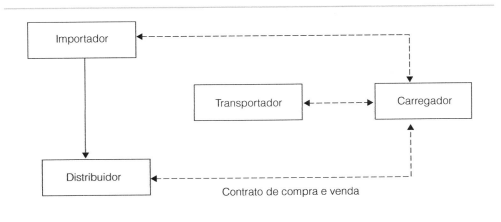

Figura 11.1 Comercialização de gás de origem importada

Segundo Laureano (2005), ainda que exista com a cláusula contratual *Take-or-Pay* a denominada cláusula *Make-up-gas*, esta última estabelece condições em que o comprador pode recuperar as quantidades pagas e não retiradas de gás, por meio de consumo futuro, durante a vigência ou posteriormente ao encerramento do contrato.

Os contratos *Take-or Pay* são estabelecidos em horizontes de longo prazo (entre 20 e 25 anos) e têm impacto direto no equacionamento econômico do mercado de gás. Assim, essas características implicam manter uma usina termelétrica em funcionamento, mesmo quando há disponibilidade de energia de origem hidrelétrica.

Em geral, a modalidade predominantemente utilizada nos contratos de compra e venda de gás é o SOP.[7] Entretanto, para o gás transportado no gasoduto Bolívia-Brasil (Gasbol) a modalidade é o TOP. Neste último existe uma característica particular, de acordo com o contrato de transporte vigente, de prioridade e flexibilidade para o carregador original. Tal característica cria dificuldades para a inserção de novos carregadores para o Gasbol (contrário ao previsto pela Lei n. 9.478/97), como no processo de Concurso Aberto para a expansão da capacidade de transporte.[8]

Quando da chegada do gás no ponto de entrega (*City Gate*), o preço do produto recebe aditivos referentes aos tributos estaduais e também da parcela de margem de distribuição das companhias distribuidoras de gás canalizado. Após a composição dessas parcelas é que se tem o preço final, a ser cobrado dos consumidores.

Normalmente, o critério utilizado para a definição da margem de distribuição se baseia na concepção da "tarifa-teto". Essa metodologia fixa um valor máximo, a ser cobrado pela concessionária estadual junto aos consumidores. A margem de distribuição adotada pelas concessionárias é estabelecida segundo a política do poder concedente de cada estado (agências reguladoras estaduais ou poder público estadual).

Existe ainda no País, por parte de algumas concessionárias, a utilização de classe de tarifas (mistas) que é função da faixa de consumo volumétrico e também de sua aplicação. O importante para essas companhias é que haja uma remuneração adequada do capital investido nesse empreendimento.

Quanto à carga tributária, que incide sobre o preço do gás natural comercializado pelas concessionárias estaduais, destacam-se os seguintes tributos:

☐ Imposto sobre a Circulação de Mercadorias e Prestação de Serviços (ICMS).

☐ Programa de Integração Social (PIS).

☐ Contribuição para o Financiamento da Seguridade Social (Cofins).

As CDLs passam a exercer suas atividades a partir do contrato (concessão para exploração de serviços públicos de distribuição de gás canalizado) assinado com o poder concedente (governo estadual). Por meio desses contratos são asseguradas às CDLs a exclusividade do serviço de distribuição na área de concessão e por longos

---

[7] Em alguns contratos este termo não aparece explicitamente, mas, sim, como Encargo de Capacidade.

[8] Portaria ANP n. 098/2001, em atraso no cronograma de implantação devido às indefinições dos setores elétrico e gasífero.

prazos (trinta a cinquenta anos). Adicionalmente, também são considerados os seguintes componentes nesses contratos.

- ☐ Deveres da CDL.

- ☐ Direitos e deveres dos usuários.

- ☐ Metodologia de cálculo e de reajuste das tarifas de distribuição.

- ☐ Fiscalização dos serviços pelo poder concedente.

- ☐ Penalidades.

Esses contratos normalmente não consideram a condição de compra direta de gás pelo consumidor sem a intermediação da CDL. Entretanto, existem exceções, como é o caso do contrato entre governo do Estado do Rio de Janeiro, a CEG e a CEG Rio, o qual permite àqueles que desejam consumir mais que 1×10^5 m³/d a compra direta de gás junto aos produtores, porém com remuneração de determinada parcela pelo uso da rede de distribuição. Outra exceção é o Estado de São Paulo, onde as CDLs (Comgás, Gás Brasiliano e Gás Natural São Paulo Sul) permitem a comercialização direta de gás para consumidores (exceto residenciais e comerciais) a partir do décimo segundo ano. Assim, até tal período prevalece a exclusividade da comercialização do gás pelas CDLs.

A Figura 11.2 representa de forma esquemática as duas formas de comercialização de gás natural de origem nacional, via CDL ou de forma direta, por alguns tipos de consumidores junto ao produtor, após o término do período de exclusividade.

Atualmente, ainda existem contratos de concessão em vários Estados brasileiros que não separam contábil e juridicamente as atividades de distribuição e comercialização. Tal situação caracteriza uma significativa barreira para a implantação da desejada atividade competitiva de comercialização entre as empresas desse segmento que atuam no mercado.

11.5 Aspectos relevantes sobre a importação de gás da Bolívia

O contrato de transporte de importação do gás boliviano, firmado entre a Petrobras e a empresa petrolífera boliviana Yacimientos Petrolíferos Fiscales Bolivianos (YPFB), se baseia em blocos de capacidade de transporte. Essa concepção prevê o aumento gradativo do fornecimento de gás até atingir a capacidade nominal de 30×10^6 m³/d. As seguintes terminologias desse contrato são apresentadas a seguir:

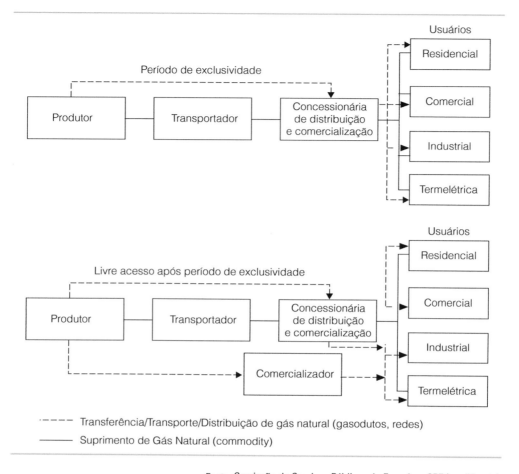

Fonte: Comissão de Serviços Públicos de Energia – SPE (modificado).

Figura 11.2 Estrutura esquemática de comercialização do gás natural no Brasil

Quantidade de Capacidade de Transporte (TCQ)[9] – Corresponde à parcela de compromisso de venda do gás natural por parte da YPFB e de compra pela Petrobras, segundo a cláusula contratual de *Take-or-Pay*.

Início: 8×10^6 m³/d. No oitavo ano: 18×10^6 m³/d (permanece nesse patamar até o vigésimo ano).

Opção de Capacidade de Transporte (TCO)[10] – Corresponde à parcela opcional de compra do gás natural pela Petrobras acima do volume estabelecido pela TCQ. A Petrobras obteve direito de transporte adicional de 6×10^6 m³/d por um período de 20 anos.

---

[9] Em inglês significa Transportation Capacity Quantity.
[10] Em inglês significa Transportation Capacity Option.

Transporte de Capacidade Extra (TCX)[11] – Corresponde à capacidade remanescente do gasoduto, equivalente à diferença entre a capacidade nominal do gasoduto (30×10^6 m³/d) e os volumes negociados nos blocos de contrato TCO e TCX, que correspondem a 6×10^6 m³/d.

A formação do preço do gás boliviano sempre seguiu a modalidade de livre negociação entre as partes (não regulado), tendo os seguintes fatores de indexação:

- *Commodity* – Corresponde à parcela do valor do produto, cuja fórmula de reajuste trimestral está vinculada à evolução de preços de uma cesta de óleos norte-americanos e europeus. O valor da conversão da energia adquirida (US$/ 10^6 btu) é aquele correspondente ao estabelecido pelo Banco Central do Brasil, na cotação do dia anterior ao da data de vencimento de cada respectiva fatura.

- Tarifa de transporte – Esta parcela corresponde ao transporte realizado ao longo de toda a extensão do gasoduto Gasbol, sendo decomposta nas seguintes parcelas:

  a) Tarifa de capacidade – É reajustada anualmente, de acordo com uma porcentagem da inflação do dólar americano.
  b) Tarifa de movimentação – É reajustada anualmente, de acordo com a inflação do dólar americano, correspondendo a 100% durante todo o período de vigência do contrato.

Em maio de 2005, o então presidente da Bolívia assinou decreto que regulamentou a nacionalização do gás e do petróleo no país, prevista em lei aprovada anteriormente pelo Congresso. Além disso, o decreto elevou de 50% para 82% os impostos pagos sobre a exploração de gás nos dois maiores campos produtores de gás do país, ambos controlados pela Petrobras.

Após quase um ano de negociação entre os governos brasileiro e boliviano, no início de 2007, houve um acordo entre as partes (aditivo contratual), em que o Brasil passa a pagar não apenas pela quantidade recebida, mas também pela qualidade do produto. O valor acordado é de US$ 4,20 para cada milhão de btu de energia do gás importado (poder calorífico de 8 900 kcal/m³), acrescido de um prêmio diário sobre tal valor. Ocorre que o contrato em vigor estabelece um poder calorífico mínimo de 9 200 kcal/m³, mas o valor médio recebido é de 9 400 kcal/m³. Dessa forma, a tendência é a continuidade do processo atual de repasse desse aumento para os demais atores da cadeia, o que pode conduzir à perda de produção em alguns setores da economia brasileira. A região Sul

---

[11] Em inglês significa Transportation Capacity Extra.

do País e parte de São Paulo serão as mais afetadas por não terem opção de consumo do gás produzido internamente.

Ao permanecer o quadro atual, praticamente inviabilizam-se novos investimentos de ampliação do fornecimento de gás boliviano. Paralelamente, já se iniciaram no País estudos de viabilidade de rotas alternativas, sobretudo a da importação de GNL de outros países. Não se espera a curto prazo a redução da dependência do gás boliviano, até porque qualquer tentativa de incremento da produção requer vultosos investimentos de longo período de maturação, incluindo principalmente os prazos inerentes aos processos de licenciamento ambiental.

Além disso, espera-se que até o final desta década se concretize o processo de antecipação da produção de novos campos produtores de gás (Bacias de Santos, Campos e também do Campo de Manati, no litoral baiano) a fim de minimizar os riscos de uma nova crise de energia no País.

Esforços adicionais quanto ao desenvolvimento tecnológico de novos processos de produção, que colaborem para a redução das perdas e queima de gás, além do consumo interno nas instalações de produção, sem dúvida são grandes contribuições que podem aumentar a oferta de gás no mercado brasileiro.

12

Tecnologias e Aplicações em Desenvolvimento

12 TECNOLOGIAS E APLICAÇÕES EM DESENVOLVIMENTO
12.1 INTRODUÇÃO

Todos os cenários apontam para uma crise energética ao longo deste século, motivada pela exaustão das reservas fósseis de energia, potencializada pelas restrições aos gases do efeito estufa. Muitos países consideram em seus modelos de desenvolvimento econômico sustentável o uso do gás natural como um importante supridor de energia, estando seu uso futuro dependente do desenvolvimento tecnológico em diversas áreas, tais como: produção, processamento, transporte, distribuição, combustão, sequestro de CO_2, geração distribuída e de desenvolvimento de equipamentos comerciais de alta eficiência energética (célula combustível ou microturbinas, por exemplo).

A partir da Conferência Mundial das Nações Unidas (RIO-92) e, posteriormente, em 1997, com a elaboração do Protocolo de Quioto (Painel sobre Mudanças Climáticas), o componente ambiental passa a ter papel estratégico na produção de energia primária no mundo. Nesse contexto, o gás natural ganha força em relação às demais fontes de energia (carvão, petróleo e derivados), devido às baixas emissões de gases de efeito estufa (CH_4, CO_2, CO, entre outros). Paralelamente, no País, devido ao efeito da globalização mundial, surge maior rigor por parte dos consumidores quanto à qualidade dos produtos e serviços no setor industrial.

Atualmente, é no setor de transporte que está a maior restrição para o aumento da oferta do gás no mercado nacional. Nesse contexto, a política de preço do gás natural no Brasil, em especial a parcela proveniente da Bolívia, ainda é um fator restritivo atual à maior utilização desse energético na indústria nacional, que ainda vem utilizando produtos derivados de petróleo para geração de energia térmica e elétrica.

A tendência futura mundial é que o gás natural tenha papel fundamental no processo de transição da atual indústria do petróleo e derivados para a indústria do hidrogênio (estimativa a partir de 2020). Essa visão é baseada na utilização do gás natural, ou mesmo gaseificação do petróleo, para fabricação de novos produtos, os quais irão substituir os atuais derivados de petróleo (gasolina, querosene, diesel, entre outros), com redução das emissões de carbono.

As questões relativas ao uso do gás como supridor energético, novas tecnologias e a crescente preocupação ambiental justificam estudos relativos a esse tema, que se intensificam na medida crescente da evolução humana.

12.2 SEPARAÇÃO E CAPTURA DE CO_2
12.2.1 Protocolo de Quioto e mercado de carbono

O Protocolo de Quioto é um tratado ambiental que tem como objetivo estabilizar a emissão de Gases de Efeito Estufa (GEE) para a atmosfera e, assim, reduzir o aquecimento global e seus possíveis impactos. Considerado o tratado sobre meio ambiente de maior importância lançado até hoje, foi assinado em 1997 na cidade japonesa de Quioto e aberto à adesão dos Países-membros da Convenção das Nações Unidas. O tratado visa a diminuição da emissão dos seguintes gases que colaboram para o agravamento do efeito estufa: perfluorcarbono (PFC), hexafluoreto de enxofre (SF_6), metano, óxido nitroso (N_2O), hidrofluorcarbono (HFC) e dióxido de carbono.

Foi estabelecido que o Protocolo de Quioto passaria a vigorar 90 dias após a adesão de, no mínimo, 55 países ao tratado que correspondessem a pelo menos 55% das emissões globais de dióxido de carbono, com base nas emissões registradas em 1990.

Desde a Revolução Industrial, com o emprego de máquinas de produção em larga escala que substituíram o trabalho manual, a atmosfera tem sofrido um acúmulo de gases resultantes, sobretudo, da queima de combustíveis fósseis. Esse acúmulo de gases vem agravando o que se conhece por efeito estufa, o qual pode ocasionar catástrofes naturais de grandes dimensões.

Os países signatários do Protocolo de Quioto foram divididos em dois grupos, de acordo com o seu nível de industrialização: Anexo I – que reúne os países desenvolvidos – e não-Anexo I – grupo dos países em desenvolvimento, entre eles, o Brasil. Cada grupo tem obrigações distintas em relação ao Protocolo.

Os países desenvolvidos que ratificaram o tratado têm o compromisso de diminuir suas emissões de GEE em uma média de 5,2% em relação aos níveis que emitiam em 1990 e têm prazo final para cumprimento da meta entre 2008 e 2012.

Já os países do não-Anexo I, como não atingiram determinado índice de desenvolvimento, não têm metas. Estes podem auxiliar na redução de emissão desses gases, embora não tenham um compromisso legal de redução até 2012. Essa redução pode ser feita por meio de projetos devidamente registrados que comercializem Certificado de Emissões Reduzidas (CER) de projetos.

Para que haja cumprimento da redução de emissões de GEE, o Protocolo propõe três Mecanismos de Flexibilização: Implementação Conjunta, Comércio de Emissões e Mecanismo de Desenvolvimento Limpo (MDL). A Implementação Conjunta diz respeito apenas aos países desenvolvidos. Acontece quando dois ou mais deles implementam projetos que reduzam a emissão de GEE para posterior comercialização. O Comércio de Emissões existe quando um país do Anexo I, portanto, desenvolvido, já reduziu a emissão de GEE além de sua meta. Assim, ele pode comercializar o excedente com outros países do Anexo I que não tenham atingido sua meta de redução. Já o Mecanismo de Desenvolvimento Limpo possibilita a participação dos países em desenvolvimento no tratado. Eles podem vender créditos de projetos que realizam para países desenvolvidos, os quais podem, assim, alcançar suas metas de redução.

O Protocolo de Quioto já foi ratificado (em 2005), isto é, transformado em lei. Assim, os países que não cumprirem suas metas de redução estarão sujeitos a penalidades. Terão de prestar contas às Partes da Conferência, podendo ser excluídos de acordos comerciais ou terem suas metas de redução multiplicadas por 1,3 para o próximo período, que deve ter início em 2013. O Protocolo de Quioto é o primeiro e indispensável passo para a conscientização global no combate às mudanças do clima. Alguns cientistas alegam que a entrada em vigor do tratado não reverterá o aquecimento global, até porque nem os Estados Unidos, nem a China, que juntos são os maiores emissores de GEE do planeta, não aderiram ao Protocolo. No entanto, trata-se ainda do primeiro período de negociação. O uso racional de combustíveis fósseis, sequestro de carbono, geração distribuída e tecnologias de alta eficiência energética e não poluidoras certamente farão parte de projetos que visam atender às metas desse Protocolo.

12.2.2 Descrição das tecnologias de separação e captura de CO_2

O objetivo das tecnologias de separação e captura de CO_2 é isolá-lo de sua fonte emissora, visando à sua posterior utilização. A escolha da melhor tecnologia dependerá principalmente das características da fonte emissora de CO_2 e da presença de outros componentes na mistura.

Entre as tecnologias em uso no mundo, e que atendem aos critérios de simplicidade, ambientais e econômicos, destacam-se:

- absorção química;
- absorção física;
- adsorção;
- destilação à baixa temperatura;
- membranas.

a) Absorção química

Processo químico que utiliza um solvente (produto alcalino) para a remoção do CO_2 presente em uma mistura gasosa. Trata-se de um processo de absorção, por meio de uma torre normalmente recheada, onde ocorre a reação química entre a fase líquida e a fase gasosa representada pela Equação 12.1. Os produtos gerados nesse processo de absorção são: uma fase líquida (solução de amina concentrada em CO_2) e outra gasosa (produto gasoso com baixo teor de CO_2, de acordo com a especificação técnica requerida). A fase líquida passa por um processo de regeneração (aquecimento) e permite a reação de regeneração (liberação do CO_2) para a atmosfera, conforme Equação 12.2. Em seguida, a solução de amina regenerada (baixo teor de CO_2) retorna ao processo de absorção. Os produtos químicos utilizados são geralmente soluções de amina (Monoetanolamina – MEA, Dietanolamina – DEA, Trietanolamina – TEA etc.). Veja, na Figura 12.1, um fluxograma esquemático do processo de absorção com aminas.

Tecnologias e Aplicações em Desenvolvimento

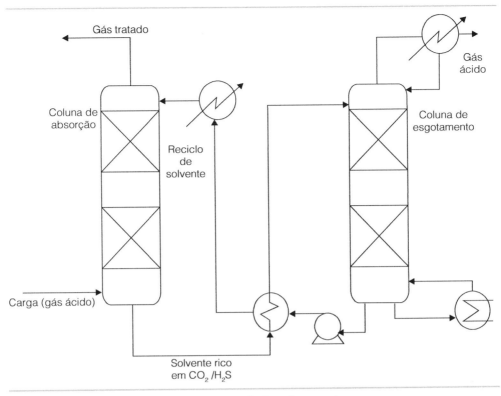

Figura 12.1 Fluxograma esquemático do processo de absorção com aminas

$$2RNH_2 + H_2O + CO_2 \rightarrow (RNH_3)_2\,CO_3 \tag{12.1}$$

$$(RNH_3)_2\,CO_3 + H_2O + CO_2 \rightarrow 2RNH_3\,HCO_3 \tag{12.2}$$

Segundo Bailey e Feron (2005), esse processo é considerado estado da arte na separação de CO_2 oriundo de gases de combustão. Acrescentam ainda que é utilizado tanto em alta como em baixa pressão, mesmo considerando a baixa concentração de CO_2 existente na mistura.

A Monoetanolamina (MEA) é considerada solvente do estado da arte (CHAPEL MARIZ, 1999; BARCHAS, 1992) para captura de CO_2 em gases de combustão. Entretanto, devido à elevada energia térmica requerida no processo de regeneração da MEA, já estão disponíveis no mercado novos solventes (MIMURA et al., 2001).

Entre os novos produtos adequados para processos de pós-combustão e que estão disponíveis para comercialização no mundo, destacam-se os seguintes:

394 TECNOLOGIA DA INDÚSTRIA DO GÁS NATURAL

1 – The Kerr-McGee/ABB Lummus Crest Process (BARCHAS; DAVIS, 1992).

2 – The Fluor Daniel ECONAMINE Process (SANDER; MARIZ, 1992).

3 – The Kansai Eletric Power Co., Mitsubishi Heavy Industries, Ltd. Process (MIMURA et al., 2001).

Mais recentemente, foram desenvolvidos novos processos de absorção química, os quais já estão disponíveis no mercado (LEITES et al., 2003).

b) Absorção física

A absorção física é um processo que objetiva a remoção de um componente indesejável (CO_2) presente em uma mistura gasosa por meio do uso de um solvente químico. Como características desejáveis para o produto químico a ser utilizado tem-se: baixa volatilidade, não corrosivo, não inflamável, não viscoso, estável e que tenha solubilidade infinita com o componente a ser removido (CO_2). Entre os produtos utilizados em pocessos industriais destaca-se o carbonato de potássio.

Os processos de absorção física removem os gases ácidos na proporção direta de suas pressões parciais. A pressão parcial de um componente presente em uma mistura gasosa é o produto de sua fração molar (ou volumétrica) pela pressão total do sistema, assumindo-se que tal mistura se comporta idealmente.[1] Veja a Equação 12.3 a seguir.

$$P_i = P \cdot x_i \tag{12.3}$$

Em que: P_i = pressão parcial do componente i

x_i = fração molar do componente i

P = pressão total do sistema

De acordo com a equação anterior, quanto maior a concentração do componente CO_2 e/ou maior a pressão do sistema, maior será a eficiência desse processo.

c) Adsorção

O processo de adsorção utiliza como concepção o uso de uma superfície sólida [carvão ativo, alumino-silicatos (zeolitos)] para adsorver o componente ácido (CO_2, H_2S etc.) existente em uma mistura gasosa. Pode-se também adsorver esses compo-

---

[1] Comportamento ideal representa situação em que as forças moleculares não deformam as moléculas, ocorrendo em situações de baixa pressão e alta temperatura.

nentes por meio de reações químicas com os constituintes do material sólido utilizado. Tais materiais apresentam como características principais uma alta área superficial e seletividade na adsorção de gases. A cinética e a capacidade de adsorção dependem do tamanho do poro do material adsorvente, volume do poro, área superficial e afinidade do componente gasoso a ser removido com adsorvente selecionado.

Esses processos apresentam alta seletividade, em virtude dos materiais sólidos usados, e não removem significativas quantidades de CO_2. Da mesma forma que os processos apresentados anteriormente, há um módulo de remoção de CO_2 e outro de regeneração do leito sólido. Segundo o CSLF (2004), esse processo não é considerado atrativo em plantas industriais de grande escala, visando a separação do CO_2 proveniente de gases de combustão. O motivo principal deve-se à baixa capacidade e seletividade dos materiais nele utilizados.

d) Destilação à baixa temperatura

Processo físico que utiliza baixas temperaturas (inferiores a 0 °C) para a separação do componente CO_2 existente em uma mistura gasosa. Segundo o CSLF (2004), essa tecnologia é utilizada somente em aplicações comerciais quando a concentração de CO_2 na mistura gasosa for superior a 90% vol., o que não é o caso das composições típicas dos gases de combustão. O motivo principal dessa limitação é que o processo é altamente intensivo em demanda de energia para se atingir as requeridas temperaturas criogênicas.

e) Membrana

A tecnologia de membranas está presente em vários processos industriais, tais como na indústria alimentícia, automotiva, assim como na fabricação de diversos produtos da indústria química. Essa tecnologia se baseia no princípio da permeação gasosa. Trata-se de um processo pelo qual um gás se dissolve e se difunde por meio de um material sólido, não poroso, quando submetido a um diferencial de pressão (força motriz) que, causando uma diferença de concentração entre os dois lados do material, gera um fluxo difusional por meio deste. A permeabilidade seletiva que o material apresenta permite fracionar misturas gasosas em duas correntes (permeado e resíduo). A membrana é composta por várias camadas de materiais (material polimérico, cerâmico, metálicos etc.), conforme apresentado na Figura 12.2 a seguir.

Na indústria do petróleo já existem aplicações comerciais de uso de membranas para a separação do CO_2 do metano, para fins de recuperação avançada do petróleo e recuperação do metano em aterros sanitários.

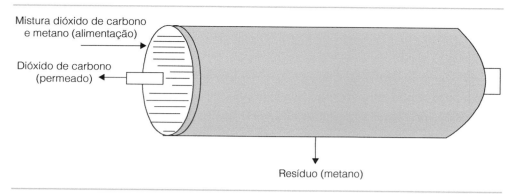

Figura 12.2 Representação esquemática de uma membrana polimérica

O desenvolvimento de membrana separadora para a remoção seletiva de CO_2 na presença de CO, H_2, H_2O e H_2S (gás combustível) ou N_2, O_2, H_2O, SO_2, NO e HCl (gás de chaminé) é de grande interesse por parte das companhias de petróleo mundiais. Um grande número de pesquisas tem sido conduzidas em relação às propriedades de membranas seletivas de dióxido de carbono, baseadas em materiais inorgânicos como zeólitas, alumina, carbono e sílica. Todos esses métodos têm suas vantagens e desvantagens, sendo necessários maiores avanços na seletividade, permeabilidade e estabilidade química dessas membranas inorgânicas para uma aplicação bem-sucedida em chaminés ou misturas de gás combustível. As membranas de polímeros, por sua vez, têm aumentado sua aplicação na indústria do petróleo mundial, em especial na separação de componentes não hidrocarbonetos (N_2, CO_2, H_2O, entre outros) existentes no gás natural.

Segundo Dortmundt e Doshi (1999), o único material comercialmente viável para a separação de CO_2 de correntes gasosas é o da membrana polimérica (acetato de celulose).

Outros trabalhos também foram publicados, como o de Nunes e Peinemann (2001), apresentando curvas de performance em função da concentração do CO_2 existente na corrente de entrada e os respectivos valores obtidos para as correntes de permeado e não permeado. Curvas semelhantes também foram desenvolvidas pela Air Products (2002) para outras faixas de concentração de CO_2.

12.2.3 Possíveis aplicações para o CO_2

No Brasil existe uma regulamentação em vigor, que é a Portaria n. 104 da ANP, que determina a especificação a ser atendida para fins de comercialização do gás natural nas diversas regiões do País. A seguir, apresentam-se, em ordem de prioridade, algumas aplicações propostas de uso do CO_2 em instalações marítimas de produção de petróleo no Brasil.

I – Armazenamento em reservatórios de petróleo e gás natural (depletados).

II – Armazenamento em tanques (liquefeito).

III – Recuperação do petróleo (método não convencional).

a) Armazenamento em reservatórios de petróleo e gás natural (depletados)

Duas alternativas para a injeção de gás para fins de armazenamento podem ser propostas.

☐ Na própria instalação de produção que implantará o projeto de separação e aproveitamento do CO_2.

☐ Em outra instalação marítima de produção.

No primeiro caso é mandatório que exista um reservatório com condições favoráveis para o armazenamento do gás. Normalmente, os reservatórios candidatos são aqueles produtores de óleo, mas que se encontram depletados. Entretanto, em ambos os casos é necessária a realização de estudos geológicos do reservatório e também de viabilidade técnico-econômica.

b) Armazenamento em tanques (CO_2 liquefeito)

Esta alternativa prevê a transferência da mistura rica em CO_2 proveniente da unidade de recuperação e tratamento do CO_2 proposto para uma outra instalação marítima. Considera-se nessa alternativa a transferência do CO_2 para um navio aliviador de petróleo.[2] Nesse caso, adota-se como premissa que a futura instalação marítima, a qual irá implantar o projeto proposto, disponha de tanques de armazenamento de petróleo ou esteja próxima a uma instalação que a possua. Assim, periodicamente, o navio aliviador poderá receber a produção de CO_2 durante o período em que estiver ocorrendo a operação de transferência de petróleo. Considera-se, nesse caso, que o navio aliviador disponha de uma instalação criogênica de liquefação do CO_2 e equipamentos (tanques especiais) para armazenamento do produto. Entretanto, como a corrente de CO_2 ainda apresenta resíduo de água, o mesmo necessita ser removido antes da liquefação do CO_2. Normalmente, as operações de transferência de petróleo se repetem a cada sete dias e têm duração de dois dias. Veja, na Figura 12.3, a seguir, uma representação esquemática dessa operação.

---

[2] Embarcação que recebe a produção de óleo armazenada em uma instalação marítima de produção (navios armazenadores de petróleo) por meio de operação de transferência temporária (a cada sete dias aproximadamente), quando, então, os tanques do navio armazenador tiverem atingido a sua capacidade máxima.

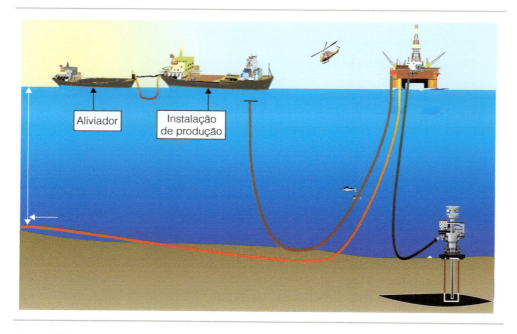

Figura 12.3   Representação esquemática da operação de transferência de petróleo

c) Recuperação do petróleo (método miscível com gás e CO_2)

Como foi apresentado anteriormente, existe o método convencional de recuperação do petróleo,[3] em geral por meio da injeção de água ou gás no reservatório. Entretanto, nas últimas décadas foi feita uma classificação dos métodos de recuperação e surgiu a denominação dos métodos especiais de recuperação secundária.[4]

Segundo Rosa et al. (2006), na literatura inglesa os métodos especiais de recuperação secundária são conhecidos como métodos *Enhanced Oil Recovery* (EOR), o que pode ser traduzido como "recuperação melhorada ou avançada de petróleo". Recentemente, esse termo foi substituído pelo *Improved Oil Recovery* (IOR), que significa a "recuperação melhorada de óleo". Este último além de admitir todos os antigos métodos EOR (especiais ou terciários), incorpora quaisquer métodos ou técnicas não convencionais ou modernas que tenham como objetivo aumentar a recuperação e/ou acelerar a produção de óleo.

Entre os métodos especiais existentes no mundo têm-se os métodos miscíveis, que, segundo Rosa et. al (2006), são classificados como:

---

[3]   Anteriormente denominado de método de recuperação secundária.
[4]   Anteriormente denominado de método de recuperação terciária.

Injeção de hidrocarbonetos

- Injeção de banco miscível de Gás Liquefeito de Petróleo (GLP).
- Injeção de gás enriquecido (alto teor de hidrocarbonetos maiores que pentano).
- Injeção de gás pobre (composição similar ao gás desidratado) à alta pressão.

Injeção do CO_2.

No método miscível, uma característica importante é a ausência de uma interface entre o fluido deslocante (injetado) e o deslocado (óleo no reservatório). Dois fluidos são considerados miscíveis se, misturados em quaisquer proporções, produzirem um sistema constituído por uma única fase (homogêneo). A princípio considera-se que toda mistura entre gases é dita miscível, a menos que ocorram transformações químicas nesse processo. Entretanto, a miscibilidade entre fluidos líquidos é bem mais complexa e depende fundamentalmente da semelhança química, da temperatura e pressão do sistema.

12.3 OTIMIZAÇÃO E RACIONALIZAÇÃO ENERGÉTICA

Aragão Neto (2004) cita que países, como o Brasil, devido à recente crise no suprimento de energia elétrica, despertaram para uma melhor utilização dos recursos energéticos. A ampliação da capacidade de geração não pode ser vislumbrada como a única solução, ou seja, otimizar o que já está disponível é, no mínimo, tão importante quanto expandir.

As indústrias brasileiras representam aproximadamente 38% das emissões totais de gases de efeito estufa no País, segundo estimativa de Goldemberg para 1990, seguidas pelo setor transporte (33%). Em relação ao uso de energia, o setor industrial representa 46,2% do total da eletricidade consumida e 14,4% dos derivados de petróleo, segundo o Balanço Energético Nacional de 2002. É o setor com maior consumo de eletricidade e o segundo quanto a derivados, perdendo somente para o setor de transporte.

Fica evidente, de um lado, a responsabilidade do setor industrial quanto ao volume das emissões e consumo de energia, e, de outro, das oportunidades para uso eficiente de energia e consequente redução das emissões. Afora as obrigações legais e relativas a licenciamento para instalação e operação, o setor industrial necessita engajar-se em um esforço permanente em busca de melhores soluções tecnológicas, otimizando o uso de insumos necessários à produção.

Do mesmo modo, evidencia-se a responsabilidade governamental em estabelecer um plano em busca da otimização energética tanto na área industrial quanto na de

TECNOLOGIA DA INDÚSTRIA DO GÁS NATURAL

transporte, cabendo destaque a iniciativas como Procel e Conpet, respectivamente, para redução de eletricidade e combustíveis.

Outra fonte de desperdício energético é a queima de gás natural associado. Na prospecção de petróleo, por exemplo, produzem-se óleo e gás natural associado. No entanto, muitas unidades de produção de petróleo estão distantes dos consumidores de gás natural, sendo, na maioria dos casos, antieconômico o processamento e transporte do combustível. Diversos sistemas de produção no Oriente Médio e na África apresentam queima integral do gás natural associado.

No Brasil, a diminuição da queima de gás associado na região produtora é uma das principais ações a serem realizadas para que haja o aumento da oferta de gás natural ao mercado nacional. Atualmente, os valores das perdas (incluindo queima) ainda são elevados (10,3%), mas vêm se reduzindo ano a ano (redução de 25% entre 2002 e 2003).

Além disso, não se justifica que um recurso energético estratégico para o desenvolvimento da indústria nacional possa ser desperdiçado sem que nenhum benefício social seja aferido ou que alguma taxa seja cobrada.

A partir de 1998, a Petrobras e o governo brasileiro definiram como objetivo o aproveitamento do gás natural nacional. A estatal estabeleceu o "Plano de Queima Zero" e a Agência Nacional do Petróleo (ANP) passou a monitorar a utilização do gás natural nos campos do País. O resultado vem aparecendo, ano após ano, por meio dos índices oficiais de perda informados pela ANP.

Normalmente, nas instalações marítimas de produção, uma das alternativas para redução da queima de gás é a reinjeção no reservatório. Essa situação ocorre no momento da manutenção das condições normais de produção. A redução ou mesmo o fechamento dos poços dependem de outras variáveis (reservatório, potencial de produção, disponibilidade operacional etc.). No caso de não ser possível escoar o gás produzido, que depende da instalação de dutos de transferência, e não havendo mercado consumidor consistente estabelecido para absorvê-lo, nada se pode fazer com o gás que acompanha o petróleo, a não ser queimá-lo ou reinjetá-lo.

Assim, é imprescindível a continuidade dos investimentos em novos dutos de transporte e outros meios alternativos de transporte visando aumentar a oferta desse recurso e atender às demandas atuais e futuras no mercado.

12.4 Tecnologias de geração distribuída

De acordo com Haikal (2004), o Brasil possui grande potencial para a instalação de sistemas de geração distribuída tanto pela utilização de gás natural, quanto por meio de energias renováveis, como solar, eólica e biomassa. A geração distribuída consiste na geração de energia elétrica em tensão elétrica de distribuição próxima ao usuário final, geralmente em sistemas de pequeno porte. Com a proximidade entre a geração e a carga, os custos de transmissão são reduzidos substancialmente ou eliminados, bem como aumentam a qualidade e a confiabilidade do fornecimento de energia elétrica. O Brasil, pelas suas dimensões, é um país com enorme potencial para a utilização da geração distribuída, que, por sua vez, leva a uma redução dos custos para a energia produzida, visto que as centrais elétricas de grande porte distantes dos centros urbanos, cuja energia é transmitida por grandes distâncias, encarecem o produto para o consumidor.

Ainda de acordo com o autor, o gás natural pode ser um excelente combustível para geração distribuída, possuindo como vantagens menores emissões de gases, se comparado a sistemas que utilizam derivados de petróleo, carvão e biomassa. A geração distribuída pode ser realizada pelas seguintes tecnologias: cogeração, microturbinas ou células a combustível.

A cogeração é definida como a geração sequencial de duas formas de energia útil a partir de um mesmo insumo energético. Geralmente, são produzidas energia elétrica e energia térmica na forma de vapor ou de água quente. Por meio de ciclo de refrigeração por absorção pode também ser produzida água gelada para uso em sistemas de ar condicionado, configurando, assim, a chamada trigeração, uma boa alternativa para indústrias, edifícios comerciais, hospitais e universidades.

As tecnologias de microturbinas e de células a combustível estão descritas nos itens a seguir.

12.4.1 Células a combustível

A célula a combustível (CC), também denominada pilha a combustível, é um dispositivo eletroquímico que converte a energia química dos combustíveis diretamente em eletricidade, similar às baterias, mas se diferenciam destas, uma vez que nas células o combustível é introduzido a partir de uma fonte externa. O princípio da CC foi desenvolvido por William Grove, em 1839, e já em 1900 os cientistas e engenheiros previam que esses dispositivos seriam um meio comum de produzir eletricidade em poucos anos. O cenário mundial atual de alta do preço do petróleo e também a busca por fontes mais limpas e eficientes vêm contribuindo para o desenvolvimento e viabilidade econômica para aplicação dessa tecnologia.

As células a combustível utilizam como matéria-prima o hidrogênio e o oxigênio na presença de um catalisador para produzir água, energia e calor (energia térmica).

Como vantagens em relação às fontes convencionais têm-se:

- [ ] alta eficiência na conversão;
- [ ] baixas emissões de gases;
- [ ] alta flexibilidade quanto ao uso de combustíveis (fontes hidrogênio);

- grande aplicação para sistemas de cogeração;
- modularidade de seus componentes;
- geração de energia distribuída;
- linhas de transmissão desnecessárias;
- poluição ambiental abaixo dos padrões;
- poluição sonora reduzida.

As CCs funcionam com combustíveis fósseis, como o gás natural e o carvão gaseificado, e com gases e líquidos renováveis, como o etanol e o biogás. A estrutura de uma célula combustível é apresentada na Figura 12.4.

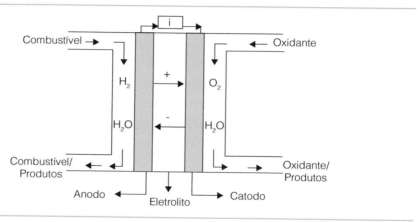

Figura 12.4 Esquema de célula combustível

A fonte de suprimento de combustível, na forma de um hidrocarboneto, sofre uma reação de reforma catalítica,[5] em um reformador, cujas reações são apresentadas a seguir.

$$½ \, C_n H_m + n \, H_2O \rightarrow n/2 \, CO_2 + (m/2 + n) \, H_2 \qquad (12.4)$$

A reação anterior é altamente endotérmica (consome energia) e as temperaturas podem atingir valores acima de 900 °C.

O hidrogênio produzido na reforma é fornecido à célula, reagindo com o anodo existente, no qual ocorre a reação eletroquímica de oxidação, apresentada a seguir:

$$H_2 \leftrightarrows 2\,H + 2\,e^- \qquad (12.5)$$

---

[5] Processo mundialmente conhecido como a maior fonte de produção de hidrogênio.

No catodo ocorre a reação eletroquímica de redução com o oxigênio do ar, que é introduzido no interior desse equipamento. Veja a representação dessa reação.

$$\tfrac{1}{2}\, O_2 + 2\, H^+ + 2\, e^- \leftrightarrows H_2O \qquad (12.6)$$

O fluxo de elétrons entre o anodo e o catodo, oriundo das reações eletroquímicas apresentadas anteriormente, é direcionado para alimentar as cargas elétricas externas.

A reação global da célula combustível é apresentada a seguir:

$$H_2 + \tfrac{1}{2}\, O_2 \leftrightarrows H_2O + Calor + Energia\ elétrica \qquad (12.7)$$

Apesar da baixa diferença de potencial obtida (0,7 a 1,2 V), a concepção de arranjos em série/paralelo desses equipamentos permite a obtenção de valores usuais de tensões após a conversão em corrente alternada.

Entre os diferentes tipos de células combustíveis utilizadas destacam-se:

- ☐ Alcalinas (AFC).
- ☐ Ácido fosfórico (PAFC).
- ☐ Membrana polimérica (PEM).
- ☐ Metanol direto (DMFC).
- ☐ Sais de carbonato fundidos (MCFC).
- ☐ Óxidos sólidos (SOFC).

As células a combustível apresentam duas grandes aplicações: propulsão de veículos automotiva e estacionária, ou seja, para a produção de energia em plantas térmicas. Um dos aspectos importantes dessa tecnologia é a alta eficiência de conversão obtida, 40% a 55% acima daquela atingida em turbinas convencionais em ciclo simples (35%). Outro aspecto relevante é que na célula combustível não existe a limitação do Ciclo de Carnot (máquinas térmicas convencionais) quanto à diferença entre as temperaturas das fontes quente e fria, uma vez que a eficiência é determinada pela cinética eletroquímica.

No setor de transporte, uma das maiores motivações para a sua implantação é o grande impacto causado pelos combustíveis fósseis na poluição dos grandes centros urbanos (Los Angeles, São Paulo, Rio de Janeiro, Cidade do México etc.). Infelizmente, a utilização das células no setor de transporte, atualmente, ainda não se tornou uma realidade comercial. Basicamente, tem-se como as principais causas: alto custo, falta de escala de produção, dificuldades técnicas para o armazenamento do hidrogênio e inexistência de rede de distribuição desse combustível.

Apesar do elevado custo de capital das células combustível (US$ 1 200-1 700/ kW gerado), o desenvolvimento de novos componentes e também da sua concepção poderá, ainda nesta década, viabilizar a sua utilização em escala comercial. Algumas

404 TECNOLOGIA DA INDÚSTRIA DO GÁS NATURAL

montadoras, sobretudo em países europeus, já apresentam protótipos de veículos de passeio e até ônibus movidos a hidrogênio ou bicombustível (metanol/hidrogênio).

No Brasil existe grande potencial para uso dessa tecnologia, aproveitando o sucesso adquirido na produção de cana-de-açúcar e na conversão eficiente nos produtos açúcar e álcool. Uma das oportunidades existentes no País é a aplicação das células a combustível em localidades distantes das redes elétricas, em que o custo de investimento pela concessionária na extensão de novas redes seria bastante elevado.

12.4.2 Microturbinas a gás natural

As microturbinas são equipamentos que encontram aplicação em situações em que a energia elétrica não está disponível, mas há disponibilidade de gás natural, como em instalações de compressão de gás, redes de gasodutos ou campos de produção em localidades remotas, além de plataformas desabitadas.

Trata-se de equipamentos compactos, com potência nominal variando entre 30 kW e 250 kW, gerando eletricidade em corrente alternada com possibilidade de instalação em condições isoladas ou interligadas a uma concessionária.

Suas principais características são:

☐ baixa manutenção;

☐ capacidade de operação com combustíveis líquidos e gasosos, entre eles o gás natural;

☐ reduzida área para instalação;

☐ a energia em sua saída já é em corrente alternada, sendo o inversor interno otimizado em relação a todo o sistema;

☐ faixa de potência dos equipamentos disponíveis desde 30 kW a 250 kW.

As microturbinas são equipamentos que aplicam conceitos recentes na área de energia elétrica, utilizando como base tecnologias disponíveis para equipamentos maiores, adaptadas para pequenas potências e integrando controle eletrônico ao conjunto.

O seu princípio de funcionamento é o mesmo das turbinas a gás convencionais, ou seja, o ar atmosférico entra no compressor, onde sua pressão é elevada. A seguir, o ar comprimido segue para a câmara de combustão, na qual o combustível é injetado e se mistura ao ar. O início da combustão da mistura é feito por uma centelha elétrica. Os gases aquecidos e em alta pressão são, então, expandidos por meio das pás de uma turbina de expansão, fazendo com que esta gire em alta velocidade, da ordem de 40 000 rpm a 96 000 rpm. A Figura 12.5 apresenta os principais blocos constituintes de uma microturbina. A microturbina possui um único eixo ao qual estão acoplados o compressor, a turbina e o rotor de ímãs permanentes do gerador elétrico. Esta forma construtiva dispensa o uso de correias e engrenagens, o que elimina a necessidade de manutenção nos acoplamentos. Além disso, seus mancais são suspensos em colchões de ar, sem contato físico, o que elimina a necessidade de lubrificação, reduzindo os desgastes e intervenções para manutenção.

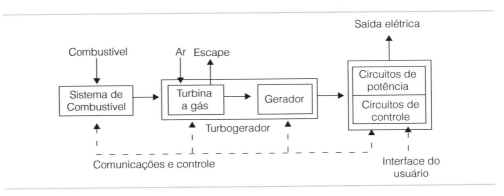

Figura 12.5   Diagrama de blocos de uma microturbina

Como o gerador é acoplado diretamente à turbina, a tensão gerada possui uma elevada frequência, na faixa dos milhares de hertz. Assim, de forma a adaptar à frequência da rede em 50 Hz ou 60 Hz, a tensão deve ser retificada e, posteriormente, invertida à forma de corrente alternada. Além disso, a etapa de inversão de tensão a condiciona aos valores nominais da rede, os quais podem ser ajustados entre 360 V e 480 V.

As microturbinas apresentam-se como uma solução versátil, confiável e quase isenta de manutenção. A exploração da utilização destas dar-se-á em sistemas que possam ser conectados à rede existente, bem como em locais remotos com monitoração e controle a distância.

Além disso, pode-se prever uma significativa redução do custo das microturbinas em curto prazo, considerando-se a crescente demanda pela sua utilização.

Cabe salientar que há uma crescente ênfase das políticas energéticas em incentivar a geração distribuída e independente de energia elétrica. Nesse cenário, de acordo com a crescente ampliação das malhas de gasoduto e a possibilidade de aumento da eficiência das máquinas térmicas por meio do emprego de sistemas com cogeração, tem-se um grande potencial de aplicação de pequenos e confiáveis equipamentos, desde o produtor independente, passando pelas concessionárias e chegando ao consumidor final.

12.5 *Gas to Liquids* (GTL)

A tecnologia de conversão de gás em líquidos, *Gas to Liquids* (GTL), foi desenvolvida na década de 1920, na Alemanha, com o objetivo de produzir combustíveis líquidos a partir de carvão para suprir a demanda bélica e doméstica. Com o desenvolvimento da indústria do petróleo, a tecnologia foi abandonada pela maioria dos países, exceto a África do Sul. Entretanto, devido ao aumento considerável das reservas provadas de gás e das perspectivas de aumento da demanda por esse energético nos próximos 20 anos, os agentes do mercado petrolífero estão se voltando novamente para a aplicabilidade dessa tecnologia. Atualmente, 60% das reservas provadas de gás natural possuem barreiras logísticas e econômicas às suas explorações. Avaliando a competitividade e a aplicabilidade dessa tecnologia em relação às rotas tradicionais de transporte de gás, assim como o endurecimento da legislação ambiental e a criação de nichos/mercados para combustíveis sintéticos – chamados "limpos" –, o GTL terá garantida a sua participação na matriz energética.

A tecnologia de conversão química do gás natural em combustíveis líquidos, *Gas to Liquids*, foi desenvolvida, na Alemanha, por Franz Fischer e Hans Tropsch. Durante o regime nazista, sofreu uma rápida expansão do uso, sendo responsável pela produção de gasolina e diesel a partir de reservas de carvão. Após o período de guerras, a conversão química experimentou um período de decadência e esquecimento, consequência das inúmeras novas descobertas de reservas de óleo no globo terrestre.

Em 1955, na África do Sul, a South African Coal, Oil and Gas Corporation Limited (Sasol) colocou em operação a planta Sasol I, que convertia carvão em combustíveis líquidos. A tecnologia utilizada fora baseada na experiência da Alemanha. Em 1980, a empresa expandiu suas operações com mais duas unidades, Sasol II e III.

Em 1999, as empresas SYNTROLEUM e ARCO implantaram, com sucesso, uma planta de GTL com capacidade de produzir diariamente 70 barris de combustível líquido, em Bellingham, Washington.

O ressurgimento dos estudos nessa tecnologia de conversão química ocorreu, essencialmente, pela necessidade de aproveitar e desenvolver as crescentes reservas de gás natural localizadas em áreas remotas. Isso motivado por normas mais rigorosas em relação à queima do gás natural associado ao petróleo e pela crescente pressão das autoridades ambientais no emprego de combustíveis com menor emissão de poluentes.

Os processos de conversão química de gás natural em produtos líquidos podem ser realizados por meio de duas rotas: a conversão direta e a indireta. Os processos de conversão direta transformam quimicamente as moléculas de metano em hidrocarbonetos de cadeias mais complexas e com maior peso molecular, utilizando catalisadores e rotas de síntese específicas. No entanto, o alto grau de estabilidade do metano traz uma série de problemas técnicos para viabilizar as reações envolvidas. Atualmente, os esforços em pesquisa e desenvolvimento dos processos de conversão direta estão focados na melhoria dos catalisadores, na elucidação dos mecanismos de reação e no desenvolvimento de novos equipamentos.

As conversões indiretas, utilizadas em plantas-pilotos e nas plantas comerciais em operação, englobam três etapas: a geração de gás de síntese (*syngas*); síntese de Fischer-Tropsch e Hidroisomerização (acabamento dos produtos).

12.5.1 Gás de síntese

O gás de síntese (*syngas*) é uma mistura de monóxido de carbono (CO) e hidrogênio produzido pela reação catalisada de um hidrocarboneto e água. Esse hidrocarboneto pode ser oriundo do petróleo, gás natural, carvão ou outro composto orgânico. O gás de síntese não é exclusivamente utilizado em processos GTL, mas também em outras sínteses químicas, como na produção de amônia, metanol, óxidos, entre outros.

No caso específico, para a produção de hidrocarbonetos via F-T (Fischer-Tropsch), a razão molar do monóxido de carbono e hidrogênio utilizados na conversão é 2:1. Para a obtenção dessa proporção apropriada, pode ser utilizado um ou mais processos em paralelo, em módulos combinados, ou por meio da adição ou remoção de hidrogênio. O *syngas* pode ser obtido mediante três reações: reforma a vapor; oxidação parcial; e reforma autotérmica.

A reforma a vapor vem sendo utilizada para obtenção do gás de síntese e de hidrogênio há bastante tempo. O vapor d'água e o gás natural reagem em um ambiente com temperaturas altas na faixa de 800 °C a 900 °C e a pressões moderadas de 2 MPa, na presença de catalisador à base de Ni. A reação produz uma mistura de hidrogênio, monóxido de carbono e dióxido de carbono. Infelizmente, essa reação produz maiores proporções de hidrogênio do que de monóxido de carbono. Em alguns casos, para o ajuste dessa proporção, há o controle de entrada de cargas de vapor e de gás natural. Essa reação é muito empregada para a obtenção de gás de síntese destinado à produção de metanol e de dimetil éter (DME).

A oxidação parcial é a segunda tecnologia mais usada para produção de gás de síntese, obtendo-se a mesma quantidade tanto de carvão como de óleo pesados. Nesse processo, o gás natural é queimado em temperaturas entre 1 200 °C a 1 500 °C e em pressões acima de 14 MPa, sem a presença de catalisador. Em escala industrial, oxigênio puro é adicionado, o que requer uma unidade produtora de oxigênio. Essa reação, de acordo com a estequiometria, produz monóxido de carbono na mesma proporção que a do metano suprido.

A reforma autotérmica é um processo híbrido que reage ao gás natural com vapor e oxigênio em presença opcional de dióxido de carbono. O dióxido de carbono é adquirido por meio de um reciclo do processo. A oxidação parcial ocorre primeiro, seguida pela reforma a vapor no leito catalítico. E todo esse processo é realizado em um único reator.

Portanto, há várias formas de se obter gás de síntese, uma vez que a escolha da tecnologia adequada ao processo será feita com base nos seguintes critérios: a razão

CO/H$_2$; custos; utilização ou não de catalisadores e especificação do produto. No caso específico de conversão química F-T, como já foi dito, trabalha-se com uma razão molar de CO/H$_2$ = 2. Em outras palavras, tanto a oxidação parcial como a reforma autotérmica são preferencialmente empregadas devido à maior facilidade de se chegar a essa proporção molar no gás de síntese produzido. Essa etapa do processo de conversões GTL é, sem dúvida, a parte de maior investimento na planta.

12.5.2 Conversão Fischer-Tropsch

A segunda etapa de um processo de GTL é a conversão do gás de síntese em parafinas ou olefinas (hidrocarbonetos de cadeias lineares), ou em outros produtos líquidos, como o metanol, amônia ou dimetil éter (DME) e ainda os chamados combustíveis sintéticos *synfuels* (petróleo sintético ou diesel de alta qualidade e de combustão limpa). O metanol, por sua vez, poderá ser convertido em um outro produto, como componente de mistura para a gasolina, e a amônia poderá ser convertida em fertilizantes. E, por fim, o hidrogênio contido no gás de síntese também poderá ser utilizado na produção de amônia.

A conversão química do gás natural, reação Fischer-Tropsch, pode ser realizada em três tipos de reatores, quais sejam: reator de leito fixo; reator de leito fluidizado e reator de lama (fluxo ascendente). Os reatores de leito fixo foram originalmente utilizados pelos próprios Fischer e Tropsch, e pela empresa Sasol. São reatores de estrutura simples (aproximadamente 6 metros de diâmetro e 20 metros de altura), contendo, em média, 2 000 tubos capilares (5 centímetros de diâmetro e 12 metros de comprimento). As partículas catalisadoras, 2-3 mm, são ativadas em temperaturas na faixa de 180 °C a 250 °C e a pressões de 1 MPa a 4 MPa. O calor gerado na reação é removido na geração de vapor. Uma unidade desse tipo produz, em média, 800 m³/d de produto. Esse modelo de reator é simples e flexível, no entanto, seu custo de construção é elevado, e em plantas de escala industrial são necessários múltiplos reatores em paralelo. A conversão é de aproximadamente 35% a 40%.

Os reatores de leitos fluidizados "circulantes" foram introduzidos pela Sasol, nos anos 1950, com intuito de facilitar a remoção do calor gerado pela conversão F-T. Estes empregam catalisadores médios, de 100 μm de poro, alimentados ao reator na seção convertedora, na qual o calor é removido por meio do resfriamento em bobinas. O processo ocorre em temperaturas na faixa de 300 °C a 350 °C e em pressões de 2 MPa a 3 MPa. As unidades de processo são menores e a circulação do catalisador facilita a adesão de novas partículas catalisadoras quando as anteriores perdem sua capacidade de ativação. No entanto, o projeto dessas unidades é mais complexo.

E, por fim, tem-se os reatores à lama, que são os favoritos quando se trabalha em escala industrial, com partículas de catalisador variando de 10 μm a 200 μm, sendo misturadas à lama na proporção de 35% em volume. O reator tem em média 7,7 metros de diâmetro e 30 metros de altura (134% maior em volume que o reator de leito fixo), operando entre 180 °C e 250 °C de temperatura e pressão de 1 MPa a 4,5 MPa, com resfriamento interno provendo a remoção do calor gerado. Partes da lama são retiradas continuamente, separando as partículas de catalisador desta. O sistema reativo tem alto grau de admissão e partículas de tamanho inferior a 200 μm com um alta conversão, em torno de 95% a 98%. A capacidade de produção prevista para esse tipo de reator é aproximadamente de 3 200 m³/d de produto. No entanto, os custos dessas unidades são 25% maiores quando comparados aos dos reatores de leito fixo.

A utilização da tecnologia GTL em reservas atualmente não econômicas para produzir combustíveis sintéticos não é uma hipótese irreal ou distante. Com o aumento do número de reservas de gás natural em áreas remotas e o crescimento projetado do consumo de combustíveis, assim como de gás natural, um aumento global de 3% a 4% ao ano nos próximos dez anos, a conversão química do gás natural pode ser uma das soluções para este desafio: suprir a demanda futura.

As plantas de GTL produzem combustíveis sintéticos com zero de enxofre, sendo, então, capacitadas a suprir energéticos que atendam às normas ambientais, sem nenhum custo adicional. Já as refinarias estão se modificando para diminuir o teor de enxofre em seus derivados.

E, por fim, a tecnologia GTL não deve ser considerada a única solução para o aproveitamento de reservas remotas, mas pode e deve ser vista como uma importante chave para o desenvolvimento da indústria de gás natural e como fonte energética com menor agressão ambiental.

Referências

REFERÊNCIAS

ABDALAD, R. **Perspectivas da geração termelétrica no Brasil e emissões de CO_2.** 2000. 130 f. Tese (Doutorado) – Universidade Federal do Rio de Janeiro, Rio de Janeiro.

AIR products and chemicals. **CO_2 removal.** 2002. Disponível em: <htpp://www.airproducts.com/membranes>. Acesso em: 3 jun. 2006.

ALENCAR, P. Definições à vista. **Revista Brasil Energia**, n. 235, p. 32-33, jun./2000.

ALMEIDA, E. L. F.; BICALHO, R. G. **Evolução das tecnologias de transporte e reestruturação da indústria de gás natural.** Grupo de Energia – IE/UFRJ, 2000, *mimeo.*

AZEVEDO, Diana C. S. et al. **Modelo de avaliação econômica do uso do gás.** Rio de Janeiro: Instituto Brasileiro de Petróleo e Gás, 2004.

BACOCCOLI. G.; CUIÑAS FILHO, E. P. Aplicação do indicador da intensidade exploratória como ferramenta de focalização. **Anais da Rio Oil & Gas Expo and Conference.** Brasil, Rio de Janeiro, 2004.

BAILEY D. W.; FERON P. H. Post-combustion descarbonisation processes. **Oil & Gas Science and Tehnology,** v. 60, n. 3, p. 462-474, 2005.

BARATELLI, F. Junior et al. A utilização do gás natural na geração distribuída através de células a combustível. **Rio Oil & Gas Expo and Conference,** 1., 2004, Rio de Janeiro, RJ. Anais. Instituto Brasileiro de Petróleo e Gás – IBP.

BARCHAS, R.; DAVIS, R. The Kerr-McGee/ABB Lummus Crest technology for the recovery of CO_2 from stack gases. **Energy Convers. Mgmt,** p. 33-38, p. 333-340, 1992.

BAUKAL, C. E. **The John Zink Combustion Handbook.** LLC, Tulsa, Oklahoma, Estados Unidos da América, 2001.

BENARDI, Paulo Junior et al. Petrobras e as energias renováveis. **Rio Oil & Gas Expo and Conference,** 1., 2004, Rio de Janeiro, RJ. Anais. Instituto Brasileiro de Petróleo e Gás – IBP.

BOLSA de Mercadorias & Futuros (BM&F). Disponível em: <http:// www.bmf.com.br/carbono>. Acesso em: 10 maio 2006.

BOLSA de Valores do Rio de Janeiro (BVRJ). Disponível em: <http:// www.bvrj.com.br/carbono>. Acesso em: 26 jun. 2006.

BRANDÃO, M. O. et al. Avaliação tecnológica da utilização de gás natural em células a combustível para geração distribuída de energia. **Rio Oil & Gas Expo and Conference,** 1., 2004, Rio de Janeiro, RJ. Anais. Instituto Brasileiro de Petróleo e Gás – IBP.

BRASIL. ANP – Agência Nacional do Petróleo. **Anuário Estatístico Brasileiro do Petróleo e do Gás Natural 2004.** Rio de Janeiro. Disponível em: <http://www.anp.gov.br>. Acesso em: 14 fev. 2006.

Referências 413

BRASIL. ANP – Agência Nacional do Petróleo. **Guia dos *royalties* do petróleo e do gás natural**. Rio de Janeiro, 2001.

BRASIL. ANP – Agência Nacional do Petróleo. **Portaria 104.** Disponível em: <htpp://www.anp.gov.br>. Acesso em: 3 maio 2006.

BRASIL. ANP – Agência Nacional do Petróleo. **Compromissos existentes ao longo da cadeia do gás natural**: contratos de concessão para a exploração de serviços públicos de distribuição superintendência de comercialização e movimentação de gás natural. Mar. 2004 (versão preliminar).

BRASIL. MCT – Ministério de Ciências e Tecnologia (2005). Disponível em: <http://www.mct.gov.br>. Acesso em: 28 abr. 2005.

BRASIL. MME – Ministério das Minas e Energia (2006). **BEM – Balanço Energético Nacional 2005**. Disponível em: <http://www.mme.gov.br>. Acesso em: 3 maio 2006.

BRASIL, Nilo Indio do. **Introdução à engenharia química**. Rio de Janeiro: Interciência, 1999.

CAMPBELL, J. M. **Gas and liquid sweetening**. Norman, Oklahoma: Campbell Petroleum Series, 1974. 299 p.

CAMPBELL, J. M. **Gas conditioning and processing**. 8nd ed. Oklahoma, 2001. v. I e II.

CHAPEL, D. G.; MARIZ, C. L. **Recovery of CO_2 from flue gases**: commercial trends. In: CANADIAN Society of Chemical Engineers Annual Meeting, Saskatoon, Canada, out. 1999.

CHOI, G. N. et al. **Carbon dioxide capture for storage in deep geologic formations**. United States: Elsevier, 2005. v. 1.

DESHPANDE, Asim; ECONOMIDES, Michael J. **CNG**: an alternative transport for natural gas instead of LNG. University of Houston, 2003.

DOURTMUNDT, D.; DOSHI, K. Recent developments in CO_2 removal membrane technology, UOP LLC, 1999.

EIDE, L. I.; BAILEY, D. W. Precombustion decarbonisation processes. Oil & Gas Science and Technology. **Rev. Institut Français du Pétrole**, França, IFP, v. 60, n. 3, 2005.

GARCIA, G. O. et al. **Technoeconomic evaluation of IGCC power plants for CO_2 avoidance**. Energy Conversion & Management, Canada, fev. 2006.

GARCIA, R. **Combustíveis e combustão industrial**. Rio de Janeiro: Interciência, 2002.

GAS Engineers Handbook. American Gas Association, Industrial Press Inc, 1965.

GOLDENBERG, J. **Energia, meio ambiente e desenvolvimento**. São Paulo: Edusp, 1998.

GPSA. **Engineering data book**. 10th ed. Tulsa: Gas Processor Suppliers Association, 1987.

HAIKAL, M. A. **Cogeração, microturbinas e células a combustível. Rio Oil & Gas Expo and Conference**, 1., 2004, Rio de Janeiro, RJ. Anais. Instituto Brasileiro de Petróleo e Gás – IBP. p. 30-35.

HEMPTINNE, J. C.; BÉHAR, E. Propriétés thermodynamiques de systèmes contenant des gaz acides. Oil & Gas Science and Technology. **Rev. Institut Français du Pétrole**, França, IFP, v. 55, n. 6, 2000.

HIRSCHFELD, H. **Engenharia econômica e análise de custos**. 7. ed. São Paulo: Atlas, 2000.

IPCC – Intergovernamental Panel on Climate Change. **Revised 1996 IPCC guidelines for national greenhouse gas inventories:** reporting instructions. International Energy Agency (IEA); Organization for Economic Co-operation and Development (OECD); IPCC WGI Technical Support Unit. Bracknell: IPCC, M 1995, v. 3.

IPT – Instituto de Pesquisas Tecnológicas do Estado de São Paulo S.A. **Estocagem subterrânea de gás natural**. São Paulo, 2006.

JOU, F. Y.; MATHER, A. E.; OTTO, F. D. **The Solubility of CO_2 in a 30 Mass Percent Monoethanolamine Solution.** Can. J. of Chem. Eng., v. 73, February, 1995 A, p. 140-147.

KLAFKI, M. **Overview of gas storages in Germany.** Rio de Janeiro: Finep/IPT, 2003. Petrobras/ESK Gmbh-RWE Cos (short course "aquifer gas storage").

KOHL, A.; NIELSEN R. B. **Gas purification.** Houston, Texas: Gulf Publishing Company, 1997.

KUUSKRAA, V. A. The new oil prize: "Stranded" oil resources. **Capture and SMV Workshop.** Advanced Resources International, Inc.Arlington, VA, Estados Unidos, jan. 2005.

LAUREANO, F. H. G. C. **A indústria de gás natural e as relações contratuais:** uma análise do caso brasileiro. 2005. 143 f. Tese (Mestrado) – COPPE/UFRJ, Rio de Janeiro.

LAWSON, J. D.; GARST, A. W. **Hydrocarbon gas solubility in sweetening solutions: methane and ethane in aqueous monoethanolamine and diethanolamine.** J. Chem. Eng. Data, 21, p. 30-32, 1976.

LEE, J. I.; OTTO, F. D.; MATHER A. E. **Solubility of carbon dioxide in aqueous diethanolamine solutions at high pressures.** J. Chem. Eng. Data, 17, p. 465-468, 1972.

LEITE, M. de M.; BRUM, M. C. **Membranas para tratamento de gás** – Petrobras – nov. 96.

LEITES, I. L. et al. **The theory and practice of energy saving in the chemical industry.** Energy, v. 29, n. 1, p. 55-97, 2003.

MACULAN, B. D.; FALABELLA, E. Inovações tecnológicas no desenvolvimento de reservas remotas de gás natural: gas-to-liquid. **Rio Oil & Gas Expo and Conference,** 1., 2004, Rio de Janeiro, RJ. Anais. Instituto Brasileiro de Petróleo e Gás – IBP. p. 35.

MADDOX, R. N. **Gas and liquid sweetening.** Norman, Oklahoma: John M. Campbell for Campbell Petroleum Series. p. 300, 1974.

MADDOX, R. N.; ELIZONDO, E. M. **Equilibrium solubility of carbon dioxide or hydrogen sulfide in aqueous solution of diethanolamines at low partial pressures.** GPA Research Report 124, Project 841, Oklahoma State University, Stillwater, OK, June, 1989.

MANNING, Francis S. et al. **Oil Oilfield of Petroleum.** Tulsa, Oklahoma, USA: Pennwell Publishing Company, 1991.

MCCABE; Smith. Unit operations of chemical engineering. New York: McGraw-Hill Book Company, 1956.

McKETTA, J. J.; WEHE, A. H. Use this chart for water content of natural gases. **Petroleum Refiner (Hydrocarbon Processing)**, v. 37, n. 8, p. 153, Aug. 1958.

MEER, B. Carbon Dioxide Storage in Natural Gas Redervoirs. Oil & Gas Science and Technology. **Rev. Institut Français du Pétrole**, França, IFP, v. 60, n. 3, 2005.

MIMURA, T. et al. **Development and application of flue gas carbon dioxide recovery technology.** In: Fifth International Conference on Greenhouse Gas Control Technologies, Australia, 2001, p. 138-142.

MORAES, C. A. Capela. **Manual de vasos de pressão.** Rio de Janeiro: Petrobras, 1997.

NEWMAN, D. G.; LAVELLE, J. P. **Fundamentos de engenharia econômica**. Rio de Janeiro: Livros Técnicos e Científicos, 2000.

NIST – National Institute of Standards and Technology (2006). Disponível em: <http://www.nist.gov>. Acesso em: 21 jun. 2006.

NUNES, S. P.; PEINEMANN, K. V. **Membrane technology in the chemical industry**. Wiley-VCH. Weinheim, 2001.

PAVINATTO, E. F. et al. Utilização de microturbinas a gás nas instalações desasistidas da Petrobras. **Rio Oil & Gas Expo and Conference, 1., 2004, Rio de Janeiro, RJ.** Anais. Instituto Brasileiro de Petróleo e Gás – IBP.

PERRY, Robert H.; CHILTON, Cecil H. **Chemical engineer's handbook.** 3rd ed. New York: McGraw-Hill, 1950.

PETERS, M. S. et al. **Plant design and economics for chemical engineers**. 5. ed. New York: McGraw-Hill, 2003.

POULALLION, Paul. **Manual do gás natural.** Rio de Janeiro: CNI, COASE, p. 105, 1986.

REAL, Rodrigo Valle. **Fatores condicionantes ao desenvolvimento de projeto de GNL para o Cone Sul:** uma alternativa para a monetização das reservas de gás da região. 2005. 141 f. Tese (Doutorado) – Engenharia, Universidade Federal do Rio de Janeiro, Rio de Janeiro.

REID, R. C.; PRAUSNITZ, Y. M.; SHERWOOD, T. K. **The properties of gases and liquids.** 3. ed. New York: McGraw-Hill Book CO., 1977.

ROBERT, B. **Steam Jet ejectors for the process industries.** New York. McGraw-Hill, 1994.

RODRIGUES, P. S. B. **Compressores industriais.** Rio de Janeiro: Editora Didática e Científica, 1991.

ROSA, Adalberto José et al. **Engenharia de reservatórios de petróleo.** Rio de Janeiro: Interciência, 2006.

SANDER, M. T. E.; MARIZ, C. L. The fluor panel econamine FG process: past experience and present day focus. **Energy Conservation Management**, U. S., n. 33, p. 5-8, p. 341-348, 1992.

SANTOS, E. M. **Gás natural:** estratégia para uma energia nova no Brasil. São Paulo: Annablume, Fapesp, Petrobras, 2002.

SANTOS, W. G. **Introdução ao processamento de gás natural.** Petrobras/CENPRO/ Universidade Corporativa. Rio de Janeiro, 2002.

SATHAYE, J.; MEYERS, S. **Greenhouse gas mitigation assessment:** a guidebook. Boston: Kluwer Academic Publishers, 1995.

SHREVE. **The chemical process industries.** 2. ed. New York: McGraw-Hill, 1956.

SIMMONDS, M. et al. **Amine based CO_2 capture from gas turbines.** Second Annual Conference on Carbon Sequestration. United Kingdom, p. 10, May 2003.

SMITH, J. M. **Introdução à termodinâmica da engenharia química.** 3. ed. Rio de Janeiro: Guanabara Dois, 1980.

SOARES, Jeferson Borghetti. **Formação de mercado de gás natural no Brasil:** impactos de incentivos econômicos na substituição interenergéticos e na cogeração em regime "topping". 2004. 397 f. Tese (Doutorado) – Engenharia, Universidade Federal do Rio de Janeiro.

SZKLO, Alexandre; MACHADO, Giovani; SCHAEFFER, Roberto. **GNL:** perspectivas, desafios e riscos. Rio de Janeiro: Programa de Planejamento Energético – COPPE/ UFRJ, 2006.

THOMAS, D. C. **Results from the CO_2 capture project.** Elsevier, United Kingdom, p. 91-132, 2005. v. 1.

THOMAS, J. E. **Fundamentos de engenharia de petróleo.** 2. ed. Rio de Janeiro: Interciência/Petrobras, 2001.

TOLMASQUIM, M. T. **Alternativas energéticas sustentáveis no Brasil.** Rio de Janeiro: Relume Dumará, 2004.

TOLMASQUIM, M. T. **Fontes renováveis de energia no Brasil.** Rio de Janeiro: Interciência, 2003.

UNEP; UNFCCC. **Climate Change INFORMATION Sheets.** Switzerland: Relatório técnico baseado no IPCC's "Climate Change: 2001", jul. 2002. (Assessment Report).

VAN WYLEN, G. J.; SONNTAG, R. E. **Fundamentos da termodinâmica clássica.** 3. ed. São Paulo: Blücher, 1993.

VASCONCELLOS, M. A. S.; GARCIA, M. E. **Fundamentos de economia.** São Paulo: Saraiva, 2001.

VAZ, C. E. M.; MAIA, J. L. P. **Condicionamento de gás natural.** Macaé: Petrobras/ E&P-BC, 1997.

VILAS BOAS, Marina Vieira. **Integração Gasífera no Cone Sul:** uma análise das motivações dos diferentes agentes envolvidos, 2004. 136 f. Tese (Doutorado) – Engenharia, Universidade Federal do Rio de Janeiro, Rio de Janeiro.

WILDENBORG, T.; LOKHORS, A. Introduction on CO_2 geological storage classification of storage options. Oil & Gas Science and Technology. **Rev. Institut Français du Pétrole**, França, IFP, v. 60, n. 3, 2005.